Rothmaler – Exkursionsflora von Deutschland

Frank Müller • Christiane M. Ritz •
Erik Welk • Karsten Wesche
Herausgeber

Rothmaler – Exkursionsflora von Deutschland

Gefäßpflanzen: Kritischer Ergänzungsband

11. Auflage

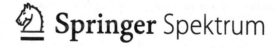

Springer Spektrum

Herausgeber
Frank Müller
Dresden, Deutschland

Erik Welk
Halle, Deutschland

Christiane M. Ritz
Karsten Wesche
Görlitz, Deutschland

ISBN 978-3-8274-3131-8 ISBN 978-3-8274-3132-5 (eBook)
DOI 10.1007/978-3-8274-3132-5

Die Deutsche Nationalbibliothek verzeichnet diese Publikation in der Deutschen Nationalbibliografie; detaillierte bibliografische Daten sind im Internet über http://dnb.d-nb.de abrufbar.

Springer Spektrum

Einbandabbildung: Zwerg-Mehlbeere – *Sorbus chamaemespilus* (L.) CRANTZ (Foto: Norbert Meyer)
Planung: Merlet Behncke-Braunbeck

Gedruckt auf säurefreiem und chlorfrei gebleichtem Papier

Springer Berlin Heidelberg ist Teil der Fachverlagsgruppe Springer Science+Business Media
(www.springer.com)

Vorwort der Herausgeber

Mit dem Kritischen Ergänzungsband liegt die Rothmaler Exkursionsflora nun als vollständige Reihe in neuer Form vor. Dies markiert das Ende einer Folge von grundlegenden Änderungen in den letzten fünf Jahren. Der bisherige Herausgeber, Prof. Dr. Eckehart J. Jäger, hatte 2011 den wesentlichen Schritt zu einer Neustrukturierung der Reihe vollzogen. Grundband und Kritischer Band, die über mehrere Jahrzehnte als eigenständige Bücher parallel erschienen, wurden in einem Band zusammengeführt. Hinsichtlich der bearbeiteten Sippen ist die 20. Auflage des Grundbandes (Jäger 2011) im Wesentlichen eine stark überarbeitete und an die neue Systematik angepasste Neuauflage des vormaligen Kritischen Bandes. Damit gibt es nur noch einen, die wesentlichen Schlüssel umfassenden Band. Eine vereinfachte Flora, die wie der ursprüngliche Grundband bei vielen Artengruppen nur bis zur Sammelart führte, gibt es nicht mehr. Allerdings wurden in die Neuauflage des Grundbandes einige wenige, besonders schwierig zu bestimmende Gruppen nicht aufgenommen. Gründe waren der bereits ohne diese Gruppen erhebliche Gesamtumfang des Buches sowie die besonderen Herausforderungen bei der Bestimmung dieser Sippen und der Erarbeitung geeigneter Schlüssel. Gegenüber der bis dato aktuellen 10. Auflage des Kritischen Bandes (Jäger & Werner 2005) gab es also im neuen Grundband bei einigen Sippen Kürzungen, die z. T. kritisiert worden sind. Konkret betrifft das folgende Gruppen:

Ranunculus auricomus L. s. l. – Goldschopfhahnenfuß: In Jäger (2011) wurden nur zwei Großgruppen aufgeführt. Der hier vorliegende Band enthält eine detaillierte Gliederung, die auf der ausführlichen Bearbeitung für den entsprechenden Hegi-Band beruht.
Rubus L. – Brombeere: In Jäger (2011) wurden durch den Bearbeiter H. E. Weber von den insgesamt >400 in Deutschland vorkommenden Sippen nur die ca. 100 wichtigsten erfasst.
Sorbus L. – Mehlbeere, Eberesche, Elsbeere, Speierling: Dieser besonders durch Hybridisierung gekennzeichnete Komplex ist noch immer nicht im Detail verstanden; gegenüber dem Stand von 2011 können aber heute deutlich mehr Sippen mit einer gewissen Sicherheit unterschieden werden.
Hieracium L. & *Pilosella* Vaill. – Habichtskraut & Mausohrhabichtskraut: Die durch Herrn S. Bräutigam aktualisierte Bearbeitung in Jäger (2011) entspricht weiterhin dem aktuellen Kenntnisstand. Ergänzungen waren nur nötig bei *Hieracium laevigatum*.
Taraxacum F. H. Wigg. – Kuhblume, Löwenzahn: Der Verfasser I. Uhlemann hatte für den Grundband eine neue Verschlüsselung auf Sektionsniveau zusammengestellt; die nach heutigem Kenntnisstand in Deutschland vorkommenden >400 Kleinarten wurden nicht einzeln behandelt.

Die aktuelle 12. Auflage des Atlasbandes (Jäger et al. 2013) folgt im Umfang weitestgehend dem neuen Grundband, und hatte nicht zum Ziel, die schwierigsten Artenkomplexe vollständig zu erschließen. Auch in Zukunft wird es kaum möglich sein, wirklich alle in Deutschland vorkommenden Sippen mit Zeichnungen im Atlasband darzustellen. Der Verlag hatte uns freundlicherweise ermöglicht, die entstandene Lücke zumindest vorübergehend zu schließen, indem die entfallenen Schlüssel aus dem Kritischen Band von Jäger & Werner (2005) kostenfrei digital verfügbar gemacht wurden. Allerdings sind die so erneut publizierten Schlüssel nun auch bereits mehr als 10 Jahre alt und bilden nicht den Stand der bei bestimmungskritischen Sippen besonders dynamischen Forschung ab.

Wir freuen uns daher, mit dieser Auflage des Kritischen Ergänzungsbandes den aktuellen Stand der Forschung für die oben genannten bestimmungskritischen Artkomplexe abbilden zu können. Ähnlich wie zuletzt in der 3. Auflage (Rothmaler 1970) ist der vorliegende Band keine selbständige, umfassende Flora, sondern im Wortsinne eine Ergänzung zu Grund- und Atlasband. Gedacht ist der Band für jene, die sich auch für besonders bestimmungskritische Sippen interessieren. Neben der für diese Gruppen natürlich wichtigen Primärliteratur wird somit eine kompakte Bearbeitung bereitgestellt. Der vorliegende Band fasst dafür den aus Expertensicht aktuellen Kenntnisstand zusammen. Die Erarbeitung entsprechender Schlüssel setzt langjährige genaue Kenntnis des jeweiligen Formenkreises voraus, wie sie die jetzigen Herausgeber des Rothmalers nicht haben. Entsprechend dankbar sind wir den Experten, die sich bereitwillig der Aufstellung bzw. Überarbeitung der Schlüssel und der notwendigen Anpassungen an die formellen Standards des Rothmaler unterzogen haben.

Bearbeiter der Flora

- *Ranunculus auricomus* – Prof. Dr. V. Melzheimer (Marburg)
- *Rubus* – Prof. Dr. Dr. Dr. h.c. H. E. Weber (Bramsche)
- *Sorbus* – N. Meyer (Hemhofen)
- *Hieracium* – Dr. S. Bräutigam (Dresden)
- *Taraxacum* – Dr. I. Uhlemann (Altenberg, Ortsteil Liebenau), RNDr. J. Kirschner u. RNDr. J. Stěpánek (Průhonice, Tschechische Republik)

Frau S. Theuerkauf (Zodel) erstellte die Abbildungen 115–134, 136, 137; Herr S. Bräutigam die Abb. 132; Herr I. Uhlemann die Abb. 135, 138–184; Herr H. E. Weber die Abb. 61, 63 und Herr V. Melzheimer die Abb. 48, 49. Die Verwendung der Abb. 50 aus den Mitteilungen der Botanischen Staatssammlungen Münchens (Borchers-Kolb 1985) wurde uns freundlicherweise von Frau Prof. Dr. S. Renner (München) gestattet.

Insgesamt konnten dank des großen Einsatzes der Autoren über 700 Sippen bearbeitet werden, also ein wesentlicher Teil der deutschen Flora. In vielen Fällen wurden bestehende Schlüssel aus der vorigen Auflage des Kritischen Bandes (Jäger & Werner 2005) überarbeitet und ergänzt. Viele Sippen wurden aber erstmals in einen umfassenden Schlüssel eingearbeitet. Hinzu kommt eine Vielzahl von neuen und neu kombinierten Abbildungen.

Generell bilden diese Schlüssel nicht zwingend einen langjährig gefestigten Kenntnisstand ab, sondern versuchen, ein Zwischenfazit der meist sehr dynamischen Erforschung dieser Formenkreise zu ziehen. Die Zukunft wird neue Erkenntnisse bringen, daher lädt vorliegender Band auch zur aktiven und kritischen Auseinandersetzung ein. Ein Ziel ist es, weitere Botanikerinnen und Botaniker für diese Gruppen zu begeistern und an der Verbesserung des Kenntnisstandes zu beteiligen.

Der unterschiedliche Kenntnisstand schlägt sich im Text nieder. Im Vergleich zur gewohnten Struktur des Rothmaler-Grundbandes sind viele Artdiagnosen relativ knapp gehalten, vor allem wenn Angaben zu Areal, Biologie oder Ökologie nicht ausreichend verfügbar sind. Außerdem unterscheiden sich viele Kleinarten oftmals nur in wenigen diagnostischen Merkmalen voneinander. Generelle biologische Angaben werden dann am Beginn der Gruppe gegeben. Informationen zu Einzelarten werden soweit verfügbar aufgeführt, können aber häufig fehlen. In anderen Aspekten wurde aber versucht, weitergehende Angaben als im Grundband zu machen. So wurden Chromosomenzahlen aufgenommen, soweit belastbare Zählungen aus Mitteleuropa vorliegen. Autorenzitate werden weniger stark gekürzt und auch hinsichtlich der jeweils einführenden Texte wurde ganz bewusst auf vollständige Standardisierung verzichtet. Dank des im Vergleich zum Grundband weniger beschränkten Platzes konnten im vorliegenden Band je nach Taxon spezielle zusätzliche Erläuterungen in Wort und Bild eingefügt werden. Das insgesamt recht heterogene Erscheinungsbild wurde absichtlich in Kauf genommen, um den aktuellen Kenntnisstand, aber auch bestehende Lücken zu dokumentieren. Ziel war, die Benutzbarkeit des Bandes soweit wie möglich zu erhöhen. Wir setzen allerdings voraus, dass Nutzer des Ergänzungsbandes mit den wesentlichen Grundlagen der Systematik und der Pflanzenbestimmung vertraut sind.

Es liegt in der Natur der Sache, dass die Bestimmung der genannten Gruppen schwierig ist und oftmals weitere Hilfsmittel erfordert. Neben der gewöhnlichen Lupe ist hier insbesondere ein Vergleichsherbar zu nennen, das aber vielen Einsteigern in die betreffende Gruppe kaum zur Verfügung stehen wird. Es wird daher oft nötig sein, Kontakt zu Spezialisten wie unseren Autoren zu suchen. Auch können die jeweils regional relevanten, deutschen staatlichen Herbarien eine Hilfe sein. Wer nicht reisen, aber im Internet suchen kann, findet validierte Abbildungen von Herbarbelegen von vielen der hier behandelten Sippen in einem neuen *Online* Portal (http://webapp.senckenberg.de/bestikri). Dennoch wird die erfolgreiche Bestimmung der im Kritischen Ergänzungsband behandelten Arten mehr Einarbeitungszeit erfordern als bei vielen Artengruppen des Grundbandes. Dies reflektiert letztlich die reale biologische Komplexität dieser Gruppen; die Autoren der Schlüssel haben aber das Beste getan, um sie zu erschließen.

Den Autoren gebührt daher natürlich unser herzlicher Dank, ohne sie würde es das vorliegende Buch nicht geben. Wir sind auch verschiedenen anderen Kolleginnen und Kollegen verpflichtet; besonders genannt seien hier: F.-G. Dunkel (Karlstadt), P. Gebauer (Görlitz), Th. Gregor (Frankfurt/M.), W. Jansen (Itzehoe), H. Korsch (Jena), L. Meierott (Gerbrunn) und J. Wesenberg (Görlitz). Wir danken der Deutschen Forschungsgemeinschaft, die es ermöglicht hat, in einem begleitenden Projekt validierte Herbarbelege vieler der hier behandelten Arten *online* verfügbar zu machen (s. o.)

Wir sind natürlich Herrn Prof. Dr. E. Jäger besonders dankbar, der nicht nur beratend zur Seite stand, sondern auch die im Wesentlichen von ihm verfassten Einführungstexte aus den bisherigen Bänden für eine leicht kürzende Bearbeitung zur Verfügung stellte.

Der Verlag hat mit C. Lerch und M. Behncke-Braunbeck nicht nur die Erarbeitung des Buches begleitet und befördert, sondern auch den großen Mut bewiesen, mit vorliegendem Band einen neuen Weg einzuschlagen. Sollte sich das Konzept bewähren, könnte der vorliegende Ergänzungsband in Zukunft noch ausgebaut werden (z. B. weitere apomiktische Gruppen, unbeständig auftretende Arten etc.). Wir schließen daher mit einer Hoffnung, die wir direkt von unserem Vorgänger übernehmen: „Ein besonderer Dank wird die erfolgreiche Beschäftigung vieler Benutzer des Buches mit der Flora unseres Landes, die bessere Kenntnis der Pflanzenwelt und ihre Erhaltung sein. Wieder bitten wir alle Leser, auf Fehler und mögliche Ergänzungen hinzuweisen" (aus Jäger 2011, S. 9). Diese können an die Herausgeber in Dresden, Görlitz und Halle oder an die Email-Adresse: *rothmaler.exkursionsflora@googlemail.com* gesendet werden.

Dresden, Görlitz, Halle, im Frühjahr 2016
F. Müller, C. M. Ritz, E. Welk und K. Wesche

Inhaltsverzeichnis

1

Einleitung

Ordnung und Benennung der Pflanzen

Systematik

Die **Art** (Species) ist die biologisch wichtigste Einheit im taxonomischen System. In den meisten Definitionen gilt sie als eine Abstammungsgemeinschaft (Sippe) von Individuen, die untereinander fertil kreuzbar sind. Sie unterscheiden sich durch konstante erbliche Merkmale von denen anderer Abstammungsgemeinschaften und lassen sich mit diesen nur mit Einschränkungen der Fertilität bei den Nachkommen kreuzen. Sonderfälle sind allerdings im Pflanzenreich besonders häufig und in vielen Gruppen sogar die Regel, wenn die Kreuzbarkeit innerhalb der Sippe eingeschränkt ist (obligate Selbstbestäubung), sexuelle Fortpflanzung teilweise oder gänzlich fehlt (Apomixis) oder Hybridisierung zwischen Arten (und sogar Gattungen) häufig ist.

Asexuelle sowie hybridogene Gruppen zeichnen sich oft dadurch aus, dass Arten nur schwer abzugrenzen und zu bestimmen sind. Aus diesem Grund sind in vielen Floren nahverwandte, schwer unterscheidbare Arten zu **Artengruppen** (**Aggregaten**, „Sammelarten") zusammengefasst. Das Aggregat (agg.) ist keine offizielle taxonomische Rangstufe, sondern eine unverbindliche, aus bestimmungspraktischen Gründen geschaffene Gruppierung „kritischer" Arten (**Kleinarten**). In Zweifelsfällen wird es als besser angesehen, nur bis zu dem Aggregat zu bestimmen, als eine möglicherweise falsche Kleinart anzugeben. Besonders problematisch sind die infolge Apomixis in sehr großer Zahl auftretenden Kleinarten in verschiedenen Gattungen (z. B. *Alchemilla, Rubus, Sorbus, Taraxacum, Hieracium, Pilosella, Ranunculus auricomus* agg.).

Unterarten (subsp. = Subspecies) sind auf dem Weg der Artbildung befindliche Sippen, die zwar morphologisch deutlich differenziert, aber meist noch nicht genetisch isoliert sind. Die freie Kreuzbarkeit wird durch die Besiedlung unterschiedlicher Areale (geographische Rassen, Berg- und Talrassen) oder Standorte (ökologische Rassen, z. B. Kalk- und Silikatrassen) verhindert; in den Kontaktzonen treten meist Übergangsformen auf.

Kreuzungsprodukte verschiedener Arten (meist derselben, seltener von unterschiedlichen Gattungen) werden als **Hybriden** (**Bastarde**) bezeichnet. Sie vereinen gewöhnlich Merkmale beider Elternsippen, oft jedoch in sehr variabler Ausbildung, und sind ganz oder teilweise unfruchtbar. Sie erzeugen also meist keine reifen Samen oder Sporen. Soweit bekannt und relevant, wurden Primärhybriden in vorliegendem Band verschlüsselt. Wenn es sich um stabilisierte Formen handelt, wurden sie wie vollwertige (hybridogene) Arten geführt.

Gattungen können in verschiedene „supraspezifische Taxa" untergliedert werden. Da Gliederungen bei apomiktischen bzw. hybridogenen Komplexen besonders schwierig sind, wird aus pragmatischen Gründen oft mit informellen Artengruppen gearbeitet. **Sektionen** (sect. = Sectio) sind taxonomische Kategorien in Linné'schen Sinne, werden lateinisch benannt und fassen auch näher verwandte Arten zu Gruppen innerhalb einer Gattung zusammen. So sind im Falle von *Taraxacum* die Sektionen gut dokumentiert und oft auch ökologisch-biologisch unterschieden. Sie dienen daher sogar als Kartiereinheiten (s. Uhlemann in Jäger 2011). Bei *Rubus* werden die Sektionen weiter in **Subsektionen** (Subsect.) und diese wiederum in **Serien** (Ser.) untergliedert, in denen jeweils ähnliche

F. Müller, C. Ritz, E. Welk, K. Wesche (Hrsg.), *Rothmaler – Exkursionsflora von Deutschland*,
DOI 10.1007/978-3-8274-3132-5_1

Arten zusammengefasst werden. Bei den hybridogenen Sippen von *Sorbus* erfolgt eine Gliederung in **Untergattungen** (subg. = Subgenus), die nach den Elternsippen benannt werden.

Wir gehen davon aus, dass Benutzer das übergeordnete Taxon richtig erkannt haben, wenn sie zum Kritischen Ergänzungsband greifen. Dies setzt in der Regel taxonomisches Wissen voraus, typischerweise entnommen aus einer Flora wie dem Rothmaler-Grundband. Da dort eine Übersicht über das relevante botanische System gegeben wird, verzichten wir hier auf die Einordnung der behandelten Taxa. Diese folgt wie alle aktuellen Rothmaler-Bände dem System der *Angiosperm Phylogeny Group* (APG III).

Wissenschaftliche Pflanzennamen

Da die behandelten „Kleinarten" hier als Arten verstanden werden, richtet sich ihre Benennung (**Nomenklatur**) nach den gebräuchlichen wissenschaftlichen Standards, die als binäre Nomenklatur 1753 von LINNAEUS eingeführt wurden. Das aktuelle Regelwerk zur wissenschaftlichen Benennung von Pflanzen ist der *International Code of Nomenclature* (MCNEILL et al. 2012, IPNI 2012). Hybriden werden entweder durch die mit einem Malkreuz verbundenen Namen der Elternarten bezeichnet oder mit einem eigenen binären Namen benannt, wobei das Malkreuz vor dem Art-Epitheton steht (**Bastard-Eberesche** – ***Sorbus ×pinnatifida*** (SM.) DÜLL = ***S. aucuparia*** × ***S. aria***)

Jede Pflanzenart mit bestimmter Gattungszugehörigkeit und Umgrenzung hat nur einen einzigen korrekten wissenschaftlichen Namen; entsprechendes gilt für die Gattung, Unterart usw. (Familiennamen s. u.). Gerade bei Gruppen, deren Taxonomie schwierig und daher im Fluss ist, können für ein Taxon im Laufe der Zeit oder in verschiedenen Ländern verschiedene Namen in Gebrauch gekommen sein (**Synonyme** = gleichbedeutende Namen). Es ist dann nicht nur schwierig festzulegen, welcher der verwendeten Namen der älteste ist (und damit Priorität genießt), sondern es muss auch geklärt werden, ob sich der diesem Namen zugrundeliegende **Typus** wirklich auf das fragliche Taxon bezieht. Da der benutzte Name also nicht nur von der Anwendung der Nomenklaturregeln (MCNEILL et al. 2012) abhängt, sondern in erster Linie von der systematischen Beurteilung des Verwandtschaftskreises, die sich mit fortschreitender Forschung verändern kann, sind Namensänderungen nie ganz vermeidbar.

Aus diesem Grund sind Standardlisten wichtig, die für ein Gebiet einen Konsens zusammenstellen und als taxonomische Referenz dienen können. Für Deutschland ist die Standardliste von BUTTLER et al. (2015) von herausragender Bedeutung, weil sie nicht nur valide Namen listet, sondern auch durch umfangreiche Dokumentation die Synonyme sowie die relevanten Publikationen erschließbar macht. Der Rothmaler verfolgt das Prinzip, so wenig wie möglich von dieser Standardliste abzuweichen; die (wenigen) Ausnahmen werden gesondert kommentiert (dazu diverse Beiträge in *Schlechtendalia*). Diesem Prinzip folgt auch der Kritische Ergänzungsband. Wegen der besonderen Schwierigkeiten und häufigen Veränderungen in der Nomenklatur hatten hier aber die Autoren als ausgewiesene Spezialisten für die betreffende Gruppe das letzte Wort. Abweichungen von BUTTLER et al. (2015) waren also durchaus zulässig, blieben aber insgesamt die Ausnahme. Soweit vom Umfang her vertretbar, wurden wichtige Synonyme bei den Artinformationen aufgeführt. Da die Standardliste in der Regel vollständige Angaben zu den Autoren der jeweiligen Namen gibt, wurden diese im Grundband in einer standardisiert gekürzten Form angegeben (folgend BRUMMITT & POWELL 1992). Mit Blick auf mögliche neue Erkenntnisse wurden im vorliegenden Band aber meist die umfangreicheren Namenszitate aufgeführt.

Der nomenklatorische Autorname sagt nichts über die Umgrenzung eines Taxons aus, die sich je nach der systematischen Beurteilung ändern kann (s. o.). Um darauf hinzuweisen, findet sich manchmal noch eine Abkürzung hinter dem Namen der Sippe, die entweder im weiten Sinn (**s. l.** = *sensu lato*), d. h. unter Einschluss nahe verwandter Taxa, oder im engen Sinn (**s. str.** = *sensu stricto*), d. h. unter Ausschluss zuweilen hinzugezogener Taxa, aufgefasst sein kann. Das Wort ***sensu*** (im Sinne von) weist auf die taxonomische Bewertung bzw. die Umgrenzung einer Sippe durch den nachfolgend genannten Autor (oder in einem bestimmten Werk) hin. Bei Synonymen bedeutet die Abkürzung **p. p.** (= *pro parte*, zum Teil), dass mit dem synonym verwendeten Namen nur ein Teil des ursprünglichen Umfangs der betreffenden Sippe gemeint ist. Die Abkürzungen **auct.** (= *auctorum*, der Autoren) besagt, dass der Name in verschiedenen botanischen Büchern oder der Gartenliteratur falsch angewendet wird (oder wurde), nämlich nicht für dasjenige Taxon, dem der nomenklatorische Typus entspricht. Auch das Wort **non** (nicht) zwischen zwei Autornamen weist darauf hin, dass der erstgenannte Autor den Namen (ein Homonym) unkorrekt für eine andere Sippe verwendete als der zweitgenannte.

Um die richtige **Aussprache** der wissenschaftlichen Pflanzennamen zu erleichtern, ist jeweils der betonte Vokal bzw. Doppellaut unterstrichen. Betont wird wie im Lateinischen die vorletzte Silbe, wenn sie lang ist (*Sempervivum, giganteus*), dagegen die drittletzte, wenn die vorletzte Silbe kurz ist (*sempervirens, argenteus*).

Deutsche Pflanzennamen

Noch häufiger als bei anderen Artengruppen sind die deutschen Pflanzennamen im vorliegenden Buch künstlich gebildet („Büchernamen") und keine echten Volksnamen („Vernakularnamen"). Das liegt einerseits daran, dass für viele unscheinbare oder schwer unterscheidbare Arten überhaupt keine volkstümlichen Namen existieren, zum anderen haben sich die eigentlichen Volksnamen naturgemäß völlig unabhängig von der wissenschaftlichen Systematik entwickelt. Sie sind häufig vieldeutig und in einzelnen Landschaften des Gebietes unterschiedlich. Aus diesen Gründen wird nicht selten gerade in Expertenkreisen der Wert mancher deutscher Namen durchaus hinterfragt. Dennoch bleibt auch vorliegender Band dem Prinzip der Exkursionsflora treu und bietet außer bei *Taraxacum* in der Regel einen deutschen Namen an.

Im Gegensatz zu den wissenschaftlichen Pflanzennamen gibt es für die Bildung und Anwendung der deutschen Kunstnamen keine verbindlichen Regeln; Bestrebungen verschiedener Autoren zu einer Vereinheitlichung gehen von unterschiedlichen Voraussetzungen aus. Wir verwenden daher im Wesentlichen die bisher in den Rothmaler-Bänden gebräuchlichen Namen, haben aber in Anlehnung an Vorschläge von M. A. Fischer (2001, 2002) auch einige uns sinnvoll erscheinende Änderungen vorgenommen (z. B. Meierott-Mehlbeere statt Meierott's Mehlbeere).

Gewöhnlich bestehen die deutschen Artnamen wie die lateinischen aus dem Gattungsnamen und einem die Art kennzeichnenden Zusatzwort. Ist dieses ein Substantiv, wird der Name mit Bindestrich geschrieben (Zwerg-Mehlbeere), ist es ein Adjektiv, in zwei Wörtern und stets mit großem Anfangsbuchstaben (Echte Mehlbeere). Aus einem Wort bestehende volkstümliche Artnamen werden ohne Bindestrich geschrieben (Eberesche).

Bau und Biologie der Pflanzen

Grundlagen zum Bau der Pflanzen sind im Grundband (JÄGER 2011) beschrieben und werden hier in weiten Teilen als bekannt vorausgesetzt. Die in den Bestimmungsschlüsseln verwendeten allgemeinen Fachausdrücke werden am Ende des Buches (S. 185 ff., grauer Seitenrand) in einem alphabetischen, illustrierten Fachwortverzeichnis erklärt. Damit soll das Auffinden der Begriffe erleichtert werden. Spezielle Begriffe für bestimmte Artengruppen werden jeweils in den einführenden Anmerkungen erläutert. Deutsche Bezeichnungen werden bevorzugt, sie sind aber nicht alle ohne Erklärung verständlich. Es ist deshalb nötig, immer wieder im Fachwortverzeichnis nachzulesen und sich die Fachsprache anzueignen. Es ist nicht selbstverständlich, dass ein fiederschnittiges Blatt tiefer eingeschnitten ist als ein fiederteiliges, dass beide aber nicht aus völlig voneinander getrennten Teilen bestehen; im Gegensatz zum Fiederblatt, dessen Teile, die Blättchen, größer sein können als ein Blatt einer anderen Pflanze. Auch die botanischen Bezeichnungen der Früchte weichen z. T. von den landläufigen ab.
Im Schlüsselteil geben die Artdiagnosen, soweit bekannt, in Klammern jeweils formelhaft Informationen zu folgenden Merkmalen und in folgender Reihenfolge:
Wuchsform (Laubrhythmus, Rosettenbildung, Lebensform, Lebensdauer, Überdauerungsorgane, vegetative Vermehrung [klonales Wachstum], vegetative Ausbreitung, Bestäubung und Ausbreitung der Samen oder Früchte, manchmal auch Besonderheiten der Samen-Lebensdauer und Keimung.
Diese Klammern enthalten viele Fachtermini aber oft in abgekürzter Form. Um die eigenständige Nutzbarkeit zu gewährleisten, werden die entsprechenden Erläuterungen zu den wichtigsten Begriffen sowie ihren Abkürzungen hier aufgelistet, Angaben zur Fortpflanzungsbiologie apomiktischer und hybridogener Sippen wurden ergänzt.

Wuchsform

Laubrhythmus

immergrün (igr): ganzjährig ± gleichmäßig belaubt.

teilimmergrün (teiligr): Laub im Winter zum großen Teil absterbend, kleine, meist bodennahe Blätter in milden Wintern überdauernd.

sommergrün (sogr): Laubaustrieb im Frühjahr, Laubfall oder Absterben des Laubes im Herbst, Winterknospen oft durch Knospenschuppen geschützt.

frühjahrsgrün (frgr): Laubaustrieb im zeitigen Frühjahr, Absterben das Laubes im Frühsommer.

herbst-frühjahrsgrün (hfrgr): Laubaustrieb im Herbst, Absterben des Laubes im Frühsommer.

Rosettenbildung

Ganzrosettenpflanze (ros): Laubblätter nur am gestauchten Achsenabschnitt in Bodennähe (*Taraxacum*), an der gestreckten Achse höchstens schuppenförmige Hochblätter tragend.

F. Müller, C. Ritz, E. Welk, K. Wesche (Hrsg.), *Rothmaler – Exkursionsflora von Deutschland*,
DOI 10.1007/978-3-8274-3132-5_2

Halbrosettenpflanze (hros): außer der Rosette Laubblätter an der gestreckten Achse tragend.

Rosettenlose Pflanze (Erosulate, eros): Laubblätter nur an der gestreckten Achse, in Bodennähe oft Niederblätter (alle Kriechtriebpflanzen).

Lebensform

Phanerophyten tragen die Überdauerungsknospen weit über dem Boden. Bis auf wenige Ausnahmen **Holzpflanzen** (HolzPfl) mit ausdauernd verholzten oberirdischen Sprossachsen. Dazu gehören **Baum** (B, Makrophanerophyt), **Strauch** (Str, Nanophanerophyt), **Strauchbaum** (StrB), **Zwergstrauch** (ZwStr, Hemiphanerophyt), **Liane**: kletternde Holzpflanze.

Chamaephyten (C): Überdauerungsknospen wenige (ca. 3–30) cm über der Erdoberfläche liegend. Hierzu gehören **Halbstrauch** (HStr, schwach holziger Chamaephyt), **Spalierstrauch** (SpalierStr, Polsterzwergstrauch), **krautige Chamaephyten,** dazu auch **Polsterpflanzen** oder **Legtrieblager**.

Hemikryptophyten (H): Überdauerungsknospen in Höhe der Erdoberfläche.

Kryptophyten: Überdauerungsknospen geschützt im Boden oder am Grund von Gewässern. Hierzu gehören **Geophyt** (G), **Helophyt** (He), **Hydrophyt** (Hy).

Therophyten (Sommerannuelle): kurzlebige, typischerweise einjährige Arten.

Lebensdauer

Hapaxanthe (monokarpische) Kräuter sterben nach einmaligem Blühen und Fruchten ab. Zu ihnen gehören:

Sommerannuelle (⊙, Therophyt): einjährige Pflanze, die den Winter ausschließlich als Samen überdauert.

Winterannuelle (①, Einjährig Überwinternde): Keimung im (Sommer oder) Herbst nach der Samenreife, Blüte im Frühjahr oder Sommer des nächsten Jahres. **Frühjahrsephemere** sterben bereits im Frühsommer wieder ab.

Zweijährige (⊙, Bienne): Keimung im Herbst oder Frühjahr, danach 1 Jahr vegetativ wachsend und erst im 2. oder 3. Jahr blühend und fruchtend.

Mehrjährige (⊚, Plurienne): Jugendstadium meist > 5 Jahre, Pflanzen nach einmaligem Fruchten absterbend.

Pollakanthe (polykarpische) Pflanzen blühen und fruchten in mehreren Lebensjahren, sie sind **ausdauernd** (perennierend, ♃). Ausdauernde Kräuter heißen **Stauden**. Manche sind durch klonales Wachstum potentiell unsterblich, andere sind kurzlebig.

Erdsprosse und vegetative Reproduktion

Der Charakter der Erdsprosse entscheidet über die Möglichkeit der vegetativen Reproduktion und Ausbreitung (klonales Wachstum) und die Durchsetzungs-Strategie in der Vegetation. Vegetative Vermehrung und Ausbreitung ist auch bei den meisten Gehölzen möglich, z. B. durch Bogentriebe (*Rubus*-Arten).

Bei Kräutern werden unterschieden:

Pleiokorm (Pleiok): Dauerachsensystem aus den dichtstehenden, meist verholzten basalen Abschnitten der Jahrestriebe unterschiedlichen Alters, die im Bereich der Erdoberfläche überdauern und ständig untereinander und mit der Primärwurzel verbunden bleiben. Sprossbürtige Bewurzelung ist möglich, führt aber nicht zur Bildung selbständiger Teilpflanzen (Dividuen, Rameten). Lebensdauer begrenzt.

Pfahlwurzel (PfWu): ausdauernde, kräftige Primärwurzel, wenig verdickt oder als Speicherorgan stark verdickt (**Rübe**), mit unverzweigter oder wenig verzweigter Sprossbasis. Sprossbürtige Bewurzelung fehlt, Bewurzelung aus der Primärwurzel und ihren Seitenwurzeln gebildet (Allorrhizie). Trägt die Pfahlwurzel stark verzweigte Sprossbasen, wird die Wuchsform als Pleiokorm-Pfahlwurzel (PleiokPfWu) bezeichnet.

Horst: System gestauchter, nicht verdickter, dicht verzweigter Sprossbasen (Phalanx-Strategie), die im Alter Hexenringe bilden können. Bewurzelung sprossbürtig. Dividuenbildung durch Isolation von Teilen möglich.

Rhizom (Rhiz, „Wurzelstock"): horizontaler, selten schräger oder vertikaler speichernder Erdspross mit gestauchten Stängelgliedern (diese bis 2mal so lang wie dick). Zuwachsabschnitte meist an der Erdoberfläche gebildet und evtl. durch Zugwurzeln etwas darunter verlagert, Laubblätter und z. T. Niederblätter tragend; selten unter der Erdoberfläche gebildet und nur Niederblätter tragend. Regelmäßig sprossbürtig bewurzelt und nach Verzweigung und Absterben der rückwärtigen Teile selbständige Dividuen bildend.

Ausläufer (Ausl): horizontaler, sprossbürtig bewurzelter Trieb mit gestreckten, dünnen Stängelgliedern (diese >2mal so lang wie dick), an der Bodenoberfläche (oAusl) oder unterirdisch (uAusl), nach Absterben der rückwärtigen Teile selbständige Dividuen bildend. Pflanze potentiell unsterblich.

Kriechtrieb (KriechTr): ganze Pflanze kriechend als horizontal auf der Bodenoberfläche wachsender, sprossbürtig bewurzelter und Laubblätter tragender Überdauerungstrieb mit ± gleichmäßig gestreckten Stängelgliedern. Nach Verzweigung und Absterben der rückwärtigen Abschnitte selbständige Dividuen bildend.

Legtrieb (LegTr): dünner, zunächst locker aufsteigender Spross mit Laubblättern, der sich später niederlegt, sich sprossbürtig bewurzelt und zum klonalen Wachstum (Dividuenbildung) in der Lage ist.

Bogentrieb (BogenTr): mit Laubblättern und kurzen Internodien zunächst schräg aufwärts wachsend, später überbiegend, mit der Spitze den Boden erreichend und einwurzelnd. Regelmäßig Dividuenbildung, potentiell unsterblich (*Rubus* sect. *Corylifolii*, subsect. *Hiemales*).

Sprossknolle (SprKnolle): dicker, kurzer, meist unterirdischer Speicherspross mit Nieder- und/oder Laubblättern und sprossbürtiger Bewurzelung, oft mit Zugwurzeln zur Regulierung der Tiefenlage. **Hypokotylknolle** aus dem Hypokotyl und z. T. auch aus Wurzelbasen gebildet, längerlebig.

Wurzelknolle (WuKnolle): ganz oder teilweise verdickte sprossbürtige Wurzel, entweder nur mit Speicherfunktion (**Wurzelknolle** i. e. Sinn) oder außerdem mit Nährwurzeln und Wurzelfunktion (**Knollenwurzel**).

Zwiebel (Zw): knospenähnlicher, meist unterirdischer Speicherspross mit stark verkürzter Achse (Zwiebelscheibe) und fleischigen Niederblättern und/oder Laubblattbasen, die sich als geschlossene Scheiden umeinander schließen oder frei der Zwiebelscheibe ansitzen.

Polster: etagenförmiges Achsensystem aus meist dichtstehenden, kurzen, an der Spitze verzweigten, dicht und meist immergrün beblätterten Trieben mit meist ausdauernder Primärwurzel.

Wurzelspross (WuSpr): endogen an einer meist horizontalen Wurzel gebildeter orthotroper Spross, sprossbürtig bewurzelt. In manchen Fällen werden Wurzelsprosse nur regenerativ nach Verletzung gebildet (*Taraxacum*).

Blütenbiologie

Bestäubung: Übertragung der Pollenkörner (Mikrosporen) auf die Narbe bzw. bei den Nacktsamern direkt auf die Samenanlagen.

Befruchtung: Verschmelzung eines von mindestens 3 Kernen des Pollenkorns mit der Eizelle.

Fremdbestäubung (Allogamie): Bestäubung mit Pollen eines anderen Individuums. Fremdbestäubung wird gefördert durch physiologisch bedingte Unverträglichkeit (Inkompatibilität) von Pollen und Narbe desselben Individuums oder durch zeitlich differenzierte Reife der Geschlechter in einer Blüte, nämlich **Vormännlichkeit** (Protandrie, Vm), **Vor-**

weiblichkeit (Protogynie, Vw), außerdem durch **Herkogamie** (räumliche Trennung der Staubblätter und Narben einer Blüte) und **Verschiedengriffligkeit** (Heterostylie, Vg).

Pollen: Der Pollen wird durch Wind, Tiere oder Wasser übertragen:
Windbestäubung (Anemogamie, WiB): Bestäubung durch den Wind.
Tierbestäubung (Zoogamie), bei uns fast nur **Insektenbestäubung** (Entomogamie, InB).
Wasserbestäubung (Hydrogamie, WaB): Übertragung des Pollens an der Wasseroberfläche.
Selbstbestäubung (Autogamie, SeB): Bestäubung mit Pollen desselben Individuums, entweder innerhalb einer Blüte oder zwischen verschiedenen Blüten (**Nachbarbestäubung**, Geitonogamie). Manche Pflanzen besitzen außer den für Fremdbestäubung eingerichteten, offenen (chasmogamen) Blüten auch unscheinbare, geschlossen bleibende (**kleistogame**) Blüten, in denen regelmäßig Selbstbestäubung erfolgt.

Ausbreitungs- und Keimungsbiologie

Die Ausbreitung der **Diasporen** (Samen, Früchte und Sporen, aber auch vegetativer Ausbreitungseinheiten wie Brutzwiebeln) erfolgt durch Wind, Wasser, Tiere, durch den Menschen oder durch Selbstausbreitung.

Windausbreitung (Anemochorie, WiA): Ausbreitung durch den Wind mit Hilfe von Flugeinrichtungen mit einer großen Oberfläche, die das Schweben ermöglichen und die Fallgeschwindigkeit verringern.
Stoßausbreitung (Semachorie, StA): Auf versteiften, oft nach der Blüte stark gestreckten Fruchtstielen öffnen sich die Streufrüchte nach oben, die Samen werden durch Windstöße oder vorbeistreifende Tiere ausgeschüttelt.
Wasserausbreitung (Hydrochorie, WaA): Ausbreitung an der Wasseroberfläche oder im strömenden Wasser.
Regenschleuder-Ausbreitung (Ombroballochorie): Die Samen werden aus den nach oben geöffneten, schüsselförmigen Streufrüchten durch auffallende Regentropfen oder Spritzwasser an Bächen ausgeschleudert.
Tierausbreitung (Zoochorie): Ausbreitung auf oder in Tieren. Hierzu gehören **Verdauungsausbreitung** (Endozoochorie, VdA), **Kleb-** und **Klettausbreitung** (Epizoochorie, KlA), **Versteck-** und **Verlustausbreitung** (Dyszoochorie, VersteckA) durch Vögel oder Nager
Menschenausbreitung (Anthropochorie, MeA): Ausbreitung durch Aktivitäten des Menschen.
Selbstausbreitung (Autochorie, SeA): Reife Samen oder Früchte werden von der Pflanze aktiv fortgeschleudert.

Keimbedingungen, Samenlebensdauer

Soweit Daten vorliegen, werden Eigenschaften der **Keimung** und der **Lebensdauer** der Sporen und Samen angegeben. Für die Keimung fordern manche Arten Licht, andere Dunkelheit, manche müssen eine Kälteperiode durchlaufen (Kältekeimer), andere brauchen besonders hohe Temperaturen (Wärmekeimer).

Die Angaben über die Samenlebensdauer beziehen sich auf die Lagerung im Boden. Die Samen einiger Arten können Jahrhunderte überleben (*Taraxacum*). Sehr langlebige Samen sind meist klein. Eine Samenlebensdauer von 1–3 Jahren wird mit „Sa kurzlebig", von über 20 Jahren mit „Sa langlebig" angegeben. Wenn nichts angegeben ist, liegt die Lebensdauer dazwischen, meistens aber fehlen Kenntnisse zu diesen Eigenschaften.

Fortpflanzungsmechanismen

Sexuelle Arten der Bedecktsamer bilden durch meiotische Teilung Pollen- und Embryosackzellen mit einem reduzierten Chromosomensatz. Das Pollenkorn enthält eine Pollenschlauchzelle und eine generative Zelle, die sich in zwei Spermazellen teilt. Der Embryosack enthält die Eizelle und gewöhnlich noch sieben weitere Zellen. Nach der Bestäubung gelangen die Spermazellen mithilfe des Pollenschlauches durch Narbe und Griffel zum Embryosack in die Samenanlage. Eine Spermazelle verschmilzt mit der Eizelle, die zweite Spermazelle fusioniert mit den beiden bereits verschmolzenen sekundären Polkernen des Embryosackes (doppelte Befruchtung). Aus der befruchteten Eizelle geht der Embryo und aus den Polkernen das sekundäre Endosperm (Nährgewebe für den Embryo) hervor. Die sexuelle Fortpflanzung ist die Hauptquelle der genetischen Variation in den Nachkommen und sichert die evolutive Anpassungsfähigkeit an sich ändernde Umweltbedingungen.

Dennoch pflanzen sich viele Arten auch asexuell fort. **Apomixis** im weiteren Sinne umfasst sowohl vegetative Vermehrung als auch asexuelle Samenbildung (**Agamospermie**). Bei der vegetativen Fortpflanzung werden Nachkommen aus somatischen Geweben ohne die Einbindung sexueller Prozesse gebildet (z. B. Ausläufer u. Flagellen in *Pilosella*, Bogentriebe in *Rubus*). Die Gesamtheit genetisch identischer Nachkommen aus vegetativer Vermehrung (**Rameten**) wird als **Klon** bezeichnet.

Agamospermie tritt vor allem in polyploiden Artengruppen der Familien Asteraceae, Rosaceae und Poaceae auf (Kadereit et al. 2014). Bei der **sporophytischen Agamospermie** entstehen die Embryonen nicht in einem Embryosack sondern direkt aus weiteren unreduzierten Geweben der Samenanalage (z. B. in *Alchemilla*). Sexuell und asexuell entstandene Embryonen können bei dieser Form der Agamospermie in einer Samenanlage koexistieren. Bei der **gametophytischen Agamospermie** wird ein Embryosack mit unreduzierter Chromosomenzahl gebildet. Entsteht dieser unreduzierte Embryosack unabhängig von einem reduzierten Embryosack, wird dies als **Aposporie** (z. B. *Pilosella, Ranunculus auricomus, Sorbus*) bezeichnet, ersetzt er den reduzierten Embryosack wird von Diplosporie (z. B. *Hieracium, Taraxacum*) gesprochen. In aposporen Arten sind meist Bestäubung und die darauffolgende Fusion des zweiten Spermakerns mit den Polkernen zur sekundären Endospermbildung notwendig (**Pseudogamie**). Sowohl bei aposporen als auch bei diplosporen Arten kann der Embryo entweder aus der unreduzierten Eizelle (**Parthenogenese**) oder aus einer anderen Zelle des Embryosackes (**Apogamie**) hervorgehen. In einigen Gattungen kommen verschiedene Formen der Agamospermie vor (*Alchemilla, Rubus*).

Da apomiktische Fortpflanzung die Neukombination von genetischem Material verhindert, können Merkmalsausprägungen über Generationen mehr oder weniger unverändert weitergegeben werden, so dass in diesen Pflanzengruppen anhand fixierter Unterschiede eine große Anzahl von **Kleinarten** (**Mikrospecies**) unterschieden werden können. Trotz ausbleibender Neukombination kann die genetische Vielfalt in agamospermen Arten beträchtlich sein, dies ist durch Anhäufung von somatischen Mutationen, unvollständig ablaufende Meiosen oder gelegentliche sexuelle Vermehrung begründet.

Hybridisierung und Polyploidie

Oftmals sind Pflanzenarten nicht vollständig voneinander reproduktiv isoliert. Die Kreuzung zwischen zwei Arten wird als **Hybridisierung** bezeichnet. Hybriden können eine intermediäre Merkmalsausprägung zwischen den Elternarten zeigen, einem Elternteil ähnlicher sein oder auch neue Merkmale, die den Elternarten fehlen, ausbilden. Die Fertilität der Hybriden kann – muss aber nicht – im Vergleich zu den Elternarten herabgesetzt sein. Wenn sich Mechanismen der reproduktiven Isolation zwischen Primärhybriden und ihren Elternarten etablieren, können aus Hybriden neue Arten hervorgehen. Bei einer fortgesetzten Kreuzung zwischen der Hybride und einem Elternteil spricht man von **Introgression**. Reproduktive Isolation kann u. a. durch die Vervielfachung der Chromosomensätze (**Polyploidie**) in Hybriden entstehen. Solche Hybriden werden meist aus unreduzierten Gameten gebildet und als **Allopolyploide** bezeichnet. Zum Beispiel sind die Nachkommen einer tetraploiden (4x) Hybride mit einem ihrer diploiden (2x) Elternteile Triploide (3x), die aufgrund ihres ungeraden Chromosomensatzes meist nicht zur sexuellen Fortpflanzung in der Lage sind. Dennoch treten in manchen Pflanzengruppen oft Hybridisierungsereignisse zwischen Allopolyploiden untereinander und mit ihren diploiden Vorfahren auf, aus denen sich taxonomisch schwer zu fassende **Polyploidkomplexe** entwickeln. Hinzukommt, dass sich unter Allopolyploiden oftmals apomiktische Fortpflanzungssysteme als Ausweg aus der Hybridsterilität (s. o.) herausbilden.

Verbreitung der Pflanzen

Alle Pflanzenarten und in der Regel auch die Unterarten besiedeln ein charakteristisches, ihren Umweltansprüchen entsprechendes Wohngebiet, das **Areal**. Für viele der in diesem Band behandelten Arten ist eine relativ junge, oft nacheiszeitliche Entstehung zu vermuten. Doch resultieren daraus nicht unbedingt kleine, regional begrenzte Arealflächen. Apomixis führt sogar häufig zu einer erhöhten Arealgröße der apomiktischen Arten im Vergleich zu sexuell reproduzierenden Verwandten. Bierzychudek (1985) zeigte, dass Areale apomiktischer Pflanzengruppen ausserdem in nördlichere geographische Breiten reichen, dass Apomikten weiter hinauf in Gebirgen vorkommen und häufiger in ehemals vergletscherten Gebieten sind. Oft sind die sich sexuell fortpflanzenden Verwandten sogar nur im Kerngebiet weiterreichender apomiktischer Komplexe verbreitet (*Antennaria*, *Taraxacum*, *Chondrilla*, *Ranunculus*). Apomixis bietet unter dynamischen Umweltbedingungen Vorteile in Vermehrung und Fortpflanzung: uniparentale Reproduktion und klonales Wachstum ermöglichen oft eine effizientere Ausbreitung und Etablierung, während Polyploidie und Hybridisierung die genetische Vielfalt innerhalb apomiktischer Populationen erhalten. Andererseits können durch Hybridisierung und apomiktische Stabilisierung jederzeit konstante Neoendemiten entstehen, die dann nur ganz lokal, im Extremfall nur als ein Individuum oder Klon vorkommen (*Hieracium*, *Rubus*, *Sorbus*, *Taraxacum*).

Ursachen der Pflanzenverbreitung

Die Begrenzung der Pflanzenareale ergibt sich aus dem Zusammenwirken von inneren Faktoren (der Konstitution der Pflanzenart) und äußeren Faktoren. Bei den letzteren werden ökologische Faktoren (Wärme, Licht, Wasser, Boden, Konkurrenz anderer Pflanzenarten, Bestäuber, Schädlinge usw.) und historische Faktoren unterschieden. Je jünger eine Sippe ist, desto größer wird die Bedeutung des Zeitfaktors, weil vom Entstehungsraum ausgehend oft noch eine progressive Arealerweiterung stattfindet. Jede Ursachenanalyse setzt eine genaue Kenntnis des Gesamtareales voraus, die in der Regel aus Herbarien, lokalen Verbreitungskarten oder Florenwerken gewonnen werden kann. Mit Blick auf den lückigen Wissensstand, die besondere Schwierigkeit der Artumgrenzung und die geschilderten Nomenklaturprobleme sind Gesamtareale für viele der hier behandelten Sippen nur unter Vorbehalt oder gar nicht anzugeben. Eine zusammenfassende Analyse entsprechender Artenschwärme wäre im Hinblick auf das evolutive Verständnis der Sippenbildung sicher von großem Interesse, fehlt aber für die verschlüsselten Gruppen.

Apomiktische bzw. hybridogene Sippen unterliegen ähnlichen arealbegrenzenden Mechanismen wie andere höhere Pflanzen. Großräumig wirkt vorrangig das **Klima**, das die meisten im Gebiet auftretenden Arealgrenzen bestimmt. Neben Frost und Länge der Vegetationsperiode ist hier v. a. der Wasserfaktor von Bedeutung. Dieser wird aber auch stark durch den **Standort** (nicht deckungsgleich mit dem Fundort, also der geografischen Lage) bestimmt. Hier wirken biotische Faktoren und abiotische Faktoren zusammen. Im engeren geografischen Rahmen wird die Verbreitung der Pflanzen sehr stark von den chemischen Eigenschaften des Bodens und seinem Wasserhaushalt

F. Müller, C. Ritz, E. Welk, K. Wesche (Hrsg.), *Rothmaler – Exkursionsflora von Deutschland*,
DOI 10.1007/978-3-8274-3132-5_3

bestimmt. Für die Kennzeichnung der standörtlichen Ansprüche der einzelnen Arten werden in den Rothmaler-Bänden abgestufte Wertungen vorgenommen. Bezüglich des Basenhaushaltes der Böden kennzeichnet **kalkstet** das ausschließliche Vorkommen, **kalkhold** das überwiegende Vorkommen auf karbonathaltigen (basischen) Böden, **basenhold** ein Vorkommen auf Böden, die meist karbonatfrei, aber reich an basischen Kationen sind und **kalkmeidend** das Vorkommen auf karbonatfreien, ± sauren Böden. Im Gegensatz zu Kalkgesteinen sind **Silikatgesteine** kalkfrei; sie sind meistens sauer (Granit, saurer Gneis), können aber auch basenreich sein (Basalt, Diabas, Gabbro). Die Angaben **nährstoffanspruchsvoll** bzw. **stickstoffanspruchsvoll** kennzeichnen Arten, die hohe Ansprüche an wachstumsfördernde Nährstoffionen insgesamt bzw. an einzelne von ihnen stellen. Entsprechend werden bestimmte Substrateigenschaften (besonders bei Gewässern) als **eu-, meso-** oder **oligotroph** eingestuft. Das Ertragen bzw. die Bevorzugung von Standorten mit überhöhtem Angebot an einzelnen Elementen in einem für die Mehrzahl der Pflanzen toxischen Bereich wird, wie im Falle von Salzstandorten im Binnenland und an der Küste, besonders gekennzeichnet. Ungezielt anthropogen geschaffene bzw. beeinflusste Standorte werden als **Ruderalstellen** zusammengefasst und im Einzelnen meist noch genauer gekennzeichnet. Der für die Wasserversorgung der Pflanzen wichtige Bodenwasserhaushalt wird durch die Stufen **nass**, **feucht**, **frisch**, **trocken** bzw. **wechselfeucht/wechseltrocken** charakterisiert.

Neben den abiotischen Faktoren spielen natürlich auch biotische Faktoren wie **menschliche Nutzungsweise**, **Herbivorie** und **Konkurrenz**, z. B. durch höherwüchsige Arten eine Rolle.

Historische Faktoren. Neben den geschilderten ökologischen Faktoren sind für die Pflanzenverbreitung die historischen Faktoren wichtig, wobei hier für Mitteleuropa die Auswirkungen der jüngeren Klimageschichte besonders gut bekannt und offenbar wichtig sind. So kommen neben Kaltzeitrelikten (**Glazialrelikte**) auch Wärmezeitrelikte (**Xerothermrelikte**) vor. Auch die Landnutzungsgeschichte hat immensen Einfluss. Mit der Einführung des Ackerbaus aus Vorderasien (etwa 4500 v. Chr.) wurden viele Ackerunkräuter eingeschleppt; andere, meist stickstoffliebende Arten begleiten die menschlichen Wohnstätten und Müllplätze (**Ruderalpflanzen**). Man bezeichnet solche in vorgeschichtlicher oder frühgeschichtlicher Zeit eingeschleppte Arten als **Archäophyten** (A), im Gegensatz zu den **Neophyten** (N), die nach der Entdeckung Amerikas eingeschleppt wurden oder eingewandert sind, und bei denen man oft das Jahr des ersten Auftretens und die Ausbreitungsgeschichte im Gebiet kennt. Über den **Status** (heimisch oder eingeschleppt) bestehen allerdings auch bei einigen bestimmungskritischen Arten Unsicherheiten. Auch heute werden ständig neue Arten durch Verkehr und Handel eingebracht. Viele davon breiten sich aber vom Einschleppungsort nicht weiter aus, verschwinden nach einigen Jahren oder überstehen nicht einmal den ersten Winter (**Adventivpflanzen**, **Ephemerophyten**). Von diesen **Unbeständigen** (U) wurden in der Exkursionsflora nur diejenigen aufgenommen, die immer wieder neu eingeschleppt werden und daher regelmäßig anzutreffen sind.

Mit (N) werden nur fest eingebürgerte, über mehrere Generationen beständige Neophyten bezeichnet. Auf dem Wege der Einbürgerung befindliche Arten können mit (U → N) gekennzeichnet werden. Innerhalb Deutschlands kann der Grad der Einbürgerung unterschiedlich sein; gebietsweise heimische Pflanzen sind in anderen Bundesländern nur eingebürgert oder gar unbeständig.

Seit der Mitte des 20. Jahrhunderts hat mit der Einführung industrieller Methoden in der Landwirtschaft und dem zunehmenden Stickstoffeintrag aus der Luft eine ganz neue Entwicklungsphase für die Pflanzenwelt unseres Gebietes begonnen. Sie ist durch weiträumige und oft dramatische Verluste in der Artenvielfalt geprägt, die weiter fortschreiten. Eine viel geringere Zahl von Arten hat sich in den letzten Jahrzehnten stark ausgebreitet. Ihr Erfolg geht meistens auf die Veränderung der Standorte und die Störung der heimischen Vegetation durch den Menschen zurück. In Kontext des vorliegenden

Bandes sind hier u. a. *Rubus*-Arten zu nennen, die in einer vermutlich nährstoffärmeren, v. a. weitaus waldreicheren Naturlandschaft, seltener die typischen Heckengesellschaften aufbauen könnten. Es gibt innerhalb von Artenschwärmen aber durchaus Unterschiede. So sind bestimmte Löwenzähne (insbesondre sect. *Taraxacum*) im Intensivgrünland auch bei starker Düngung häufig, während andere Sektionen der Gattung insgesamt seltene Spezialisten beinhalten (z. B. sect. *Palustria*).

Bei verschiedenen hier bearbeiteten Gruppen liegen die besonderen taxonomischen Probleme darin begründet, dass hier sozusagen vor unseren Augen Evolution abläuft. Viele Arten befinden sich in derzeitiger Entstehung, aber andere sind oft auch im Verschwinden begriffen – die Artgrenzen verschwimmen. Die relevante Zeitskala umfasst hier Jahrhunderte, vielleicht auch nur Jahrzehnte, entspricht also der Spanne massiven menschlichen Eingriffes in die Vegetation. Durch Schaffung flächenhafter Offenlandbiotope hat der Mensch die Artbildung beeinflusst und lokal sogar gefördert. Da die relevanten Prozesse noch so jung sind, finden wir bei den hier behandelten Artenschwärmen viele Sippen mit oft sehr begrenzter Verbreitung. Auch die wenigen in Deutschland endemischen Arten gehören oft zu solchen bestimmungskritischen Gruppen. Je nach Beurteilung des Status und der taxonomischen Eigenständigkeit kann die Verantwortlichkeit Deutschlands für die weltweite Erhaltung der hier behandelten Arten durchaus als hoch angesehen werden. Damit ergibt sich für den Naturschutz eine besondere Herausforderung, denn hier muss genau unterschieden werden, ob Arten z. B. selten sind, weil sie noch sehr jung sind und sich nicht ausbreiten konnten, weil sie ökologisch hochspezialisiert sind oder weil sie tatsächlich akut durch Landnutzung (und Klimawandel) bedroht werden. Es muss auch geprüft werden, ob ihre Seltenheit nicht nur eine scheinbare ist und ein Artefakt der spärlichen Datenlage für die hier behandelten Arten darstellt.

Verbreitung und Häufigkeit in Deutschland

Verbreitung und Häufigkeit der einzelnen Arten werden nach Bundesländern angegeben, weil den Länderfloren, den Verbreitungsatlanten, den Roten Listen und anderen floristischen Publikationen ebenfalls die politischen Grenzen zugrunde liegen. Die Bundesländer werden stets in folgender Reihenfolge von Süden nach Norden aufgeführt: Ba (Bayern), Bw (Baden-Württemberg), Rh (Rheinland-Pfalz & Saarland), We (Nordrhein-Westfalen), He (Hessen), Th (Thüringen), Sa (Sachsen), An (Sachsen-Anhalt), Br (Brandenburg & Berlin), Ns (Niedersachsen & Bremen), Me (Mecklenburg-Vorpommern) und Sh (Schleswig-Holstein & Hamburg). Mit Doppelpunkt werden an die Länderkürzel bisweilen einzelne Fundorte oder Fundgebiete angefügt. Bei genauer Kenntnis der lokalen Verbreitung wird im Rahmen der Ländergrenzen nach Himmelsrichtungen oder Landschaften differenziert. Die Übersichtskarte im hinteren Klappentext fasst die entsprechende Gebietsgliederung zusammen. Für eine genauere Charakterisierung der so umrissenen Großlandschaften verweisen wir allerdings auf die ausführlichen Erläuterungen im aktuellen Grundband.

Mit den vier in der Exkursionsflora verwendeten Häufigkeitsstufen (gemein, verbreitet, zerstreut und selten) wird die Dichte der Vorkommen angegeben, also nicht die Individuenzahl. Für die letztere gibt es in den hier relevanten Fällen kaum belastbare Angaben. Im Rothmaler-Grundband bedeutet: s (**selten**): in weniger als 5 % der Messtischblatt-Kartierflächen vorkommend; z (**zerstreut**): in 5–40 % der Kartierflächen; v (**verbreitet**): in 40–90 % der Kartierflächen und g (**gemein**): in über 90 % dieser Flächen. Bei Angabe von Länderteilen beziehen sich diese Relativwerte auf die betreffenden Gebiete. Weil ständig Pflanzen an manchen Stellen erlöschen, an anderen neu auftreten oder neu gefunden werden, können diese Angaben nur Richtwerte sein. Die Bundesländer-Kürzel werden in den Verbreitungsangaben nach der Häufigkeit gruppiert, beginnend mit der höchsten Häufigkeitsstufe. Die Häufigkeitsgruppen werden durch Komma getrennt, die

Länder innerhalb der Gruppen nicht. Entweder werden alle Bundesländer oder auch ihre Teile einzeln aufgeführt, oder die Angabe gilt für alle Bundesländer (alle Bdl), wobei Abweichungen in einzelnen Teilgebieten genannt werden. Nach den spontanen Vorkommen folgen alle alteingebürgerten (A), dann alle neueingebürgerten (N), darauf die unbeständigen (U, vgl. S. 14). Die Angabe einzelner Fundorte ist bei den unbeständigen Vorkommen nicht sinnvoll. Nach dem Zeichen für „ausgestorben" (†, seit mehreren Jahrzehnten nicht mehr beobachtet) werden schließlich alle Länder zusammengefasst, in denen die Art ausgestorben ist. Dabei werden nur manchmal ehemalige Fundorte angegeben. Die in Deutschland ganz ausgestorbenen Arten werden in der Exkursionsflora noch mit geführt. So kann das Ausmaß des Rückgangs richtig beurteilt werden, andererseits sind evtl. Wiederfunde möglich. Stärkerer Rückgang der Vorkommen wird am Ende der Aufzählung mit ↘, deutliche Ausbreitung mit ↗ vermerkt. Das Zeichen ⑦ steht vor dem Namen von Arten und Unterarten, die im Gebiet noch nicht oder nicht sicher nachgewiesen sind, auf die aber, z. B. wegen Vorkommen in den Nachbarländern, geachtet werden sollte. Wenn nicht anders angegeben, beziehen sich diese Zeichen auf das ganze Gebiet. Bei den zurückgehenden Arten werden in den Ländern, in denen sie noch vorkommen, nur die aktuellen Fundorte angegeben.

Für einen Großteil der deutschen Gefäßpflanzenflora lässt sich die Dichte dank der umfassenden floristischen Kartierungen zuverlässig angeben. Die Gitternetz-Kartierungen erfolgten flächendeckend und sich in den letzten Jahrzehnten sogar ein- bis regional auch mehrfach wiederholt worden. Das Ergebnis fassen Verbreitungsatlanten zusammen, ein Beispiel ist der aktuelle Deutschlandatlas (NETZWERK PHYTODIVERSITÄT DEUTSCHLAND E. V. & BUNDESAMT FÜR NATURSCHUTZ 2014). Aus diesen Daten lassen sich die üblicherweise im Rothmaler verwendeten Häufigkeitsangaben prinzipiell ableiten. Ein Blick in den Deutschlandatlas zeigt aber, dass die im Kritischen Ergänzungsband behandelten Arten oft nur als Artengruppen behandelt wurden. Eine Ausnahme sind hier die häufigeren *Rubus*-Arten, deren Taxonomie als bereits relativ gefestigt gelten kann und die schon seit längerem von einer (relativ) großen Zahl von Floristen erkannt und auch kartiert werden. Bei anderen Arten liegen oft keine systematisch erhobenen Daten vor, nicht zuletzt auch weil die hier genutzten Artkonzepte bis in die jüngere Zeit im Fluss waren (*R. auricomus*) bzw. sind (*Sorbus*).

Die Autoren haben auch hier versucht, die üblichen oben genannten Häufigkeitsstufen zu verwenden, aber hier handelt es sich nicht um formalisierte Messtischblatthäufigkeiten, sondern um Expertenvoten. Diese können natürlich genauso korrekt sein wie die Ergebnisse der floristischen Kartierung Deutschlands, aber dennoch ist die Gefahr höher, dass Verbreitungsmuster durch Kenntnislücken nicht korrekt dargestellt werden.

Gesamtareale

Bei Arten, deren Verbreitung selbst in einem floristisch so gut untersuchten Gebiet wie Mitteleuropa noch ungenügend bekannt ist, sind Angaben zur arealweiten Gesamtverbreitung natürlich besonders schwierig. Die Autoren haben sich dennoch bemüht Angaben zu machen, soweit dies eben noch wissenschaftlich vertretbar schien. In vielen Fällen konnten nur für einen Teil der Arten, oder auch nur für bestimmte übergeordnete Gruppen (Sektionen) Angaben gemacht werden. Soweit möglich, folgen diese aber immer dem in anderen Rothmaler-Bänden bewährten Schema und nutzen auch die eingeführten Abkürzungen. Sie sind im vorderen Klappentext zusammengefasst aufgeschlüsselt.

Bei der Charakterisierung der Gesamtareale werden die zonale Bindung, die Ozeanitätsbindung und die Höhenstufenbindung der Arten in einer Formel (**Arealdiagnose**) berücksichtigt.

Zonalität. Die Pflanzenareale erstrecken sich über eine oder mehrere Florenzonen. Die Grenzen dieser Florenzonen sind aus Abb. **17** ersichtlich. Die **arktische** Florenzone

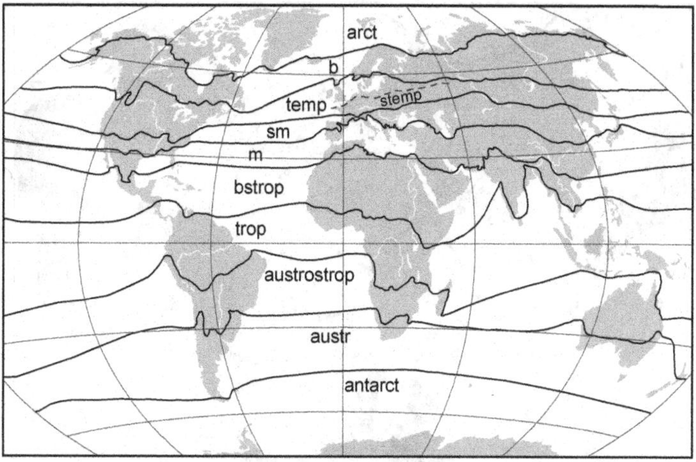

Florenzonen der Erde: (arct = arktisch, b = boreal, (s)temp = (süd)temperat, sm = submeridional, m = meridional, bstrop = boreosubtropisch, trop = tropisch, austrostrop = austrosubtropisch, austr = austral, antarct = antarktisch)

(arct) umfasst das Tundrengebiet nördlich der polaren Waldgrenze, die **boreale** (b) das Gebiet der nördlichen Taiga-Nadelwälder. In der **temperaten**, d. h. gemäßigten Zone (temp), in die auch das Gebiet der Exkursionsflora fällt, herrschen sommergrüne Laubwälder vor, die z. T. mit Nadelwäldern gemischt sind. Zur genaueren Erfassung der Grenzen im Gebiet wurde sie in Europa in die nördliche (ntemp) und südliche (stemp) temperate Zone untergliedert. Die **submeridionale** Zone (sm) enthält sommergrüne Trockenwälder und Steppen. In der **meridionalen** Zone (m) treten immergrüne Laub- und Nadelwälder, Steppen und Wüsten auf. Nach Süden schließen sich die wintertrockne nördliche **subtropische** Zone (boreostrop), die immerfeuchte **tropische** Zone (trop) mit immergrünen Feucht-Laubwäldern und die südliche (austrostrop) **subtropische** Zone (strop) mit Savannen und Trockenwäldern an. Die **australe** Zone (austr) kann mit der meridionalen bis temperaten Zone verglichen werden, die **antarktische** (antarct) Zone entspricht weitgehend den borealen bis arktischen Breiten.

Ozeanität. Nur wenige, meist nördliche Arten sind in der Lage, innerhalb ihrer zonalen Grenzen den gesamten Erdkreis zu besiedeln. In der Regel sind auch solche **zirkumpolaren** Arten (CIRCPOL) entweder an ozeanische oder kontinentale Gebiete gebunden.

Die Erstreckung des Areals im Gefälle der Ozeanität wird nach einer 10stufigen Gliederung der Erde angegeben, die aus bekannten Pflanzenarealen abgeleitet wurde (Abb. **18**). Während die zonale Gliederung die Temperaturbedingungen widerspiegelt (im Norden Sommertemperaturen, weiter südlich die Dauer der Vegetationsperiode, an der Grenze zu den Tropen das Auftreten von Frost), kommt in der pflanzengeografischen Ozeanitätsgliederung die Antwort der Pflanzen auf einen Komplex von thermischen und hygrischen Faktoren zum Ausdruck. In polnahen Gebieten ist die Jahrestemperaturkurve besonders wichtig, in wärmeren Zonen die Menge und Verteilung der Niederschläge, weil in den Tropen vor allem die Humidität die Arealgrenzen bestimmt.

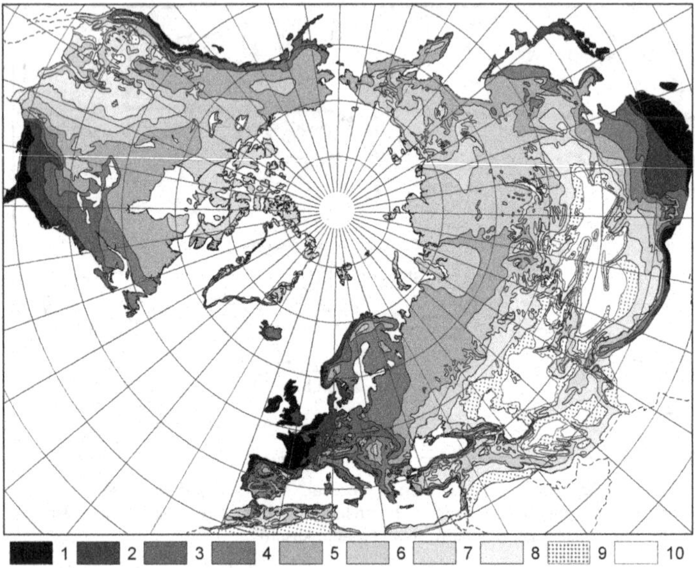

Pflanzengeographische Kontinentalitätsstufen (c1–10) der Nordhemisphäre

Da es eine objektive Grenze zwischen ozeanischen und kontinentalen Klimaten und entsprechenden floristischen Gebieten nicht gibt, wird bei der Einstufung nicht zwischen einer ozeanischen und einer kontinentalen Arealgruppe unterschieden. In Deutschland zeigen die c1- und c1-2-Arten einen ozeanischen Einfluss an, im Osten noch die c1-3-Arten, die c2-3- und c2-4-Arten gelten als subozeanisch (in England die letzteren als kontinental). Alle Areale mit einer Westgrenze in c3 und c4 können bei uns als subkontinental oder kontinental bezeichnet werden, während manche davon (bei enger Gesamtamplitude) in Sibirien einen ozeanischen Einfluss anzeigen können. Viele salztolerante Arten besiedeln neben Arealen im Inneren der Kontinente noch die Küsten. Aufgrund der Ozeanitätsindizes können in Arealtypenspektren sowohl die Grenzlage als auch die Amplitude vergleichbar beurteilt werden. Wenn das Verbreitungsgebiet einer Pflanzenart nach irgendeiner Richtung nicht oder wenig über unser Gebiet hinausreicht, spiegelt sich der Charakter des Gesamtareals gewöhnlich deutlich in der Lokalverbreitung wider.

Höhenstufen. Nach ihrer Höhenverbreitung kann eine Art als **planar** (in der Tiefebene verbreitet), **kollin** (co), **montan** (mo), **subalpin** (salp) oder **alpin** (alp) bezeichnet werden. Als montan wird in unserem Gebiet die Buchen-Fichten-Stufe, als subalpin die Krummholz-Stufe und als alpin die Matten-Stufe oberhalb des Krummholz-Gürtels bezeichnet. Bei der Angabe der Höhenstufenbindung wird der Schwerpunkt der Höhenverbreitung genannt, bisweilen reicht die Höhenausdehnung des Areals über die genannte Höhenstufe hinaus. Ein Areal von der alpinen Stufe bis in die darunterliegenden Stufen eines Gebirges ist **dealpin** (dealp), von der montanen bis in die darunterliegenden Stufen ist **demontan** (demo). Ein um ein Gebirge mit einer alpinen Höhenstufe gelegenes Areal ist **perialpin** (perialp), wobei eine unterschiedliche Höhenausdehnung vorliegen kann. Gebirgsbenachbarte Areale werden als **perimontan** (perimo) bezeichnet. Eine Einklammerung der Höhenstufenbezeichnungen bedeutet, dass die Bindung an die betreffende Höhenstufe nur schwach ausgeprägt ist.

Beschränkung auf Kontinente. Die Bindung der Pflanzenarten an die verschiedenen Kontinente, Teilkontinente oder Inseln: Europa (EUR), Asien (AS), Sibirien (SIB), Afrika (AFR), Amerika (AM), Grönland (GRÖNL), Australien (AUST) ist meist florengeschichtlich begründet. Europa umfasst im pflanzengeografischen Sinn auch Nordwestafrika und die meernahen Gegenden Vorderasiens. Diese Gebiete werden deshalb nicht gesondert aufgeführt. Die pflanzengeografische Grenze zwischen dem westlichen und östlichen Eurasien verläuft vom Jenissei über die westliche Mongolei, den Tienschan und Westpamir zum Westhimalaja. Zu Westeurasien gehört Mittelasien (MAS), zu Osteurasien Zentralasien (ZAS: Tibet, Zentral- und Ostmongolei). Die Alpen (ALP) oder der Kaukasus (KAUK) werden nur dann in der Arealdiagnose genannt, wenn das natürliche Areal wirklich auf diese Gebirge beschränkt ist.

Arealdiagnosen. Aus der Zonalitäts-, Ozeanitäts- und Höhenstufenbindung und aus der Beschränkung auf einzelne Kontinente ergibt sich die Arealdiagnose, z. B. für *Rubus montanus* sm/mo-stemp·c2-4EUR, d. h. diese Brombeere besiedelt von der Gebirgsstufe der submeridionalen Zone bis in die Ebenen der südtemperaten Zone Europas die Ozeanitätsstufen c2-4. Oder *Taraxacum bessarabicum* m-stemp·c5-10EUR+MAS, d. h. dieser halophytische Löwenzahn besiedelt von der meridionalen Zone bis in die südtemperate Zone Europas und Mittelasiens die Ozeanitätsstufen c5-10 (vgl. Abb. **18**). Die Zonen-, Ozeanitäts- und Höhenstufenangaben beziehen sich dabei auf alle angegebenen Kontinente beziehungsweise Teilkontinente. Disjunkte Arealteile werden in den Arealdiagnosen durch + getrennt. Mit doppeltem Schrägstrich angeschlossene Höhenstufenangaben beziehen sich auf alle vorher genannten Florenzonen.

Diese Arealdiagnosen entsprechen der Form nach denen bei Meusel et al. (1965–1992); da hier aber nur wenige der im Kritischen Ergänzungsband relevanten Artengruppen detailliert behandet wurden, wurden viele Angaben neu erarbeitet.

Ökologische Zeigerwerte

Im Hinblick auf die Kenntnislücken in Ökologie und Verbreitung mag es überraschend sein, dass numerische Angaben zum ökologischen Verhalten von Arten aufgeführt werden. Tatsächlich sind aber auch für verschiedene bestimmungskritische Artengruppen solche Angaben schon seit längerem verfügbar und können als belastbar gelten. Hervorzuheben sind hier v. a. die Angaben bei der Gattung *Rubus*, während bei anderen Taxa nur Angaben für ausgewählte Gruppen von Arten gemacht werden können (einzelne Sektionen von *Taraxacum*).

Eine numerisch vergleichbare Bewertung des Verhaltens der Arten gegenüber einzelnen Umweltvariablen ermöglichen die von Ellenberg et al. (1992) für Mitteleuropa aufgestellten ökologischen Zeigerwerte. In die Exkursionsflora wurden diejenigen für Licht (L), Temperatur (T), Feuchte (F), Bodenreaktion (R) und Stickstoff (N) übernommen, die Zeigerwerte für Kontinentalität werden aber durch die in der Arealdiagnose gegebenen Kontinentalitätsstufen ersetzt. Von den Werten, die bei Ellenberg et al. fehlen, konnten einige aus Frank & Klotz (1990, für das östliche Deutschland) ergänzt werden, andere wurden korrigiert. Die Überarbeitung bei Ellenberg & Leuschner (2010) brachte hingegen nur wenige zusätzliche Informationen. Die Zeigerwerte ermöglichen eine erste Einschätzung der Standortbedingungen, wenn Messungen aus Zeit- und Kostengründen ausscheiden. Sie gelten für Freilandbedingungen bei natürlicher Konkurrenz, sagen also nichts über das physiologische Verhalten aus. Die Zahlen sind folgendermaßen definiert:

L = Lichtzahl

- L1 Tiefschattenpflanze, noch bei weniger als 1 %, selten bei mehr als 30 % r. B. (relative Beleuchtungsstärke zur Zeit der vollen Belaubung der sommergrünen Pflanzen bei diffuser Beleuchtung) vorkommend
- L2 zwischen 1 und 3 stehend
- L3 Schattenpflanze, meist bei weniger als 5 % r. B., doch auch an helleren Stellen
- L4 zwischen 3 und 5 stehend
- L5 Halbschattenpflanze, nur ausnahmsweise im vollen Licht, meist aber bei mehr als 10 % r. B.
- L6 zwischen 5 und 7 stehend, selten bei weniger als 20 % r. B.
- L7 Halblichtpflanze, meist bei vollem Licht, aber auch im Schatten bis etwa 30 % r. B.
- L8 Lichtpflanze, nur ausnahmsweise bei weniger als 40 % r. B.
- L9 Volllichtpflanze, nur an voll bestrahlten Plätzen, nicht bei weniger als 50 % r. B. (eingeklammerte Ziffern beziehen sich auf Baumjungwuchs im Wald)

T = Temperaturzahl

- T1 Kältezeiger, nur in hohen Gebirgslagen, d. h. der alpinen und nivalen Stufe
- T2 zwischen 1 und 3 stehend (viele alpine Arten)
- T3 Kühlezeiger, vorwiegend in subalpinen Lagen
- T4 zwischen 3 und 5 stehend (insbesondere hochmontane und montane Arten)
- T5 Mäßigwärmezeiger, von tiefen bis in montane Lagen, vorrangig in submontan-temperaten Bereichen

F. Müller, C. Ritz, E. Welk, K. Wesche (Hrsg.), *Rothmaler – Exkursionsflora von Deutschland*,
DOI 10.1007/978-3-8274-3132-5_4

T6 zwischen 5 und 7 stehend (d. h. planar bis kollin)
T7 Wärmezeiger, im nördlichen Mitteleuropa nur in relativ warmen Tieflagen
T8 zwischen 7 und 9 stehend, meist mit submediterranem Schwerpunkt
T9 extremer Wärmezeiger, vom Mediterrangebiet nur auf wärmste Plätze im Oberrheingebiet übergreifend

F = Feuchtezahl

F1 Starktrockniszeiger, an oftmals austrocknenden Stellen lebensfähig und auf trockne Böden beschränkt
F2 zwischen 1 und 3 stehend
F3 Trockniszeiger, auf trocknen Böden häufiger vorkommend als auf frischen, auf feuchten Böden fehlend
F4 zwischen 3 und 5 stehend
F5 Frischezeiger, vorrangig auf mittelfeuchten Böden, auf nassen sowie auf öfter austrocknenden Böden fehlend
F6 zwischen 5 und 7 stehend
F7 Feuchtezeiger, vorrangig auf gut durchfeuchteten, aber nicht nassen Böden
F 8 zwischen 7 und 9 stehend
F 9 Nässezeiger, vorrangig auf oft durchnässten (luftarmen) Böden
F10 Wechselwasserzeiger, Wasserpflanze, die längere Zeiten ohne Wasserbedeckung des Bodens erträgt
F11 Wasserpflanze, die unter Wasser wurzelt, aber zumindest zeitweilig mit Blättern über dessen Oberfläche aufragt, oder Schwimmpflanze, die an der Wasseroberfläche flottiert
F12 Unterwasserpflanze, ständig oder fast dauernd untergetaucht
~ Zeiger für starken Feuchtigkeitswechsel (z. B. 3~: Wechseltrockenheit, 7~: Wechselfeuchte oder 9~: Wechselnässe zeigend)
= Überschwemmungszeiger, auf mehr oder minder regelmäßig überschwemmten Böden

R = Reaktionszahl

R1 Starksäurezeiger, niemals auf schwachsauren bis alkalischen Böden vorkommend
R2 zwischen 1 und 3 stehend
R3 Säurezeiger, vorrangig auf sauren Böden, ausnahmsweise bis in den neutralen Bereich
R4 zwischen 3 und 5 stehend
R5 Mäßigsäurezeiger, auf stark sauren wie auf neutralen bis alkalischen Böden selten
R6 zwischen 5 und 7 stehend
R7 Schwachsäure- bis Schwachbasenzeiger, niemals auf stark sauren Böden
R8 zwischen 7 und 9 stehend, d. h. meist auf Kalk weisend
R9 Basen- und Kalkzeiger, stets auf kalkreichen Böden

N = Stickstoffzahl, Nährstoffzahl

N1 stickstoffärmste Standorte anzeigend
N2 zwischen 1 und 3 stehend
N3 auf stickstoffarmen Standorten häufiger als auf mittelmäßigen und nur ausnahmsweise auf reicheren
N4 zwischen 3 und 5 stehend
N5 mäßig stickstoffreiche Standorte anzeigend, auf armen und reichen seltener
N6 zwischen 5 und 7 stehend
N7 an stickstoffreichen Standorten häufiger als auf mittelmäßigen und nur ausnahmsweise auf ärmeren
N8 ausgesprochener Stickstoffzeiger

N9 an übermäßig stickstoffreichen Standorten konzentriert (Viehlägerpflanzen, Verschmutzungsanzeiger)

Für alle Werte gilt:

x indifferentes Verhalten, d. h. weite Amplitude oder ungleiches Verhalten in verschiedenen Gegenden

? ungeklärtes Verhalten

Ziffern mit ?: unsichere Einstufungen

Vergesellschaftung der Pflanzen

Da sich ihre ökologischen Ansprüche überlappen, treten die Pflanzenarten in der Regel miteinander vergesellschaftet auf. Wo ähnliche Standortbedingungen herrschen, wiederholen sich oft auch die vorkommenden Artengemeinschaften. Derartige Pflanzenbestände ähnlichen Typs werden als Pflanzengesellschaften bezeichnet. Sie sind durch eine charakteristische, also relativ regelhaft auftretende Artenkombination ausgezeichnet und voneinander unterscheidbar. Da sich auch die hier behandelten Sippen ökologisch nicht beliebig verhalten, können sie oft auch bestimmten Pflanzengesellschaften zugeordnet werden. Dies ist auch bei noch unvollständiger Kenntnis der Gesamtverbreitung der Art möglich und so ergänzen auch in vorliegendem Band wo irgend möglich und sinnvoll Angaben zur Vergesellschaftung die Informationen zu den Standortansprüchen.

Die vegetationskundliche Erfassung der Pflanzengesellschaften hat in Mitteleuropa eine lange Tradition, die zu einer reichen Literatur geführt hat. Mit der Beschreibung einzelner Pflanzengesellschaften erfolgten zugleich Bemühungen, ein der (Pflanzen-)Systematik vergleichbares hierarchisches System der Pflanzengesellschaften zu entwickeln. Das in Mitteleuropa verwendete Klassifikationssystem basiert auf den grundlegenden Arbeiten von J. Braun-Blanquet und der von ihm begründeten pflanzensoziologischen Schule. Ihm liegt auch prinzipiell die vorliegende Übersicht über die höheren Vegetationseinheiten Deutschlands zugrunde.

Die Basis der Hierarchie bildet die **Assoziation**, die durch die Kombination kennzeichnender Arten (Kennarten, Charakterarten) sowie – zumindest im Idealfall – auch durch spezielle ökologische Ansprüche bestimmt sein soll. Floristisch ähnliche Assoziationen werden zu einem **Verband** (V), floristisch ähnliche Verbände zu einer **Ordnung** (O) und floristisch ähnliche Ordnungen zu einer **Klasse** (K) zusammengefasst. Weitere Untergliederungen, z.B. unterhalb des Assoziationsniveaus sind möglich, im Kontext der Rothmaler-Reihe beschränken wir uns aber auf Angaben zu Verbänden (oder noch gröberen Einheiten), weil diese oft sowohl floristisch als auch standörtlich hinreichend gut unterscheidbar sind.

Die **pflanzensoziologische Nomenklatur** ist insofern an die botanisch-taxonomische Nomenklatur gekoppelt, als die wissenschaftlichen Namen von Gattungen und Arten als Grundlage für die Benennung von Pflanzengesellschaften dienen; darüberhinaus gibt es eigene Regeln (Weber et al. 2001). Wichtig ist in unserem Kontext, dass Änderungen in der Nomenklatur der namensgebenden Arten nicht zwingend in die pflanzensoziologische Nomenklatur übertragen werden.

Die Kennzeichnung der Einheiten erfolgt durch bestimmte Endungen, die an den Wortstamm des Gattungsnamens angehängt werden. Als rangkennzeichnende Endungen sind festgelegt:

Assoziation:	-etum
Verband:	-ion (nach i im Wortstamm: -on)
Ordnung:	-etalia
Klasse:	-etea

F. Müller, C. Ritz, E. Welk, K. Wesche (Hrsg.), *Rothmaler – Exkursionsflora von Deutschland*,
DOI 10.1007/978-3-8274-3132-5_5

Als Beispiel sei die *Ranunculus auricomus*-Gruppe (Goldschopf-Hahnenfuß) genannt, die besonders charakteristisch für mitteleuropäische Eichen-Hainbuchenwälder ist. Diese sind auf nährstoffreichen, zeitweilig oder dauerhaft feuchten Mineralböden mit höherem Grundwasserstand besonders in Tallagen weit verbreitet. Je nach Autor werden verschiedene Assoziationen unterschieden (z.B. Galio sylvatici-Carpinetum betuli OBERD., Stellario holosteae-Carpinetum betuli OBERD.), die in dem pflanzensoziologischen Verband (V) Carpinion betuli ISSLER em. OBERD. zusammengefasst werden. Gemeinsam mit anderen Verbänden von Buchen- und Edellaubmischwäldern (z.B. Alno-Ulmion BR.-BL. et R. TX., Luzulo-Fagion LOHM. et R. TX.) wird der Verband Carpinion betuli in die Ordnung (O) Fagetalia sylvaticae PAWŁ gestellt wird. Zusammen mit der Ordnung der xerothermen Eichenmischwälder (O Quercetalia pubescenti-petraeae BR.-BL.) und den Hecken sowie Gebüschen (O Prunetalia spinosae R. Tx.) bilden sie in Deutschland die Klasse der sommergrünen Laubwälder und Gebüsche Querco-Fagetea BR.-BL. Wir sehen also, wie jeweils der Wortstamm der namensgebenden Gattung erhalten bleibt (*Carpinus*, *Quercus*), das Art-Epitheton (*betulus*) dann aber in den Genitiv gesetzt wird. Ähnlich wie bei Pflanzennamen werden auch bei Gesellschaften die Autoren mit angegeben.

Ist schon die Erarbeitung eines botanischen Systems eine Herausforderung, so gilt dies in noch viel größerem Maße für Pflanzengesellschaften. Das Auftreten von Pflanzen ist von vielen Faktoren abhängig, so dass die Artengemeinschaften im Detail variieren und sich so die Artkombinationen weitaus rascher verändern können, als Arten dies in der Evolution tun. Auch das Problem der Abgrenzung von Einheiten tritt in noch stärkerem Maße auf, denn mindestens unter natürlichen Bedingungen ist die Vegetation häufig eher von gleitenden Übergängen als von scharfen Grenzen gekennzeichnet. Entsprechend ist die pflanzensoziologische Gliederung ständig im Fluss und Konsens nicht leicht herzustellen. Dass die Verbände vergleichsweise stabil sind, ist ein weiterer Grund, warum wir uns hier auf dieses und die übergeordneten Niveaus (Ordnungen, Klassen) beschränken. Obwohl es neuere, allerdings ebenfalls umstrittene Vorschläge gibt, bleiben wir der Vergleichbarkeit halber bei dem auch im Grundband (20. Auflage) genutzten System. Die Anordnung bzw. Reihenfolge der Klassen folgt dabei dem von BRAUN-BLANQUET (1964) eingeführten Prinzip der „soziologischen Progression“, das von einfach strukturierten zu hochorganisierten, relativ stabilen Vegetationseinheiten führt. Diesem Prinzip folgt auch ELLENBERG (1996), wobei er jedoch ökologisch ähnliche Klassen zu „Klassengruppen“ zusammenfasst. In Anlehnung an Ellenberg werden hier ebenfalls Klassengruppen aufgestellt, die folgende Vegetationskomplexe umfassen:

A. Süßwasser-, Quellflur- und Röhrichtvegetation
B. Ufer-, Sumpf- und Moorvegetation
C. Salzwasser-, Küstenspülsaum- und Salzbodenvegetation
D. Fels- und Gesteinsschutt-(Pionier-)vegetation
E. Dünen- und Xerothermrasenvegetation
F. Grünlandvegetation und Zwergstrauchheiden
G. Alpine Rasenvegetation
H. Segetal- und Ruderalvegetation
I. Trockenwaldsäume, Schlagfluren, hochmontan-subalpine Hochstaudenfluren
K. Nadelwälder, Moorwälder, (sub)alpine Zwergstrauchheiden
L. Laubwälder und Gebüsche.

Übersicht der verwendeten Vegetationseinheiten

A. Süßwasser-, Quellflur- und Röhrichtvegetation

1. K Lemnetea R. Tx. 1955 – Wasserlinsen-Ges. **K Lemn.**
O Lemnetalia minoris R. Tx. 1955 – Wasserlinsen-Ges. **O Lemn.**
V Lemnion minoris R. Tx. 1955 – Wasserlinsendecken **V Lemn. min.**

V Riccio-Lemnion trisulcae R. Tx. et Schwabe 1974 – Untergetauchte Wasserlinsen-Ges. **V Lemn. tris.**
V Hydrocharition morsus-ranae Rübel 1933 – Froschbiss-Ges. **V Hydroch.**
2. K Potamogetonetea pectinati R. Tx. et Prsg. 1942 – Wurzelnde Wasserpflanzen-Ges. **K Potam.**
O Potamogetonetalia pectinati W. Koch 1926 corr. Oberd. 1979 – Laichkraut-Ges. **O Potam.**
V Potamogetonion pectinati W. Koch 1926 em. Oberd. 1957 – Untergetauchte Laichkraut-Ges. **V Potam.**
V Nymphaeion albae Oberd. 1957 – Seerosen-Ges. **V Nymph.**
V Ranunculion fluitantis Neuh. 1959 – Fluthahnenfuß-Ges. **V Ranunc. fluit.**
3. K Utricularietea intermedio-minoris Den Hartog et Segal 1964 – Wasserschlauch-Moortümpel-Ges. **K Utric.**
O Utricularietalia intermedio-minoris Pietsch 1965 – Wasserschlauch-Moortümpel-Ges. **O Utric.**
V Sphagno-Utricularion Th. Müller et Görs 1960 – Torfmoos-Moortümpel-Ges. **V Sphagno-Utric.**
4. K Littorelletea uniflorae Br.-Bl. et R. Tx. 1943 – Strandlings-Ges. **K Litt.**
O Littorelletalia uniflorae W. Koch 1926 – Strandlings-Ges. **O Litt.**
V Littorellion uniflorae W. Koch 1926 – Strandlings-Ges. **V Litt.**
V Deschampsion littoralis Oberd. et Dierssen 1975 – Strandschmielen-Ges. **V Desch. litt.**
V Isoëtion lacustris Nordh. 1937 – Brachsenkrautrasen **V Isoët.**
V Eleocharition acicularis Pietsch 1966 em. Dierssen 1975 – Nadelsimsen-Ges. **V Eleoch. acic.**
5. K Montio-Cardaminetea Br.-Bl. et R. Tx. 1943 – Quellfluren **K Mont.-Card.**
O Montio-Cardaminetalia Pawł. 1928 – Quellfluren **O Mont.-Card.**
V Cardamino-Montion Br.-Bl. 1926 – Silikat-Quellfluren **V Card.-Mont.**
V Cratoneurion commutati W. Koch 1928 – Kalk-Quellfluren **V Craton.**
6. K Phragmitetea australis R. Tx. et Prsg. 1942 – Röhrichte u. Großseggenriede **K Phragm.**
O Phragmitetalia australis W. Koch 1926 – Röhrichte u. Großseggenriede **O Phragm.**
V Phragmition australis W. Koch 1926 – Röhrichte **V Phragm.**
V (Magno)Caricion elatae W. Koch 1926 – Großseggenriede **V Car. elat.**
O Nasturtio-Glyceretalia Pign. 1953 – Bachröhrichte **O Nast.-Glyc.**
V Glycerio-Sparganion Br.-Bl. et Sissingh 1942 – Bachröhrichte **V Glyc.-Sparg.**

B. Ufer-, Sumpf- u. Moorvegetation

7. K Isoëto-Nanojuncetea Br.-Bl. et R. Tx. 1943 – Zwergbinsen-Ges. **K Isoëto-Nanojunc.**
O Cyperetalia fusci Pietsch 1963 – Zwergbinsen-Ges. **O Cyp. fusc.**
V Nanocyperion W. Koch 1926 – Zwergbinsen-Ges. **V Nanocyp.**
8. K Scheuchzerio-Caricetea nigrae (Nordh. 1936) R. Tx. 1937 – Niedermoor-, Zwischenmoor- u. Hochmoorschlenken-Ges. **K Scheuchz.-Car.**
O Scheuchzerietalia palustris Nordh. 1936 – Zwischenmoor- u. Hochmoorschlenken-Ges. **O Scheuchz.**
V Rhynchosporion albae W. Koch 1926 – Schnabelried-Schlenken-Ges. **V Rhynch. alb.**
V Caricion lasiocarpae Van den Bergh. ap. Lebrun et al. 1949 – Zwischenmoor-Ges. **V Car. lasioc.**

O Caricetalia nigrae (W. Koch 1926) Nordh. 1936 em. Br.-Bl. 1949 – Silikat-Niedermoor-Ges. **O Car. nigr.**
V Caricion nigrae W. Koch 1926 em. Klika 1934 – Braunseggensümpfe **V Car. nigr.**
O Caricetalia davallianae Br.-Bl 1949 – Kalk-Niedermoor- u. -Rieselflur- Ges. **O Car. davall.**
V Caricion davallianae Klika 1934 – Kalk-Niedermoor-Ges. **V Car. davall.**
V Caricion bicolori-atrofuscae Nordh. 1937 – Alp. Rieselflur- u. Schwemmufer-Ges. **V Car. bic.-atrof.**
9. K Oxycocco-Sphagnetea Br.-Bl. 1943 – Feuchtheide- u. Hochmoorbulten-Ges. **K Oxyc.-Sphagn.**
O Erico-Sphagnetalia papillosae Schwick. 1940 – Heidemoore **O Eric.-Sphagn.**
V Ericion tetralicis Schwick. 1933 – Feuchtheiden **V Eric. tetr.**
O Sphagnetalia magellanici (Pawł. 1928) Kästn. et Flössner 1933 – Hochmoorbulten-Ges. **O Sphagn. magell.**
V Sphagnion magellanici Kästn. et Flössner 1933 – Hochmoorbulten-Ges. **V Sphagn. magell.**

C. Salzwasser-, Küstenspülsaum- u. Salzbodenvegetation

10. K Zosteretea marinae Pign. 1953 – Seegraswiesen **K Zost.**
O Zosteretalia marinae Beguinot 1941 em. R. Tx. et Oberd. 1958 – Seegraswiesen **O Zost.**
V Zosterion marinae W. Christiansen 1934 – Seegraswiesen **V Zost.**
11. K Ruppietea maritimae J. Tx. 1960 – Meersalden-Ges. **K Rupp.**
O Ruppietalia maritimae J. Tx. 1960 – Meersalden-Ges. **O Rupp.**
V Ruppion maritimae Br.-Bl. 1931 – Meersalden-Ges. **V Rupp.**
12. K Spartinetea maritimae R. Tx. 1961 – Salzschlickgras-Ges. **K Spart.**
O Spartinetalia maritimae Conard 1935 – Salzschlickgras-Ges. **O Spart.**
V Spartinion maritimae Conard 1935 – Salzschlickgras-Ges. **V Spart.**
13. K Thero-Salicornietea Pign. 1953 em. R. Tx. in R. Tx. et Oberd. 1958 – Quellerfluren **K Th.-Salicorn.**
O Thero-Salicornietalia Pign. 1953 em. R. Tx. in R. Tx. et Oberd. 1958 – Quellerfluren **O Th.-Salicorn.**
V Salicornion strictae Br.-Bl. 1931 – Queller-Watt-Ges. **V Salicorn.**
V Suaedion maritimae Br.-Bl. 1931 – Strandsoden-Ges. **V Suaed.**
14. K Bolboschoenetea maritimi R. Tx. et Hülb. 1971 – Brackwasser-Röhrichte **K Bolb.**
O Bolboschoenetalia maritimi Hejny 1962 – Brackwasser-Röhrichte **O Bolb.**
V Bolboschoenion maritimi Dahl et Hadač 1941 – Brackwasser-Röhrichte **V Bolb.**
15. K Cakiletea maritimae R. Tx. et Prsg. 1950 – Meersenf-Spülsäume u. Tangwall-Ges. **K Cak.**
O Cakiletalia maritimae Tx. ap. Oberd. (1949) 1950 – Meersenf-Spülsäume **O Cak.**
V Atriplicion littoralis Nordh. 1940 – Strandmelden-Ges. **V Atr. litt.**
16. K Asteretea tripolii Westh. et Beeft. ap. Beeft. 1965 – Salzrasen u. Salzwiesen-Ges. **K Aster. trip.**
O Glauco-Puccinellietalia Beeft. et Westh. 1962 – Salzwiesen **O Glauco-Pucc.**
V Puccinellion maritimae W. Christiansen 1927 – Andelrasen **V Pucc. mar.**
V Armerion maritimae Br.-Bl. et De Leeuw 1936 – Strandgrasnelken-Ges. **V Armer. marit.**
V Puccinellio (distantis)-Spergularion salinae Beeft. 1965 – Salzschwaden-Schuppenmieren-Ges. **V Pucc.-Sperg.**

17. K Saginetea maritimae WESTH., VAN LEEUW. et ADRIANI 1962 – Strandmastkraut-Ges. **K Sagin. mar.**
   O Saginetalia maritimae WESTH., VAN LEEUW. et ADRIANI 1962 – Strandmastkraut-Ges. **O Sagin. mar.**
      V Saginion maritimae WESTH., VAN LEEUW. et ADRIANI 1962 – Strandmast-kraut-Ges. **V Sagin. mar.**

D. Fels- u. Gesteinsschutt-(Pionier-)vegetation

18. K Asplenietea trichomanis (BR.-BL. in MEIER et BR.-BL. 1934) OBERD. 1977 – Fels-spalten- u. Mauerfugen-Ges. **K Aspl. trich.**
   O Potentilletalia caulescentis BR.-BL. in BR.-BL. et JENNY 1926 – Kalkfelsspalten- u. Mauerfugen-Ges. **O Potent. caul.**
      V Potentillion caulescentis BR.-BL. in BR.-BL. et JENNY 1926 – Kalkfelsspal-ten- u. Mauerfugen-Ges. **V Potent. caul.**
      V Cystopteridion fragilis RICHARD 1972 – Ges. feuchter Kalksteinfugen **V Cystopt.**
   O Androsacetalia vandellii BR.-BL. in MEIER et BR.-BL. 1934 – Silikatfelsspalten-Ges. **O Andros. vand.**
      V Androsacion vandellii BR.-BL. in BR.-BL. et JENNY 1926 – Silikatfelsspal-ten-Ges. **V Andros. vand.**
      V Asplenion serpentini BR.-BL. et R. TX. 1943 – Serpentinfelsspalten-Ges. **V Aspl. serp.**
19. K Parietarietea judaicae RIVAS-MARTÍNEZ in RIV. GOD. 1964 – Glaskraut-Mauerfu-gen-Ges. **K Pariet.**
   O Parietarietalia judaicae RIVAS-MARTÍNEZ 1960 – Glaskraut-Mauerfugen-Ges. **O Pariet.**
      V Centrantho-Parietarion judaicae RIVAS-MARTÍNEZ 1960 – Spornblumen-Glaskraut-Ges. **V Cent.-Pariet.**
20. K Violetea calaminariae BR.-BL. et R. TX. 1943 – Schwermetallpflanzen-Ges. **K Viol. calamin.**
   O Violetalia calaminariae BR.-BL. et R. TX. 1943 – Schwermetallpflanzen-Ges. **O Viol. calamin.**
      V Thlaspion calaminariae ERNST 1965 – Galmeipflanzen-Ges. **V Thlasp. calamin.**
      V Armerion halleri ERNST 1965 – Kupfergrasnelken-Ges. **V Armer. hall.**
21. K Thlaspietea rotundifolii BR.-BL. 1948 – Steinschutt- u. Geröllfluren **K Thlasp. rot.**
   O Androsacetalia alpinae BR.-BL. 1926 – Alp. u. subalp. Silikatschutt-Ges. **O Andros. alp.**
      V Androsacion alpinae BR.-BL. 1926 – Alp. u. subalp. Silikatschutt-Ges. **V Andros. alp.**
   O Drabetalia hoppeanae ZOLLITSCH 1966 – Alp. Kalkschieferschutt-Ges. **O Drab. hopp.**
      V Drabion hoppeanae ZOLLITSCH 1966 – Alp. Kalkschieferschutt-Ges. **V Drab. hopp.**
   O Thlaspietalia rotundifolii BR.-BL. 1926 – Kalkschutt-Ges. **O Thlasp. rot.**
      V Thlaspion rotundifolii BR.-BL. 1926 – Alp. Grobschutt-Ges. **V Thlasp. rot.**
      V Petasition paradoxi ZOLLITSCH 1966 – Alp. bis mont. Feinschutt-Ges. **V Petasit. parad.**
   O Epilobietalia fleischeri MOOR 1958 – Alp. bis mont. Flussalluvionen-Ges. **O Epil. fleisch.**
      V Epilobion fleischeri BR.-BL. 1931 – Alp. bis mont. FlussalluvionenGes. **V Epil. fleisch.**

O Stipetalia calamagrostis OBERD. et SEIBERT 1977 – Wärmebegünstigte Kalkschutt-Ges. **O Stip. calam.**

V Stipion calamagrostis JENNY-LIPS 1930 – Wärmebegünstigte Kalkschutt-Ges. **V Stip. calam.**

O Galeopsietalia segetum OBERD. et SEIBERT in OBERD. 1977 – Submont. Silikatschutt-Ges. **O Galeops. seget.**

V Galeopsion segetum OBERD. 1957 – Submont. Silikatschutt-Ges. **V Galeops. seget.**

E. Dünen- u. Xerothermrasenvegetation

22\. K Honckenyo-Elymetea arenariae R. TX. 1966 – Salzmieren-Strandroggen-Ges. **K Honck.-Elym.**

O Honckenyo-Elymetalia arenariae R. TX. 1966 – Salzmieren-Strandroggen-Ges. **O Honck.-Elym.**

V Honckenyo-Elymion arenariae R. TX. 1966 em. GÉHU et R. TX. 1975 – Salzmieren-Strandroggen-Ges. **V Honck.-Elym.**

V Honckenyo-Crambion maritimae J.-M. et J. GÉHU 1969 – Salzmieren-Meerkohl-Ges. **V Honck.-Cramb.**

23\. K Ammophiletea arenariae BR.-BL. et R. TX. 1943 – Stranddünen-Ges. **K Ammoph.**

O Ammophiletalia arenariae BR.-BL. 1933 – Stranddünen-Ges. **O Ammoph.**

V Agropyro-Honckenyion peploides R. TX. ap. BR.-BL. et R. TX. 1952 – Strandquecken-Vordünen-Ges. **V Agrop.-Honck.**

V Ammophilion arenariae BR.-BL. 1933 em. R. TX. 1955 – Strandhafer-Weißdünen-Ges. **V Ammoph.**

24\. K Koelerio-Corynephoretea canescentis KLIKA ap. KLIKA et NOVAK 1941 – Saure Pionier-Sandtrockenrasen **K Koel.-Coryneph.**

O Corynephoretalia canescentis KLIKA 1934 – Pionier-Sandtrockenrasen **O Coryneph.**

V Corynephorion canescentis KLIKA 1934 – Silbergrasfluren **V Coryneph.**

V Koelerion albescentis R. TX. 1937 – Küsten-Pionier-Sandtrockenrasen **V Koel. albesc.**

V Sileno conicae-Cerastion semidecandri KORN. 1974 – Pionier-Sandtrockenrasen **V Sileno-Cerast.**

25\. K Sedo-Scleranthetea BR.-BL. 1955 – Felsfluren, Silikat- u. gefestigte Sandtrockenrasen **K Sedo-Scler.**

O Festuco-Sedetalia R. TX. 1951 – Sandtrockenrasen **O Fest.-Sedet.**

V Thero-Airion R. TX. 1951 – Kleinschmielenrasen **V Thero-Air.**

V Koelerion glaucae (VOLK 1931) KLIKA 1935 – Kont. Kalk-Sandtrockenrasen **V Koel. glauc.**

V Armerion elongatae KRAUSCH 1961 – Grasnelken-Sandtrockenrasen **V Armer. elong.**

O Sedo-Scleranthetalia BR.-BL. 1955 – Silikat-Felsgrus- u. Felsband-Ges. **O Sedo-Scler.**

V Sedo-Scleranthion BR.-BL. 1955 – Alp.-subalp. Felsgrus-Ges. **V Sedo-Scler.**

O Alysso-Sedetalia MORAVEC 1967 – Felsgrus- u. Felsband-Ges. basenreicher Gesteine **O Alysso-Sed.**

V Alysso-Sedion albi OBERD. et TH. MÜLLER ap. TH. MÜLLER 1961 – Kalk-Felsgrus-Ges. **V Alysso-Sed.**

V Seslerio-Festucion pallentis KLIKA 1931 em. KORN. 1974 – Blauschwingel-Felsfluren **V Sesl.-Fest.**

26\. K Festuco-Brometea BR.-BL. et R. TX. 1943 – Basenreiche Trocken- u. Halbtrockenrasen **K Fest.-Brom.**

O Festucetalia valesiacae Br.-Bl. et R. Tx. 1943 – Kontinentale Trocken- u. Halbtrockenrasen **O Fest. val.**
V Festucion valesiacae Klika 1931 – Kont. Trockenrasen **V Fest. val.**
V Cirsio-Brachypodion pinnati Hadač et Klika 1944 – Kont. Halbtrockenrasen **V Cirs.-Brach.**
O Brometalia erecti Br.-Bl. 1936 – Submediterrane Trocken- u. Halbtrockenrasen **O Brom. erect.**
V Koelerio-Phleion phleoidis Korn. 1974 – Lieschgras-Trockenrasen **V Koel.-Phleion**
V Xerobromion Br.-Bl. et Moor 1938 em. Moravec 1967 – Submediterrane Kalk-Trockenrasen **V Xerobrom.**
V Mesobromion Br.-Bl. et Moor 1938 em. Oberd. 1957 – Submediterrane Kalk-Halbtrockenrasen **V Mesobrom.**

F. Grünlandvegetation und Zwergstrauchheiden

27. K Molinio-Arrhenatheretea R. Tx. 1937 – Gesellschaften des Wirtschaftsgrünlandes **K Mol.-Arrh.**
O Arrhenatheretalia elatioris Pawł. 1928 – Frische Wiesen u. Weiden **O Arrh.**
V Arrhenatherion elatioris W. Koch 1926 – Tieflagen-Fettwiesen **V Arrh.**
V Polygono-Trisetion Br.-Bl. et R. Tx. ex Marsch. 1947 – Gebirgs-Fettwiesen **V Triset.**
V Cynosurion cristati R. Tx. 1947 – Fettweiden **V Cynos.**
V Poion alpinae Oberd. 1950 – Alp. Milchkrautweiden **V Poion alp.**
O Molinietalia caeruleae W. Koch 1926 – Feucht- u. Nasswiesen **O Mol.**
V Juncion acutiflori Br.-Bl. et al. 1947 – Waldbinsen-Ges. **V Junc. acutifl.**
V Calthion palustris R. Tx. 1937 – Eutrophe Nasswiesen **V Calth.**
V Filipendulion ulmariae Segal 1966 – Mädesüß-Hochstaudenfluren **V Filip.**
V Molinion caeruleae W. Koch 1926 – Wechselfeuchte Pfeifengraswiesen **V Mol.**
V Cnidion dubii Bal.-Tul. 1966 – Subkontinentale Brenndoldenwiesen **V Cnid.**

28. K Nardo-Callunetea Prsg. 1949 – Saure Magerrasen u. Zwergstrauchheiden **K Nardo-Call.**
O Nardetalia strictae Oberd. 1949 ex. Prsg. 1949 – Borstgrasrasen **O Nard.**
V Nardion strictae Br.-Bl. in Br.-Bl. et Jenny 1926 – Hochmont. bis subalp. Borstgrasrasen **V Nard.**
V Violion caninae Schwick. 1944 – Plan. bis mont. Borstgrasrasen **V Viol. can.**
V Juncion squarrosi Oberd. 1957 em. 1978 – Binsen-Borstgrasrasen **V Junc. squarr.**
O Calluno-Ulicetalia R. Tx. 1937 – Zwergstrauchheiden **O Call.-Ulic.**
V Empetrion nigri Böcher 1943 – Krähenbeerheiden **V Empetr.**
V Genisto-Callunion Böcher 1943 – Ginsterheiden **V Genisto-Call.**

G. Alpine Rasenvegetation

29. K Elyno-Seslerietea variae Br.-Bl. 1948 – Alp. Kalkgesteinsrasen **K Elyn.-Sesl.**
O Seslerietalia variae Br.-Bl. in Br.-Bl. et Jenny 1926 – Alp.-subalp. Blaugrasrasen **O Sesl.**
V Seslerion variae Br.-Bl. in Br.-Bl. et Jenny 1926 – Blaugrasrasen **V Sesl.**
V Caricion ferrugineae Br.-Bl. 1931 – Rostseggenrasen **V Car. ferr.**

O Elynetalia myosuroidis OBERD. 1957 – Nacktriedrasen **O Elyn.**
V Elynion myosuroidis GAMS 1936 – Nacktriedrasen **V Elyn.**
30. K Salicetea herbaceae BR.-BL. et al.1947 – Schneeboden-Ges. **K Salic. herb.**
O Arabidetalia caeruleae RÜBEL 1933 – Kalk-Schneeboden-Ges. **O Arab. caer.**
V Arabidion caeruleae BR.-BL. in BR.-BL. et JENNY 1926 – Kalk-Schneeboden-Ges. **V Arab. caer.**
O Salicetalia herbaceae BR.-BL. in BR.-BL. et JENNY 1926 – Silikat-Schneeboden-Ges. **O Salic. herb.**
V Salicion herbaceae BR.-BL. in BR.-BL. et JENNY 1926 – Silikat-Schneeboden-Ges. **V Salic. herb.**
31. K Juncetea trifidi HADAČ in HADAČ et KLIKA 1944 – Arktisch-alp. Silikatgesteinsrasen **K Junc. trif.**
O Caricetalia curvulae BR.-BL. in BR.-BL. et JENNY 1926 – Arktisch-alp. Silikatgesteinsrasen **O Car. curv.**
V Caricion curvulae BR.-BL. 1925 – Arktisch-alp. Silikatgesteinsrasen **V Car. curv.**

H. Segetal- und Ruderalvegetation

32. K Stellarietea mediae R. TX. et al. ex VON ROCHOW 1951 – Acker- u. Gartenunkraut-Ges. **K Stell.**
O Secalietalia BR.-BL. 1936 – Ges. basen- bis kalkreicher Böden **O Sec.**
V Caucalidion platycarpi R. TX. ex VON ROCHOW 1951 – Halmfrucht-Ges. kalkhaltiger Böden **V Caucal.**
V Veronico-Euphorbion SISSINGH ex PASSARGE 1964 – Hackfrucht- u. Garten-Ges. basenreicher Böden **V Ver.-Euph.**
O Aperetalia spicae-venti J. TX. et R. TX. in MALATO-BELIZ et al. 1960 – Ges. basenarmer, meist saurer Böden **O Aper.**
V Aphanion arvensis J. TX. in MALATO-BELIZ et al. 1960 – Halmfrucht-Ges. saurer Böden **V Aphan.**
V Panico-Setarion SISSINGH in WESTHOFF et al. 1946 – Hackfrucht-Ges. oligotropher, saurer Böden **V Pan.-Set.**
V Spergulo-Oxalidion GÖRS in OBERD. et al. 1967 – Hackfrucht- u. Garten-Ges. mesotropher Böden **V Sperg.-Oxal.**
V Eragrostion R. TX. in SLAVNIC 1944 – Hackfrucht- (u. Tritt-)Ges. sandiger Böden **V Eragrost.**
O Lolio remoti-Linetalia J. TX. et R. TX. in LOHM. et al. 1962 – Leinäcker-Ges. (Fragmente) **O. Lolio-Lin.**
V Lolio remoti-Linion R. TX. 1950 – Leinäcker-Ges. (Fragmente) **V Lolio-Lin.**
33. K Sisymbrietea KORNECK 1974 – Kurzlebige Ruderal-Ges. **K Sisymbr.**
O Sisymbrietalia J. TX. in LOHM. et al.1962 – Kurzlebige Ruderal-Ges. **O Sisymbr.**
V Sisymbrion officinalis R. TX. et al. in R. TX. 1950 – Wege-Rauken-Ges. **V Sisymbr.**
V Salsolion ruthenicae PHILIPPI 1971 – Salzkraut-Ges. sandiger Böden **V Salsol.**
34. K Bidentetea tripartitae R. TX., LOHM. et PRSG. in R. TX. 1950 – Zweizahn-Melden-Ufer-Ges. **K Bid.**
O Bidentetalia tripartitae BR.-BL. et R. TX. 1943 – Zweizahn-Melden-Ufer-Ges. **O Bid.**
V Bidention tripartitae NORDH. 1940 – Teichschlamm-Ufer-Ges. **V Bid.**
V Chenopodion rubri R. TX. in POLI et R. TX. 1960 – Flussufer-Gänsefußfluren **V Chen. rub.**

35. K Artemisietea vulgaris LOHM., PRSG. et R. TX. 1950 – Ausdauernde Ruderal-Ges. **K Artem.**
O Convolvuletalia sepium R. TX. 1950 – Nitrophytische Saum-Ges. **O Convolv.**
V Convolvulion sepium R. TX. 1947 – Nitrophytische Flussufersaum-Ges. **V Convolv.**
V Alliarion OBERD. (1957) 1962 – Nitrophytische Waldsaum-Ges. **V Alliar.**
O Artemisietalia vulgaris LOHM. ap. R. TX. 1947 – Beifuß- u. Klettenfluren **O Artem.**
V Arction lappae R. TX. 1937 – Kletten-Ges. **V Arct.**
V Rumicion alpini KLIKA et HADAČ 1944 – Alp. u. subalp. Lägerfluren **V Rum. alp.**
O Onopordetalia acanthii BR.-BL. et R. TX. 1943 ex GÖRS 1966 – Ruderale Schutt- u. Wegrandfluren **O Onop.**
V Onopordion acanthii BR.-BL. 1926 – Eselsdistel-Ges. **V Onop.**
V Dauco-Melilotion GÖRS 1966 – Steinkleefluren **V Dauco-Mel.**
O Agropyretalia repentis OBERD., TH. MÜLLER et GÖRS in OBERD. et al. 1967 – Quecken-Pionierfluren **O Agrop.**
V Convolvulo-Agropyrion repentis GÖRS 1966 – Quecken-Halbtrockenrasen **V Conv.-Agrop.**
V Artemisio absinthii-Agropyrion intermedii TH. MÜLLER et GÖRS 1966 – Wermut-Quecken-Ges. **V Art.-Agrop.**

36. K Plantaginetea majoris R. TX. et PRSG. 1950 – Tritt- u. Flutrasen **K Plant.**
O Plantaginetalia majoris R. TX. 1950 em. OBERD. et al. 1967 – Trittpflanzen-Ges. **O Plant.**
V Polygonion avicularis BR.-BL. ex AICHINGER 1933 – Vogelknöterich-Trittrasen **V Polyg. avic.**
O Agrostietalia stoloniferae OBERD. 1967 – Straußgras-Flutrasen **O Agrost. stol.**
V Agropyro-Rumicion NORDH. 1940 em. R. TX. 1950 – Flutrasen **V Agrop.-Rum.**

I. Trockenwaldsäume, Schlagfluren, hochmontan-subalpine Hochstaudenfluren

37. K Trifolio-Geranietea sanguinei TH. MÜLLER 1961 – Trockenwaldsäume **K Trif.-Ger.**
O Origanetalia vulgaris TH. MÜLLER 1961 – Trockenwaldsäume **O Orig.**
V Geranion sanguinei R. TX. in TH. MÜLLER 1961– Xerotherme Saum-Ges. **V Ger. sang.**
V Trifolion medii TH. MÜLLER 1961 – Mesotherme Saum-Ges. **V Trif. med.**

38. K Epilobietea angustifolii R. TX. et PRSG. 1950 – Schlagfluren u. Vorwald-Gehölze **K Epil. ang.**
O Atropetalia belladonnae VLIEGER 1937 – Schlagfluren **O Atrop.**
V Epilobion angustifolii (RÜBEL 1933) SOÓ 1933 – Weidenröschen-Schlagfluren **V Epil. ang.**
V Atropion belladonnae BR.-BL. 1930 em. OBERD. 1957 – Tollkirschen-Schlagfluren **V Atrop.**
V Sambuco-Salicion capreae R. TX. et NEUMANN in R. TX. 1950 – Vorwald-Gebüsche **V Samb.-Salic.**

39. K Betulo-Adenostyletea BR.-BL. et R. TX. 1943 – Hochmont. bis subalp. Hochstaudenfluren u. Gebüsche **K Bet.-Adenost.**
O Adenostyletalia BR.-BL. 1931 – Hochmont. bis subalp. Hochstaudenfluren u. Gebüsche **O Adenost.**
V Adenostylion alliariae BR.-BL. 1926 – Hochmont. bis subalp. Hochstaudenfluren u. Grünerlengebüsche **V Adenost.**

J. Nadelwälder, Moorwälder, (sub)alpine Zwergstrauchheiden

40. K Erico-Pinetea HORVAT 1959 – Schneeheide-Kiefernwälder **K Eric.-Pin.**
O Erico-Pinetalia HORVAT 1959 – Schneeheide-Kiefernwälder **O Eric.-Pin.**
V Erico-Pinion BR.-BL. in. BR.-BL. et al. 1939 – Schneeheide-Kiefernwälder **V Eric.-Pin.**

41. K Vaccinio-Piceetea BR.-BL. in. BR.-BL. et al. 1939 – Boreal-mitteleuropäische Nadelwälder, Birkenbrüche, subalp. Zwergstrauchgebüsche **K Vacc.-Pic.**
O Vaccinio-Piceetalia BR.-BL. 1939 – Kiefern- u. Fichtenwälder, subalp. Zwergstrauchgebüsche **O Vacc.-Pic.**
V Rhododendro ferruginei-Vaccinion BR.-BL. 1926 – Alp.-subalp. Zwergstrauchgebüsche **V Rhod.-Vacc.**
V Vaccinio-Piceion BR.-BL. 1938 em. KUOCH 1954 – (Hoch-)Mont. bis subalp. Fichtenwälder **V Vacc.-Pic.**
V Dicrano-Pinion MATUSZK. 1962 – Subkontinentale Moos-Kiefernwälder **V Dicr.-Pin.**
V Betulion pubescentis LOHM. et R. TX. 1955 – Birken- u. Kiefernbruchwälder **V Bet. pub.**

42. K Pulsatillo-Pinetea (E. SCHMID 1936) OBERD. in OBERD. et al. 1967 – Kiefern-Trockenwälder **K Puls.-Pin.**
O Pulsatillo-Pinetalia OBERD. in TH. MÜLLER 1966 – Kiefern-Trockenwälder **O Puls.-Pin.**
V Cytiso ruthenici-Pinion sylvestris KRAUSCH 1962 – Kiefern-Trockenwälder **V Cytis.-Pin.**

K. Laubwälder und Gebüsche

43. K Salicetea purpureae MOOR 1958 – Weidengebüsche u. Weidenwälder **K Salic. purp.**
O Salicetalia purpureae MOOR 1958 – Weidengebüsche u. Weidenwälder **O Salic. purp.**
V Salicion eleagni AICHINGER 1933 – Gebirgs-Weidengebüsche **V Salic. eleag.**
V Salicion albae SOÓ 1930 em. MOOR 1958 – Tieflagen-Weidengebüsche **V Salic. alb.**

44. K Alnetea glutinosae BR.-BL. et R. TX. 1943 – Erlenbruchwälder **K Aln.**
O Salicetalia auritae DOING 1962 em. WESTH. 1968 – Niedermoor-Gebüsche **O Salic. aur.**
V Salicion cinereae TH. MÜLLER et GÖRS 1958 – Niedermoor-Gebüsche **V Salic. cin.**
O Alnetalia glutinosae R. TX. 1937 em. TH. MÜLLER et GÖRS 1958 – Erlenbruchwälder **O Aln.**
V Alnion glutinosae MALCUIT 1929 – Erlenbruchwälder **V Aln.**

45. K Quercetea robori-petraeae BR.-BL. et R. TX. 1943 – Eichen-Birkenwälder **K Querc. rob.-petr.**
O Quercetalia robori-petraeae R. TX. (1931) 1937 – Eichen-Birkenwälder **O Querc. rob.-petr.**
V Quercion robori-petraeae (MALCUIT 1929) BR.-BL. 1937 – Eichen-Birkenwälder **V Querc. rob.-petr.**

46. K Querco-Fagetea BR.-BL. et VLIEGER 1937 – Sommergrüne Laubwälder u. Gebüsche **K Querc.-Fag.**
O Prunetalia spinosae R. TX. 1952 – Hecken u. Gebüsche **O Prun.**
V Salicion arenariae R. TX. 1952 – Dünenweidengebüsche **V Salic. aren.**

V Pruno-Rubion radulae Weber 1974 – Schlehen-Brombeergebüsche **V Prun.-Rub.**

V Sarothamnion R. Tx. ap. Prsg. 1949 – Besenginstergebüsche **V Saroth.**

V Berberidion Br.-Bl. 1950 – Xerothermgebüsche **V Berb.**

V Prunion fruticosae R. Tx. 1952 – Steppenkirschen-Trockengebüsche **V Prun. frut.**

O Quercetalia pubescenti-petraeae Br.-Bl. 1931 – Xerotherme Eichenmischwälder **O Querc. pub.**

V Quercion pubescenti-petraeae Br.-Bl. 1931 – Xerotherme Eichenmischwälder **V Querc. pub.**

V Potentillo albae-Quercion petraeae Jakucs 1967 – Subkontinentale Eichentrockenwälder **V Pot.-Querc.**

O Fagetalia sylvaticae Pawł. 1928 – Buchen- u. Edellaubmischwälder **O Fag.**

V Luzulo-Fagion Lohm. et R. Tx. 1954 – Bodensaure Hainsimsen-Buchenwälder **V Luz.-Fag.**

V Galio odorati-Fagion R. Tx. 1955 – Waldmeister-Buchenwälder **V Gal.-Fag.**

V Cephalanthero-Fagion R. Tx. 1955 – Orchideen-Buchenwälder **V Cephal.-Fag.**

V Aceri-Fagion Ellenb. 1963 – Hochstauden-Buchenmischwälder **V Acer.-Fag.**

V Galio rotundifolii-Abietion Oberd. 1962 – Tannen-Fichten-Wälder **V Gal.-Abiet.**

V Carpinion betuli Issler 1931 em. Oberd. 1953 – Eichen-Hainbuchenwälder **V Carp.**

V Tilio platyphylli-Acerion pseudoplatani Klika 1955 – Edellaubholzmischwälder **V Til.-Acer.**

V Alno-Ulmion Br.-Bl. et R. Tx. 1943 – Hartholz-Auenwälder **V Alno-Ulm.**

Register der Abkürzungen der Vegetationseinheiten

Angegeben ist die Nummer der Klasse (K), unter der die Abkürzung in der Übersicht S. 26ff. zu finden ist.

Acer.-Fag.	46. K	Armer. marit.	16. K	Car. curv.	31. K
Adenost.	39. K	Arrh.	27. K	Car. davall.	8. K
Agrop.	35. K	Art.-Agrop.	35. K	Car. elat.	6. K
Agrop.-Honck.	23. K	Artem.	35. K	Car. ferr.	29. K
Agrop.-Rum.	36. K	Aspl. serp.	18. K	Car. nigr.	8. K
Agrost. stol.	36. K	Aspl. trich.	18. K	Car. lasioc.	8. K
Alliar.	35. K	Aster. trip.	16. K	Card.-Mont.	5. K
Aln.	44. K	Atr. litt.	15. K	Carp.	46. K
Alno-Ulm.	46. K	Atrop.	38. K	Caucal.	32. K
Alysso-Sed.	25. K	Berb.	46. K	Cent.-Pariet.	19. K
Ammoph.	23. K	Bet.-Adenost.	39. K	Cephal.-Fag.	46. K
Andros. alp.	21. K	Bet. pub.	41. K	Chen. rub.	34. K
Andros. vand.	18. K	Bid.	34. K	Cirs.-Brach.	26. K
Aper.	32. K	Bolb.	14. K	Cnid.	27. K
Aphan.	32. K	Brom. erect.	26. K	Convolv.	35. K
Arab. caer.	30. K	Cak.	15. K	Conv.-Agrop.	35. K
Arct.	35. K	Call.-Ulic.	28. K	Coryneph.	24. K
Armer. elong.	25. K	Calth.	27. K	Craton.	5. K
Armer. hall.	20. K	Car. bic.-atrof.	8. K	Cynos.	27. K

Cyp. fusc.	7. K
Cystopt.	18. K
Cytis.-Pin.	42. K
Dauco-Mel.	35. K
Desch. litt.	4. K
Dicr.-Pin.	41. K
Drab. hopp.	21. K
Eleoch. acic.	4. K
Elyn.	29. K
Elyn.-Sesl.	29. K
Empetr.	28. K
Epil. ang.	38. K
Epil. fleisch.	21. K
Eragrost.	32. K
Eric.-Pin.	40. K
Eric.-Sphagn.	9. K
Eric. tetr.	9. K
Fag.	46. K
Fest.-Brom.	26. K
Fest.-Sedet.	25. K
Fest. val.	26. K
Filip.	27. K
Gal.-Abiet.	46. K
Gal.-Fag.	46. K
Galeops. seget.	21. K
Genisto-Call.	28. K
Ger. sang.	37. K
Glauco-Pucc.	16. K
Glyc.-Sparg.	6. K
Honck.-Cramb.	22. K
Honck.-Elym.	22. K
Hydroch.	1. K
Isoët.	4. K
Isoëto-Nanojunc.	7. K
Junc. acutifl.	27. K
Junc. squarr.	28. K
Junc. trif.	31. K
Koel. albesc.	24. K
Koel.-Coryneph.	24. K
Koel. glauc.	25. K
Koel.-Phleion	26. K
Lemn.	1. K
Lemn. min.	1. K
Lemn. tris.	1. K
Litt.	4. K
Lol.-Lin.	32. K
Luz.-Fag.	46. K
Mesobrom.	26. K
Mol.	27. K
Mol.-Arrh.	27. K
Mont.-Card.	5. K
Nanocyp.	7. K
Nard.	28. K
Nardo-Call.	28. K
Nast.-Glyc.	6. K
Nymph.	2. K
Onop.	35. K
Orig.	37. K
Oxyc.-Sphagn.	9. K
Pan.-Set.	32. K
Pariet.	19. K
Petasit. parad.	21. K
Phragm.	6. K
Plant.	36. K
Poion alp.	27. K
Polyg. avic.	36. K
Potam.	2. K
Pot.-Querc.	46. K
Potent. caul.	18. K
Prun.	46. K
Prun. frut.	46. K
Prun.-Rub.	46. K
Pucc. mar.	16. K
Pucc.-Sperg.	16. K
Puls.-Pin.	42. K
Querc.-Fag.	46. K
Querc. pub.	46. K
Querc. rob.-petr.	45. K
Ranunc. fluit.	2. K
Rhod.-Vacc.	41. K
Rhynch. alb.	8. K
Rum. alp.	35. K
Rupp.	11. K
Sagin. mar.	17. K
Salic. alb.	43. K
Salic. aren.	46. K
Salic. aur.	44. K
Salic. cin.	44. K
Salic. eleag.	43. K
Salic. herb.	30. K
Salic. purp.	43. K
Salicorn.	13. K
Salsol.	33. K
Samb.-Salic.	38. K
Saroth.	46. K
Scheuchz.	8. K
Scheuchz.-Car.	8. K
Sec.	32. K
Sedo-Scler.	25. K
Sesl.	29. K
Sesl.-Fest.	25. K
Sileno-Cerast.	24. K
Sisymbr.	33. K
Spart.	12. K
Sperg.-Oxal.	32. K
Sphagn. magell.	9. K
Sphagno-Utric.	3. K
Stell.	32. K
Stip. calam.	21. K
Suaed.	13. K
Th.-Salicorn.	13. K
Thero-Air.	25. K
Thlasp. calamin.	20. K
Thlasp. rot.	21. K
Til.-Acer.	46. K
Trif.-Ger.	37. K
Trif. med.	37. K
Triset.	27. K
Utric.	3. K
Vacc.-Pic.	41. K
Ver.-Euph.	32. K
Viol. calamin.	20. K
Viol. can.	28. K
Xerobrom.	26. K
Zost.	10. K

Naturschutz

Wir haben bereits weiter oben erwähnt, dass unter den verschlüsselten Arten viele seltene sind, auch gibt es Arten, die nachweisbar durch den rasanten Landnutzungswandel in Deutschland zurückgehen und daher als bedroht gelten müssen. Besorgniserregend ist dabei, dass unter den seltenen oder bedrohten Arten auch solche sind, deren Gesamtareal ganz oder zumindest in großen Teilen in Deutschland liegt. Für den Erhalt dieser endemischen Taxa hat Deutschland zwar eine hohe Verantwortlichkeit im naturschutzfachlichen Sinne, aber kaum entsprechende Schutzinstrumente. Von den hier behandelten Arten ist nur *Rubus chamaemorus* in der Bundesartenschutzverordnung verzeichnet, und auf den entsprechenden Anhängen der FFH-Richtlinie sowie des Washingtoner Artenschutzabkommens CITES finden sich kaum bestimmungskritische Taxa. Damit greifen die beiden wesentlichen Instrumente des botanischen Artenschutzes nicht. Mittelbarer Schutz besteht für einige Arten über den Flächenschutz (Naturschutzgebiete, FFH-Gebiete) oder den pauschalen Biotopschutz. Da wie für die allermeisten Pflanzengruppen auch ein entsprechendes Monitoring fehlt, kann oft nicht eingeschätzt werden, ob der bestehende Schutz ausreichend ist.

Auf der pragmatischen Ebene bedeutet der fehlende direkte Schutz allerdings auch, dass außerhalb von Schutzgebieten die gelisteten Arten in der Regel gesammelt werden dürfen. Dies ist von großer Bedeutung, denn ohne einen vollständigen Beleg wird die Art oft kaum bestimmbar sein, und gerade bei seltenen bestimmungskritischen Sippen ist eine nachvollziehbare Dokumentation durch Anlage eines überprüfbaren Herbarbelegs von zentraler Bedeutung.

Der heterogene Kenntnisstand schlägt sich auch in den Roten Listen nieder. Bei einigen Gruppen (*Rubus*, *Sorbus*, *Hieracium*) liegen für recht viele Arten Einstufungen vor, bei anderen sind nur Sammelarten oder nur besonders gefährdete Gruppen berücksichtigt bewertet worden (*Taraxacum*, *Ranunculus auricomus*). Eine bessere Durchforschung und auch Erfassung ist daher aus Naturschutzsicht sehr wünschenswert. Dazu hilft die aufmerksame Beobachtung von Ausbreitung und Rückgang einzelner Arten im Gelände, die Mitarbeit bei der Kartierung, aber auch die Erforschung der Lebensgeschichte und Lebensbedingungen der Pflanzen als Grundlage für Schutzprogramme, die Beschreibung wertvoller, schutzwürdiger Biotope und schließlich die Verbreitung von Kenntnissen, Interesse und Verständnis bei anderen Menschen. Auch aus Naturschutzsicht ist also eine breitere Beschäftigung mit bestimmungskritischen Sippen nötig und lohnend.

F. Müller, C. Ritz, E. Welk, K. Wesche (Hrsg.), *Rothmaler – Exkursionsflora von Deutschland*,
DOI 10.1007/978-3-8274-3132-5_6

Hinweise zum Sammeln

Sammlungen sind bei bestimmungskritischen Sippen von besonderer Bedeutung. Oft erfordert schon die Erhebung der Merkmale, dass umfangreiches Material entnommen werden muss (z. B. *Ranunculus auricomus*). Die Bestimmungen sollten in kritischen Fällen abgesichert werden, indem Material an Spezialisten geschickt oder die eigene Aufsammlung mit sicher bestimmtem Material in öffentlich verfügbaren Herbarien abgeglichen wird. Schließlich dient ein Herbarbeleg auch der Dokumentation, denn nur so kann sichergestellt werden, dass es sich bei einem eventuell gemeldeten Fund auch wirklich um die angegebene Art handelt. Mit Hilfe der digitalen Fotografie können kostengünstig Belegfotos gemacht werden, die für einen großen Teil der deutschen Flora schon ein sicheres Bestimmen ermöglichen und insofern auch zur Dokumentation dienen können. Bei bestimmungskritischen Sippen gilt dies nur eingeschränkt. Hier sind Fotos sowie genaue Aufzeichnungen ein wichtiges Zusatzinstrument; in aller Regel wird es aber nötig sein, auch einen Herbarbeleg anzulegen. Von Pflanzen, die man von einem Spezialisten bestimmen lassen will, sollte man zwei Belege sammeln, da dann das Duplikat bei diesem verbleiben kann.

Für eine sichere Bestimmung sind meist beblätterte und blühende Pflanzen erforderlich, in einigen Pflanzengruppen sind auch Merkmale der Früchte wichtig. Gesammelt werden sollte typisches Material, das bei krautigen Pflanzen auch Grundblätter und in vielen Fällen die unterirdischen Organe umfassen kann. Von kleinen Pflanzen sollten mehrere Exemplare eingelegt werden. Von Stauden, Sträuchern und Bäumen werden Zweige mit Blüten und/oder Früchten gesammelt. Die allgemeinen Grundsätze und Gesetze des Naturschutzes sind dabei zu berücksichtigen. Es ist darauf zu achten, dass die lokale Population keinen Schaden nimmt, geschützte Arten dürfen nicht gesammelt werden. Falls in Schutzgebieten die Entnahme kritischer Sippen zur Bestimmung unbedingt notwendig ist, ist vorher eine Genehmigung zu beantragen und die dort gesammelten Pflanzen sollten einem öffentlichen Herbarium übergeben werden.

Das Material sollte zum Transport in möglichst dicht schließenden Plastiktüten aufbewahrt werden, bei feinen Blättern bewährt sich ein direktes Pressen vor Ort (z. B. in alten Zeitschriften oder Büchern). Die gesammelten Pflanzen werden dann in gefaltete Papierlagen gelegt, diese werden abwechselnd mit Zwischenlagen geschichtet, letztere regelmäßig kontrolliert und gewechselt. Durch Pressen wird sichergestellt, dass die Pflanzen sich nicht aufrollen, bei festen Blättern (z. B. *Sorbus*) ist anfänglich etwas stärkerer Andruck nötig. Blätter und Blüten werden ausgebreitet, und zwar so, dass auf einem Beleg sowohl die Ober- als auch die Unterseiten sichtbar sind. Unterschiede in der Dicke von Pflanzenteilen, z. B. zwischen Stängeln und Blättern, können durch zusätzliches Papier ausgeglichen werden. Zu große Pflanzen werden nach Möglichkeit geknickt (nicht gebogen), eventuell auch zerschnitten. Beim Einlegen sollte bereits Buch über die Pflanzen geführt werden; in jedem Fall ist aber ein Zettel mit genauen Angaben zu Fundort und Datum dem Beleg beizulegen. Hier werden auch wichtige Zusatzinformationen (z. B. Farbe der Früchte) notiert (Natho & Natho 1964; Werner 1977).

F. Müller, C. Ritz, E. Welk, K. Wesche (Hrsg.), *Rothmaler – Exkursionsflora von Deutschland*,
DOI 10.1007/978-3-8274-3132-5_7

Die nach einigen Tagen/Wochen fertig getrockneten Pflanzen werden auf ein weißes, steifes Blatt montiert (empfohlen wird festes Zeichenpapier der Größe DIN A3). Das Montieren erfolgt mit Papierstreifen; Klebeband oder Ähnliches ist ungeeignet. Große Pflanzenteile, z. B. große Früchte werden ggf. aufgenäht, abgefallene Blüten- und Blattteile, Samen u. ä. werden in einer kleinen gefalteten Papiertüte aufbewahrt, die auf den Herbarbogen geklebt wird. Das sachgemäße Etikett enthält als Minimalangaben: genauer Fundort, möglichst mit Koordinaten und Messtischblatt-Viertelquadranten; Standortangabe; Sammeldatum; Name des Sammlers und des Bestimmers. Auf jedem Herbarbogen werden nur die Aufsammlungen einer Art von einem Fundort zusammengefasst. Lediglich dann, wenn von der gleichen Pflanze mehrmals im Jahr gesammelt wurde, z. B. Blüten und Früchte bei Rosen, werden beide Aufsammlungen auf ein Blatt montiert, wobei die unterschiedlichen Sammelzeiten vermerkt werden. Aufbewahrtes Herbarmaterial ist regelmäßig auf Schädlingsbefall hin zu überprüfen.

Soweit relevant, werden weiter unten im Bestimmungsteil weitere spezielle Hinweise zum Sammeln gegeben, da je nach Gattung andere Merkmale belegt werden müssen.

Zum Gebrauch der Bestimmungstabellen

Für eine sichere Bestimmung sind beblätterte und blühende Pflanzen erforderlich, in einigen Pflanzengruppen auch Früchte. Ferner können Grundblätter und unterirdische Organe nötig sein. Entsprechende spezielle Hinweise finden sich in den Anmerkungen zu den einzelnen Artengruppen. Unvollständige Exemplare sind in der Regel gar nicht oder nur sehr schwer zu bestimmen. Zur Untersuchung der Pflanzen benötigt man eine 8- bis 16fach vergrößernde Lupe, eine spitze Pinzette und zwei Präpariernadeln, um auch kleine Blüten zergliedern zu können, sowie Rasierklingen oder ein kleines Skalpell zur Anfertigung von Schnitten durch Blüten oder andere Organe. Ein Stereo-Präpariermikroskop kann die Arbeit sehr erleichtern. Zum sicheren Bestimmen ist in vielen Fällen bei bestimmungskritischen Sippen der Vergleich mit sicher bestimmtem Material nötig, hier sei auf die öffentlichen Herbarien und entsprechende *Online*[1]-Floren verwiesen. Es kann auch nötig sein, mit Spezialisten in direkten Kontakt zu treten. Bei der Einarbeitung kann die Teilnahme an entsprechenden Spezialisten-Treffen sinnvoll sein, wie es sie für verschiedene taxonomische Gruppen regelmäßig gibt.

Die Bestimmungstabellen unseres Buches haben die Form von dichotomen (zweigabligen) Schlüsseln. Sie beruhen auf der zu treffenden Entscheidung zwischen jeweils zwei mit der gleichen fortlaufenden Schlüsselnummer bezeichneten gegensätzlichen „Fragen" (Merkmalsausprägungen), die am Zeilenende zu einer weiterführenden Schlüsselnummer und schließlich zu einem Pflanzennamen führen. Meist ist dabei nicht nur ein Einzelmerkmal, sondern eine Merkmalskombination berücksichtigt, wodurch die Bestimmung sicherer wird. Aus dem gleichen Grund werden manchmal bei einer Frage zusätzliche Merkmale angeführt, die bei dem Gegensatz fehlen, weil sie dort erst in der weiteren Folge als Alternativmerkmale in Erscheinung treten. Auf Ausnahmen wird im Allgemeinen mit der Formulierung „wenn..., dann..." hingewiesen. Das auf „dann" folgende Merkmal trifft nur auf die Ausnahme zu, jedoch nicht auf alle unter dieser Frage aufgeschlüsselten Sippen. Bei dem Gegensatz kommt es in dieser Kombination nicht vor. In jedem Fall ist es gerade bei bestimmungskritischen Sippen unbedingt nötig, alle Angaben gründlich zu lesen und zu vergleichen.

Eine in Klammern hinter der Schlüsselzahl am linken Zeilenrand beigefügte Rücklaufzahl gibt das Fragenpaar an, von dem man gekommen ist. Sie steht immer dann, wenn man nicht von dem unmittelbar vorausgehenden Schlüsselpunkt kam. Diese Zahlen ermöglichen es, rasch den Rückweg zu finden, falls beim Bestimmen fehlgegangen wurde. Sie erlauben auch, die vermutete Artzugehörigkeit einer Pflanze durch Rückverfolgen der Merkmalsangaben auf ihre Richtigkeit zu prüfen. Ferner können die Hauptunterscheidungsmerkmale zweier beliebiger Sippen ermittelt werden, indem man mit Hilfe der Rücklaufzahlen beide Bestimmungswege bis zur Gabelungsstelle zurückverfolgt.

Beim Bestimmen sollen vor der Entscheidung *beide* gegensätzliche Fragen durchgelesen werden. Die Gegenfrage stellt den Unterschied oft klarer heraus. Die Bedeu-

---

[1] http://webapp.senckenberg.de/bestikri, http://www.blumeninschwaben.de/, http://www.floraweb.de/.

F. Müller, C. Ritz, E. Welk, K. Wesche (Hrsg.), *Rothmaler – Exkursionsflora von Deutschland*,
DOI 10.1007/978-3-8274-3132-5_8

tung der botanischen Fachausdrücke kann im Verzeichnis der Fachwörter (S. 185ff.) nachgeschlagen werden. Hilfreich ist auch ein Vergleich mit den Abbildungen, auf die mit einer fettgedruckten Seitenzahl und nach Schrägstrich der Abbildungsnummer auf dieser Seite verwiesen wird. Zu einer sicheren Bestimmung genügt es nicht, dass ein einziges Merkmal oder ein Teil der angegebenen Merkmale passt, sondern die *ganze* Merkmalskombination muss auf die vorliegende Pflanze zutreffen. Auch wenn sie in der Wuchshöhe und Blütezeit stark von den Angaben abweicht, ist die betreffende Art wahrscheinlich auszuschließen. Wenn die ermittelte Art aus dem Fundgebiet bisher gar nicht angegeben ist, liegt vielleicht ein Neufund vor, das sollte man besonders vorsichtig prüfen und dann gegebenenfalls weiter melden.

Ist man unsicher, entweder weil nach Merkmalen gefragt wird, die das unvollständig vorliegende Material nicht zeigt (reife Früchte, Ausläufer, Grundblätter usw.), oder weil beide gegensätzliche Fragen teilweise zutreffen, so muss man beide Wege versuchen, und zwar zunächst den unmittelbar folgenden, der zur artenärmeren Gruppe führt. Wenn jede dieser Arten auf Grund eines oder mehrerer eindeutig *nicht* zutreffender Merkmale ausscheidet, ist der andere Weg der richtige. Manchmal kommt man auch auf beiden Wegen zum Ziel, wenn nämlich die betreffende Art an zwei Stellen in die Tabellen aufgenommen werden musste, weil ihre eindeutige Zuordnung zu nur einer der beiden Fragen nicht möglich ist.

Sollte auch diese Methode kein Ergebnis liefern, d. h. bei einem Schlüsselpunkt keine der beiden Merkmalskombinationen vollständig zutreffen, so kann das eine der folgenden Ursachen haben:

a) Man hat sich schon bei einem früheren Schlüsselpunkt geirrt, weil vielleicht ein Fachausdruck nicht richtig verstanden wurde, und befindet sich bereits auf dem falschen Weg. Dann muss man mit dem Bestimmen noch einmal von vorn beginnen und die Beschreibung aller Merkmale sogfältig vergleichen.
b) Das vorliegende Exemplar zeigt nicht alle zum Bestimmen notwendigen Merkmale in genügender Deutlichkeit oder man hat eine untypische Pflanze vor sich, die infolge extremer Wuchsbedingungen, Beschädigung durch Fraß bzw. Mahd oder durch Herbizideinwirkung die angegebenen Größenwerte über- bzw. unterschreitet oder sonstige Abweichungen zeigt. Vielleicht findet man dann in der Nachbarschaft typischere Pflanzen derselben Sippe.
c) Die Sippe ist in den Bestimmungstabellen nicht enthalten, weil sie in Deutschland bisher nicht bekannt ist und nur selten und vorübergehend infolge Verschleppung auftritt.
d) Das Problem kann aber auch am Schlüsseltext liegen, besonders bei Kleinarten und Unterarten, denn auch in Deutschland ist die Variationsbreite mancher Sippen noch ungenügend bekannt. Schon manche früher unterschiedene Sippe hat sich als unhaltbar erwiesen.

Den Herausgebern und Autoren sind Hinweise auf Probleme natürlich hochwillkommen.

Angaben bei den Arten

Soweit bekannt und verfügbar, steht bei den Arten und Unterarten hinter den Schlüsselmerkmalen und einzelnen zusätzlichen Merkmalen zunächst die durchschnittliche Höhe der ausgewachsenen Pflanze in Metern (0,03–0,15 = 3–15 cm hoch). Bei liegenden oder kriechenden Pflanzen bezieht sich die Angabe auf die Länge (meist mit lg bezeichnet). Manchmal sind seltener auftretende Werte in Klammern hinzugefügt, es werden jedoch keine Extremwerte (kleinste und größte jemals gemessene Höhe) angeführt. Dahinter stehen die Zahlen der Monate, in denen die Pflanze blüht bzw. reife Sporen trägt. Es folgen die Charakterisierung der Standorte und darauf Angaben zur Häufigkeit und geografischen Verbreitung in den einzelnen Bundesländern, zum Status (heimisch, eingebürgert oder unbeständig eingeschleppt) sowie zur Rückgangs- oder Ausbreitungstendenz (S. 13 ff.).

In der anschließenden Klammer findet man als erstes die Arealdiagnose, die über die Gesamtverbreitung der Sippe Auskunft gibt (S. 16). Darauf folgen Angaben über Wuchsform (S. 7 ff.), Lebensdauer, Bestäubungsverhältnisse (S. 8 ff.), Samen-Ausbreitung und -Keimung (S. 10) sowie die für die Sippe charakteristischen ökologischen Zeigerwerte (S. 21 ff.) und anschließend die Pflanzengesellschaften, in denen sie bevorzugt auftritt (S. 25 ff., Register S. 35). Manchmal folgen kurze Bemerkungen zur Systematik oder über Nutzen (Verwendung) und Schaden. Soweit belastbare Zählungen vorhanden sind, werden Chromosomenzahlen am Schluss angegeben.

In eckigen Klammern sind wichtige Synonyme (S. 4) aufgeführt. Am Ende der Zeile stehen der deutsche und der wissenschaftliche Artname (bei aufgeschlüsselten Unterarten gewöhnlich nur das Unterart-Epitheton) und davor unter Umständen ein Symbol (S. 57) als Hinweis, dass diese Sippe in der Wildpflanzenflora Deutschlands nicht vorkommt, sondern nur kultiviert wird Ⓚ oder ausgestorben ist Ⓣ oder wegen der Vorkommen in den Nachbargebieten zu erwarten ist ⑦.

Zitierte Literatur – allgemeiner Teil:

APG III (2009) An update of the Angiosperm Phylogeny Group classification for the orders and families of flowering plants. Bot. J. Linn. Soc. 161: 105–121.

Bierzychudek, P. (1985) Patterns in plant parthenogenesis. Experientia 41: 1255–1264.

Braun-Blanquet, J. (1964) Pflanzensoziologie. Grundzüge der Vegetationskunde. Springer, Berlin.

Borchers-Kolb, E. (1985) *Ranuculus* sect. *Auricomus* in Bayern u. den angrenzenden Gebieten. II. Spezieller Teil. – Mitt. Bot. Staatsamml. München 21: 49–300.

Brummitt, R. K.; Powell, C. E. (1992) Authors of plant names: a list of authors of scientific names of plants, with recommended standard forms of their names, including abbreviations. Royal Botanic Gradens, Kew.

Buttler, K. P.; Thieme, M. & Mitarbeiter (2015) Florenliste von Deutschland – Gefäßpflanzen. Version 7. Frankfurt am Main, August 2015, veröffentlicht im Internet unter http://www.kp-buttler.de.

F. Müller, C. Ritz, E. Welk, K. Wesche (Hrsg.), *Rothmaler – Exkursionsflora von Deutschland*,
DOI 10.1007/978-3-8274-3132-5_9

ELLENBERG, H. (1996) Vegetation Mitteleuropas mit den Alpen in ökologischer, dynamischer und historischer Sicht. Ulmer, Stuttgart.

ELLENBERG, H.; LEUSCHNER C. (2010) Vegetation Mitteleuropas mit den Alpen. Ulmer, Stuttgart.

ELLENBERG, H.; WEBER, H. E.; DÜLL, R.; WIRTH, V.; WERNER, W.; PAULISSEN, D. (1992) Zeigerwerte von Pflanzen in Mitteleuropa. Scr. Geobot. 18: 1–248.

FISCHER, M. A. (2001) Wozu deutsche Pflanzennamen? Neilreichia 1: 181–232.

FISCHER, M. A. (2002) Zur Typologie und Geschichte deutscher botanischer Gattungsnamen. Stapfia 80: 125–200.

FRANK, D.; KLOTZ, S. (1990) Biologisch-ökologische Daten zur Flora der DDR. – Wissenschaftliche Beiträge der Martin-Luther-Universität Halle-Wittenberg 32 (= P 41).

IPNI – The International Plant Names Index (2012). Publiziert im Internet http://www.ipni.org

JÄGER, E. J. (Hrsg.) (2011) Rothmaler – Exkursionsflora von Deutschland. Gefäßpflanzen: Grundband, 20. Aufl. Spektrum Akademischer Verlag, Heidelberg.

JÄGER, E. J.; MÜLLER, F.; RITZ, C. M.; WELK, E.; WESCHE, K. (2013) Rothmaler – Exkursionsflora von Deutschland. Gefäßpflanzen: Atlasband. Springer Spektrum, Berlin, Heidelberg.

JÄGER, E. J.; WERNER, K. (Hrsg.) (2005) Rothmaler – Exkursionsflora von Deutschland Band 4. Gefäßpflanzen: Kritischer Band, 10. Aufl. Spektrum Akademischer Verlag, Heidelberg, Berlin.

KADEREIT, J.; KÖRNER, C.; KOST, B.; SONNEWALD, U. (2014) Strasburger – Lehrbuch der Pflanzenwissenschaften. Springer, Berlin.

MCNEILL, J.; BARRIE, F. R.; BUCK, W. R.; DEMOULIN, V.; GREUTER, W.; HAWKSWORTH, D. L.; HERENDEEN, P. S.; KNAPP, S.; MARHOLD, K.; PRADO, J.; PROUD'HOMME VAN REINE, W. F.; SMITH, G. F.; WIERSEMA, J. H.; TURLAND, N. J. (Hrsg.) (2012) International Code of Nomenclature for algae, fungi, and plants (Melbourne Code). Koeltz Scientific Books, Königstein.

MEUSEL, H.; JÄGER, E. J. (1992) Vergleichende Chorologie der zentraleuropäischen Flora. Bd. 3. Gustav Fischer, Stuttgart, New York.

MEUSEL, H.; JÄGER, E. J.; WEINERT, E. (1965) Vergleichende Chorologie der zentraleuropäischen Flora, Bd. 1. Gustav Fischer, Jena.

MEUSEL, H.; JÄGER, E. J.; RAUSCHERT, S.; WEINERT, E. (1978) Vergleichende Chorologie der zentraleuropäischen Flora. Bd. 2. Gustav Fischer, Jena.

NATHO, G.; NATHO, I. (1964) Herbartechnik. 3. Aufl. Wittenberg.

NETZWERK PHYTODIVERSITÄT DEUTSCHLAND & BUNDESAMT FÜR NATURSCHUTZ (Hrsg.) (2013) Verbreitungsatlas der Farn- und Blütenpflanzen Deutschlands. Landwirtschaftsverlag, Münster.

ROTHMALER, W. (1970) Exkursionsflora von Deutschland. Bd 4: Kritischer Ergänzungsband, 3. Aufl. Volk und Wissen Volkseigener Verlag, Berlin.

WEBER, H. E.; MORAVEC, J.; THEURILLAT, J.-P. (2001) Internationaler Code der Pflanzensoziologischen Nomenklatur (ICPN). Floristisch-Soziologische Arbeitsgemeinschaft, Göttingen, 61 S.

WERNER, K. (1977) Kurze Anleitung zur Anlage eines Herbariums. Mitt. flor. Kart. (Halle) 3 (2): 4–13.

Bestimmungsschlüssel

Ranunculus auricomus

VOLKER MELZHEIMER (Marburg)

***Ranunculus auricomus* agg.** – Artengruppe **Gold-Hahnenfuß, Goldschopf-Hahnenfuß**[1]

Die **Entstehungsweise der Agamospermie** beim *R. auricomus*-Komplex ist z. Z. noch ungeklärt. Die Chromosomen-Basiszahl ist x = 8. Einige Arten sind diploid (2n = 2x = 16), triploid (2n = 3x = 24), tetraploid (2n = 4x = 32, der größte Teil der Arten), pentaploid (2n = 5x = 40), hexaploid (2n = 6x = 48) od. oktoploid (2n = 8x = 64). Genauere Zählungen wären sehr wünschenswert! Der Formenkreis ist im Gebiet ungenügend bearbeitet. Bisher liegen nur für Ba u. Teile von Bw (BORCHERS-KOLB 1985) sowie für Teile von Th u. He Bearbeitungen der Artengruppe (diverse Diplomarbeiten an der Universität Marburg) vor. Für die übrigen Bdl gibt es im Wesentlichen nur punktuelle, meist auch nur allgemeine Hinweise.

Genetische Diversität: Die umfangreichen Isoenzym- u. DNA-Analysen aus der Arbeitsgruppe von E. HÖRANDL haben gezeigt, dass morphologisch definierte Kleinarten durchweg aus zahlreichen Klonen bestehen u. dass ein bestimmter Genotyp meist nur an einer einzigen Lokalität vorkommt. Diese Ergebnisse stimmen mit zahlreichen populationsgenetischen Untersuchungen an anderen Gattungen (z. B. *Rubus*, *Taraxacum*, u. a.) überein. Fakultative Sexualität, Rückkreuzungen mit sexuellen Arten, hybridogene Entstehung u. nicht zuletzt Mutationen sind die Ursachen dieser unerwartet hohen genetischen Diversität. Klonalität ist daher kein Kriterium für die Abgrenzung von Kleinarten in *Ranunculus auricomus*.

Der **Bestimmungsschlüssel** basiert auf dem BlZyklus der ersten (6–)7 Bl (Abb. **48**/1–7), da die Bl, die vor u. während der Blüte gebildet werden, sehr unterschiedlich sind. Der Zyklus ist beendet mit dem Erscheinen der 1.–3. SommerBl nach der Blüte (Abb. **48**/8 entspricht dem ersten SommerBl), deren BlSpreite deutlich geschlossener ist.

Unbedingt notwendig für eine Bestimmung sind die Bl 3–6 des BlZyklus. Soweit kein bestimmtes Bl angegeben ist, beziehen sich die allgemeinen Angaben auf diese Bl. Die einzelnen Pfl weisen selten mehr als 4 vollständige Bl auf, daher ist die Festlegung der genauen Abfolge mit Hilfe mehrerer Exemplare wichtig (mögliche Bereicherungstriebe beachten! s. u.).

Zur Kennzeichnung der BlAbschnitte werden im Schlüssel folgende Bezeichnungen verwendet: Mittelabschnitt (Abb. **49**/1: M), Seitenabschnitt (Abb. **49**/1: S). Beide Abschnitte werden durch den Haupteinschnitt voneinander getrennt (Abb. **49**/1: H). Die voneinander durch einen tieferen Einschnitt getrennten Seitenabschnitte werden als Teilungsabschnitte bezeichnet (Abb. **49**/1: T 1, 2 usw.). Die Formen der BlAbschnitte werden der Kürze halber statt verkehrtdeltoid (größte Breite über der Mitte) als del-

[1] s. MELZHEIMER, V. in: 3., völlig neu bearbeitete Auflage von Hegi, Flora von Mitteleuropa Bd. 3/3, in Vorbereitung, voraussichtlich 2016.

F. Müller, C. Ritz, E. Welk, K. Wesche (Hrsg.), *Rothmaler – Exkursionsflora von Deutschland*,
DOI 10.1007/978-3-8274-3132-5_10

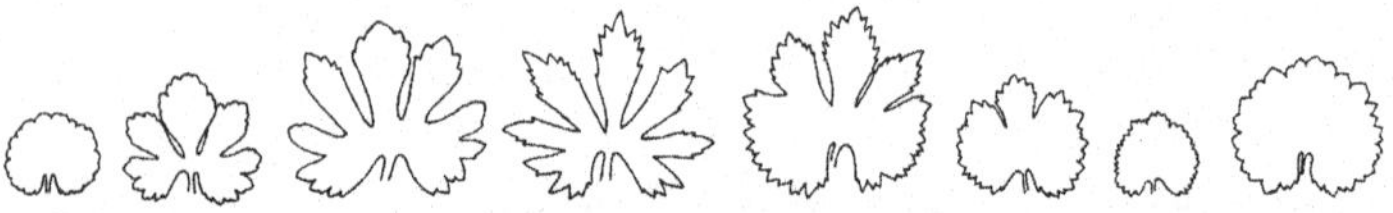

toid u. statt verkehrteilanzettlich (vgl. S. 189) als eilanzettlich bezeichnet. Folgende Formen kommen vor: spatelfg (Abb. **49**/2), br deltoid, deltoid, schmal deltoid u. sehr schmal deltoid (Abb. **49**/2–6), rhombisch (größte Breite in der Mitte, Abb. **49**/7), eilanzettlich, schmal eilanzettlich. BlAbschnitte werden als gestielt bezeichnet, wenn der stielartige Teil am Grund des Abschnittes mindestens 1 mm lg ist. Der Einschnitt am Grund der BlSpreite wird als Basalbucht bezeichnet u. deren Öffnung in Winkelgraden angegeben.

Hinweise zum Sammeln: Aus dem eben Beschriebenen geht hervor, dass die Auricomi mit einer Zufallsaufsammlung in der Regel nicht bestimmbar sind. Um einen vollständigen BlZyklus zu erhalten, müssen mehrere Exemplare gesammelt werden. Möglichst alle Blätter, auf jeden Fall die BlSpreiten der am stärksten zerteilten Bl, müssen beim Trocknungsvorgang sorgfältig ausgebreitet werden, um die vollständige Abfolge dokumentieren zu können. Der April ist dabei der wichtigste Monat, denn schon nach dem ersten Maidrittel legen sich die fruchtenden BStiele, speziell an Wiesenstandorten, bereits um und die Blätter, die vor u. während der Blüte gewachsen sind, beginnen zu welken u. sich einzuziehen. Die „Fruchtreife" erfolgt schnell, da sich die Keimlinge in den Nüsschen erst im Spätherbst am bzw. im Boden entwickeln. Pfl der Waldstandorte sind gewöhnlich etwas länger präsent.

Von einer genauen Zuordnung der Auricomi zu bestimmten Pflanzengesellschaften wird abgesehen. Zum einen sind sie als konkurrenzschwache Arten oft nicht von vornherein vorhanden. Zum anderen reagieren sie sehr sensibel auf die Änderung bereits einzelner ökologischer Faktoren. Ein Beispiel sind Bodenbedingungen. So bevorzugen die Auricomi höhere Humusanteile, wie z. B. in Parks u. Buchenwäldern, ebenso kalkhaltige Böden; sie meiden dagegen auffällig Böden über Buntsandstein. Schließlich muss bis in den Sommer eine sehr gute Wasserversorgung gewährleistet sein. Toleriert wird dabei eher zeitweise stehendes Wasser als Trockenheit, wie langjährige Gelände- u. Standortbeobachtungen sowie Umsetzversuche des Autors ergaben.

Argumente für die Beibehaltung einer überschaubaren Kleinartenzahl bei *R. auricomus*:

- Neue Arten sollten sich prinzipiell erst aus der Bearbeitung regionaler u. überregionaler u. nicht aus spontanen Aufsammlungen ergeben. Ausführliche Geländebegehungen des Autors haben gezeigt, dass einige Arten doch weiter verbreitet sind als bis dahin angenommen.
- Ein weiteres wichtiges Argument ist die Kurzlebigkeit einzelner Sippen; so z. B. sind von 18 untersuchten Sippen im ehemaligen West-Berlin (Melzheimer et al. 1976) 8 Sippen im Laufe der nächsten Dekade ohne ersichtliches Eingreifen des Menschen verschollen.
- Daneben würde aufgrund der enormen Variabilität innerhalb der Auricomi die Berücksichtigung von Kleinstmerkmalen[2] zu zahllosen, instabilen Kleinarten führen (s. dazu auch unter „Genetische Diversität"). Meist lassen sich fragliche Sippen den hier im Schlüssel aufgeführten Kleinarten zuordnen; hilfreich ist es dabei, streng auf

[2] So ergab die Vegetationsaufnahme einer gut durchfeuchteten Magerwiese 32 unterschiedliche Kleinarten (Lohwasser 2001), die sich aber bei konsequenter Anwendung der Angaben zum BlZyklus 1–3 bereits bekannten Kleinarten zuordnen ließen.

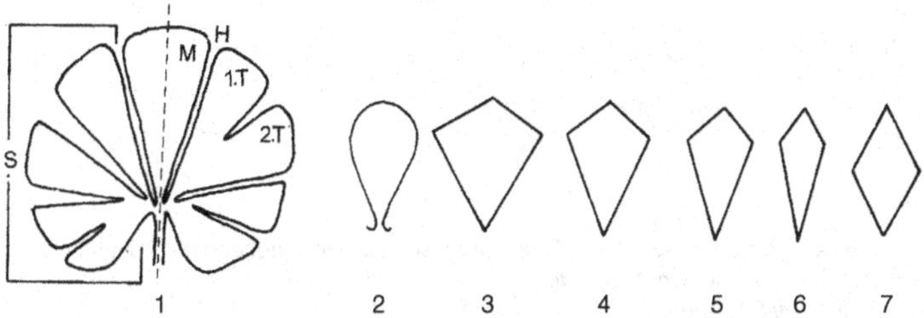

die Angaben zu dem oben beschriebenen BlZyklus u. zwecks Vergleichbarkeit auf die Einhaltung der Fachtermini (z. B. *Sommer*Bl anstelle von *Schluss*Bl) zu achten. Entscheidend ist dabei das morphologisch exakte Erkennen u. Zuordnen der bestimmungsrelevanten Bl (BlZyklus der ersten (6–)7 Bl).
Auch zusätzliche Bereicherungstriebe dürfen keinesfalls berücksichtigt werden! Das Erkennen der Bereicherungstriebe ist eines der Hauptprobleme beim Bestimmen, da sie den Zyklus verfälschen.
Ein Vergleich der BlZyklen innerhalb einer sehr eng begrenzten Population hilft hier aber dem interessierten Laien weiter, da die Bereicherungstriebe im Allgemeinen nur bei wenigen, sehr gut entwickelten Exemplaren vorhanden sind.

Unter Berücksichtigung der o. g. Argumente zur Beibehaltung einer überschaubaren Kleinartenzahl wurden folgende Auricomi (vgl. Artenliste BUTTLER 2014) nicht im Bestimmungsschlüssel übernommen od. aufgrund rudimentären Materials als zweifelhaft eingestuft:
R. biclaterae DUNKEL, *R. chrysoleptos* DUNKEL, *R. excisus* DUNKEL, *R. ferocior* DUNKEL, *R. gratiosus* BRODTBECK, *R. macrotis* BRODTBECK, *R. pleiophyllos* DUNKEL, *R. suborbicularis* DUNKEL
Zweifelhafte Arten: *R. constans* HAAS, *R. guelzowiensis* DOLL, *R. lingulatus* BRODTBECK

Die Bestimmungen der Auricomi führen nicht immer ohne weiteres zum sicheren Ergebnis. Aus diesem Grund soll die folgende Gruppierung eine Übersicht geben u. die Orientierung im Zusammenhang mit dem Bestimmungsschlüssel etwas unterstützen. Die Gruppierung erfolgt ausschließlich nach der BlZerteilung. Von den hier aufgeführten Gruppen ist die erste Gruppe bisher nur in Österreich nachgewiesen (HÖRANDL & GUTERMANN 1998 ff. u. 1999). Die Gruppen 4 u. 5 sind durch einen lückigen Spreitenrand bzw. lückige Spreitenmitte gekennzeichnet (Abb. **50**/1, 2, 3). Bei der Gruppe 5 (Abb. **50**/2, 3) ist dies stärker ausgeprägt als bei der 4. Gruppe (Abb. **50**/1). Die Gruppe 2 ist mit 17 Arten am umfangreichsten u. damit wohl auch am schwierigsten. Die Hauptunterschiede zwischen den Gruppen 2 u. 3 beziehen sich auf die Einschnittstiefe der BlRänder, u. zwar ist die Spreite in Gruppe zwei 3–5teilig, seltener -schnittig u. in Gruppe drei 3–5schnittig, seltener -teilig. Die Basalbucht ist in diesen beiden Gruppen ein weiteres Merkmal: die Basalbucht ist weit bis eng in Gruppe 2 u. eng bis geschlossen in Gruppe 3.

Kurzcharakteristik der *R. auricomus*-Gruppen

Es empfiehlt sich zunächst der Weg über den Bestimmungsschlüssel. Die umgekehrte Vorgehensweise über die Gruppen mit der jeweiligen Kurzcharakteristik setzt dagegen einige Vorkenntnisse bzw. Übung voraus.

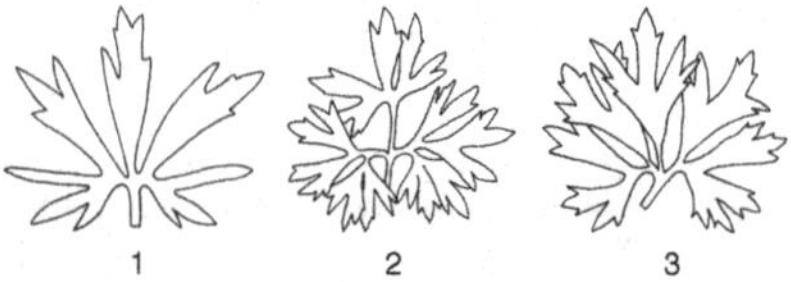

1 2 3

Die Reihenfolge innerhalb der Gruppen entspricht weitestgehend der Zunahme des Zerteilungsgrades der BlSpreiten.

1. ***R. staubii*-Gruppe:**
Spreite der Anfangsblätter unvermittelt wechselnd von ungeteilt (schwach 3lappig) bis zu 3–5teilig, seltener -schnittig, Basalbucht weit bis eng bei den Frühjahrsblättern: *R. mendosus, R. pilisiensis, R. staubii, R. vindobonensis.* Die 4 Arten dieser Gruppe sind gegenwärtig nur aus Österreich bekannt.
2. ***R. puberulus*-Gruppe:**
Spreite 3–5teilig, seltener -schnittig, Basalbucht weit bis eng: *R. biformis, R. pseudaemulans, R. puberulus, R. latisectus, R. monacensis, R. rhombilobus, R. transiens, R. doerrii, R. danubius, R. lucorum, R. nicklesii, R. alnetorum, R. reichertii, R. stricticaulis, R. vertumnalis, R. pseodovertumnalis, R. aemulans.*
3. ***R. alsaticus*-Gruppe:**
Spreite 3–5schnittig, seltener -teilig, Basalbucht eng bis geschlossen: *R. mergenthaleri, R. irregularis, R. hevellus, R. abstrusus, R. mosbachensis, R. bayerae, R. alsaticus, R. mosellanus, R. opimus, R. pseudopimus, R. roessleri, R. rotundatus.*
4. ***R. indecorus*-Gruppe:**
Spreitenrand durch die schmalen Teilabschnitte deutlich lückig: *R. indecorus, R. haasii, R. ambranus, R. basitruncatus, R. integerrimus, R. palmularis, R. recticaulis, R. rostratulus, R. phragmiteti, R. walo-kochii.*
5. ***R. leptomeris*-Gruppe:**
Spreitenmitte durch keilfg Teilabschnitte lückig: *R. leptomeris, R. argoviensis, R. kunzii, R. dactylophyllus, R. borchers-kolbiae, R. suevicus, R. varicus, R. multisectus.*

Verwendete Literatur

Borchers-Kolb, E. (1985) *Ranunculus* sect. *Auricomus* in Bayern und den angrenzenden Gebieten. II. Spezieller Teil. – Mitt. Bot. Staatssamml. München 21: 49–300.

Hodac, L.; Scheben, A. P.; Hojsgaard, D.; Paun, O.; Hörandl, E. (2014) ITS polymorphisms shed light on hybrid evolution in apomictic plants: a case study on the *Ranunculus auricomus* complex. – PLoS ONE 9(7): e103003.

Hörandl, E.; Greilhuber, J.; Klimaková, K.; Paun, O.; Emadzade, K.; Hodálová, I. (2009) Reticulate evolution and taxonomic concepts in the *Ranunculus auricomus* complex (Ranunculaceae): insights from analysis of morphological, karyological and molecular data. – Taxon 58(4): 1194–1215.

Hörandl, E.; Paun, O. (2007) Patterns and sources of genetic diversity in apomictic plants: implications for evolutionary potentials. In: Hörandl, E.; Grossniklaus, U.; Dijk, P. van; Sharbel, T. (Hrsg.) (2007) Apomixis: Evolution, Mechanisms and Perspectives, pp. 169–194. Ruggell, Liechtenstein: Gantner Verlag [Regnum Vegetabile 147].

Hörandl, E. (2002) Morphological differentiation within the *Ranunculus cassubicus* group compared to variation of isozymes, ploidy levels, and reproductive systems: implications for taxonomy. – Pl. Syst. Evol. 233: 65–78.

Hörandl, E. (2004) Comparative analysis of genetic divergence among sexual ancestors of apomictic complexes using isozyme data. – Int. J. Pl. Sci. 165: 615–622.

HÖRANDL, E.; GREILHUBER, J. (2002) Diploid and autotetraploid sexuals and their relationships to apomicts in the *Ranunculus cassubicus* group: insights from DNA content and isozyme variation. – Pl. Syst. Evol. 234: 85–100.
HÖRANDL, E.; GREILHUBER, J.; DOBEŠ, C. (2000) Isozyme variation within the apomictic *Ranunculus auricomus* complex: evidence for a sexual progenitor species in southeastern Austria. – Pl. Biol. 2: 1–10.
HÖRANDL, E; GUTERMANN, W. (1999ff.) Der *Ranunculus auricomus*-Komplex in Österreich und benachbarten Gebieten 3. Die Arten der *R. latisectus-*, *R. puberulus-*, *R. stricticaulis-* und *R. argoviensis*-Gruppe (*R. auricomus*-Sammelgruppe). Bot. Jahrb. Syst. 121: 99–138.
HÖRANDL, E; GUTERMANN, W. (1998ff.) Der *Ranunculus auricomus*-Komplex in Österreich 1. Methodik; Gruppierung der mitteleuropäischen Sippen. – Bot. Jahrb. Syst. 120:1–44.
LOHWASSER, U. (2001) Biosystematische Untersuchungen an *Ranunculus auricomis* L. (Ranunculaceae) in Deutschland. – Dissertationes Botanicae 343.
MELZHEIMER, G.; MELZHEIMER, V.; DAMBOLDT, J. (1976) Die *Ranunculus auricomus*-Sippen West-Berlins. – Bot. Jahrb. Syst. 95: 339–372.
MELZHEIMER, V. (1998) *Ranunculus auricomus* agg. In: WISSKIRCHEN, R., HAEUPLER, H.: Standardflorenliste der Farn- und Blütenpflanzen Deutschlands. Hrsg. Bundesamt für Naturschutz, Ulmer Verlag, Stuttgart.
MELZHEIMER, V.; LOHWASSER, U. (1997) *Ranunculus auricomus* agg. – Kritische Anmerkungen zum gegenwärtigen Stand der Forschung. – Flor. Rundbr. 31 (2): 89–98.
PAUN, O.; STUESSY, T. F.; HÖRANDL, E. (2006) The role of hybridization, polyploidization and glaciation in the origin and evolution of the apomictic *Ranunculus cassubicus* complex. – New Phytol. 171: 223–236.

1 Pfl am Grund mit (1–)2–3(–4) blattlosen, etwa 0,8–3,4 cm lg Scheiden (von außen nach innen länger werdend), gefolgt von 2–3 BTrieben; erst dann folgen 1–2(–4) GrundBl (Spreite 6–12 cm im ∅), diese ungeteilt od. ungeteilt bis 3lappig (Abb. **48**/1, 6–8) od. ungeteilt bis höchstens 3teilig; die Hauptabschnitte meist nur an einem Bl bis $^2/_3$ der BlSpreite reichend. BlAbschnitte der unteren StgBl höchstens 5(–7)mal so lg wie br. BBoden gewöhnlich behaart. 0,15–0,45. Auen- u. BruchW, feuchte bis nasse Wiesen (sm-temp·c3-5EUR – teiligr hros H ♃ Rhiz – InBAp – VdA MeA AmA?) – V Filip., V Alno-Ulm., V Calth., V Carp.) *R. cassubicus*-Gruppe **2**

1* Pfl am Grund mit (0–)1(–2) blattlosen Scheiden. Es folgen (3–)4–7 GrundBl (Spreite 2,5–5,5 cm im ∅) mit 1–2 BTrieben. Bl auffällig verschiedengestaltig, mit mindestens einem mehrteiligen Bl, dessen Spreite durch wenigstens 2 sehr tiefe Einschnitte in Mittel- u. zuweilen weiter zerteilte Seitenabschnitte geteilt ist (Abb. **48**/2–4). In der Folge kann es sowohl weitere Bl als auch BTriebe geben. Abschnitte der unteren StgBl mindestens (7–)10mal so lg wie br. BBoden kahl od. behaart. 0,15–0,45. Auen- u. BruchW, Waldränder, Gebüsche, feuchte bis moorige Wiesen (sm/mo-b·c1-5EUR-WSIB – igr/teiligr hros H ♃ Rhiz – InB Ap – WiA AmA – V Carp., V Alno-Ulm., K Mol.-Arrh.) *R. auricomus*-Gruppe **6**

2 Pfl gewöhnlich nur mit 2 rundlich-nierenfg GrundBl, diese ohne Einschnitte (zur Zeit noch nicht endgültig geklärt). Bl fein kerbig gezähnt. Zipfel der unteren StgBl lg zugespitzt u. bis zur Spitze fein gesägt. FrKöpfchen sich bei der FrReife deutlich verlängernd; Ob Me? (32).
⑦ **Kaschubischer Gold-Hahnenfuß** – ***R. cassubicus*** L.

2* Pfl gewöhnlich mit >2 GrundBl, zumindest ein Bl mit einem wenigstens angedeuteten Einschnitt. Bl grob kerbig gezähnt, zuweilen mit kleineren Zähnchen zwischen den größeren. Zipfel der StgBl weniger zugespitzt u. weniger gezähnt **3**

3 Von den 2–3 GrundBl mindestens 2 Bl 3spaltig bis 3teilig, grob gezähnt. StaubBl deutlich länger als die FrKn. Frchen 3,5–4 mm lg. Feuchte Wiesen, AuenW; s W-Ba O-Bw (sm/mo-temp·c3-4EUR – 32). [*R. hegetschweileri* W. D. J. Koch]
Großfrüchtiger G.-H. – *R. megacarpus* W. Koch

3* GrundBl gewöhnlich weniger tief zerteilt. Frchen kleiner, 2,5–3 mm lg. Sonstige Merkmale in anderer Kombination 4

4 BlSpreite länger als br. GrundBl ungeteilt od. das erste mehrlappig, zwischen den größeren Zähnen kleinere Zähnchen. Basalbucht 0–80°. StaubBl länger als die FrKn. AuenW, feuchte bis nasse Wiesen, basenhold; s S-Ba O-Bw (stemp·c2EUR –16). **Langblättriger G.-H. – *R. cassubicifolius*** W. Koch

4* BlSpreite breiter als lg. Sonstige Merkmale in anderer Kombination 5

5 Pfl kräftig, 30–60 cm hoch. Oft ein Bl der 2–3 GrundBl 3lappig, Basalbucht 0–50°. Abschnitte der unteren StgBl eilanzettlich (Breite zu Länge 1:4 bis 1:5), stark gesägt. AuenW, frische LaubW; ob in D? (32).
(?) **Unechter Kaschuben-G.-H. – *R. pseudocassubicus*** (Christ) W. Koch

5* Pfl zierlicher, 20–30 cm hoch. GrundBl ungeteilt, seltener 3lappig, zuweilen ein GrundBl 3spaltig, Basalbucht 50–90°. Abschnitte des unteren StgBl eilanzettlich od. schmaler. Moorige Wiesen u. feuchte Schlenken in Alpentälern. Ob in D? (32, 47, 48, 64). (?) **Alemannen-G.-H. – *R. allemannii*** Braun-Blanq.

6 **(1)** Mindestens der Mittelabschnitt, z. T. auch der Teilungsabschnitt (1–)2–3 mm lg gestielt (Abb. **49**/1: M, T) 7

6* Mittel- u. obere Teilungsabschnitte nicht gestielt 36

7 Basalbucht wenigstens an drei GrundBl durch die Seitenlappen verdeckt 8

7* Basalbucht deutlich sichtbar, nicht od. höchstens bei einem Bl verdeckt, ... 11

8 Mittelabschnitt von Bl 4 deutlich (± 3 mm) lg gestielt. BuchenmischW; z Ba Th, s He (?). **Sonderbarer G.-H. – *R. abstrusus*** O. Schwarz

8* Mittelabschnitt kürzer (1–1,5 mm lg) gestielt, zuweilen auch fehlend 9

9 Mittelabschnitt nie gestielt. LaubmischW; z N-Ba (32).
Ungleichmäßiger G.-H. – *R. irregularis* Dunkel

9* Mittelabschnitt der am stärksten zerteilten Blätter 1–1,5 mm lg gestielt 10

10 Mittel- u. Teilungsabschnitte mehrfach tief geteilt u. sich stark überlappend. AuenW; ob in D? (32). (?) **Kunze-G.-H. – *R. kunzii*** W. Koch

10* Mittel- u. Teilungsabschnitte mit nur einem tiefen u. 1–2 weiteren, höchstens bis zur Mitte der Abschnitte reichenden Einschnitten, Ränder nur wenig überlappend. AuenW; z Th Sa, s N-Ba He (32). **Stattlicher G.-H. – *R. opimus*** O. Schwarz

11 **(7)** BlSpreite durch 2 Haupteinschnitte 3teilig. Mittelabschnitt u. Seitenabschnitte kurz (1,5–2,5 mm lg) gestielt. LaubmischW, AuenW; s Rh (32).
Reichert-G.-H. – *R. reichertii* Dunkel

11* BlSpreite durch weitere tiefe bis sehr tiefe Einschnitte (4-)5- od. mehrteilig 12

12 Seitenabschnitte mit je einem tiefen Einschnitt 13

12* Seitenabschnitte mit je 2–3 tiefen Einschnitten (Abb. **49**/1) 23

13 Nur Bl 3 u. 4 der Abfolge mindestens 5teilig, Bl 5 meist nur 3teilig, Bl 6 u. 7 ungeteilt bis 3lappig. Wälder; s NW-Ba NO-Bw He (32). [*R. auricomus* L. subsp. *lucorum* R. Engel] **Hain-G.-H. – *R. lucorum*** (R. Engel) Borch.-Kolb

13* BlMerkmale in anderer Kombination, BlZyklus daher anders gestaltet 14

14 BlSpitzen mit großen Wasserspalten (Hydathoden). Pfl auffallend hygrophil (schnell schlaff werdend), graugrün. Basalbucht der Bl 3–6 variabel von 80–180°, bei den letzten Bl oft konvex. AuenW; s SW-Ba: Wertachauen bei Inningen (32).
Erlenwald-G.-H. – *R. alnetorum* W. Koch

14* BlSpitzen nie mit Wasserspalten. Basalbucht von Bl 3–6 meist <120° od. >140° 15

15 Basalbucht von Bl 3–6 geschlossen od. bis 120° (bei einem Bl zuweilen auch bis 140°) 16

15* Basalbucht von Bl 3–6 140–210° (bei einem Bl zuweilen 120°) 22

16 Mittelabschnitt von den beiden ersten Teilungsabschnitten nicht od. nur teilweise verdeckt **17**

16* Mittelabschnitt der am stärksten zerteilten Bl von den beiden ersten Teilungsabschnitten ± ganz verdeckt **19**

17 Mittelabschnitt bei Bl 4 sehr schmal deltoid (Abb. **49**/6), bei Bl 3 u. 5 schmal deltoid (Abb. **49**/5). Spreite von Bl 4 insgesamt lückig. Mittelzähne nur bei Bl 3 u. 5 deutlich, Seitenzähne wenige u. unregelmäßig gestaltet. AuenW; z SW-Ba, s SO-Bw (32). [*R. silvicola* HAAS] **Haas-G.-H. – *R. haasii*** SOÓ

17* Mittelabschnitt stets deltoid bis br deltoid od. löffelförmig. Spreite auch von Bl 4 nicht lückig. Mittelzähne nicht bes. auffällig, Spreitenrand insgesamt stark gezähnt. LaubmischW, Gebüsche; s W-Ba O-Bw (?) (Abb. **49**/4) **18**

18 Mittelabschnitt stets deltoid bis breit deltoid. Spreite auch von Bl 4 nicht lückig. Mittelzähne nicht bes. auffällig, Spreitenrand insgesamt stark gezähnt. LaubmischW, Gebüsche; s W-Ba O-Bw (?) (Abb. **49**/4). **Rössler-G.-H. – *R. roessleri*** BORCH.-KOLB

18* Mittelabschnitt stets löffelfg. BlZähne der Mittel- u. Seitenabschnitte ab Bl 4 deutlich spitzer werdend. Frische bis feuchte Wiesen, Gebüsche; s Rh (32). **Mosel-G.-H. – *R. mosellanus*** DUNKEL

19 **(16)** Deltoider Mittelabschnitt mit drei großen, zugespitzten Zähnen, bei Bl 6 zuweilen nur ein Zahn, bei Bl 4 zuweilen auch sehr schmal deltoid, mit kurzen Zähnen an der Spitze. Basalbucht geschlossen od. bis 120°(–140°). Moorwiesen; s Ba: nördlich Freising u. bei Fürstenfeldbruck (?). **Pontischer G.-H. – *R. ambranus*** HÖRANDL et GUTERMANN

19* Zähne des deltoiden Mittelabschnittes weniger auffällig, rundlich od. nur vereinzelt spitz **20**

20 Spreite der GrundBl durch wenig hervortretende Zähne im Umriss rundlich. Bl 5 zuweilen mit sehr lg (bis 2,5 cm) gestielten Abschnitten. Basalbucht 40–90°. Gebüsche, Waldränder; z Th Sa Me, s Ba Bw (32). **Nachahmender G.-H. – *R. aemulans*** O. SCHWARZ

20* Spreite der GrundBl durch einzelne längere u. spitzere Zähne im Umriss unregelmäßig **21**

21 Mittelabschnitte der Bl 3–5 mit bis 12 mm lg, stumpfen Zipfeln; Zähne kurz, meist stumpf, teilweise auch spitz, fast symmetrisch. Basalbucht eng (0–70°). Feuchte Wiesen, LaubmischW; s S-Ba: westlich des Ammersees (?). **Rundlicher G.-H. – *R. rotundatus*** BORCH.-KOLB

21* Mittelabschnitte der Bl 3–5 mit kürzeren, selten bis 10 mm lg Zipfeln; Zähne sehr ungleich u. wenig symmetrisch, neben großen, groben auch kleinere Zähne. Basalbucht 15–120°. Feuchte LaubmischW, Gebüsche; z N-Ba He Th, s An Ns (?). **Veränderlicher G.-H. – *R. vertumnalis*** O. SCHWARZ

22 **(15)** Basalbucht 180° u. weiter (–210°). BlAbschnitte durch kleine spitze u. einzelne größere, bis 6 mm lg Zähne unregelmäßig. Frische LaubmischW; z Th, s He Me (?). **Spreizender G.-H. – *R. varicus*** O. SCHWARZ

22* Basalbucht bei höchstens zwei Bl 140–180°, bei einem Bl zuweilen 120°. BlAbschnitte mit größeren, 7–12 mm lg, grob u. kurz zugespitzten Zähnen. Feuchte Wiesen, Gebüsche; s Ba (32). [*R. petiolatus* BORCH.-KOLB] **Gestielter G.-H. – *R. borchers-kolbiae*** ERICSSON

23 **(12)** Basalbucht der GrundBl sehr eng bis eng, höchstens 40° **24**

23* Basalbucht weiter, 40–140° **28**

24 Mittelabschnitte von Bl 2–5 u. Teilungsabschnitte von Bl 3–4 mit 5–9 mm lg Stiel, von Bl 5 meist länger (bis 45 mm lg) gestielt. LaubmischW, Gebüsche; s Bw He? Me? (?). **Mosbacher G.-H. – *R. mosbachensis*** HAAS

24* Stiele der Mittel- u. Teilungsabschnitte deutlich kürzer, höchstens bei einem Abschnitt eines Bl 5 mm lg (Ausnahme *R. bayerae*, **26**) **25**

25 Mittelabschnitt 3teilig, dessen mittlerer Teil zu einem Zipfel vergrößert u. deutlich von den beiden seitlichen Zähnen getrennt **26**
25* Mittelabschnitt 3spaltig, dessen mittlerer Teil wenig vergrößert. Seitenabschnitte unregelmäßig gezähnt od. gelappt **27**
26 Basalbucht bei allen Bl der Abfolge sehr eng, selten bei einem Bl bis 30°. Zipfel des Mittelabschnittes bis 12 mm lg, seitliche Zähne nicht od. nur als unregelmäßige Ansätze vorhanden. Mittelabschnitt von Bl 5 zuweilen bis 15 mm lg gestielt. Sumpfige Wiesen; s Ba (?). **Bayer-G.-H.** – ***R. bayerae*** Borch.-Kolb
26* Basalbucht nur bei Bl 3–4 sehr eng, bei Bl 2–3 bis 45°. Zipfel des Mittelabschnittes bis 20 mm lg, in dessen Spitzenbereich beidseits ein deutliches Zähnchen. LaubmischW, AuenW; z W-Ba, s bis z He, s O-Bw (32). **Aargauer G.-H.** – ***R. argoviensis*** W. Koch
27 **(25)** Bl am Rand mit lg zugespitzten Zähnen. ***R. roessleri***, s. **18**
27* Bl am Rand mit stumpfen u. kurz zugespitzten Zähnen. LaubmischW; s N-Ba N-Bw He Th (32). **Unechter Stattlicher G.-H.** – ***R. pseudopimus*** O. Schwarz
28 **(23)** Mittelabschnitt der Bl rhombisch (Abb. **49**/7). Abschnitte insgesamt wenig zerteilt, am Rand durch kurze, stumpfe Zähne unauffällig gezähnt, erste Teilungsabschnitte bei Bl 4 den Mittelabschnitt fast gänzlich überdeckend. ***R. aemulans***, s. **20**
28* Mittelabschnitte der Bl br bis schmal deltoid (Abb. **49**/3–5). Abschnitte stark zerteilt **29**
29 Teilungsabschnitte schmal lanzettlich bis schmal eilanzettlich mit wenigen, unregelmäßig angeordneten, ± kurzen Zähnen. Feuchtwiesen, Kleinseggenriede; s Ba (?). **Fingerblättriger G.-H.** – ***R. dactylophyllus*** Borch.-Kolb
29* Auch die Teilungsabschnitte schmal bis br deltoid **30**
30 Seitenabschnitte der BlSpreite durch 2–3 sehr tiefe, bis zum Spreitengrund reichende Einschnitte geteilt **31**
30* Seitenabschnitte der BlSpreite durch nur einen sehr tiefen Einschnitt geteilt (Abb. **49**/1: rechte Hälfte) **32**
31 Mittel- u. Teilungsabschnitte deltoid bis br deltoid (Abb. **49**/3, 4) u. sich dadurch ± überlappend, durch einzelne, 10–18 mm lg Zipfel auffallend. Feuchte u. moorige Wiesen; s W-Ba O-Bw He (?). **Feinteiliger G.-H.** – ***R. leptomeris*** Haas
31* Mittel- u. Teilungsabschnitte fast stets br deltoid (Abb. **49**/3), sich dadurch stark überlappend. Bl 3–5 sehr ungleich gezähnt. Gebüsche u. ihre Säume; s Ba O-Bw He (?). **Vielteiliger G.-H.** – ***R. multisectus*** Haas
32 **(30)** Basalbucht der Bl eng bis geschlossen, selten bis 60° weit geöffnet **33**
32* Basalbucht der Bl offen, meist >60° **34**
33 Mittel- u. Teilungsabschnitte des am stärksten zerteilten Bl (Bl 4 der Abfolge) mit vergrößerter Spreitenfläche, Abschnitte sich dadurch bes. im Bereich der Basalbucht deckend. ***R. roessleri***, s. **18**
33* Mittel- u. 1. u. 2. Teilungsabschnitt des am stärksten zerteilten Bl mit leicht vergrößerter Spreitenfläche, Abschnitte sich daher im Bereich des Mittelabschnittes deckend. AuenW; s W-Ba O-Bw (?). **Elsässer G.-H.** – ***R. alsaticus*** W. Koch
34 **(32)** BlSpreite am Rand mit stumpfen Zähnen. Mittelzipfel des Mittelabschnittes bis 12 mm lg, seitliche Zähne etwa halb so lg u. mit einem kurzen Zähnchen od. Zahnansatz. Mittelabschnitt bei Bl 4 der Abfolge zuweilen auch sehr schmal deltoid u. dann nur Mittelzipfel u. seitliche Zähnchen im Spitzenbereich vorhanden. ***R. ambranus***, s. **19**
34* BlSpreite am Rand mit deutlich spitzen, längeren u. kurzen Zähnen **35**
35 Mittelabschnitt von Bl 4 der Abfolge deltoid u. tief 3teilig, von Bl 5 schmal deltoid u. ungeteilt, von Bl 6 nur noch 3teilig. Waldränder, Gebüsche, an Gräben; z O-Bw, s NW-Ba He (32). **Schwäbischer G.-H.** – ***R. suevicus*** Borch.-Kolb

35* Mittelabschnitt der Bl deltoid u. höchstens bis zu $^1/_3$ der Spreite gelappt, vollständiger BlZyklus nicht bekannt, Bl 6 der Abfolge wahrscheinlich noch 5teilig. LaubmischW; s He Th Br (32). **Rathenower G.-H., Heveller G.-H.** – ***R. hevellus*** (HÜLSEN) O. SCHWARZ

36 **(6)** Mindestens ein Bl der Abfolge (meist Bl 4) sehr stark fußfg od. handfg geteilt, BlSpreite auf ± schmal eilanzettliche bis höchstens sehr schmal deltoide Abschnitte (Abb. **49**/6) reduziert, Abschnitte (meist bei Bl 4 der Abfolge, zuweilen auch bei Bl 3 u./od. 5) handfg gespreizt, BlSpreite dadurch sehr lückig **37**

36* Merkmale der nie lückigen BlSpreiten in anderer Kombination **45**

37 Bl 3 u. 5 der Abfolge nur wenig zerteilt, Einschnitte höchstens bis zur Mitte reichend, Bl 4 ± handfg geteilt. ErlenW, sumpfige Wiesen; s S-Ba SO-Bw (?). [*R. auricomus* L. subsp. *integerrimus* JULIN] **Ganzrandiger G.-H.** – ***R. integerrimus*** (JULIN) BORCH.-KOLB

37* Bl 3–5 der Abfolge stark zerteilt **38**

38 Bl 4 der Abfolge handfg **39**

38* Bl 4 der Abfolge ausgeprägt fußfg **41**

39 Nur Bl 4 der Abfolge handfg 5teilig, Bl 3 u. 5 dagegen tief 3zipflig od. 3teilig. AuenW; N-Ba (32). **Gerader G.-H.** – ***R. recticaulis*** HÖRANDL et GUTERMANN

39* Bl 3 u. 5 entweder auch handfg od. mindestens 3teilig u. durch weitere tiefe Einschnitte fast 5teilig **40**

40 Nur Bl 4 der Abfolge deutlich handfg, Bl 3 u. 5 nur 3–5teilig. ***R. haasii***, s. **17**

40* Bl 3 u. 4 der Abfolge deutlich handfg, bei Bl 5 durch breitere Abschnitte nicht ganz so deutlich handfg. Moorwiesen; s Th Me (?). **Handblättriger G.-H.** – ***R. palmularis*** O. SCHWARZ

41 **(38)** Bl 1–7 der Abfolge stets mit sehr weiter Basalbucht (160–180°). Feuchte u. sumpfige Wiesen; s Ba (?). **Gestutzter G.-H.** – ***R. basitruncatus*** BORCH.-KOLB

41* Höchstens drei Bl der Abfolge mit weiter Basalbucht (>150°) **42**

42 Die stark zerteilten Seitenabschnitte von Bl 4 u. 5 mindestens mit 2, meist aber mit 3–4 tiefen Einschnitten. Feuchte u. moorige Wiesen, Seggenmoore; z Ba, s He (?). **Röhricht-G.-H.** – ***R. phragmiteti*** HAAS

42* Die stark zerteilten Seitenabschnitte von Bl 4 u. 5 mit höchstens 2 tiefen Einschnitten **43**

43 Mittelabschnitt von Bl 4 u. 5 3lappig, ± alle Teilabschnitte mit relativ br zugespitzten Zähnen. Feuchte Wiesen, LaubmischW; z Ba (32). [*R. auricomus* L. emend. W. KOCH] **Koch-G.-H.** – ***R. walo-kochii*** HÖRANDL et GUTERMANN

43* Mittelabschnitt von Bl 4 u. 5 mit einem großen Endzahn, die beiden seitlichen Zähne deutlich kürzer **44**

44 Basalbucht von Bl 6 u. 7 sehr weit (±180°). Zwischenräume zwischen den einzelnen Mittel- u. Teilungsabschnitten sehr groß. Sumpfwiesen; s SW-Ba: Erkheim östlich Memmingen (?). **Geschnäbelter G.-H.** – ***R. rostratulus*** BORCH.-KOLB

44* Basalbucht von Bl 6 u. 7 enger (bis 120°). Zwischenräume zwischen den einzelnen Mittel- u. Teilungsabschnitten gering. Feuchte bis moorige Wiesen; z Ba, s O-Bw (32). **Kronblattloser G.-H.** – ***R. indecorus*** W. KOCH

45 **(36)** Bl mit spatelfg Mittel- u. Teilungsabschnitten (Abb. **49**/2). Abschnitte von Bl 3–5 sich deckend. Basalbucht von Bl 3 u. 4 ebenfalls verdeckt. BlSpreiten im Umriss rundlich. Feuchte LaubmischW, Gebüsche, Wiesen; Ba: westlich Regensburg (?). **Mergenthaler-G.-H.** – ***R. mergenthaleri*** BORCH.-KOLB

45* BlMerkmale in anderer Kombination **46**

46 Mittelabschnitt von Bl 3–5 deutlich rhombisch. Sumpfwiesen; O-Ba: Eppenschlag, BayrW (?). **Rautenblättriger G.-H.** – ***R. rhombilobus*** BORCH.-KOLB

46* Mittelabschnitt von Bl 3–5 spatelfg od. sehr schmal bis br deltoid **47**

47 Bl 2–4 meist mit 3teiliger Spreite, höchstens bei einem Bl der Abfolge Seitenabschnitte durch tiefen Einschnitt geteilt u. Spreite dann 5teilig **48**

47* Bl 3 u. 4 od. 4 u. 5 der Abfolge meist mit 5teiliger Spreite (durch tiefen Einschnitt geteilte Seitenabschnitte) **52**

48 Mittelabschnitt der BlSpreite ± länglich, dessen Verjüngung zum Grund nur schwach ausgeprägt (ausnahmsweise bei Bl 3 etwas deutlicher), bei Bl 2 u. 4 Haupteinschnitte des Mittelabschnittes nur etwa bis $^2/_3$ der Spreite tief. AuenW; z W-Ba: Donaugebiet, s O-Bw (?). **Donau-G.-H.** – ***R. danubius*** Borch.-Kolb

48* Mittelabschnitt der BlSpreite deltoid (Abb. **49**/4), selten br deltoid (Abb. **49**/3) od. schmal bis sehr schmal deltoid (Abb. **49**/5, 6), dessen Haupteinschnitte mindestens bei zwei Bl der Abfolge bis zum Grund reichend **49**

49 Basalbucht der BlSpreite weit (90–180°). AuenW; s Me: Parchim (?). **Unechter Nachahmender G.-H.** – ***R. pseudaemulans*** R. Doll

49* Basalbucht der BlSpreite enger (10–90°) **50**

50 Pfl stark behaart. Bl 5 u. folgende fein gezähnt. Frische LaubmischW, Feuchtwiesen; z Ba, s O-Bw He Th (32). **Behaarter G.-H.** – ***R. puberulus*** W. Koch

50* Pfl zerstreut behaart. Bl 5 u. folgende grob u. unregelmäßig gezähnt **51**

51 Mittelabschnitt der BlSpreite meist br deltoid (Abb. **49**/3), grob u. spitz gezähnt. LaubmischW, GrauerlenW; ob in D?. ⑦ **Breitlappiger G.-H.** – ***R. latisectus*** W. Koch

51* Mittelabschnitt der BlSpreite meist deltoid bis schmal deltoid (Abb. **49**/4, 5), nur ausnahmsweise br deltoid (Abb. **49**/3), am Rand mit groben u. stumpfen Zähnen, zuweilen mit feinen u. spitzen Zähnen durchsetzt. Frische LaubmischW; z Ba O-Bw (32). **Zweigestaltiger G.-H.** – ***R. biformis*** W. Koch

52 **(47)** Basalbucht der BlSpreiten sehr variabel. Mittelabschnitt kurz gestielt. Spreitenrand mit zugespitzten, kurzen Zähnen, Mittelzähne größer. ***R. roessleri***, s. **18**

52* Basalbucht der BlSpreiten entweder eng (<80°) od. weit (>80°). Mittelabschnitt meist nicht gestielt **53**

53 Basalbucht der BlSpreiten eng, meist <80° **54**

53* Basalbucht der BlSpreiten weit, meist deutlich >80° **59**

54 Basalbucht fast geschlossen. Einzelne Bl der Abfolge 2–5, sich am Grund überlappend. LaubmischW, AuenW; z S-Ba (?). **Münchner G.-H.** – ***R. monacensis*** Borch.-Kolb

54* Basalbucht weiter **55**

55 Mittel- u. Teilungsabschnitte sich nicht deckend. Mittelabschnitt deltoid bis schmal deltoid (Abb. **49**/4, 5), an der Spitze mit spitzen Zähnen. Sumpfwiesen; s S-Ba (?). **Dörr-G.-H.** – ***R. doerrii*** Borch.-Kolb

55* Mittel- u. erster Teilungsabschnitt sich ± deckend **56**

56 Tiefster Einschnitt der Seitenabschnitte fast bis zum Grund reichend, weitere, bis über die Mitte reichende Einschnitte vorhanden **57**

56* Tiefster Einschnitt der Seitenabschnitte nur wenig über die Mitte reichend, weitere, ± bis zur Mitte reichende Einschnitte vorhanden **58**

57 Bl 4 u. 5 mit groben, spitzen Zähnen, seitliche Zähne am Mittelabschnitt weit nach unten reichend. LaubmischW, Gebüsche, Wiesen; s N-Ba O- u. N-Bw He (32). **Unechter Veränderlicher G.-H.** – ***R. pseudovertumnalis*** Haas

57* Bl mit abgerundeten, kaum zugespitzten Zähnen. Mittelabschnitt seitlich nicht auffällig gezähnt. ***R. rotundatus***, s. **21**

58 **(56)** Bl mit ∞ kurzen Zähnen, Mittelabschnitt zuweilen seitlich fein gezähnt. Feuchtwiesen, Gebüsche; s SW-Ba (?). **Wechselnder G.-H.** – ***R. transiens*** (Vollm.) Borch.-Kolb

58* Bl mit wenigen groben Zähnen, Mittelabschnitt seitlich ohne Zähne. LaubmischW, feuchte Wiesen; s SW-Ba SO-Bw (?). **Aufrechter G.-H.** – ***R. stricticaulis*** W. Koch

59 **(53)** Bl 4 u./od. 5 der Abfolge relativ stark zerteilt u. ausgeprägt fußfg **60**

59* Bl 4 u./od. 5 der Abfolge meist nur 5teilig **61**

60 Mittelabschnitt bes. von Bl 4 u. 5 der Abfolge 3zipflig, mittlerer Zipfel 8–12 mm lg, seitliche höchstens 2 mm kürzer. ***R. walo-kochii***, s. **43**

60* Mittelabschnitt der BlSpreiten mit einem längeren, 5–9(–10) mm lg mittleren Zipfel u. zwei höchstens halb so lg Seitenzipfeln. ***R. indecorus***, s. **44***

61 **(59)** Pfl auffallend hygrophil (schnell schlaff werdend), graugrün, mit großen Wasserspalten (Hydathoden) an den BlSpitzen. Basalbucht der letzten Bl oft konvex. ***R. alnetorum***, s. 14

61* Pfl nicht hygrophil u. ohne Wasserspalten. Basalbucht der letzten Bl höchstens flach **62**

62 Bl sehr unregelmäßig gezähnt, mit größeren u. kleineren, stumpfen, teilweise auch spitzen Zähnen. Basalbucht von Bl 5–7 <60°. ***R. vertumnalis***, s. 21*

62* Bl relativ gleichmäßig gezähnt, mit mittelgroßen u. kleinen, stumpfen, teilweise auch spitzen Zähnen. Basalbucht von Bl 5–7 >90°. Wiesen, Wälder; s W- u. NW-Ba (?). [*R. auricomus* subsp. *nicklesii* R. Engel]
Nicklès-G.-H. – ***R. nicklesii*** (R. Engel) Borch.-Kolb

Rubus

HEINRICH E. WEBER (Bramsche)

Rubus L. – **Brombeere, Haselblattbrombeere, Himbeere, Steinbeere, Moltebeere**

(InB, oft Ap – VdA: Vögel MeA SeA: meist Kriech- od. Bogentriebe – wenn nicht anders angegeben: ScheinStr [s. u.])

In D sind bislang über 400 Brombeer- u. Haselblattbrombeerarten nachgewiesen. Diese alle zu behandeln, würde den Rahmen dieser Flora sprengen. Die Darstellung beschränkt sich daher auf die verbreiteteren Arten sowie auch auf einige seltenere, wenn diese leicht bestimmbar sind. Die nicht berücksichtigten Arten spielen in der Brombeervegetation von D meist kaum eine Rolle u. sind außerdem schwer bestimmbar od. regional so stark beschränkt, dass es ein besonderer Zufall wäre, ihnen in absehbarer Zeit zu begegnen. Ungleich häufiger wird man dagegen auf unbenannte singuläre od. lokal verbreitete Pfl stoßen, das heißt auf taxonomisch irrelevante Hybriden unbekannter Herkunft u. deren Abkömmlinge. Derartige Morphotypen, von denen es Hunderttausende gibt, kommen vor allem in den höheren Mittelgebirgen (bes. SchwarzW) u. am Rand der Alpen vor u. gehören überwiegend zu den drüsenreichen Serien *Pallidi, Hystrix* u. *Glandulosi*. Daneben gibt es andere Gebiete (etwa im Norddeutschen Tiefland), in denen derartige Vertreter nur eine geringe Rolle spielen. Dort wird die Brombeerflora größtenteils bis ausschließlich von den durch Agamospermie (SaBildung ohne Befruchtung) stabilisierten, morphologisch klar umgrenzten Brombeerarten gebildet, die bei entsprechender Erfahrung auf den ersten Blick identifizierbar sind.

Brombeeren (wie auch die Himbeere) werden in ihren oberirdischen Teilen nur 2 Jahre alt, sind also keine echten Sträucher, sondern „Scheinsträucher" („Pseudophanerophyten"). Im 1. Jahr erscheint ein blütenloser, mehr od. minder verzweigter „Schössling" (Langspross; Abb. **61**/A) mit charakteristischen Bl. Dieser entwickelt im 2. Jahr B- u. FrStände u. stirbt danach ab (Abb. **61**/B).

Hinweise zum Sammeln: Zur Bestimmung ist Standardmaterial erforderlich, auf das sich die Angaben beziehen (Abb. **61**). Ein entsprechender Herbarbeleg besteht aus (1) zwei getrennten Bl mit dazugehörigen Schösslingsstücken aus der Mittelregion des diesjährigen Schösslings (nicht von Seitenzweigen!) u. (2) einem BStand (od. einem etwa 30 cm lg oberen Teil davon) aus der Mittelregion des vorjährigen Schösslings. Am Anfang sollte man möglichst von Einzelsträuchern sammeln, um nicht Bl u. B verschiedener Arten zu vermischen. Zu bevorzugen sind außerdem ausreichend besonnte Standorte (im Schatten oft unbestimmbare Kümmerformen).

Der **Bestimmungsschlüssel** führt bei den Brombeeren über die Sektion (Sect.) u. Serie (Ser.), die als (teilweise künstliche) Zuordnungseinheiten auch für unbestimmbare Sippen dienen (z. B. „*Rubus* spec. ser. *Micantes*"). Jedoch weisen einige Arten nicht alle typischen Merkmale ihrer Serie auf. Dennoch sind auch solche Arten bestimmbar, weil der Schlüssel gegebenenfalls auch von einer anderen Serie aus zu ihnen führt.

Der Darstellung liegen die folgenden Standardmerkmale zugrunde: Angaben für die Bl beziehen sich, falls nicht anders vermerkt, auf die SchösslingsBl. Deren „EndBlchen" ist das den BlStiel fortsetzende TeilBlchen. Seine Stielchenlänge wird in Prozent (%)

F. Müller, C. Ritz, E. Welk, K. Wesche (Hrsg.), *Rothmaler – Exkursionsflora von Deutschland*,
DOI 10.1007/978-3-8274-3132-5_11

der Länge der dazugehörigen Spreite angegeben (28–33% bedeutet somit, dass das Stielchen 28% bis ein Drittel so lg wie die Spreite ist). „Hauptzähne" sind die BlZähne, in denen die Haupt-Seitennerven endigen. Bei einer „periodischen Serratur" weichen die Hauptzähne durch größere Länge u./od. durch eine Auswärtskrümmung ab. „Konvexe" Blchen haben lebend eine verkehrt löffelfg Spreitenhaltung, bei den seltenen „konkaven" Blchen ist es entgegengesetzt.

Bei „fußfg" Bl entspringen die Stielchen der unteren Blchen 5zähliger Bl auf den Stielchen der mittleren Blchen oft nur 1–2mm, teilweise aber auch bis 10mm oberhalb des Grundes dieser Stielchen. Maßangaben beziehen sich auf die jeweilige Strecke. Angaben zur Behaarung der BlOSeiten (Haare pro cm^2) betreffen das vordere Drittel der EndBlchen-Spreiten (ohne den BlRand). Bei „nicht fühlbarer Behaarung" der BlUSeiten ist keinerlei Behaarung zu spüren. Wenn Zweifel bestehen, dürfte es sich um eine „fühlbare Behaarung" handeln. Der „Filz" der BlUSeiten wird durch (scheinbare) 0,05–0,3mm lg Sternhärchen gebildet u. ist bei schattigeren Standorten oft als ein nur mit Lupe erkennbarer dünner Flaum ausgebildet.

Die wichtige Quantifizierung der Haare od. Stieldrüsen auf dem Schössling erfolgt durch die Angabe ihrer Anzahl „pro cm Seite", das heißt, pro 1cm Länge auf einer der 5 Seiten des 5kantigen Schösslings (od. bei rundlichen Schösslingen auf einem entsprechenden Abschnitt). Bei derartigen Angaben (auch zu den BStielen) sind größere Abschnitte od. mehrere Stiele mit einem daraus gebildeten Mittelwert zugrunde zu legen.

StaubBl werden als „kürzer als die Griffel" bezeichnet, wenn sie von den Griffeln überragt werden. Ihre absolute Länge kann dennoch die der Griffel übertreffen, da die StaubBl tiefer entspringen. Angaben zur „Fr" beziehen sich auf die gesamte SammelFr, die aus SteinFrchen („TeilFrchen") zusammengesetzt ist.

Die Wuchshöhe der meisten Brombeer- u. Haselblattbrombeerarten variiert sehr stark, je nachdem, ob u. wie ihnen Klettermöglichkeiten in Gebüschen geboten werden, od. ob sie einzeln vorkommen. Im Allgemeinen wird daher nur die Länge der Schösslinge angegeben. Eine wesentliche Hilfe bei der großen Artenfülle ist die regional meist sehr unterschiedliche Verteilung der Sippen. Daher sollten stets auch die Verbreitungsangaben bei der Bestimmung berücksichtigt werden.

Bei den ökologischen Angaben werden die Termini „thamnophil" u. „nemophil" verwendet. Thamnophile Arten wachsen in Hecken, Gebüschen, an sonnigen Waldrändern od. treten als Pioniergehölze außerhalb des Waldes auf. Bei „schwach thamnophilen" Arten ist dieses Verhalten weniger ausgeprägt. Nemophile Arten sind mehr od. minder bis vollständig auf das gepufferte Mikroklima des Waldes angewiesen u. kommen auf Waldlichtungen, an Waldwegen u. auch an sonnigen Waldrändern vor. Im geschlossenen Wald fehlen Brombeeren od. sind nur in wenig ausdifferenzierten Kümmerformen entwickelt. In stärker ozeanischer Klimalage thamnophile Arten werden nach O gegen ihre Verbreitungsgrenze zunehmend nemophil. Die Angaben beziehen sich auf das Verhalten der Arten in ihrem Hauptverbreitungsgebiet in D. Soziologisch lassen sich die einzelnen Arten trotz ihrer deutlichen syntaxonomischen Bindungen nicht befriedigend in das dieser Flora zugrundegelegte pflanzensoziologische System einordnen, so dass hierauf nicht verwiesen wird.

Verwendete Literatur

Henker, H.; Kiesewetter, H. (2009) *Rubus*-Flora von Mecklenburg-Vorpommern (Brombeeren, Kratzbeere, Himbeeren, Steinbeere). – Bot. Rundbrief Meckl.-Vorpomm. 44: 1–273.

Kresken, G.-U. (2015) Die Gattung *Rubus* in Schleswig-Holstein, Hamburg und Mecklenburg-Vorpommern. http://www.rubus-sh.de/

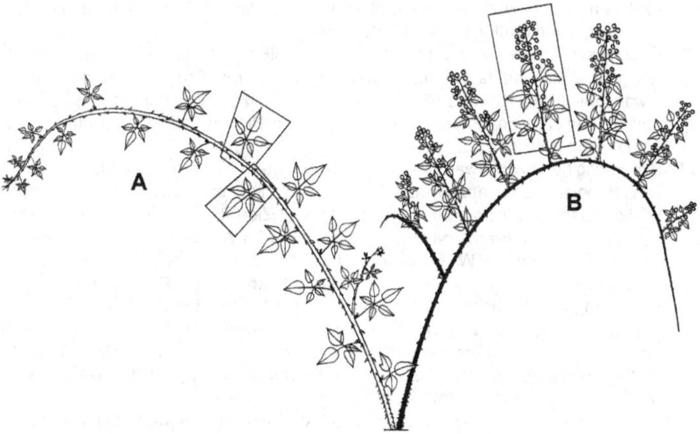

Weber, H. E. (1985) Rubi Westfalici. – Westf. Museum Naturk., Landschaftsverband Westf.-Lippe, Münster i. W.
Weber, H. E. (1995) *Rubus* L. – In: Hegi, G., Illustrierte Flora von Mitteleuropa IV/2A. 3. Aufl. (Hrsg. H. E. Weber): 284–595. Blackwell-Wissenschaftsverlag, Berlin etc.
Zielinski, J. (2004) The genus *Rubus* (Rosaceae) in Poland. – Polish Bot. Stud. 16: 1–300.

1 Bl gelappt. Stg stachellos **2**
1* Bl handfg geteilt od. gefiedert. Stg meist stachlig **3**
2 Pfl krautig, Bl stumpf (3–)5–7lappig. B zweihäusig, einzeln, endständig, KrBl weiß. Fr kuglig, orangegelb. 0,05–0,25. 5–6. Hochmoore; Glazialrelikt; s Ns: nur noch Ipweger Moor u. Südmentzhausen bei Oldenburg, Schwegen bei Bremerhaven Sh: Heide, † (Bw?) He, ↘ (temp/salp-arct·c2-7CIRCPOL – sogr H ♃ uAusl – InB: Fliegen, Käfer – in D selten fruchtend – L9 T3 F8 R2 N1 – O Sphagn. magell. – 56 ▽!).
Moltebeere – *R. chamaemorus* L.
2* Pfl strauchfg. Bl spitz 5lappig. B in Trauben, KrBl rot. Fr (s in D) halbkuglig, blassrot. 1,50–2,00(–2,50). 5–7. ZierPfl; auch (N 1770) s z. B. Ba We He Th An Br Me Sh (sm-temp·c1-4OAM – sogr ScheinStr – Kältekeimer – 14).
Zimt-Himbeere – *R. odoratus* L.
3 **(1)** Pfl krautig, unbewehrt od. mit weichen, 0,5–1,5 mm lg, nadligen Stacheln, vegetative Stg kriechend, fertile aufrecht. Bl 3zählig, EndBlchen grob gesägt, fast rhombisch bis (verkehrt)eifg, Grund ± keilfg. NebenBl br elliptisch bis eifg, am Stg od. am BlStielgrund entspringend. B in Schirmtrauben, KrBl schmal, weiß, aufrecht. Fr glasig rot. 0,10–0,30 hoch, 1,00–2,00(–3,00) lg. 5–6. WSäume, Gebüsche, Wälder; v Ba Bw, z Rh He Th SW-An Br Me Sh, s S-We SW- u. O-Sa NO-An S-Ns, ↘ (sm/mo-b·c2-6EURAS – sogr H ♃ BogenTr – L7 TX F6? R7 N4 – O Fag., O Vacc.-Pic. – 14).
Steinbeere, Felsen-Himbeere – *R. saxatilis* L.
3* Pfl strauchfg. NebenBl 1–3 mm oberhalb des BlStielgrundes entspringend. B einzeln, in Trauben od. Rispen. Fr rot, schwarz, schwarzrot od. bläulich **4**
4 Fr wohlentwickelt u. dann gelb od. rot, andernfalls fehlschlagend od. mit 0(–2) schwarzroten TeilFrchen. Schössling ± aufrecht, mit Ausnahme der Basis stachellos, mit schwarzvioletten Stacheln od. mit dichten, bis 7–9 mm lg roten Drüsenhaaren. Bl

3zählig mit (fast) sitzenden SeitenBlchen u. lg gestieltem EndBlchen od. gefiedert 5–7zählig. (Untergattung *Idaeus* – ScheinStr) 5

4* Fr schwarz, schwarzrot od. bläulich, mit >5 TeilFrchen. Schössling fast aufrecht, bogig od. kriechend, fast immer bestachelt, ohne lg rote Drüsenhaare. Bl teilweise etwas fußfg bis handfg 3–5zählig od. durch Spaltung des EndBlchens handfg gefiedert 6–7zählig (ausnahmsweise auch in viele TeilBlchen zerschlitzt) (Untergattung *Rubus* – ScheinStr) 8

5 Schössling nur unten etwas stachlig, sonst unbewehrt, kahl. Bl 3zählig, beidseits fast kahl. B meist einzeln, ansehnlich, 2,5–4 cm im ∅, KrBl rosarot. Fr (s in D) kuglig bis keglig, blassgelb bis orangerot. 1,50–2,50. 5–6. ZierPfl; auch (N) z N-Ns: Ostfriesland bis Lingen u. Bremerhaven, s übriges Ns S-Ba We: Rummenohl (Sauerland) W-Me Sh (sm/mo-b·c1WAM – sogr ScheinStr – ± selbststeril, daher in D selten fruchtend – 14). **Pracht-Himbeere – *R. spectabilis*** Pursh

5* Schössling durchgehend stachlig, völlig unbewehrt od. lg drüsenhaarig. Bl useits angedrückt grau- bis weißfilzig, 3–7zählig. B unscheinbar, in Trauben 6

6 Schössling wie alle Achsen von lg fuchsroten Drüsenhaaren zottig. Bl 3(–5)zählig. KrBl rosa. Fr glasig rosarot. 1,00–2,00. 4–6. ObstStr; auch (N) s Ba Bw Rh We He Me Sh (sm/motemp·c1-5OAS – Obst – 14). **Japanische Weinbeere – *R. phoenicolasius*** Maxim.

6* Schössling kahl od. dünnfilzig, mit fast fehlenden bis vielen schwarzvioletten Stacheln. KrBl weiß 7

7 Schössling ± aufrecht, unbereift. Bl (3–)5(–7)zählig, useits weißfilzig. NebenBl fädig dünn. KrBl kürzer als der K, aufrecht. Fr wohlentwickelt, rot. 0,60–2,00. 5–6. WSchläge, Staudenfluren, Gebüsche, aufgelichtete Wälder u. Forste; alle Bdl g, lokal auf armen Böden u. in Trockengebieten seltener; auch KulturPfl (sm/mo-b·c1-6EUR-WAS – sogr ScheinStr WuSpr – V Samb.-Salic. V. Adenost., O Fag. – L7 TX FX RX N6 – Obst, VolksheilPfl – 14). **Himbeere – *R. idaeus*** L.

7* Schössling bogig bis kriechend, ± bereift (mit weißlichem Wachsüberzug). Bl 3–5zählig, useits schwach graufilzig. NebenBl lineal-lanzettlich. KrBl meist so lg wie der K od. länger, ± ausgebreitet. Fr fehlschlagend od. mit 1–2 schwarzroten Frchen. 1,50–2,50 lg. 5–6. Gebüsche, WRänder; alle Bdl z (sm/mo-temp·c2-6EUR-WAS? sogr ScheinStr. BogenTr – 21, 28, 35, 42). [*R. caesius* × *R. idaeus*, *R.* ×*pseudoidaeus* (Weihe) Lej. non F. W. Schmidt] **Bastard-Himbeere – *R.* ×*idaeoides*** Ruthe

8 **(4)** BlStiel oseits durchgehend rinnig (Abb. **63**/4). Blchen sich nicht selten randlich überlappend, oft runzlig, untere Blchen 5zähliger Bl 0–1(–2) mm lg gestielt, SeitenBlchen 3zähliger Bl im BStand 0–1(–2) mm lg gestielt. NebenBl schmal (meist 1–3 mm) lanzettlich. KrBl meist rundlich (Abb. **63**/5) u. oft etwas knittrig. Fr (oft etwas matt) schwarz u. dann meist unvollkommen (Abb. **63**/6) od. bläulich bereift u. dann oft vollkommen entwickelt 9

8* BlStiel oseits meist nur am Grund rinnig (Abb. **63**/1). Blchen sich randlich gewöhnlich nicht überlappend, selten runzlig, untere Blchen 5zähliger Bl (0–)1–8(–12) mm lg gestielt, SeitenBlchen 3zähliger Bl im BStand (0–)2–6(–10) mm lg gestielt. NebenBl meist fädig bis schmal (0,5–1 mm) linealisch. KrBl gewöhnlich angenähert elliptisch (Abb. **63**/2), nicht knittrig. Fr glänzend schwarzrot bis schwarz, meist alle Frchen entwickelt (Abb. **63**/3) (Brombeeren – sect. *Rubus*) **Tab. A**, S. 63

9 Schössling stielrund, wie alle Achsen mit abwischbarem hellbläulich-weißlichem Wachsüberzug stark bereift, Stacheln nadlig. KZipfel dünn, verlängert, nach der Blüte aufrecht. Fr bläulich bereift od. (fast) fehlschlagend 10

9* Schössling stielrund bis kantig, unbereift od. meist nur schwach bereift, mit meist kräftigeren Stacheln. KZipfel oft kurz, aufrecht (Abb. **63**/6) bis zurückgeschlagen. Fr schwarz od. schwarzrot (Haselblattbrombeeren – sect. *Corylifolii*) **Tab. P**, S. 97

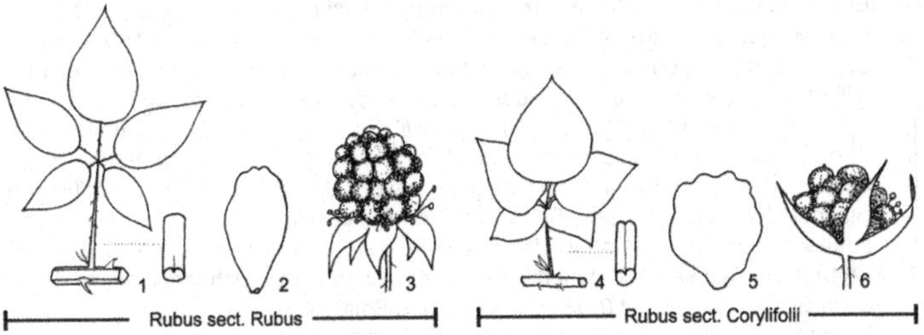

10 Schössling meist kahl, stark weißlich od. bläulich bereift, mit grünlichen, bis 2(–3) mm lg Nadelstacheln. Bl 3zählig, einzelne selten 4–5zählig, useits grün. NebenBl (1–)2–4 mm br, lanzettlich. FrKn kahl. Fr bläulich bereift. KrBl weiß. 1,50–3,00 lg. 5–7(–10). WSäume, Gebüsche, Rud., kalkhaltige Küstendünen, AuenW, Stromtäler, rud. Wegränder, Äcker, kalk- u. stickstoffliebend, überschwemmungstolerant; alle Bdl v, aber auf sauren Böden s bis f, z. B. Ba: BayrW, BöhmerW Bw: SchwarzW Ns: Tiefland im NW (m/mo-temp·c1-7EUR-WAS – sogr KriechStr – L6 T5 Fx R8 N7 – O Convolv., O Agrop., O Prun., K Salic. purp., V Alno-Ulm. – 28). **Kratzbeere, Bockbeere, Ackerbeere** – ***R. caesius*** L.

10* Schössling kahl bis dünnfilzig, mit rötlichen bis violetten, oft >3 mm lg Stacheln. Bl useits ± filzig. NebenBl schmaler. FrKn anfangs filzig. Fr fehlschlagend, selten mit 1–2 dunkelroten Frchen. ***R. ×idaeoides***, s. **7***

Tabelle A: Sect. ***Rubus*** [*R. fruticosus* agg.] – **Brombeeren**

1 **(8)** Bl (zumindest im BStand) oseits dicht sternhaarig (Lupe!), useits grauweißfilzig. Blchen schmal, grob, fast eingeschnitten 4–5(–6) mm tief gesägt. BStand sehr schmal. KrBl weiß, beim Trocknen etwas gelblich. (Ser. *Canescentes*) **Tab. G**, S. 80

1* Bl oseits ohne Sternhaare, useits grün- bis grauweißfilzig. Blchen unterschiedlich geformt u. gesägt. BStand schmal bis br. KrBl weiß bis rosarot, beim Trocknen nie gelblich **2**

2 BStiele mit 0(–5) Stieldrüsen (wenn mehr, dann StaubBl kürzer als die Griffel). Schössling fast aufrecht, bogig od. kriechend, mit gleichgroßen Stacheln, pro 5 cm mit 0(–10) Stachelhöckern u./od. Stieldrüsen **3**

2* BStiele mit >10 Stieldrüsen (wenn StaubBl selten kürzer als die Griffel, dann Schössling dicht stieldrüsig). Schössling hochbogig bis kriechend, mit gleichgroßen bis sehr ungleichen Stacheln, pro 5 cm mit 0–>300 Stieldrüsen u./od. Stachelhöckern ... **7**

3 K außen auf der Fläche graugrün bis weißgrau. Bl wintergrün, useits filzlos grün bis weißfilzig. Schössling bogig bis kriechend, behaart od. kahl, ohne od. mit sehr vereinzelten Stieldrüsen. Blütezeit (6–)7–8. Im Herbst einwurzelnde Schösslingsspitzen **4**

3* K außen auf der Fläche meist grün. Bl sommergrün, useits grün, filzlos, selten bei kurzhaarigen FrKn graufilzig. Schössling aufrecht bis hochbogig, gleichstachlig, ohne Stieldrüsen, kahl (selten stellenweise mit vereinzelten Härchen). Blütezeit (5–)6(–7). WuSpr (Subsect. *Rubus*) **Tab. B**, S. 65

4 StaubBl so lg wie die Griffel od. länger. KrBl nach der Blüte abfallend. Bl useits filzlos grün bis grauweißfilzig **5**

4* StaubBl (zuweilen nur wenig) kürzer als die Griffel. KrBl nach der Blüte vertrocknet (bis fast zur FrReife) haftend. Bl useits stets filzlos grün (Ser. *Sprengeliani*) **Tab. F**, S. 79

5 Bl useits filzlos grün, seltener schwach graugrünfilzig 6
5* Bl useits deutlich grau- bis grauweißfilzig (Ser. *Discolores*) **Tab. C**, S. 68
6 Bl oft etwas ledrig derb, oseits völlig kahl od. behaart. Schössling kahl od. behaart, mit oft rotfüßigen, 6–11 mm lg Stacheln (wenn kürzer, dann Stacheln dünn u. rotfüßig u. Bl überwiegend 3zählig) (Ser. *Rhamnifolii*) **Tab. D**, S. 73
6* Bl dünn (nicht ledrig), oseits zumindest mit einzelnen Haaren. Schössling meist etwas behaart (wenn kahl, dann kantig bis rinnig), mit 4–6(–7) mm lg, nie rotfüßigen Stacheln (wenn länger, dann Schössling grünlich od. wenig weinrot überlaufen, mit auffallend gelblich hervortretenden Stacheln) (Ser. *Sylvatici*) **Tab. E**, S. 76
7 **(2)** Bl useits fast kahl bis stark behaart, aber nicht samtig weichhaarig (wenn doch, dann Schössling nur mit 0–15 Haaren pro cm Seite) 8
7* Bl useits von auf den Nerven stehenden, schimmernden Haaren ausgeprägt samtig weich, dazu oft auch ± sternhaarig bis (weiß)graufilzig. Schössling mit >(15–)20 Haaren pro cm Seite, mit fast gleichgroßen Stacheln u. davon abgesetzten wenigen bis vielen kurzen Stieldrüsen. BStandsachse meist kurzzottig behaart. KrBl weiß bis rosarot (Ser. *Vestiti*) **Tab. H**, S. 81
8 Schössling mit ± gleichmäßig verteilten gleichartigen od. ungleichartigen Stacheln, Stachelhöcker u./od. Stieldrüsen fehlend bis ∞ 9
8* Schössling mit ungleich verteilten Stacheln, Stachelhöckern u. Stieldrüsen: derselbe Schössling streckenweise teils ± gleichstachlig mit wenigen Stachelhöckern u. Stieldrüsen, teils sehr ungleichstachlig mit meist vielen Stachelhöckern u. Stieldrüsen (Ser. *Anisacanthi*) **Tab. K**, S. 87

Anm.: Falls beim Sammeln der Belege die Verteilung der Stacheln etc. nicht beachtet wurde, gegebenenfalls auch die Schlüssel für die Ser. *Micantes*, **Tab. I**, S. 83, od. *Hystrix*, **Tab. N**, S. 92, verwenden.

9 Schössling mit 0–100(–200) Stieldrüsen u./od. Stachelhöckern pro 5 cm (0–4[–8] pro cm Seite) u. mit gleichgroßen od. wenig ungleichen Stacheln. Stieldrüsen der BStiele bei vielen Arten >0,5 mm lg (länger als der ∅ des getrockneten BStiels) 10
9* Schössling mit >250 Stieldrüsen, deren Stümpfen u./od. Stachelhöckern pro 5 cm (>10 pro cm Seite) u. mit fast gleichgroßen bis sehr ungleichgroßen Stacheln. Stieldrüsen der BStiele bei vielen Arten nur bis 0,5 mm lg (so lg wie der ∅ des getrockneten BStiels od. kürzer) 11
10 EndBlchen unterschiedlich geformt, nicht aufgesetzt dünnspitzig (Ser. *Micantes*) **Tab. I**, S. 83
10* EndBlchen meist rundlich, ± dünn aufgesetzt bespitzt (Ser. *Mucronati*) **Tab. J**, S. 85
11 **(9)** Schössling (überwiegend) mit gleichgroßen Stacheln u. deutlich davon abgesetzten, 0,3–1(–1,5) mm lg Stieldrüsen (u. oft auch vereinzelten Stachelchen), so dass sich im typischen Fall der Schössling zwischen den Stacheln raspelartig rau anfühlt. Stieldrüsen der BStiele bis 0,6 mm lg 12
11* Schössling (meist dicht) in allen Übergängen mit sehr ungleichen Stacheln, Stachelborsten u. Stieldrüsen besetzt. Stieldrüsen der BStiele 0,3–2,5 mm lg 13
12 Bl bei ausreichender Besonnung useits (zuweilen nur im BStand) grüngrau- bis grauweißfilzig (Ser. *Radula*) **Tab. L**, S. 88
12* Bl useits filzlos grün (Ser. *Pallidi*) **Tab. M**, S. 89
13 **(11)** Größere Stacheln des Schösslings am Grund ± br zusammengedrückt. KrBl weiß od. rosa(rot) (Ser. *Hystrix*) **Tab. N**, S. 92
13* Alle Stacheln des Schösslings bis zum Grund ± pfriemlich dünn bis nadlig. KrBl weiß (Ser. *Glandulosi*) **Tab. O**, S. 94

Tabelle B: Subsect. ***Rubus*** [Sect. *Suberecti* LINDL.] – **Sommergrüne Brombeeren**

(sogr, WuSpr, Agamospermie außer *R. alleghenîensis* u. *R. canadensis*. Schössling aufrecht bis hochbogig)

1 (**Tab. A: 3*, S. 63**) BStiele dicht stieldrüsig. EndBlchen >20 mm lg bespitzt. KrBl vertrocknet haften bleibend. StaubBl verblüht waagerecht abgespreizt (Ser. *Alleghenienses*) 3
1* BStiele ohne Stieldrüsen. EndBlchen weniger lg bespitzt. KrBl nach der Blüte abfallend. StaubBl verblüht aufrecht od. zusammenneigend 2
2 Schössling mit kegligen bis nadligen, nur 3–4(–5) mm lg Stacheln. Bl 5–7zählig. Fr schwarzrot, im Geschmack etwas himbeerartig (Ser. *Nessenses*) 4
2* Schössling mit seitlich zusammengedrückten, 5–10 mm lg Stacheln. Bl fast immer 5zählig. Fr schwarz, mit Brombeergeschmack (Ser. *Rubus*) 8

Ser. ***Alleghenienses*** (L. H. BAILEY) H. E. WEBER – **Allegheny-Brombeeren**

(Schössling aufrecht od. überhängend. BStiele dicht stieldrüsig. KrBl vertrocknet an der B haftend. StaubBl nach der Blüte nach außen abgespreizt)

3 (**1, Tab. I: 2**, S. 83) Schössling kantig, rinnig, kahl, mit wenigen Stacheln. Bl 5zählig, oseits mit 20–80 Haaren pro cm², unten schimmernd weichhaarig. EndBlchen herzeifg, mit dünner, 20–30(–40) mm lg Spitze, gleichmäßig u. eng bis 2 mm tief gesägt. 1,50–2,50. (5–)6. Thamno- u. nemophil, kalkmeidend, auf ärmeren Böden; ObstStr, auch (N) z We Br Ns Me Sh, s Ba Bw Rh He Th Sa An (sm-temp euozOAM – L7 T5 F5 R4 N4 – 14). [*R. villosus* AITON]**Allegheny-B.** – ***R. allegheniensis*** PORTER

Anm.: Ähnlich ist die **Kanadische B.** – ***R. canadensis*** L. (Ser. *Canadenses* (L. H. BAILEY) H. E. WEBER), doch mit useits nicht fühlbar behaarten Bl u. ohne Stieldrüsen im BStand. ObstStr, auch (N) s alle Bdl außer Bw An.

Ser. ***Nessenses*** H. E. WEBER – **Fuchsbeeren-Gruppe**

(Schössling aufrecht od. etwas überhängend. Bl 5–7zählig. Reife SammelFr schwarzrot (nicht schwarz), im Geschmack an Himbeeren erinnernd. Frühe BZeit: 5–6).

4 (**2, Tab. C: 1**, S. 68) Bl oseits dunkelgrün, useits graufilzig-weichhaarig. K außen graugrün. FrKn dicht kurzzottig. 1,00–1,80 lg. 6(–7). Schwach thamnophil, kalkmeidend, auf ärmeren Böden; v, gebietsweise g W-Ns, v NW-We, z bis Niederrhein (temp·c1-2EUR – L8 T5 F5 R3 N3 – ?). In D nur subsp. *ammobius*. **Sandbewohnende B.** – ***R. ammobius*** BUCHENAU et FOCKE
4* Bl useits filzlos grün. K auf der Fläche meist grün. FrKn kahl od. mit einzelnen Härchen 5
5 Schössling im Querschnitt rundlich, kahl, mit kegligen bis pfriemlichen dunkelvioletten Stacheln 6
5* Schössling ± kantig, kahl od. etwas behaart, mit pfriemlichen gelblichgrünen Stacheln 7
6 Schössling 1,5–2 m hoch, mit (0–)1–5 keglig-pfriemlichen Stacheln pro 5 cm, mit meist nur sehr zerstreuten Sitzdrüsen. Bl oseits glänzend, mit 0–5(–10) Haaren pro cm², EndBlchen ungefaltet. StaubBl die Griffel deutlich überragend. FrKn (fast) kahl, FrBoden kahl. 1,50–2,00 lg. 5–6. Thamno- u. nemophil, kalkmeidend, auf ärmeren, gern humosen u. etwas frischen Böden; alle Bdl v bis g, in Trocken- u. Kalkgebieten, aber auch in einigen anderen Regionen s od. f z.B. Ba: Alpen Rh: PfälzerW M-Th (sm-temp·c1-4EUR – L7 T5 F6 R3 N3 – ?). [*R. suberectus* ANDERSON] **Gewöhnliche Fuchsbeere** – ***R. nessensis*** HALL
6* Schössling 1(–1,5) m hoch, mit 8–15 pfriemlichen Stacheln pro 5 cm, meist mit dichten Sitzdrüsen. Bl oseits glanzlos, mit 10–50 Haaren pro cm², EndBlchen

± gefaltet. StaubBl kaum höher als Griffel. FrKn u. FrBoden behaart. 1,00–1,50 lg. 5–6. Thamno- u. nemophil, kalkmeidend, auf armen sauren Böden; z Ns Me Sh, z bis s We, s Ba: Fichtelg, BayrW Rh: Hunsrück He: Taunus Th: Th-W Sa: Königshain An: NW, Haldensleben (temp·c1-3EUR – L7 T5 F6 R3 N3 – ?).
Eingeschnittene Fuchsbeere – ***R. scissoides*** H. E. Weber

7 (5) Schössling stellenweise fein behaart, mit 18–30 Stacheln pro 5 cm. Bl oseits matt, mit 50–120 Haaren pro cm². BStiel mit (2–)3–9 Stacheln. 0,50–1,00 (zierlichste Brombeere im Gebiet). 5–6. Schwach thamnophil, kalkfliehend, auf armen, sauren, gern frischen, auch anmoorigen Böden; z We An Ns Sh, s Rh: Hunsrück, Eifel He: Sauerland, Taunus Br (temp/(demo)·c1-3EUR – L7 T5 F6 R3 N3 – 28). [*R. ochracanthus* H. E. Weber et Sennikov] **Eingeschnittene B.** – ***R. scissus*** W. C. R. Watson

7* Schössling kahl, mit 3–13 Stacheln pro 5 cm. Bl oseits glänzend, mit 10–50 Haaren pro cm². BStiel mit 0–1(–3) Stacheln. 0,60–1,30. 5–6. Schwach thamnophil, kalkfliehend, auf sandigen, gern etwas frischen Böden; z Ns (bes. im W). (temp·c1-2EUR – L8 T5 F6 R3 N3 – ?). [*R. nessensis* Hall subsp. *cubirianus* H. E. Weber]
Kuhbier-B. – ***R. cubirianus*** (H. E. Weber) G. H. Loos

Ser. ***Rubus*** – **Faltenbrombeer-Gruppe**

(Schössling aufrecht bis hochbogig. Bl 5zählig, nur selten vereinzelte auch 6–7zählig. Reife SammelFr schwarz, mit typischem Brombeergeschmack. BZeit: 6–7)

8 **(2)** Bl 1–2(–3) mm fußfg, useits nicht fühlbar behaart. EndBlchen stark periodisch mit etwas längeren, deutlich auswärtsgekrümmten u. br Hauptzähnen 3–5 mm tief gesägt, am Grund abgerundet bis stumpfkeilig. BlStiel wie die BStandsachse mit schwach gekrümmten bis fast geraden, gelblichen Stacheln. BStiele mit 6–13 Stacheln. KrBl blassrosa. 2,00–3,00 lg. 6–7. Schwach nemophil, kalkmeidend; z Sa, s N-Th: Udersleben S-An M-Br (stemp·c3EUR – L7 T5 F5 R3 N4 – ?).
Sorbische B. – ***R. sorbicus*** H. E. Weber

8* Bl handfg, useits nicht fühlbar bis weich behaart. EndBlchen gleichmäßiger u. enger mit nicht od. kaum auswärts gekrümmten Hauptzähnen gesägt, am Grund herzfg bis abgerundet. BlStiel mit starken, oft fast hakig gekrümmten od. weniger gekrümmten u. dann meist rotfüßigen Stacheln **9**

9 KrBl blassrosa, nur 6–7(–8) mm lg. EndBlchen aus geradem bis herzfg Grund eifg, mit 10–15 mm lg Spitze, untere SeitenBlchen 1–4 mm lg gestielt. 1,00–1,60 lg. 6–7. Thamno- u. nemophil, kalkmeidend, auf armen, oft trockenen Böden; v NO-Ns, z W- u.-S-Me SO-Sh: Kreis Herzogtum Lauenburg, s Th N- u. NO-An W-Br (temp·c3EUR – L7 T5 F5 R3 N3 – ?). **Kleinblütige B.** – ***R. aphananthus*** Walsemann ex Martensen

9* KrBl weiß bis blassrosa, (7–)10–16 mm lg **10**

10 StaubBl nicht so hoch wie die Griffel. Blchen gefaltet (zwischen den Seitennerven aufgewölbt), untere Blchen im Sommer 0–2 (im Herbst bis 4) mm lg gestielt. K kurz, abstehend. EndBlchen mäßig lg gestielt (24–35 % der Spreite). KrBl weiß bis blassrosa, (8–)10–13 mm lg. 1,50–2,00 lg. 6(–7). Thamno- u. nemophil, kalkmeidend, auf armen bis mittleren Böden; alle Bdl v bis g, oft die häufigste Art, doch in S-Ba, Teilen von Rh u. He z bis s, in Kalk- u. Trockengebieten, z. B. M-Th, s od. f (temp·c1-4EUR – L7 T5 F5 R3 N3 – 28). **Falten-B.** – ***R. plicatus*** Weihe et Nees

10* StaubBl so hoch wie die Griffel od. höher. EndBlchen meist länger gestielt (30–50 % der Spreite), untere Blchen im Sommer (2–)3–10 mm lg gestielt. K meist locker zurückgeschlagen **11**

11 Pfl auffallend dichtstachlig: Schössling mit 13–25 Stacheln pro 5 cm, BlStiel mit 15–28 fast hakigen Stacheln, BStiele mit 10–15 bis 3–4(–5) mm lg Stacheln. K bestachelt. KrBl weiß. 2,00–2,50 lg. 6–7. Schwach thamnophil, kalkmeidend, auf nicht zu armen Böden; v We SO-Th Ns, z S-Th (f M) Sa NO-An Br S-Me, s Ba Rh He N-Th: Ostramonda Me Sh (temp·c2-3EUR – 28). **Dornige B.** – ***R. senticosus*** Köhler ex Weihe

11* Pfl nicht dichtstachlig: Schössling mit 3–12 Stacheln pro 5 cm, BStiele mit 0–10 Stacheln. KrBl weiß od. blassrosa **12**

12 Schössling fast aufrecht, kantig u. (meist tief) gefurcht, mit etwa 3 br, 6–10 mm lg, nicht auffällig gefärbten Stacheln pro 5 cm. EndBlchen lg gestielt ([33–]36–44 % der Spreite), ± herzeifg bis rundlich, mit längeren Hauptzähnen 2–4(–5) mm tief gesägt, lebend meist etwas konvex, untere SeitenBlchen 4–10 mm lg gestielt. KrBl 12–16 mm lg. 1,80–2,80 lg. 6–7. Nemophil, kalkmeidend, auf etwas reicheren Böden; v Bw, z Ba Rh We He Th (s M-Th) Sa An Ns Me, s Br Sh (temp·c1-2EUR – L7 T5 F6 R3 N3 – 28). **Gefurchte B.** – ***R. sulcatus*** VEST

12* Schössling fast aufrecht bis bogig, rundlich, ± flachseitig od. wenig gefurcht, Stacheln meist <6 mm (wenn länger, dann auffallend rötlich gefärbt). EndBlchen 1,5–2(–3) mm tief gesägt, untere SeitenBlchen 3–5 mm lg gestielt. KrBl 7–12(–13) mm lg **13**

13 Schössling (dunkel)rotbraun, pro 5 cm mit 3–6 auffallend rotfüßigen 8–11(–12) mm lg, ± geraden Stacheln. Bl oseits dunkelgrün, mit 10–50 Haaren pro cm². EndBlchen br herzeifg, scharf 2–4 mm tief gesägt, lebend grobwellig. BStiele mit (0–)2–4 rotfüßigen, fast geraden, bis 4 mm lg Stacheln. K außen graugrün. KrBl weiß od. blassrosa, fast rundlich. Griffel weißlich od. etwas rosafüßig. 2,00–3,50 lg. 6–7. Thamno- u. nemophil, kalkmeidend, auf nicht zu armen Böden; v Ns, z We He, s NW-Ba N-Rh W-Th: Vacha NW-An Br Me: Raum südwestlich Parchim, † Sh (temp·c1-3EUR – L8 T5 F5 R3 N4 – 28). [*R. affinis* WEIHE et NEES p. p., *R. vigorosus* P. J. MÜLL. et WIRTG.]. **Üppige B.** – ***R. bergii*** CHAM. et SCHLTDL. ex ECKL. et ZEYH.

13* Schössling grünlich od. etwas rötlich überlaufen, mit meist nicht auffallend gefärbten, bis 8 mm lg Stacheln. Bl oseits grün, kahl od. weniger behaart, nicht scharf gesägt, nicht wellig. BStiel mit krummen Stacheln. K außen grün. KrBl verkehrteifg, nie rundlich, Griffel grünlichweiß **14**

14 Bl useits nicht fühlbar behaart. KZipfel oft etwas verlängert **15**

14* Bl useits deutlich fühlbar behaart. KZipfel kurz **16**

15 Schössling bis 4 m hoch kletternd. Bl sehr groß (bis >30 cm lg). EndBlchen verlängert eifg bis verkehrteifg, lebend flach od. etwas konvex, mit rundlichen Kerbzähnen. BStiele mit 5–12 Stacheln. KrBl 15–20 mm lg. FrKn vielhaarig. Fr groß, mit bis zu 50 Frchen. 2,50–6,00 lg, hoch kletternd. 6–7. Thamno- u. nemophil, kalkmeidend, auf nährstoffreichen Böden; v S- u. M-We (temp·c2EUR – L7 T5 F6 R5 N5 – ?). **Maßlose B.** – ***R. immodicus*** A. SCHUMACH. ex H. E. WEBER

15* Schössling fast aufrecht, nicht kletternd. Bl <25 cm lg. EndBlchen ± rundlich-eifg od. etwas verkehrteifg, nicht konvex, mit scharfen Zähnen. BStiele mit 0–2(–5) Stacheln. KrBl 10–13 mm lg. FrKn kahl. Fr mittelgroß, mit meist <25 Frchen. 1,50–2,00 lg. (5–)6. Thamno- u. nemophil, kalkmeidend, auf ärmeren bis mittleren Böden; v S-Ba NW-Ns, z Sh, s Rh: Eifel We Sa An: Grimme (temp·c1-3EUR – L7 T5 F6 R5 N5 – 28). **Bertram-B.** – ***R. bertramii*** G. BRAUN

16 (14) Schössling bogig, wenig verzweigt, mit gekrümmten, 5–6 mm lg Stacheln. EndBlchen elliptisch bis verkehrteifg, mit 10–15 mm lg Spitze. K ± abstehend. Zumindest einzelne Staubbeutel etwas behaart. 2,00–2,50 lg. 6(–7). Thamno- u. nemophil, kalkmeidend, auf nicht zu armen Böden; z We Sa M- u. N-An Br Ns, s Ba: Fichtelg, Keuper-Lias-Land Th: Bad Weißenborn Me: Kraak bei Sülstorf (temp·c2-3EUR – L8 T5 F5 R3 N3 – ?). **Dunkle B.** – ***R. opacus*** FOCKE

16* Schössling ± aufrecht, mit (fast) geraden, 6–8 mm lg Stacheln. K zurückgeschlagen. Staubbeutel alle kahl **17**

17 Schössling stark verzweigt. Bl meist <20 cm lg, EndBlchen schlank verkehrteifg bis elliptisch, mit 2–10 mm lg Spitze, BStandsachse mit teilweise hakenfg Stacheln. 1,00–1,50(–2,00) lg. 6. Thamno- u. nemophil, kalkmeidend, auf armen bis mittleren Böden; v NO-An, z Bw We O-Th Br Ns, s Ba Rh He Sa SW-Me (temp·c1-3EUR – L8 T5 F6 R3 N3 – 21). [*R. nitidus* WEIHE et NEES p. p.] **Sparrige B.** – ***R. divaricatus*** P. J. MÜLL.

17* Schössling wenig verzweigt. Bl 20–30 cm lg, EndBlchen br verkehrteifg bis rundlich, mit 5–10(–15) mm lg Spitze. BStandsachse mit fast geraden Stacheln. 2,00–2,50 lg. 6. Thamno- u. nemophil, kalkmeidend, auf mittleren Böden; z We: linksrheinisch, s Bw: W- u. S-Rand Schwarzw übriges We He: OdenW, Marbach An: Zalmsdorf, Forst Hundeluft Sh: N-Hamburg, sonst † (temp·c1-2EUR – L8 T5 F6 R3 N4 – ?).
Große Sparrige B. – ***R. integribasis*** P. J. MÜLL. ex BOULAY

Tabelle C: Subsect. ***Hiemales*** E. H. L. KRAUSE – **Wintergrüne Brombeeren**

(lg BogenTr mit einwurzelnden Schösslingsspitzen. Agamospermie außer *R. ulmifolius* u. *R. canescens.* VolksheilPfl)

Ser. ***Discolores*** P. J. MÜLL. – **Zweifarbige Brombeeren**

(Fast alle Arten ohne Stieldrüsen. Schössling hoch bis mittelhoch bogig, gleichstachlig. Bl alle 5zählig [nur bei *R. bifrons* u. *R. ulmifolius* teilweise auch 3–4zählig], useits durch Sternhaare graugrün bis grauweiß filzig)

1 (**Tab. A: 5***, S. 64) FrKn dicht zottig. Fr dunkelrot (etwas himbeerartig schmeckend). Schössling ± aufrecht, nicht kletternd. Bl 5–7zählig.
R. ammobius, s. **Tab. B: 4**, S. 65

1* FrKn kahl od. weniger dicht behaart. Fr schwarz (mit typischem Brombeergeschmack). Schössling bogig od. kletternd. Bl 5zählig, selten einzelne 6–7zählig **2**

2 Bl oseits mit 30–200 feinen Härchen pro cm². EndBlchen sehr lg gestielt (40–55 % der Spreite), aus schmalem Grund verkehrteifg, abgesetzt 5–10(–15) mm lg bespitzt, nur 0,5–2 mm tief gesägt. Stacheln ± rotfüßig. Schössling (fast) kahl **3**

2* Bl oseits mit 0–5(–10) Haaren pro cm². EndBlchen meist kürzer gestielt u. etwas tiefer gesägt. Stacheln rotfüßig od. nicht auffallend gefärbt. Schössling kahl od. behaart **4**

3 Schössling rundlich-stumpfkantig. Bl oseits mit 100–200 Härchen pro cm². KrBl (blass) rosa. 2,50–4,00 lg. 7. Thamnophil, wärmeliebend, auf nährstoffreichen, auch kalkhaltigen Böden; z S-Bw, s N-Rh: Wonsheim (verschleppt?) SW-Ba (stemp/demo·c2-3EUR – L8 T7 F5 R7 N5 – ?). **Stumpfkantige B.** – ***R. obtusangulus*** GREMLI

3* Schössling kantig mit schwach rinnigen Seiten. Bl oseits mit 30–100 Haaren pro cm². KrBl weiß. 2,00–4,50 lg. 7–8. Thamnophil, auf mittleren bis nährstoffreichen, auch kalkhaltigen Böden; z SW-Ns, s NW-We Br: Blandikow Me: Zingst, Prerow, Rügen, Velgast, Röbel O-Sh (ntemp·c1-2EUR – L8 T5 F5 R6 N5 – 28).
Lindeberg-B. – ***R. lindebergii*** P. J. MÜLL.

4 (**2**) Schössling (bei Betrachtung eines längeren Abschnitts) mit durchschnittlich 0–3(–5) Haaren pro cm Seite. KrBl weiß bis deutlich rosa od. rosarot **5**

4* Schössling durchschnittlich mit >5 Haaren pro cm Seite (oft winzige, nur mit der Lupe erkennbare Büschelhärchen). KrBl weiß bis blassrosa **14**

5 Schössling (im Sommer) mit auffallend rotfüßigen Stacheln u. oft auch Kanten **6**

5* Schössling mit nicht od. wenig von den Flächen abweichend gefärbten (gelegentlich wenig rötlicheren od. gelblicheren) Stacheln **8**

6 Schössling stumpfkantig-rundlich bis flachseitig, pro 5 cm mit 2–6, bis 7–8 mm lg Stacheln. EndBlchen aus abgerundetem bis keiligem Grund verlängert elliptisch bis leicht verkehrteifg, in eine 15–25(–30) mm lg Spitze auslaufend, fast gleichmäßig gesägt. BlStiel mit 15–23 stark gekrümmten Stacheln. 2,50–4,00 lg. 7–8. Thamnophil, auf mittleren bis nährstoffreichen, auch kalkhaltigen Böden; z We N-An SW-Ns, s N-Ba: Spessart N-Rh NO-Ns (temp·c1-2EUR – L8 T5 F5 R5 N4 – 28).
Gekniete B. – ***R. geniculatus*** KALTENB.

6* Schössling kantig, flachseitig bis rinnig. EndBlchen mit 6–15(–18) mm lg Spitze **7**

7 Schössling mit dünnen, (meist) geraden, 6–8 mm lg Stacheln. Bl useits schimmernd weichhaarig. EndBlchen aus etwas herzfg Grund elliptisch bis verkehrteifg, periodisch mit stark auswärtsgekrümmten, längeren Hauptzähnen gesägt. BStandsachse mit dünnen, (fast) geraden Stacheln. BStiele mit nadligen, geraden, bis 2,5–3 mm lg Stacheln. 2,50–4,00 lg. 7(–8). Schwach thamnophil, auf nährstoffreichen, auch kalkhaltigen Böden; v W-We SW-Ns: Osnabrücker Hügelland, s Rh: Eifel O-We He: südwärts bis Taunus NO-An O-Ns (temp·c1-2EUR – L8 T5 F5 R6 N6 – 28). **Schlankstachlige B.** – ***R. elegantispinosus*** (A. Schumach.) H. E. Weber

7* Schössling mit sehr br, teilweise oft leicht gekrümmten, bis 7–10 mm lg Stacheln. EndBlchen aus abgerundetem bis keilfg Grund schmal verkehrteifg, mit geraden od. nur schwach auswärtsgekrümmten Hauptzähnen gesägt. BStandsachse mit brettartig br, sichligen Stacheln. BStiele mit br, schwach gekrümmten, bis 3–4 mm lg Stacheln. 2,50–4,00 lg. 7. Thamnophil, auf basenreichen, oft kalkhaltigen Böden; z Rh: PfälzerW We He, s N-Ba: Spessart Sa: Leipzig-Dösen An: Dessau W-Ns (temp·c2EUR – L8 T5 F5 R7 N5 – ?). **Winkel-B.** – ***R. goniophorus*** H. E. Weber

8 (5) BlStiel kürzer als die unteren SeitenBlchen. EndBlchen aus abgerundetem od. leicht herzfg Grund (schmal) eifg bis elliptisch, mit 20–25 mm lg Spitze, 3–5 mm tief gesägt. KrBl weiß bis blassrosa. 2,50–5,00 lg. 7. Thamnophil, etwas wärmeliebend, auf basenreichen, meist kalkhaltigen Böden; z N-Ba Rh: PfälzerW He, s Bw: Gommersheim Rh: Kaiserslautern SW-Th Me: Krakow am See (temp·c2-3EUR – L8 T5 F5 R6 N5 – ?). **Lügen-B.** – ***R. perperus*** H. E. Weber

8* BlStiel länger als die unteren SeitenBlchen. EndBlchen mit 5–20 mm lg Spitze, 2–4 mm tief gesägt **9**

9 BStand bis nahe der Spitze mit zuletzt einfachen Bl belaubt. Bl useits oft nur graugrün u. schwach filzig, EndBlchen aus abgerundetem Grund verkehrteifg bis rundlich, mit 6–18 mm lg Spitze, bes. vorn 3–4,5(–5) mm tief gesägt. Schössling tief rinnig. FrKn oben vielhaarig. 2,50–4,00 lg. 7. Thamnophil, auf basenreichen, auch kalkhaltigen Böden; s N-Ba bis Passau Bw Rh: Mörschied im Hunsrück, PflälzerW, Saarland He: Taunus, OdenW (temp·c2-3EUR – L8 T5 F5 R7 N5 – ?). **Zaunreben-B.** – ***R. parthenocissus*** Trávníček et Holub

9* BStand 5–>10 cm unterhalb der Spitze unbelaubt. Bl useits grau- bis grauweißfilzig **10**

10 Schössling 10–15 mm dick, mit bis 13 mm br, 8–11 mm lg Stacheln, zumindest stellenweise mit einzelnen kleinen Büschelhärchen. BStandsachse mit 5–8 mm lg Stacheln. Griffel grünlichweiß od. etwas rosa angehaucht. ***R. procerus***, s. **24**

10* Schössling 6–10 mm dick, mit schmaleren, bis 4–7(–10) mm lg Stacheln, völlig kahl. BStandsachse mit meist 4–5 mm lg Stacheln **11**

11 Blchen am Rande (zwischen den Hauptseitennerven) auffallend stark u. regelmäßig kleinwellig, beim Pressen daher oft mit radialen Falten. EndBlchen aus abgerundetem Grund verkehrteifg, mit etwas abgesetzter 5–20 mm lg Spitze, unregelmäßig periodisch 2–4 mm tief gesägt. KrBl weiß bis schwach rosa. FrKn fast kahl. 2,50–4,00 lg. 7. Schwach thamnophil, auf mittleren Böden; z Rh: Saarland, Rheinebene, s Ba: Spessart bis Passau He Th: u. a. Kyffhäuser, Küllstedt, Triebes, Bad Blankenburg, Leutenberg Sh: Hamburg-Rönneburg (verschleppt). (temp·c2-3EUR – L7 T6 F5 R6 N5 – ?). **Kleinwellige B.** – ***R. pericrispatus*** Trávníček et Holub

11* Bl nicht regelmäßig kleinwellig, gepresst ohne radiale Falten. FrKn kahl od. behaart **12**

12 EndBlchen aus abgerundetem Grund (verlängert) elliptisch, in der Mitte oft etwas parallelrandig, mit abgesetzter 7–14 mm lg Spitze, etwas periodisch 1–2(–3) mm tief gesägt. KrBl weiß bis blassrosa. FrKn an der Spitze vielhaarig. 2,50–4,00 lg. 6–7. Thamnophil, auf mineral- u. basenreichen, auch kalkhaltigen Böden; z bis s N-Ba: Spessart bis Regensburg W-Bw: Kaiserstuhl bis

OdenW u. Heilbronn Rh He: Taunus (stemp·c2-3EUR – L8 T6 F5 R6 N5 – ?).
Elliptische B. – ***R. austroslovacus*** Trávníček

12* EndBlchen am Grunde herzfg, anders geformt. FrKn kahl od. behaart **13**

13 Schössling mit pünktchenfg violetten Flecken u. mit (0–)1–3(–5) Stacheln pro 5 cm. EndBlchen kurz gestielt (25–35 % der Spreite), aus schmalem Grund schmal verkehrteifg, mit wenig abgesetzter, etwas dreieckiger Spitze. BlStiel mit 3–8 Stacheln. FrKn kahl. 2,50–4,00 lg. (6–)7. Schwach thamnophil, auf basenreichen, oft kalkhaltigen Böden; v We He SO-Th Sa S-An, z Ba Rh N- u. W-Th, s Br S-Sh M-Me (sm/mo-stemp·c2-4EUR – L8 T6 F5 R7 N5 – 21).
Mittelgebirgs-B. – ***R. montanus*** Lib. ex Lej.

Anm.: Sehr ähnlich ist die erst seit kurzer Zeit beachtete **Hügelland-B.** – *R. macromontanus* (H. E. Weber) Vannerom. Schössling (fast) ohne Flecken. BStand oben meist 10–15 cm (statt 3–10 cm) blattlos, Bl 0,5–1 mm fußfg statt handfg, EndBlchen länger gestielt (33–50% der Spreite), lg bespitzt. Stacheln oft lg und gelegentlich flossenfg verbreitert. 2,50–4,00 lg. (6–)7. Schwach thamnophil, auf basenreichen, oft kalkhaltigen Böden; Verbreitung noch unzureichend bekannt. Nachgewiesen z Ba, Bw, Rh, He, Th, Sa, gebietsweise wie He: Wetterau häufiger als *R. montanus*. (sm/mo-stemp·c2-4EUR – L8 T6 F5 R7 N5 – ?).

13* Schössling ungefleckt, mit 4–8 Stacheln pro 5 cm. EndBlchen länger gestielt (30–50 %), aus breiterem Grund meist br eifg bis verkehrteifg, schlanker bespitzt. BlStiel mit 7–15 Stacheln. FrKn an der Spitze behaart. 2,50–4,00 lg. (6–)7. Schwach thamnophil, auf basenreichen, oft kalkhaltigen Böden; alle Bdl z bis v, doch s N-Ns Sh (sm/mo-temp·c2-4EUR – L8 T5 F5 R7 N5 – 21). [*R. thyrsanthus* (Focke) Foerster]
Grabowski-B. – ***R. grabowskii*** Weihe

14 **(4)** Schössling (im Sommer) grünlich, mit sich davon deutlich abhebenden rotfüßigen Stacheln u. oft auch Kanten (Unterschiede im Herbst ± verwischt). KrBl weiß bis blassrosa **15**

14* Schössling nicht mit auffällig gefärbten Stacheln u. Kanten. KrBl weiß bis (rosa)rot **17**

15 Pfl auffallend groß. Schössling kantig-rinnig, (8–)10–20(–25) mm dick. Stacheln sehr br (bis 13 mm), 8–11 mm lg. Bl groß. EndBlchen aus br herzfg Grund (br) (verkehrt) eifg, mit 5–15 mm lg Spitze, lebend konvex. BStand sehr umfangreich. KrBl 14–20 mm lg. Fr groß, mit 30–50 Frchen, süß. 2,50–5,00 lg. (6–)7. ObstStr; auch thamnophil, etwas wärmeliebend, auf unterschiedlichen, optimal auf nährstoffreicheren Böden, bes. rud. in Siedlungsnähe, auf Bahn- u. Industriegelände, besiedelt auch klimatische Trockengebiete, die von einheimischen Brombeeren gemieden werden; (N vor 1900) alle Bdl v ↗ (sm/mo·c2-4KAUK, (N) temp·c1-3EUR+WAM+AUST – L8 T6 F5 R5 N6 – 28). **Armenische B.** – ***R. armeniacus*** Focke

15* Pfl von normaler Größe. Schössling 6–10 mm dick. Stacheln schmaler, 6–7(–8) mm lg. Bl von normaler Größe od. kleiner. EndBlchen meist mit 5–10 mm lg Spitze. KrBl 9–12 mm lg. Fr mittelgroß, mit meist <25 Frchen, ± säuerlich **16**

16 Bl alle 5zählig, klein (10–15[–18] cm lg). EndBlchen br verkehrteifg bis kreisrund, mit etwas abgesetzter Spitze, 2–3 mm tief gesägt, nicht konvex. BStand schmal zylindrisch, seine Achse mit br, krummen Stacheln. KrBl weiß, rundlich. 2,50–4,00 lg. 6–7. Thamnophil, etwas wärmeliebend, auf nährstoffreichen, auch kalkhaltigen Böden; v Rh: SW-Hunsrück S-PfälzerW, z S-We NW-He, s N-Ba: Haßberge übriges Rh (stemp/(mo)·c2EUR – L8 T6 F5 R6 N5 – ?).
Ardennen-B. – ***R. arduennensis*** Lib. ex Lej.

16* Bl größer, einzelne nicht selten 6–7zählig. EndBlchen (5zähliger Bl) br verkehrteifg bis etwas rundlich, mit unvermittelt aufgesetzter Spitze, 1–2(–2,5) mm tief gesägt. BStand schmal kegelfg, seine Achse mit dünnen, geraden Stacheln, wie die BStiele mit einzelnen (oft versteckten) Stieldrüsen. KrBl weiß bis blassrosa, elliptisch.
R. polyanthemus, s. **Tab. D: 5***, S. 73

17 **(14)** BStand bis nahe der Spitze mit zuletzt einfachen Blchen belaubt. Schössling deutlich kantig-rinnig, mit 5–6 mm lg Stacheln. EndBlchen aus herzfg Grund eifg, mit etwas abgesetzter 10–15 mm lg Spitze, 2–3 mm tief gesägt. KrBl weiß. 2,50–4,00 lg. 7. Schwach thamnophil, auf basenreichen, auch kalkhaltigen Böden; v Rh: PfälzerW, z Rh: Saarland, s N-Ba: ostwärts bis Bamberg W- u. N-Bw Rh: Hunsrück, Eifel We: Bergisches Land, Kleve, Emmerich S-He Sa: Görlitz (stemp/(mo)·c2-3EUR – L8 T6 F5 R6 N5 – ?). **Durchblätterte B.** – ***R. phyllostachys*** P. J. Müll.

17* BStand oben auf 5–10 cm unbelaubt. Schössling nicht rinnig. KrBl weiß od. rosa **18**

18 BStandsachse mit dünnen, geraden u. daneben sehr schwach gekrümmten Stacheln od. nur mit geraden, dünnen Stacheln **19**

18* BStandsachse mit zur Basis hin breiteren, meist deutlich gekrümmten Stacheln **21**

19 KrBl weiß. Griffel grünlichweiß. Bl 5zählig. EndBlchen eifg bis elliptisch, allmählich in eine 10–15 mm lg Spitze auslaufend, mit fast geraden Hauptzähnen periodisch 3–5 mm tief gesägt. BStandsachse filzig-zottig, mit 0–5 Stacheln pro 5 cm. 2,50–4,00 lg. (6–)7. Thamnophil, auf nährstoffreichen, auch kalkhaltigen Böden; z NW- u. SW-Ba SW-He, s Th: Bucha (stemp·c2EUR – L8 T7 F5 R6 N5 – ?). **Weißblütige B.** – ***R. albiflorus*** Boulay et Lucand

19* KrBl rosa. Griffel gelblichweiß od. rosafüßig **20**

20 KrBl (hell)rosa. Griffel gelblichweiß. Schössling nur mit feinen Stern- u. Büschelhärchen (Lupe!). Bl ausgeprägt (meist 3–6 mm) fußfg 4–5zählig, oseits kahl. EndBlchen verkehrteifg, mit aufgesetzter, 5–15(–20) mm lg Spitze, periodisch mit sehr fein zugespitzten Zähnen u. deutlich auswärtsgekrümmten Hauptzähnen 1–3 mm tief gesägt. BStandsachse büschelhaarig filzig, nicht kurzzottig. 2,50–3,50 lg. (6–)7. Thamnophil, etwas wärmeliebend, auf nicht zu nährstoffarmen, optimal auf basenreichen, auch kalkhaltigen Böden; g Ba Rh S-He, v Bw Sa: Oberlausitz, z S-We übriges He, s Th, auch (N) s N-We: Versmold Br: Berlin W-Ns Me: Reppelin (sm/mo-stemp·c2EUR – L8 T6 F5 R5 N5 – 28). **Zweifarbige B.** – ***R. bifrons*** Vest

20* KrBl lebhaft rosa. Griffel (am Grund) meist etwas rosa. Schössling auch mit längeren Haaren. Bl handfg od. bis 1 mm fußfg 5zählig, oseits mit 0–5 Haaren pro cm^2. EndBlchen elliptisch bis schwach (verkehrt)eifg, allmählich in eine 10–15 mm lg Spitze verschmälert, 2–2,5 mm tief gesägt. BStandsachse filzig u. kurzzottig. 2,50–4,00 lg. 7. Thamnophil, auf basenreichen, gern kalkhaltigen Böden; v S-We, z N-Rh He: Taunus, Untermainebene, s N-We: Löhne übriges He (stemp·c2EUR – L8 T6 F5 R6 N5 – ?). **Falsche Silber-B.** – ***R. pseudargenteus*** H. E. Weber

21 **(18)** KrBl rosa bis rosarot. Griffel am Grund rosa **22**

21* KrBl weiß bis blassrosa. Griffel am Grund weißlich od. blassrosa **24**

22 KrBl (violettstichig) rosarot. Griffel rötlich. Bl (3–)4zählig bis fußfg 5zählig, useits angedrückt (grau)weißfilzig, ohne längere Haare (daher nicht fühlbar behaart). EndBlchen mäßig bis extrem lg gestielt (37–60[–85]% der Spreite). K u. BStandsachse meist angedrückt graufilzig, ohne längere Haare. Schössling dunkelviolettrot-bläulich, oft etwas bereift, mit 7–11 mm lg, br, kurz büschelhaarigen Stacheln. 2,50–5,00 lg. 7–8. Thamnophil, wärmeliebend, auf basenreichen, meist kalkhaltigen Böden; s We: Aachen Sh: Helgoland (ob N?), auch (N) meist durch Baumschulen verschleppt: s Ba Bw: Lauffen Rh We He Ns: Osterode, Mellum Me: Rügen Sh: Mönkhagen (m·c1-3-temp·c1-2EUR – L9 T8 F5 R8 N6? – 14). **Mittelmeer-B.** – ***R. ulmifolius*** Schott

22* KrBl lebhaft rosa (aber nicht rosarot). Griffel gelblichweiß od. am Grund blassrosa. Bl handfg od. bis 1 mm fußfg 5zählig, useits grau- bis grauweißfilzig u. durch längere Haare etwas weich. K u BStiele kurz büschelhaarig. Schössling dunkelweinrot, mit 6–8 mm lg Stacheln **23**

23 EndBlchen mäßig lg gestielt (30–45 % der Spreite), elliptisch bis schwach (verkehrt)eifg, 2–2,5 mm tief gesägt, untere SeitenBlchen deutlich kürzer als der

BlStiel. BStandsachse mit wenig gekrümmten Stacheln. Staubbeutel meist behaart (Lupe!). 2,50–4,00 lg. 7(–8). Thamnophil, auf basenreichen, auch kalkhaltigen Böden; v S-We, z N-Ba NO-Rh W-He, s NO-We: Porta Westfalica N-He SO-Ns: Weserbergland, (N) s He Ns: Jeddeloh (temp·c2-3EUR – L8 T6 F5R6 N5 – ?).
Asbestschimmernde B. – ***R. amiantinus*** (FOCKE) FOERSTER

23* EndBlchen lg gestielt ([34–]40–50 % der Spreite), eifg bis etwas rhombisch, 2–4 mm tief gesägt, untere SeitenBlchen oft so lg wie der BlStiel od. länger. BStandsachse mit stark, oft hakig gekrümmten Stacheln. Staubbeutel kahl. 2,50–5,00 lg. 7(–8). Thamno- u. nemophil, auf basenreichem (Löss-)Lehmboden; v S-We: Niederrheinische Bucht mit Nachbarbereichen, s M-We: Bochum, Hattingen (temp·c1-2EUR – ?). [*R. cretatus* MATZKE-HAJEK] **Kreidige B.** – ***R. spina-curva*** BOULAY et GILLOT

24 **(21)** Pfl auffallend kräftig. Schössling 10–15 mm dick, mit bis 13 mm br, 8–11 mm lg Stacheln, pro cm Seite mit meist 1–30 feinen Büschelhärchen besetzt (Lupe!). EndBlchen mäßig lg gestielt (35–42 %), eifg bis verkehrteifg, 2–3 mm tief gesägt, ± grobwellig, nicht konvex. KrBl weiß bis blassrosa. Griffel grünlichweiß od. etwas rosa angehaucht. FrKn vielhaarig. 2,50–5,00 lg. 6–7. Ausgeprägt thamnophil, wärmeliebend, auf basenreichen, meist kalkhaltigen Böden; z Ba Bw Rh S- u. M-We S-He, s N-We: Teutoburger Wald Sa: Görlitz SW-Ns: Achterberg, Bad Iburg, Osnabrück, Bramsche Sh: Itzehoe (verschleppt?) (sm/mo-stemp·c1-4EUR – L9 T8 F5 R7 N5? – 28). [*R. praecox* auct. non BERT.]
Robuste B. – ***R. procerus*** P. J. MÜLL. ex BOULAY

Anm.: Ähnlich ist die **Gemiedene B.** – ***R. devitatus*** MATZKE-HAJEK mit lg gestielten (37–50 %) rundlichen bis kreisrunden EndBlchen; v Rh: PfälzerW, Saarland, s S-He Sa: nördl. Görlitz.

24* Pfl kräftig od. von normaler Größe. Schössling bis 12 mm dick, dichter u. oft auch länger behaart. EndBlchen zuweilen etwas konvex **25**

25 EndBlchen br verkehrteifg bis rundlich, mit unvermittelt aufgesetzter, dünner, (12–)15–22 mm lg Spitze, scharf mit etwas längeren Hauptzähnen 3–4 mm tief gesägt, lg gestielt (38–53 % der Spreite). Schössling grünlich bis braunrot. BStand bis 5–15(–20) cm zur Spitze beblättert. FrKn vielhaarig. Sehr kräftige Pfl. 3,00–7,00 lg. 7–8. Thamnophil, etwas wärmeliebend, auf nährstoffreichen, auch kalkhaltigen Böden; v W- u. S-We, z Rh, s He: Untermainebene, BurgW, BüdingerW Ns: Osnabrück, Emsland, Mittelweser (stemp·c1-2EUR – L8 T6 F5 R7 N5 – 28).
Wintersche B. – ***R. winteri*** (P. J. MÜLL. ex FOCKE) FOERSTER

25* EndBlchen nie rundlich, allmählich u./od. kürzer bespitzt **26**

26 Griffel am Grund meist etwas rötlich. FrKn vielhaarig. EndBlchen elliptisch bis verkehrteifg, mit 5–10 mm lg Spitze, 1–2 mm tief gesägt, lebend meist konvex. BStand bis 12–30 cm zur Spitze beblättert. 2,50–4,00 lg. 6–7. Thamnophil, wärmeliebend, auf nährstoffreichen, gern kalkhaltigen Böden; disjunkt: z Rh S-We, s N- u. M-We He: Darmstadt Ns: Weserbergland (stemp·c2EUR – L8 T6 F5 R7 N5 – ?). [*R. fragrans* (FOCKE) GAND. non SALISB.] **Schlaffblättrige B.** – ***R. flaccidus*** P. J. MÜLL.

26* Griffel gelblichweiß. FrKn (fast) kahl. EndBlchen mit 10–30 mm lg Spitze, 2–3 mm tief gesägt, nicht konvex. KrBl weiß **27**

27 Bl 1–6 mm fußfg. EndBlchen allmählich in eine 15–30 mm lg Spitze verschmälert, oseits mit 5–30 Haaren pro cm². Bl im BStand etwa 5–8 cm unter der Spitze beginnend. ***R. ambulans***, s. **Tab. E: 14***, S. 79

27* Bl handfg od. bis 1 mm fußfg. EndBlchen mit 10–15(–20) mm lg Spitze, oseits mit 0–3 Haaren pro cm² **28**

28 Schössling dunkelgrün od. rotbraun überlaufen. EndBlchen lg gestielt (35–41 % der Spreite), etwas periodisch 2–3 mm tief gesägt. Bl im BStand 12–25 cm unter der Spitze beginnend. 2,50–4,00 lg. (6–)7. Schwach thamnophil, auf nährstoffreicheren, auch kalkhaltigen Böden; z NW-We W-Ns, s SW-We W-An: Dannefeld, Lockstedt O-Ns Me: Friedland (temp·c1-2EUR – L8 T5 F5 R5 N5 – 28).
Grünästige B. – ***R. chloocladus*** W. C. R. WATSON

28* Schössling ± dunkelweinrot. EndBlchen mittellg gestielt (30–35 % der Spreite), stark periodisch 4–5 mm tief gesägt. Bl im BStand 5–12 cm unter der Spitze beginnend. 2,50–4,00 lg. 6–7. Thamnophil u. nemophil, auf mäßig reichen, auch kalkhaltigen Böden; v Ba, s O-Bw Th (stemp·c3EUR – L8 T6 F5 R6 N6 – 21). **Höhere B.** – ***R. elatior*** Focke ex Gremli

Anm.: Ähnlich ist die **Dufft-B.** – ***R. dufftianus*** W. Jansen, doch KrBl lebhaft rosa, EndBlchen länger gestielt (35–45 % der Spreite). z Th: Th-W zw. Bad Blankenburg u. Mellenbach-Glasbach, s Th: Harras, Süßenborn, Remderoda.

Tabelle D: Ser. ***Rhamnifolii*** (Bab.) Focke – **Lederblättrige Brombeeren**

(Schössling dick, oft stark verzweigt, mit kräftigen, oft rotfüßigen Stacheln. Bl oft etwas ledrig, useits grün od. meist nur schwach graufilzig)

1 (**Tab. A: 6**, S. 64) Bl abweichend von allen anderen Brombeeren mit (fast doppelt) gefiederten od. tief fiederteilig zerschlitzten Blchen, auch BStand mit zerschlitzten Blchen u. an der Spitze eingeschnittenen KrBl. 2,00–4,00 lg. 7(–8). KulturPfl (meist als stachellose Sorte); in bestachelter Form auch thamno- u. nemophil, meist auf ärmeren, sandigen Böden; (N) v NW-Sh, z We He Sa An Br Ns SW-Me SO-Sh, s Ba Bw Rh N-We Th N- u. O-Me (vermutlich in England aus *R. nemoralis* entstanden, urspr. ntemp·c1EUR, (N) tempEUR+AM+AUST – L8 T5 F5 R3? N3? – 28). **Schlitzblättrige B.** – ***R. laciniatus*** Willd.

1* Blchen normal gesägt, nicht zerschlitzt. KrBl nicht eingeschnitten **2**

2 Schössling (im Sommer) grünlich od. wenig rötlich überlaufen, mit sich auffallend davon abhebenden rotfüßigen Stacheln **3**

2* Schössling nicht mit auffallend andersartig gefärbten Stacheln **9**

3 Bl überwiegend 3zählig, einzelne 4–5zählig. Schössling kahl, mit dünnen, geraden, nur 3,5–5(–6) mm lg Stacheln. BStand sehr schmal. KrBl weiß. 2,00–3,50 lg. 7(–8). Schwach thamnophil, auf mittleren Böden; z Ns, s NW-We W-Me Sh (temp·c1-2EUR – L8 T5 F5 R5 N5 – 28). **Ausgezeichnete B.** – ***R. egregius*** Focke

3* Bl überwiegend od. alle 5zählig, seltener einzelne auch 4-, 6- od. 7zählig. Schössling mit 6–12 mm lg Stacheln. KrBl weiß od. blassrosa **4**

4 Bl oseits völlig kahl **5**

4* Bl oseits mit 2–80 Haaren pro cm^2 .... **6**

5 Bl 5zählig. EndBlchen extrem lg gestielt (60–80 % der Spreite), br elliptisch bis rundlich, mit schwach aufgesetzter, 3–6(–12) mm lg Spitze. Schössling (fast) kahl, mit etwas krummen, br Stacheln. BStandsachse mit stark gekrümmten, sehr br Stacheln. BStiele mit 0–1 Stieldrüsen u. 10–20 krummen Stacheln. KrBl weiß. 2,00–4,50 lg. 7–8. Thamnophil, auf nährstoffreicheren Böden; s N-We S-Ns: Weserg (temp·c2EUR – L8 T5 F5 R6? N4 – ?). **Faulbaumblättrige B.** – ***R. rhamnifolius*** Weihe et Nees

5* (s. auch **Tab. C: 16***, S. 70) Bl 5(–7)zählig. EndBlchen weniger lg gestielt (30–48 % der Spreite), br verkehrteifg bis rundlich, mit aufgesetzter, dünner, 5–6(–15) mm lg Spitze. Schössling mit 5–20 Büschelhärchen pro cm Seite u. (fast) geraden, dünnen Stacheln. BStandsachse mit dünnen, (meist) geraden Stacheln. BStiele mit 1–5(–40) bis 0,2–0,3(–0,5) mm lg Stieldrüsen. KrBl blassrosa. 2,50–4,00 lg. 7–8. Thamnophil, auf mittleren bis reichen Böden; z N- u. W-We, s SW-Ns: nördlich Osnabrück, Emsland N-Me: Darß-Fischland-Boddenlandschaft N-Sh: Flensburg, Glücksburg (temp-(b)·c1-2EUR – L8 T5 F5 R6 N5 – 28). **Vielblütige B.** – ***R. polyanthemus*** Lindeb.

6 (**4**) Schössling mit 0(–2) Haaren pro cm Seite. Bl 5zählig. EndBlchen rundlich bis kreisrund, aufgesetzt bespitzt. KrBl weiß **7**

6* Schössling mit 3–30 Haaren pro cm Seite. Bl (4–)5zählig. EndBlchen rundlich bis kreisrund od. etwas rhombisch. KrBl weiß od. rosarot **8**

7 Bl oseits mit 30–80 Haaren pro cm². EndBlchen lg gestielt (meist 40–60 % der Spreite), mit unvermittelt aufgesetzter, dünner Spitze. BlStiel mit stark gekrümmten Stacheln. BStandsachse mit krummen, 4–6 mm lg Stacheln. 2,50–4,00 lg. 7(–8). Schwach thamnophil, auf mäßig nährstoffreichen, kalkarmen Böden; disjunkt: v W-An, z O-Ns W-Me, s Rh: Morsbach, Wissen S-We: Freudenberg, Bergisches Land He: ReinhardsW, Bad Emstal SW-Th übriges Me SO-Sh (temp·c2-3EUR – L8 T5 F4 R3 N3 – ?). **Maaß-B.** – ***R. maassii*** Focke ex Bertram

7* Bl oseits mit 3–5(–10) Haaren pro cm². EndBlchen kürzer gestielt (33–42 % der Spreite), mit weniger stark abgesetzter, etwas breiterer Spitze. BlStiel mit geraden od. schwach gekrümmten Stacheln. BStandsachse mit geraden, 5–7 mm lg Stacheln. 2,50–4,00 lg. 7(–8). Thamno- u. nemophil, auf mittleren, auch sandigen, sauren Böden; z NW-We W-Ns (temp·c1-2EUR – L8 T5 F5 R3 N4 – ?). **Glattstänglige B.** – ***R. laevicaulis*** A. Beek

8 **(6)** Bl deutlich fußfg 4–5zählig. EndBlchen lg gestielt (meist 40–60 % der Spreite), br verkehrteifg bis kreisrund, aufgesetzt dünnspitzig. KrBl weiß. Griffel grünlichweiß. 2,50–4,00 lg. 6–7. Schwach thamnophil, auf mäßig nährstoffreichen, kalkfreien Böden; disjunkt: z O-Ns, s N-We: Uffeln, Lienen, Kattenvenne, Westkilver M- u. O-Me (temp·c2-3EUR – L8 T5 F5 R4 N5 – 28). **Münter-B.** – ***R. muenteri*** T. Marsson

8* Bl hand- od. schwach fußfg 5zählig. EndBlchen elliptisch bis schmal verkehrteifg od. angenähert rhombisch, allmählich in die Spitze verschmälert. KrBl lebhaft rosarot. Griffel (am Grund) rötlich. 2,50–4,00 lg. 7–8. Schwach thamnophil, auf kalkarmen, nährstoffreicheren Böden; s NO-We: um Mennighüffen, Beendorf, Enger SW-Ns: Poggenhagen †, Hameln (temp·c2EUR – L8 T5 F5 R6 N5 – 28). **Rautenblättrige B.** – ***R. rhombifolius*** Weihe

9 **(2)** Staubbeutel zumindest teilweise (manchmal nur mit einem einzelnen Härchen) behaart (Lupe!). BStandsachse mit (meist) geraden Stacheln **10**

9* Staubbeutel alle kahl. BStandsachse mit ± krummen Stacheln **12**

10 Schössling mit (5–)10–30 Haaren pro cm Seite u. mit 6–7,5 mm lg Stacheln. Bl (3–)4zählig bis fußfg 5zählig, oseits mit 1–20 Haaren pro cm², useits grün od. wenig graugrünfilzig, ohne Lederglanz. EndBlchen rundlich verkehrteifg bis fast kreisrund, oberhalb der Mitte am breitesten, dann oft wie fast gerade abgeschnitten od. sogar eingezogen mit aufgesetzter, 5–8 mm lg Spitze. BStandsachse mit schmal brettfg zusammengedrückten, teils geraden, teils etwas krummen, bis 6–10 mm lg Stacheln. KrBl blassrosa. 2,50–4,00 lg. 7–8. Schwach thamnophil, auf mäßig nährstoffreichen, kalkfreien Böden; disjunkt: v M-Me, s übriges Me (f SO) Rh: Rheinisches Schieferg S- u. W-We He SW-Th SO-Sh: Lübeck, Alt-Mölln, Roseburg, Kittlitz (temp·c1-2EUR – L8 T5 F5 R5 N4 – ?). **Hartstachlige B.** – ***R. steracanthos*** P. J. Müll. ex Boulay

10* Schössling mit 0–2(–10) Haaren pro cm Seite u. mit 7–12 mm lg Stacheln. Bl handfg od. 1–2 mm fußfg 5zählig, oseits völlig kahl, mit Lederglanz, useits graugrün- bis fast graufilzig. EndBlchen elliptisch od. verkehrteifg, mit schwach abgesetzter Spitze. BStandsachse mit schlanken, (fast) geraden Stacheln **11**

11 Pfl mit schlanken, aber kräftigen Stacheln. Bl useits meist nur wenig filzig. EndBlchen mit (fast) geraden Hauptzähnen. BStiele mit 0(–1) Stieldrüsen. 2,00–4,50 lg. 7–8. Thamno- u. nemophil, auf mäßig nährstoffreichen, kalkfreien Sand- u. Lehmböden; g NO-Ns Sh, v W- u. S-Ns, z He: Untermainebene N-An Me (f SO), s Ba: Spessart Rh: Eifel, Sieggebiet We übriges He (temp·c2EUR – L7 T5 F5 R4 N4 – 28). **Lange-B.** – ***R. langei*** Jensen ex Frid. et Gelert

11* Pfl mit sehr dünnen Stacheln. Bl useits oft stärker graufilzig. EndBlchen mit deutlich auswärtsgekrümmten Hauptzähnen. BStiele mit >3 zwischen den Haaren versteckten Stieldrüsen. 2,50–4,00 lg. 7–8. Schwach thamnophil, auf mäßig nährstoffreichen Böden; s NW-We: Kleve, Anholt, Gelsenkirchen, Uffeln, Dö-

renthe M- u. SW-Ns Sh: um Flensburg (temp·c2EUR – L8 T5 F5 R5 N5 – 28).
Gelert-B. – ***R. gelertii*** Frid.

12 **(9)** Schössling dunkelweinrot, mit (5–)20–50 Haaren pro cm Seite u. 7–9(–10) mm lg Stacheln. Bl (4–)5zählig, oseits mit 3–30 Haaren pro cm². BStandsachse dichthaarig (fast kurzzottig) **13**

12* Schössling weniger dunkelrot, mit 0–3(–15) Haaren pro cm Seite u. 6–8(–9) mm lg Stacheln. Bl 5zählig, oseits kahl **14**

13 Bl handfg od. bis 1 mm fußfg, useits schimmernd weichhaarig, meist nicht od. kaum filzig. EndBlchen kürzer gestielt (25–30 % der Spreite), meist schmal elliptisch, allmählich länger bespitzt. KrBl weiß bis blassrosa. Griffel grünlich. 2,00–4,50 lg. 7(–8). Thamno- u. nemophil, auf etwas nährstoffreicheren, aber kalkfreien Böden; v S-Th Sa (ohne Erzg) NO-An Br S-Me, z N-Ba He O-Ns W- u. S-Me, s Rh SO-We: Schwarzenau N-Th N-Me (temp·c2-4EUR – L8 T5 F5 R5 N5 – 28). [*R. villicaulis* Köhler ex Weihe et Nees] **Haarstänglige B.** – ***R. gracilis*** J. Presl et C. Presl

13* Bl stärker (1–3 mm) fußfg 4–5zählig, useits meist stärker graufilzig u. weniger weichhaarig. EndBlchen länger gestielt (27–35 % der Spreite), oft rundlicher, meist br verkehrteifg mit abgesetzter kurzer Spitze. KrBl rosa. Griffel am Grund blassrosa. 2,00–4,00 lg. 7–8. Schwach thamnophil, auf etwas nährstoffreicheren, kalkfreien Böden; v bis g Sh, z N-An W-Me, s We (f S) He: Spessart Th: Ilmenau Br O-Me (temp·c2EUR – L8 T5 F5 R5 N6 – 28). **Insel-B.** – ***R. insularis*** F. Aresch.

14 **(12)** Bl 1–2 mm fußfg. EndBlchen aus meist keiligem bis schmal abgerundetem Grund elliptisch bis verkehrteifg. BStand schmal kegelfg, seine Achse pro 5 cm mit 15–25 schlanken, teils fast geraden, teils etwas gekrümmten Stacheln. BStiele mit 10–20 fast geraden Stacheln. StaubBl die Griffel weit überragend. 2,50–4,00 lg. 7–8. Schwach thamnophil, auf nährstoffreichen Böden; z W-We W-Ns, s N-Me: zw. Poel u. Kühlungsborn (temp·c1-2EUR – L8 T5 F5 R5 N6? – 28).
Lindley-B. – ***R. lindleianus*** Lees

14* Bl handfg bis kaum 1 mm fußfg. BStand br, seine Achse pro 5 cm mit 3–10 br, meist deutlich gekrümmten Stacheln. StaubBl so hoch wie die Griffel od. wenig höher **15**

15 EndBlchen aus br Grund br verkehrteifg bis fast kreisrund, mit geraden Hauptzähnen, zum Grund nicht nach unten umgefalzt. BStand im oberen Teil mit oft br eifg bis fast dreieckigen Bl. KrBl blassrosa. 2,50–4,00 lg. 7(–8). Thamno- u. nemophil, auf mittleren Böden, kalkmeidend; g nördliches M-Ns, v Sh, z Rh NO-An W-Me, s N-Ba: Dechsendorf We He S-Th Br (teilweise verschleppt) Me: Schönberg, Darß, Rügen, Müritz, Neustrelitz (f M-Me) (temp-(b)·c1-3 EUR, (N) AUST – L8 T5 F5 R3 N4 – 28). [*R. selmeri* Lindeb.] **Hain-B.** – ***R. nemoralis*** P. J. Müll.

Anm.: Sehr ähnlich, doch u. a. mit stärker behaartem Schössling, ist die **Marsson-B.** – ***R. marssonianus*** H. E. Weber; v NO-Me, s NO-Br M- u. SO-Me (L8 T5 F5 R5 N4).

15* EndBlchen aus schmalem Grund meist schmal verkehrteifg, mit überwiegend etwas auswärtsgekrümmten Hauptzähnen, zum Grund hin mit schmal nach unten umgefalztem Rand. BStand im oberen Teil mit schmal lanzettlichen Bl. KrBl weiß bis blassrosa. 2,00–4,50 lg. 7. Thamno- u. nemophil, auf nährstoffarmen bis mittleren, kalkfreien Böden; v NW-We Ns (f W), z He W-Th (f M), s Rh: Raum Koblenz Sa: Zwenkau NW-An W-Me: Zarrentin, Boizenburg SO-Me: Bretzin SO-Sh: Mölln, Oststeinbeck, Barsbüttel, Lauenburg (temp·c2-3 EUR – L8 T5 F5 R3? N4 – ?).
Gewöhnliche B. – ***R. vulgaris*** Weihe et Nees

Anm.: Hier anzuschließen ist die **Breitbogige B.** – ***R. latiarcuatus*** W. C. R. Watson [*R. vulgaris* var. *mollis* Weihe et Nees] mit etwas stieldrüsigem Schössling u. BStand sowie useits schimmernd weichhaarigen, graufilzigen Bl. z N-We, s S-We He: Gladenbacher Bergland, WesterW SW-Ns: Emsbüren, Riemsloh (L8 T5 F5 R5 N4).

Tabelle E: Ser. ***Sylvatici*** (P. J. Müll.) Focke – **Waldbrombeeren**

(Schössling hoch- bis flachbogig, gleichstachlig, meist ± behaart, ohne Stieldrüsen. Bl useits meist filzlos grün. StaubBl die Griffel überragend. Staubbeutel bei einer Reihe von Arten behaart)

1 (**Tab. A: 6***, S. 76) Staubbeutel alle od. zum Teil behaart (oft nur mit einzelnen Härchen, Lupe!). Schösslingsstacheln bis 7 mm lg **2**

1* Staubbeutel alle kahl. Schösslingsstacheln bei einigen Arten bis 10 mm lg **7**

2 Schössling mit 0–5 Haaren pro cm Seite, kantig-flachseitig bis rinnig. BStiele mit geraden Stacheln. Bl 5zählig **3**

2* Schössling mit (5–)10–50 Haaren pro cm Seite, rundlich-stumpfkantig bis flachseitig. BStiele mit geraden od. leicht gekrümmten Stacheln. Bl 5- od. 3–5zählig **4**

3 Schössling etwas glänzend bronzefarben, scharfkantig mit deutlich rinnigen Seiten u. 4–5(–6) mm lg Stacheln. EndBlchen verkehrteifg bis br elliptisch, grob 3–5 mm tief gesägt. BStandsachse mit geraden, 3–4(–5) mm lg Stacheln. KrBl blassrosa bis fast weiß, um 15 mm lg. Fr groß, meist mit >25 Frchen, süß. 2,50–3,50 lg. 7(–8). Thamno- u. nemophil, auf nährstoffärmeren, gern etwas frischen Böden, kalkmeidend; g NW-We N- u. M-Ns (im Tiefland bis auf den äußersten O mit *R. plicatus* die häufigste Brombeere), v W-Me z S-We NO-An S-Me, s NO-Rh: WesterW He Sa: Dahlener Heide NO-Me: Rügen, Usedom Br: Brandenburg, Bützow bei Berlin, (N) s Ba: Hambach (temp·c1-2EUR – L8 T5 F6 R2 N4 – 28). **Angenehme B.** – ***R. gratus*** Focke

3* Schössling matt grünlich od. weinrötlich, nicht rinnig, mit 6–7 mm lg Stacheln. EndBlchen schmal verkehrteifg, fein 2–3(–3,5) mm tief gesägt. BStandsachse mit leicht gekrümmten, 4–5 mm lg Stacheln. KrBl weiß, 9–12 mm lg. Fr mittelgroß, meist mit <25 Frchen, säuerlich. 2,50–4,00 lg. 7–8. Thamno- u. nemophil, auf mittleren, kalkarmen Böden; z M-We: Sauerland, Bergisches Land, s NO-Rh: Mittelsieggebiet He: u. a. ReinhardsW, Taunus (stemp·c2EUR – L8 T5 F5 R5 N5 – ?). **Magere B.** – ***R. macer*** H. E. Weber

4 (**2**) Schössling stumpfkantig-rundlich, mit 15–25 meist 4–5 mm lg Stacheln pro 5 cm. Bl (fast) alle handfg od. 1–2 mm fußfg 5zählig. EndBlchen aus abgerundetem Grund schmal verkehrteifg, lebend nicht konvex. BlStiel mit etwa 18–30 Stacheln. BStand schmal. KrBl weiß, 9–11 mm lg. Staubbeutel meist wenig u. nur teilweise behaart. 2,50–4,00 lg. 7–8(–9). Thamno- u. nemophil, auf mäßig nährstoffreichen, kalkfreien Böden; v We (außer SO) Ns (außer SO) Sh (außer NW), z N-An SW-Me NW-Sh, s Rh: Sieggebiet SO-We He N- u. SO-Th S-An M-Br SO-Ns S-Me: Plau (temp·c1-2EUR – L7 T5 F5 R4 N4 – 28). **Wald-B.** – ***R. silvaticus*** Weihe et Nees

4* Schössling stumpfkantig-rundlich bis flachseitig, mit 6–15 Stacheln pro 5 cm. EndBlchen am Grund oft ± herzfg. BlStiel mit 8–17 Stacheln. KrBl weiß od. blassrosa. Staubbeutel vielhaarig **5**

5 Schössling grünlich od. schwach rötlich überlaufen, mit 4–5(–6) mm lg Stacheln. Bl überwiegend 3–4zählig, einzelne 1–4 mm fußfg 5zählig, useits kaum fühlbar behaart. EndBlchen aus br herzfg Grund br eifg bis br elliptisch, mit wenig abgesetzter, 10–15 mm lg Spitze. BStiele mit 8–12 Stacheln. K gelbstachlig, abstehend. KrBl weiß, 13–18 mm lg. 2,50–4,00 lg. 7(–8). Thamno- u. nemophil, auf mäßig nährstoffreichen, kalkfreien Böden; g Sh (ohne NW u. SO), z NO-An (ob N?) N-Ns, s O-Ns grenznahes W-Me NW- u. SO-Sh, auch (N) aus holsteinischen Baumschulen verschleppt: s Ba Bw We He Br W-Ns Me: Rügen (temp·c1-2EUR, (N) c3EUR – L7 T5 F5 R4 N4 – 28). **Schattenliebende B.** – ***R. sciocharis*** (Sudre) C. K. Schneid.

5* Schössling dunkelweinrot, mit 4–8 mm lg Stacheln. Bl handfg od. 1(–2) mm fußfg 5zählig. EndBlchen oft schmal, mit stark abgesetzter, dünner, 10–20 mm lg Spitze. BStiele mit 0–2(–5) Stacheln. K nicht od. wenig bestachelt, zurückgeschlagen. KrBl weiß od. rosa, 9–13(–14) mm lg **6**

6 (s. auch **Tab. I: 4***, S. 83) Schössling mit 4–5 mm lg Stacheln. Bl useits kaum fühlbar behaart, nicht filzig. EndBlchen mäßig lg gestielt (28–38 % der Spreite), aus schmalem Grund schmal verkehrteifg. BStiele mit (1–)5–20 bis 0,5 mm lg Stieldrüsen. KrBl weiß. 2,50–4,00 lg. 7(–8). Thamno- u. nemophil, auf mittleren, kalkfreien Böden; z Rh: westliche Eifel NW-We, s SW-We SW-Ns: Gildehaus (temp·c2EUR – L8 T5 F5 R4 N4 – ?). **Wollmännige B.** – ***R. lasiandrus*** H. E. WEBER

6* Schössling mit 6–8 mm lg Stacheln. Bl useits schimmernd weichhaarig u. oft etwas filzig. EndBlchen lg gestielt (meist 38–45 % der Spreite), aus breiterem Grund br verkehrteifg bis rundlich. BStiele ohne Stieldrüsen. KrBl blassrosa (s fast weiß). 2,50–4,00 lg. 7–8. Schwach thamnophil, auf mäßig nährstoffreichen, kalkfreien Böden; v O-Ns (f äußerstem O), Sh (f W u. O), z W-An: Oebisfelde - Calvörde, NW-Harzrand, s He O-Th: Eisenberg Br: Zollchow W-Ns: westlich bis zur Hunte N-Me: Sanitz bei Rostock NW- u. NO-Sh, (N) s Ba: Braidbach (temp-(b)·c1-2EUR – L7 T5 F5 R4 N4 – ?). [*R. danicus* FOCKE] **Dünnrispige B.** – ***R. leptothyrsos*** G. BRAUN

7 **(1)** Schössling mit 7–10 mm lg Stacheln **8**

7* Schössling mit 4–7 mm lg Stacheln **10**

8 Schössling ungleichmäßig rötlich überlaufen, mit sich deutlich davon abhebenden gelblichen Stacheln u. mit (1–)5–20 Haaren pro cm Seite. BStandsachse mäßig dicht behaart, mit 5(–6) mm lg Stacheln. BStiele mit 2,5–4 mm lg Stacheln **9**

8* Schössling gleichmäßig dunkelweinrot, mit ähnlich gefärbten, nur an der Spitze gelblichen Stacheln u. mit (5–)30–50 Haaren pro cm Seite. BStandsachse sehr dichthaarig, mit (5–)6–9 mm lg Stacheln. BStiele mit 4–5(–6) mm lg Stacheln. ***R. gracilis***, s. **Tab. D: 13**, S. 75

9 Schössling mit bis zu 20(–25) Haaren pro cm Seite. EndBlchen aus meist herzfg Grund eifg bis elliptisch, allmählich bespitzt. BlStiel mit (12–)15–22 Stacheln. BStiel 10–18 mm lg, mit oft etwas stieldrüsigen DeckBl. KrBl weiß bis rosa. FrKn behaart. 2,50–4,00 lg. 7(–8). Schwach thamnophil, auf mittleren, kalkfreien Böden; v N- u. W-We, z S-We NO-An SW-Ns, s N-Ba: Krottensee bei Nürnberg Rh: Eifel, Sieggebiet Br N- u. O-Ns Me: Perleberg, † Th: Grub (temp·c1-3EUR – L8 T5 F5 R3 N4 – 28). [*R. carpinifolius* WEIHE non J. PRESL et C. PRESL] **Hainbuchenblättrige B.** – ***R. adspersus*** WEIHE ex H. E. WEBER

9* Schössling mit bis zu 10 Haaren pro cm Seite. EndBlchen aus ± abgerundetem Grund elliptisch bis verkehrteifg, mit abgesetzter Spitze. BlStiel mit 9–17 Stacheln. BStiel 15–30 mm lg, mit stieldrüsenlosen DeckBl. KrBl weiß. FrKn (fast) kahl. 2,50–4,00 lg. 7(–8). Thamno- u. nemophil, auf mittleren, kalkfreien Böden; v M-Ns, z We NO-An Br W- u. NO-Ns, s Rh: WesterW He: Eibelshausen SO-An W- u. NO-Ns Me: Hagenow, Dömitz Sh: Langenlehsten, Quickborn, Kummerfeld, † Hamburg (temp·c1-3EUR – L8 T5 F5 R3 N4 – 28). **Breitstachlige B.** – ***R. platyacanthus*** P. J. MÜLL. et LEF.

Anm.: Ähnlich ist die **Knochen-B.** – ***R. incarnatus*** P. J. MÜLL. [*R. osseus* MATZKE-HAJEK], aber BStand schmaler, KrBl rosa, Griffel rosafüßig; s Rh We He Ns.

10 **(7)** Bl oseits meist kahl, useits von schimmernden, auf den Nerven stehenden Haaren samtig weich. EndBlchen sehr kurz gestielt (15–25[–30]% der Spreite), am Grund abgerundet, stark periodisch mit längeren, zumindest teilweise deutlich auswärtsgekrümmten Hauptzähnen 2–4 mm tief gesägt. KrBl blassrosa bis fast weiß. Griffel grünlich, selten etwas rosafüßig (Pfl sehr ähnlich *R. umbrosus*, **Tab. H: 1**, S. 81, doch ohne Stieldrüsen). 2,50–4,00 lg. 7(–8). Thamno- u. nemophil, auf mäßig nährstoffreichen, kalkfreien Böden; v Rh: südlicher Hunsrück, z Bw: westlicher SchwarzW-Rand Rh: Saarland, Westeifel, WesterW, s Ba: BayrW bei Mittelfels We: Rheinisches Schieferg, Anholt, Holzwickede He: ReinhardsW, Kassel, OdenW, Holzhausen S-Ns: Laubach (temp/(mo)·c2EUR – L7 T5 F5 R4 N5 – ?). **Neumann-B.** – ***R. neumannianus*** H. E. WEBER et VANNEROM

10* Bl oseits zumindest mit vereinzelten Härchen. EndBlchen länger gestielt (26–50% der Spreite), nicht od. kaum periodisch mit wenig od. nicht längeren, fast geraden bis sehr schwach auswärtsgekrümmten Hauptzähnen 1–3mm tief gesägt **11**

11 Griffel (am Grund) blassrosa. KrBl rosa. Schössling dunkelweinrot, mit 6–7mm lg Stacheln. Bl oseits behaart, useits schimmernd weichhaarig. EndBlchen am Grund abgerundet, mit 5–10mm lg abgesetzter Spitze. EndBlchen 3zähliger Bl im BStand im Umriss etwas rhombisch, am Grund keilig u. der untere Bl-Rand (1–)1,5–2,5cm ganzrandig u. schmal nach unten umgefalzt. BStiele mit 1–1,5mm lg Haaren zottig. 2,50–4,00 lg. 7–8. Thamno- u. nemophil, auf etwas nährstoffreicheren, kalkfreien Böden; disjunkt: z NO-An Me, s Ba: Mönchröden bei Coburg Th W-Br NO-Ns Sh (f N) (temp·c2-3EUR – L8 T5 F5 R4 N5 – ?).
Circipanier-B. – ***R. circipanicus*** E. H. L. KRAUSE

11* Griffel grünlich od. weißlich. KrBl weiß od. blassrosa. EndBlchen im BStand anders geformt. Haare der BStiele meist 0,3–0,8mm lg **12**

12 Bl useits grün, mit bräunlichen Nerven, nicht fühlbar behaart, oseits dunkelgrün mit helleren Haupt- u. Seitennervenfeldern, Bl auch im BStand nicht filzig. EndBlchen mittellg gestielt (33–38% der Spreite), aus herzfg Grund länglich-elliptisch bis rundlich, 5–12mm lg bespitzt. BStiele mit stark gekrümmten Stacheln, ohne Stieldrüsen. Schössling weinrot, meist nur mit 5–10 Haaren pro cm Seite, verkahlend. 2,50–4,00 lg. 6–8. Schwach thamnophil, auf mäßig nährstoffreichen, kalkarmen Böden; v M-Ns, z SW-We, s Rh N-We (temp·c2EUR – L7 T5 F5 R4 N4).
Weißmännige B. – ***R. leucandrus*** FOCKE

1 EndBlchen meist 8,5–10cm lg, aus seicht herzfg Grund eifg bis länglich-elliptisch, mit oft fast parallelen Seitenrändern, allmählich in eine etwa 15mm lg Spitze verschmälert. NebenBl etwa 1mm schmal linealisch-fädig. Bl im BStand 8–12mm lg bespitzt. 7–8. v M-Ns: zwischen Weser u. Hunte, s N-We (temp·c2EUR – 28). subsp. ***leucandrus***

1* EndBlchen 5–8,5cm lg, aus tief herzfg Grund br elliptisch bis verkehrteifg od. rundlich, mit etwas aufgesetzter, 5–12mm lg Spitze. NebenBl 2–3mm br lanzettlich. Bl im BStand mit sehr kurzer bis (fast) fehlender Spitze. (6–)7. z SW-We: bes. um Aachen, s Rh: Eifel, Hunsrück: Simmern (stemp·c2EUR – ?). [*R. hermes* MATZKE-HAJEK] subsp. ***belgicus*** H. E. WEBER

12* Bl useits grünlich od. graugrün, mit grünlichen Nerven, weichhaarig od. wenig fühlbar behaart (u. dann EndBlchen länger bespitzt). Schössling dichter behaart. BStiele mit 0–2(–5) bis 0,5mm lg Stieldrüsen **13**

13 Bl useits von auf den Nerven stehenden, gekämmten Haaren schimmernd weichhaarig, ohne Sternhaare. EndBlchen aus schmal abgerundetem Grund schmal verkehrteifg, mit plötzlich aufgesetzter, dünner, 10–20mm lg Spitze. Schössling dunkelweinrot, mit 6–7mm lg Stacheln. 2,50–4,00 lg. 7–8. Thamno- u. nemophil, auf mäßig nährstoffreichen, kalkarmen Böden; z NW-We: Westf. Tieflandsbucht u. nördlich anschließendes Hügelland, s N-He S-Ns Me: Schwerin, Franzburg (temp·c1-2EUR – L8 T5 F5 R5 N5 – ?). **Schlechtendal-B.** – ***R. schlechtendalii*** WEIHE ex LINK

13* Bl useits nicht schimmernd weichhaarig, oft etwas sternhaarig. EndBlchen anders geformt **14**

14 Schössling meist fleckig schmutzig rotviolett, mit (fast) geraden Stacheln, auffallend hoch kletternd. Bl oft sehr groß (bis >30cm lg). EndBlchen lg gestielt ([37–]40–50% der Spreite), länglich-verkehrteifg, oft etwas parallelrandig u. angedeutet 5eckig, br dreieckig verschmälert, 15–20mm lg bespitzt, 1–2mm tief gesägt, lebend deutlich konvex. BStandsachse bes. im oberen Teil dicht kurzzottig u. filzig, mit 3–5 dünnen, (fast) geraden Stacheln pro 5cm. 3,00–8,00 lg. 7–8. Schwach thamnophil, wärmeliebend, auf nährstoff-, auch stickstoffreicheren u. kalkhaltigen Böden; g Bw u. Rh: Rheinebene We: Tiefland, z N-Ba Bw Rh We: Bergland He SW-Ns, M-Sh (f N), s Th Sa O-An Br N- u. O-Ns Me: Rostock, Laage (sm·c1-3-temp·c1-2EUR – L7 T6 F5 R6 N6 – 28). **Großblättrige B.** – ***R. macrophyllus*** WEIHE et NEES

Anm.: Ebenfalls sehr großblättrig, doch mit zuletzt fast kreisrunden EndBlchen ist die **Ems-B.** – ***R. amisiensis*** H. E. WEBER; z W-Ns: bes. Emsland, s NW-We.

14* (s. auch **Tab. C: 27**, S. 72) Schössling grünlich od. etwas rötlich, mit (meist) ± gekrümmten Stacheln, nicht auffallend kletternd. Bl normal groß. EndBlchen kürzer gestielt (26–35 % der Spreite), länglich-eifg, allmählich in eine kaum abgesetzte, 15–30 mm lg Spitze verschmälert, 2–3 mm tief gesägt, nicht konvex. BStandsachse mehr filzig-wirrhaarig, mit 8–15 breiteren, meist gekrümmten Stacheln pro 5 cm. 2,50–4,00 lg. 7–8. Schwach thamnophil, auf etwas nährstoffreicheren Böden in der kollinen Stufe; z N-Ba, s S-Ba Bw: Konstanz Rh: Saarland S-He Th: Henneberg (stemp·c2-3EUR – L8 T5 F5 R5 N5? – ?). [*R. gremlii* FOCKE p. p.] **Wandernde B.** – ***R. ambulans*** MATZKE-HAJEK

Tabelle F: Ser. ***Sprengeliani*** FOCKE – **Kurzmännige Brombeeren**

(Schössling flachbogig, mit [fast] gleichen Stacheln. Bl useits filzlos grün. BStand ± stieldrüsig. KrBl vertrocknet lg, teils bis zur FrReife haftend. StaubBl nicht so hoch wie die Griffel)

1 (**Tab. A: 4***, S. 79) KrBl lebhaft rosa **2**

1* KrBl weiß od. blassrosa **3**

2 Bl überwiegend 3–4zählig, useits nicht fühlbar behaart. Schössling pro 5 cm mit (8–)12–15(–20) meist od. insgesamt etwas sichligen Stacheln. EndBlchen (schmal) (verkehrt)eifg, 2–3 mm tief gesägt. BStand dünnästig sparrig. KrBl verkehrteifg, 4–6 mm br. Griffel grün. 2,50–4,00 lg. (6–)7(–8). Thamno- u. nemophil, auf mäßig nährstoffreichen, kalkfreien Böden; g O-Ns (Tiefland) W-Me M- u. SO-Sh, v W-Rh: Hunsrück We N-An W-Ns Me, z Rh S-Th Sa: Erzg M-An N-Br SO-Ns (Bergland) NW- u. NO-Sh, s Ba: Nürnberg, Haßberge He N-Th N-Sa S-An (temp·c1-3EUR – L7 T4 F5 R3 N4 – 28). **Sprengel-B.** – ***R. sprengelii*** WEIHE

2* Bl alle 5zählig, useits fühlbar behaart. Schössling pro 5 cm mit 3–8 fast geraden Stacheln. EndBlchen herzfg-eifg bis br elliptisch, grob periodisch 3–5 mm tief gesägt. BStand pyramidal od. zylindrisch. KrBl schmal spatelig, 2–3 mm br. Griffel rötlich. 2,50–4,00 lg. (6–)7. Thamno- u. nemophil, auf mittleren, kalkfreien Böden; g O-Ns: Wendland, s N-An W-Br Ns: Lüneburg, Essenrode W-Me: Consrade, Lübz, Eldena u. a. (temp·c2(–3)EUR – L7 T4 F5 R3 N4 – ?). **Drawehn-B.** – ***R. dravaenopolabicus*** WALSEMANN ex HENKER et KIESEW.

3 (**1**) Zumindest einige Staubbeutel behaart (Lupe!). Bl teilweise od. alle 3–4zählig. KrBl weiß **4**

3* Staubbeutel alle kahl. Bl fast alle 5zählig. KrBl weiß od. blassrosa **5**

4 Pfl mit vielen br, meist krummen Stacheln: Schössling mit (10–)15–20 etwa 3(–4) mm lg Stacheln pro 5 cm, BlStiel mit 17–24, BStiele mit 10–25 Stacheln. Bl 3–5zählig. EndBlchen schmal elliptisch bis verkehrteifg, grob periodisch 3–4 mm tief gesägt. BStand sparrig. 2,50–4,00 lg. 7–8. Thamno- u. nemophil, auf mäßig nährstoffreichen, kalkarmen Böden; z M-We: Sauerland, Bergisches Land, s Rh: Sieggebiet SW-We: Bonn, Siegburg He: Dilltal, (N) s Ba: Autobahnparkplatz bei Nürnberg (stemp·c2EUR – L8 T5 F5 R4 N4 – ?). **Braeucker-B.** – ***R. braeuckeri*** G. BRAUN

4* Pfl mit entfernteren, dünnen, geraden od. nur leicht gekrümmten Stacheln: Schössling mit 7–11 etwa 4–5,5 mm lg Stacheln pro 5 cm, BlStiel mit 3–8(–9), BStiele mit 8–12 Stacheln. Bl (fast) alle 3zählig. EndBlchen br herzfg, 2–3 mm tief gesägt. BStand oberwärts stark zusammengedrängt. ***R. condensatus***, s. **Tab. I: 9**, S. 84

5 (**3**) Schössling mit (5–)6–7 mm lg Stacheln. EndBlchen ungleichmäßig 2–5(–7) mm tief gesägt. BStandsachse mit 4–7 mm lg, BStiele mit 3–5(–5,5) mm lg Stacheln. KrBl weiß od. blassrosa. StaubBl ½ bis fast so lg wie die Griffel **6**

5* Schössling mit 3–4 mm lg Stacheln. EndBlchen sehr gleichmäßig 1,5–2 mm tief gesägt. BStandsachse mit 2–3,5(–4) mm lg, BStiele mit 1,5–2,5(–3,5) mm lg Stacheln. KrBl weiß. StaubBl meist ⅓–½ so lg wie die Griffel **7**

6 Schössling karminrot, mit (0–)1–5(–10) Haaren pro cm Seite. EndBlchen aus deutlich herzfg Grund (oft br) eifg, allmählich in die Spitze verschmälert, grob bis fast eingeschnitten periodisch 3–5(–7) mm tief gesägt, nicht konvex. BStandsachse mit bis zu 5(–7) mm lg Stacheln. BStiele mit (fast) geraden, 3,5–5(–5,5) mm lg Stacheln. BStand bis 1–5 cm unterhalb der Spitze unbeblättert, nur die obersten 1–3 Bl ungeteilt, (oft br) eifg. KrBl weiß bis blassrosa. 2,50–4,00 lg. 7–8. Schwach thamnophil, auf mäßig nährstoffreichen, kalkarmen, gern etwas frischen Böden; v SW-Sh, z O-Th W-Sa An N-Ns N- u. O-Sh, s W-Br M-Ns: Barnstorf SO-Ns: W-Rand Solling W-Me: Lüdersdorf, Herrnburg NW- u. O-Sh, (N) SO-Ns: Okertalsperre (temp·c2-3EUR – L8 T5 F5 R4 N5 – 28). **Cimbrische B.** – ***R. cimbricus*** Focke

6* Schössling grünlich od. wenig rötlich, mit 20–30(–60) Haaren pro cm Seite. EndBlchen aus abgerundetem Grund verkehrteifg, aufgesetzt bespitzt, etwas ungleichmäßig 2–3(–3,5) mm tief gesägt, lebend konvex. BStandsachse mit bis zu 3,5(–4) mm lg Stacheln. BStiele mit ± gebogenen, 2,5–3,5 mm lg Stacheln. BStand bis in die Spitze beblättert, die obersten 4–9 Bl ungeteilt, lanzettlich. KrBl weiß. 2,50–4,00 lg. 7–8. Nemophil, auf mäßig nährstoffreichen, kalkarmen Böden; v M-Ns: Tiefland, s N-An: Hundisburg O-Ns: Schönewörde, Bad Harzburg M-Me (f SW u. SO) (temp·c1-2EUR – L8 T5 F5 R4 N5 – ?). **Grünsträußige B.** – ***R. chlorothyrsos*** Focke

7 **(5)** KrBl fast kreisrund. Schössling mit 10–20(–30) Haaren pro cm Seite u. 13–18 Stacheln pro 5 cm. Bl useits nicht fühlbar behaart. EndBlchen aus abgerundetem, seltener leicht herzfg Grund regelmäßig elliptisch, zwischen den Seitennerven aufgewölbt gefaltet. BStiele mit 5–12 Stacheln. 2,50–4,00 lg. 7–8. Mäßig thamnophil, auf mittleren, kalkarmen Böden; v Sh (ohne NW u. SO), z N-Ns (ohne NW), s N-We: südlich bis Westfälische Bucht N-An: Jeggau, Lostau S-Ns (f SO-Bergland) W-Me: Radelübbe NW- u. NO-Sh, (N an Autobahnen) s Ba He: Bad Arolsen Br Sh (temp·c1-2EUR – L8 T5 F5 R4 N5 – 28). **Arrhenius-B.** – ***R. arrhenii*** Lange

7* KrBl verkehrteifg. Schössling mit 0–10 Haaren pro cm Seite u. 3–12 Stacheln pro 5 cm. Bl useits ± weichhaarig. EndBlchen ± glatt (ungefaltet) **8**

8 Bl oseits mit 5–40 Haaren pro cm². EndBlchen schmal eifg, sehr gleichmäßig 1,5–2 mm tief kerbzähnig. BStiele mit 0–10 Stacheln u. stieldrüsig. 2,50–4,00 lg. 7–8. Thamno- u. nemophil, auf mittleren, kalkfreien Böden; z We: Weserbergland, N-Sauerland Ns: mittleres Weserbergland, s He: ReinhardsW, BramW Ns: Bötersheim, Teyendorf Me: Plau, Succow (temp·c2EUR – L8 T5 F6 R4 N4 – ?). **Grünliche B.** – ***R. pervirescens*** Sudre

8* Bl oseits mit 0–5 Haaren pro cm². EndBlchen br eifg, periodisch mit scharfen Zähnen 2–3 mm tief gesägt. BStiele meist ohne Stacheln u. Stieldrüsen. 2,50–4,00 lg. 7(–8). Schwach nemophil, auf mittleren kalkfreien Böden; z bis s We: östl. Süderbergland, s N-He Th: W-Th-W Ns: Solling (temp·c2-3EUR – L8 T5 F6 R4 N4 – ?). **Drüsenkelchige B.** – ***R. glandisepalus*** H. E. Weber

Tabelle G: Ser. ***Canescentes*** H. E. Weber – **Filzbrombeeren**

Monotypische (nur aus 1 Art bestehende) Serie.
(Schössling flachbogig-niederliegend. BlStiel oseits gefurcht. BlSpreite oseits zumindest anfangs sternhaarig)

1 (**Tab. A: 1**, S. 80) Schössling kantig, mit br, gelblichen, gekrümmten, 4–6 mm lg Stacheln, kahl bis dicht filzig, mit (fast) fehlenden bis vielen dünnen, 0,5–1 mm lg Stieldrüsen, Wuchs flachbogig niederliegend, meist nur 4–5 mm dick. Bl 3–4zählig bis fußfg 5zählig, oseits dicht mit feinen Stern- u. Striegelhaaren bedeckt u. weich, seltener kahl od. verkahlend, useits grau- bis grauweißfilzig u. weichhaarig. EndBlchen meist schmal angenähert rhombisch od. elliptisch, mit nicht abgesetzter, 3eckiger Spitze, mit br Zähnen eingeschnitten periodisch bis 4–5(–6) mm tief gesägt. BStand oben dünn u. blattlos, zumindest obere Bl oseits dicht sternhaarig. BStiele mit 0–30 Stiel-

drüsen. KrBl (br) elliptisch, weiß (beim Trocknen gelblich), 8–10 mm lg. 2,00–4,00 lg. 6–7(–8). Thamnophil, wärmeliebend, auf lehmigen, gern kalkhaltigen Böden, kennzeichnend für Weinbaugebiete; z NW u. M-Ba Bw Rh S-Th, s S-We: Rheintal He S-An: Sautzschen (m/mo-stemp·c2-4EUR – L9 T8 F4 R7 N5 – 14). [*R. tomentosus* BORKH. p. p.] **Filz-B. – *R. canescens*** DC.

1* Schössling rundlich-stumpfkantig, mit 3–4(–5) mm lg Stacheln, ohne Stieldrüsen, stellenweise mit einzelnen Härchen. EndBlchen (2,5–)3–5 mm tief gesägt. BStand etwas breiter. BStiele stets ohne Stieldrüsen. KrBl rundlich, weiß (beim Trocknen nicht gelblich). ***R. rhombicus***, s. **Tab. V: 5***, S. 107

Tabelle H: Ser. ***Vestiti*** (FOCKE) FOCKE – **Samtbrombeeren**

(Schössling mäßig hoch bis flach bogig, gleich- od. wenig ungleichstachlig, dunkelviolett-rotbraun, fast ohne bis zu ∞ Stieldrüsen, oft dichthaarig. Bl useits von auf den Nerven stehenden, gekämmten, schimmernden Haaren samtig weich, dazu meist durch Sternhaare graugrün- bis graufilzig. BStand pyramidal od. zylindrisch, stieldrüsig)

1 (**Tab. A: 7***, S. 64, **Tab. I: 4**, S. 83) Schössling mit (0–)1–10(–30) unregelmäßig verteilten Haaren pro cm, ohne Stieldrüsen u. kleinere Stacheln, ± weinrot, Stacheln (fast) gerade, 6–7 mm lg. Bl 5zählig, oseits mit (0–)1–2 Haaren pro cm², periodisch mit deutlich auswärtsgekrümmten u. etwas längeren Hauptzähnen 3–5 mm tief gesägt. BStand kegelfg (pyramidal), seine Achse mit (fast) geraden, dünnen, 5–6(–7) mm lg Stacheln. KrBl blassrosa bis fast weiß. Griffel grünlichweiß. FrKn kahl. 2,50–4,00 lg. 7(–8). Thamno- u. nemophil, auf mäßig nährstoffreichen, kalkfreien Böden; g SW- u. M-Sh, v We Ns, z Rh Sa NO-An Br Me NW- u. O-Sh, s Ba He NW- u. O-Th (temp·c1-3EUR – L8 T5 F5 R4 N4 – 28). [*R. pyramidalis* KALTENB.] **Pyramiden-B. – *R. umbrosus*** (WEIHE et NEES) ARRH.

1* Schössling dichter behaart (wenn fast kahl, dann KrBl u. Griffel am Grund rosarot), ± stieldrüsig, dunkelweinrot, violettbraunrot bis schwarzrot. KrBl weiß bis rosarot. Griffel (am Grund) oft rosarot. FrKn behaart od. kahl **2**

2 Schössling mit schlanken, (fast) geraden, 7–10 mm lg Stacheln u. mit 20–100 Haaren pro cm Seite, dunkel weinrot bis violettbraunrot. Bl 4–5zählig, useits graugrün- bis grauweißfilzig. EndBlchen verkehrteifg bis kreisrund. BStandsachse mit dünnen, 6–8 mm lg Stacheln **3**

2* Schössling mit 3–7 mm lg Stacheln u. mit 1–100 Haaren pro cm Seite, schwarz- od. ± weinrot. Bl 3–5zählig, useits filzlos grün od. ± graufilzig. EndBlchen nicht kreisrund. BStandsachse mit 3–5(–6) mm lg Stacheln **4**

3 Schössling mit 1–1,5 mm lg, meist büschligen Haaren. Bl oseits mit 5–30 Haaren pro cm², useits von schimmernden Haaren samtig weich, dazu graugrün- bis grauweißfilzig. EndBlchen mäßig lg gestielt (35–50 % der Spreite), br verkehrteifg bis kreisrund, mit aufgesetzter, 5–8 mm lg Spitze, ziemlich weit mit auswärtsgekrümmten, gleich lg od. wenig längeren Hauptzähnen 1–1,5 mm tief gesägt. BStandsachse nur mit geraden Stacheln. KrBl (dunkel)rosa (f. *vestitus*) od. weiß (f. *albiflorus* G. BRAUN ex KRETZER). Griffel am Grund ± rosa od gelblich. FrKn vielhaarig. 2,50–4,00 lg. 7–8. Schwach thamnophil, auf nährstoffreichen, auch kalkhaltigen Böden (eine der anspruchsvollsten Arten); g O-Sh (ohne SO), v We, z SO-Ba Bw Rh He W-Me, s SO-Th M-An N- u. M-Ns W-Sh (sm/demo-temp·c1-3EUR – L8 T5 F5 R7 N6 – 28). **Samt-B. – *R. vestitus*** WEIHE

3* Schössling meist mit kürzeren Haaren. Bl oseits mit 1–10 Haaren pro cm², useits grau- bis fast weißfilzig, oft nur wenig od. nicht weichhaarig. EndBlchen kürzer gestielt (25–33 % der Spreite), schmaler verkehrteifg, nie kreisrund, grob mit stark auswärtsgekrümmten, längeren Hauptzähnen 2,5–3,5 mm tief gesägt. BStandsachse mit teilweise etwas gekrümmten Stacheln. KrBl u. Griffel am Grund stets rosa. FrKn (fast) kahl. 2,50–4,00 lg. 7(–8). Thamnophil, wärmeliebend, auf nährstoffreichen, auch kalkhaltigen Böden; z S-We: Rheingebiet, s N-Ba: Spessart Bw: Waldkirch Rh We He: WesterW, Taunus, OdenW (stemp·c2EUR – L8 T7 F5 R6 N5? – ?).

Ansehnliche B. – ***R. conspicuus*** P. J. MÜLL. ex WIRTG.

4 **(2)** KrBl u. StaubBl weiß bis blassrosa. Griffel grünlichweiß. Schössling mit krummen, 3–5 mm lg Stacheln. Bl 5zählig, oseits mit 5–10 Haaren pro cm², useits filzlos. EndBlchen verkehrteifg, kerbzähnig 1–1,5(–2) mm tief gesägt. BStandsachse zottig grauschimmend behaart, mit dünnen, bis 4 mm lg Stacheln. BStiel mit blassen Stieldrüsen. 2,50–4,00 lg. 7(–8). Schwach thamnophil, auf mäßig nährstoffreichen, gern etwas frischen Böden; v Rh: W-Eifel SW-We: Eifel, Mittelsieg-Bergland, Iserlohn, s W-Ba: OdenW Rh: Hunsrück, WesterW He (stemp·c2 EUR – L8 T5 F5 R5 N5 – ?).

Eifel-B. – ***R. eifeliensis*** WIRTG.

4* KrBl u. StaubBl lebhaft rosa bis rosarot. Griffel zumindest am Grund rosa bis rot. Schössling meist mit (fast) geraden Stacheln **5**

5 Schössling schwarzrot, fast kahl (0–3 Haare pro cm Seite), mit (3–)4–6 mm lg Stacheln. Bl alle od. meist 3–4zählig. ***R. melanoxylon***, s. **Tab. I: 7**, S. 84

5* Schössling (dunkel)weinrot od. durch dichte Behaarung etwas grauschimmernd, mit >20 Haaren pro cm Seite **6**

6 Bl 5zählig, useits filzlos. EndBlchen aus herzfg Grund schwach verkehrteifg, oft mit streckenweise fast geraden u. parallel verlaufenden Rändern, etwas abgesetzt 12–18 mm lg bespitzt, 1–2 mm tief gesägt. BStandsachse mit dünnen, ± geraden, 3–5 mm lg Stacheln. FrKn dicht kurzhaarig. 2,50–4,00 lg. (6–)7. Nemophil, auf mäßig nährstoffreichen, gern frischen Böden; v He: Taunus, z bis s Rh: PfälzerW, Hunsrück, Saarland übriges He (stemp·c2EUR – L7 T5 F5 R6 N5 – ?).

Taunus-B. – ***R. tauni*** SCHNEDLER et GROSSH.

6* Bl alle 5zählig od. teilweise 3–4zählig, useits filzig od. nicht filzig. EndBlchen anders geformt **7**

7 Bl oseits kahl, useits graufilzig u. samtig weich. Schössling dichthaarig, pro 5 cm mit 5–50(–200) Stieldrüsen und 6–10 geraden od. schwach gekrümmten 6–7 mm lg Stacheln. EndBlchen aus gestutztem, selten seicht herzfg Grund schmal verkehrteifg bis angenähert 5eckig, allmählich in eine br 7–15 mm lg Spitze verschmälert, periodisch mit längeren, auswärtsgekrümmten Hauptzähnen gesägt. BStand auffallend schmal pyramidal bis zylindrisch. BStiel meist nur 10 mm lg. KrBl rosarot. Griffel rotfüßig. 2,50–4,00 lg. 7(–8). Thamnophil, auf nährstoffreichen Böden; z Sh: Raum zw. Kiel u. Neumünster, s übriges Sh (f N u. W) Ns: Raum südlich Stade, Wunstorf, NW-Rand des Harzes W-Me: Selmsdorf, Brüel, Necheln, Schwerin (temp·c2EUR – L8 T5 F5 R6 N5 – 28). **Schmalsträußige B.** – ***R. macrothyrsus*** LANGE

7* Bl oseits behaart (1–60 Haare pro cm²). BStand nicht auffallend schmal **8**

8 Schössling wie alle Achsen mit dichter, aschgrauer, mit Filz unterlegter Behaarung u. zahlreichen darin versteckten Stieldrüsen. Bl 3–5zählig od. nur 5zählig, useits dicht schimmernd weichhaarig u. dazu ± filzig. BStiele u. K mit dichten schwarzroten od. dunkelvioletten Stieldrüsen **9**

8* Schössling u. übrige Achsen nicht grauschimmernd behaart. Bl 3–5zählig, mit weniger dichter, doch ebenfalls ± weicher Behaarung, meist ohne Filz. BStiele u. K mit (dunkel)roten Stieldrüsen **10**

9 Schössling stumpfkantig-rundlich, mit 6–7 mm lg Stacheln. Bl 5zählig, oseits mit 20–60 Haaren pro cm². EndBlchen br elliptisch bis etwas verkehrteifg, schlank 15–25 mm lg bespitzt, 1,5–2(–2,5) mm tief gesägt. KrBl rosarot. Griffel rot. 2,50–4,00 lg. 7(–8). Schwach thamnophil, auf nährstoffreichen Lehmböden; v O- u. N-Rh: Rheingebiet, Osteifel, Hunsrück, WesterW, z S-We: Eifel, Bergisches Land, Sauerland He: Taunus, s S-Rh: Hangard übriges He (stemp·c2EUR – L8 T5 F5 R6 N5 – ?).

Dickfilzige B. – ***R. pannosus*** P. J. MÜLL. ex WIRTG.

9* Schössling kantig-flachseitig bis etwas rinnig, mit 3–4(–6) mm lg Stacheln. Bl 4–5zählig, oseits mit 1–5(–20) Haaren pro cm². EndBlchen eifg bis schwach

verkehrteifg, 8–12 mm lg bespitzt, 1–2 mm tief gesägt. KrBl (blass)rosa. Griffel am Grund rosa. 2,50–4,00 lg. 7(–8). Schwach thamnophil, auf mäßig nährstoffreichen, kalkfreien, frischen Lehmböden; z NW-Rh: Westeifel SW-We: Mitteleifel, s We: Kölner Bucht (stemp·c2EUR – L7 T5 F5? R5 N5? – ?).
Klebrige B. – ***R. viscosus*** WEIHE ex LEJ. et COUTOIS

10 (8) EndBlchen 1–2 mm tief gesägt, aus etwas herzfg Grund verkehrteifg bis elliptisch, abgesetzt 5–15 mm lg bespitzt. K zurückgeschlagen. 2,50–4,00 lg. 7(–8). Thamno- u. nemophil, auf mäßig nährstoffreichen, meist kalkfreien Böden; v S-We: Sauerland, z Rh: Bergisches Land (temp·c1-2EUR – L7 T5 F5 R5? N5 – ?). [*R. gravetii* auct. p. p.]
Falsche Schmuck-B. – ***R. adornatoides*** H. E. WEBER

10* EndBlchen 2,5–3(–4) mm tief gesägt. K locker aufgerichtet, abstehend od. zurückgeschlagen 11

11 K zuletzt locker aufgerichtet od. ± abstehend. Bl useits grün, stets ohne Sternhaare. EndBlchen schwach verkehrteifg, oft angedeutet 5eckig. 2,50–4,00 lg. 7(–8). Schwach nemophil, auf mäßig nährstoffarmen, meist frischen Lehmböden; v N-Rh: Eifel, S-We: Eifel, Bergisches Land NW-He: WesterW, Taunus, z Rh: Hunsrück, Nahegebiet, s We: Sauerland, Altenberge He: Taunus (stemp·c2EUR – L8 T5 F5 R4 N4 – ?). **Schmuck-B.** – ***R. adornatus*** P. J. MÜLL. ex WIRTG.

11* K zurückgeschlagen. Bl useits oft sternhaarig bis schwach graugrünfilzig, oft nur wenig weichhaarig. ***R. fuscus*, Tab. M: 7**, S. 90

Tabelle I: Ser. ***Micantes*** SUDRE – **Stachelhöckrige Brombeeren**

(Schössling flach bis mittelhoch bogig, fast gleichstachlig bis mäßig ungleichstachlig, mit wenigen bis ∞ ungleichen Stieldrüsen. BStand mit zerstreuten bis ∞ Stieldrüsen, diese am BStiel teilweise bis 0,5 mm lg od. länger. Übergangsgruppe zw. stieldrüsenarmen u. stieldrüsenreichen Brombeeren)

1 (**Tab. A: 10**, S. 64) Schössling gleichstachlig, ohne Stieldrüsen u. Stachelhöcker, mit meist 0–10 Haaren pro cm Seite. Bl useits durch die auf den Nerven stehenden, gekämmten Haare schimmernd u. samtig weich 2

1* Schössling gleich- od. ungleichstachlig, zumindest mit sehr vereinzelten Stieldrüsen, kleineren Stachelchen od. Stachelhöckern (0,5–>200 pro 5 cm), kahl od. behaart. Bl 3–5zählig, useits fast kahl bis weichhaarig 5

2 Schössling fast aufrecht, kantig-rinnig, mit 0,5–5 Stacheln pro 5 cm. EndBlchen verlängert herzfg, 20–30(–40) mm lg bespitzt, sehr gleichmäßig 1,5–2 mm tief gesägt. BStand traubig. KrBl weiß, vertrocknet haftend. StaubBl nach der Blüte waagerecht ausgebreitet. ***R. allegheniensis*, s. Tab. B: 3**, S. 65

2* Schössling flachbogig, stumpfkantig-rundlich od. flachseitig, mit 8–12 Stacheln pro 5 cm. EndBlchen elliptisch bis verkehrteifg, 10–15 mm lg bespitzt, weniger gleichmäßig gesägt. BStand rispig. KrBl blassrosa bis weiß, verblüht abfallend. StaubBl verblüht zusammenneigend 3

3 Bl überwiegend 3–4zählig. Schössling völlig kahl, mit dünnen, geraden Stacheln. BStandsachse grün, wenig behaart. KrBl weiß. ***R. hypomalacus*, s. Tab. J: 4**, S. 86

3* Bl alle 5zählig. Schössling mit 1–30 Haaren pro cm Seite u. breiteren, oft teilweise ± gekrümmten Stacheln. KrBl blassrosa bis weiß 4

4 Staubbeutel kahl. Bl useits von auf den Nerven stehenden, schimmernden Haaren samtig weich. EndBlchen stark periodisch mit auswärtsgekrümmten Hauptzähnen 2–3 mm tief gesägt. ***R. umbrosus*, s. Tab. H: 1**, S. 81

4* Staubbeutel behaart (Lupe!). Bl useits oft nur wenig fühlbar behaart, nicht schimmernd weichhaarig. EndBlchen fast gleichmäßig 1,5–2,5 mm tief gesägt.
***R. lasiandrus*, s. Tab. E: 6**, S. 77

5 (1) KrBl u. StaubBl intensiv rosa bis rosarot 6

5* KrBl u. StaubBl weiß od. sehr schwach rosa 8

6 Schössling mit 10–70 Büschelhaaren pro cm Seite. Bl useits grau- bis grauweißfilzig. ***R. conspicuus***, s. **Tab. H: 3***, S. 81

6* Schössling mit 0–2 Haaren pro cm Seite. Bl useits filzlos grün 7

7 (s. auch **Tab. H: 5**, S. 82) Schössling schwarzrot, mit 10–30 Stachelchen, Stachelhöckern, (drüsigen) Borsten u. Stieldrüsen pro 5 cm. Bl meist od. alle 3–4zählig, useits etwas schimmernd weichhaarig. EndBlchen verkehrteifg, deutlich über der Mitte am breitesten, 3–6(–10) mm lg bespitzt, fast gleichmäßig gesägt. Staubbeutel kahl. Griffel (am Grund) rosa(rot). 2,50–4,00 lg. 7(–8). Thamno- u. nemophil, auf basenarmen, mäßig nährstoffreichen Böden; z N-Rh: Eifel, WesterW S-We: Rheinisches Schieferg, s N-We: Baumberge, Blomberg He S-Ns: Friedrichshagen bei Hameln (stemp·c2EUR – L8 T5 F5 R6 N5 – ?). **Schwarzholzige B.** – ***R. melanoxylon*** P. J. MÜLL. et WIRTG.

7* Schössling braun, mit 0,5–10 Stieldrüsen pro 5 cm. Bl meist od. alle 5zählig, useits nicht weichhaarig. EndBlchen br verkehrteifg bis elliptisch, 7–12 mm lg bespitzt, periodisch mit auswärtsgekrümmten Hauptzähnen gesägt. Staubbeutel (oft dicht) behaart. Griffel weißlichgrün. ***R. glandithyrsos***, s. **Tab. J: 2**, S. 85

8 **(5)** Staubbeutel behaart (Lupe!). Bl useits grün, ohne Sternhaare, nicht fühlbar behaart. KrBl schmal elliptisch 9

8* Staubbeutel kahl. Bl useits grün bis grau, mit od. ohne Sternhaare, nicht fühlbar bis weich behaart. KrBl br verkehrteifg 10

9 (s. auch **Tab. F: 4***, S. 79) StaubBl ± so hoch wie die Griffel, Schössling mit meist 5–20 Stieldrüsen pro 5 cm u. dünnen, stark geneigten, 4–5,5 mm lg Stacheln. Bl fast alle 3zählig. EndBlchen br herzfg, auch SeitenBlchen am Grund herzfg. BStand oberwärts büschlig-dichtblütig. KrBl weiß. 2,50–3,50 lg. 6–7. Nemophil, auf mäßig nährstoffreichen, meist kalkfreien Böden; disjunkt: v O-Th, z S-Rh: PfälzerW, Saarland, s Ba: Krumbach, Sand am Main SW-We: Bergisches Land He: Frankfurt S-An: Zeitz N-An: Sandbeiendorf SO-Me: Neustrelitz, verschleppt? (stemp·c1-3EUR – L7 T5 F5 R 5 N5 – ?). **Gedrängtblütige B.** – ***R. condensatus*** P. J. MÜLL.

9* StaubBl die Griffel überragend, Schössling mit 0–2 Stieldrüsen pro 5 cm u. mit breiteren, 5–6 mm lg Stacheln. Bl überwiegend od. alle 5zählig. EndBlchen aus abgerundetem od. schwach herzfg Grund verkehrteifg bis elliptisch, SeitenBlchen am Grund abgerundet. BStand oberwärts nicht auffallend dichtblütig. KrBl blassrosa bis weiß. 2,50–4,00 lg. 6–7. Thamno- u. nemophil, auf mittleren, meist kalkarmen Böden; g SO-Sh: Trittau, Schwarzenbeck, Büchen, Gudow, Breitenfelde, z We: westlichstes Westfalen, s NO-We: Porta Westfalica NO-Ns: Egestorf, Garlstorf S-Sh: Lübeck, Kisdorf, Hamburg W-Me: mehrfach bei Crivitz (stemp·c1-2EUR – L7 T5 F5 R 5 N5 – ?). [*R. conothyrsos* FOCKE]. **Kegelstrauß-B.** – ***R. siekensis*** BANNING ex G. BRAUN

10 **(8)** Bl useits filzlos grün, ohne Sternhaare, schimmernd weichhaarig 11

10* Bl (zumindest die oberen im BStand) useits durch Sternhaare grüngrau- bis graufilzig, weichhaarig od. nicht fühlbar behaart 12

11 Schössling grün od. schwach rötlich, mit 0–3(–5) Härchen pro cm Seite u. 0–5(–10) Stieldrüsen od. deren Stümpfen pro 5 cm. Bl (3–)5zählig. EndBlchen kurz gestielt (20–25 % der Spreite), aus br herzfg Grund br elliptisch bis (verkehrt)eifg, fast gleichmäßig bis 2 mm tief kerbzähnig gesägt, lebend meist konvex. BStiele angedrückt kurzhaarig u. dazu nur locker länger behaart, mit 2(–10) bis 0,7–1,0 mm lg Drüsenborsten. KrBl weiß. 2,50–4,00 lg. 7–8. Thamno- u. nemophil, auf mäßig nährstoffreichen, kalkfreien Böden; z O-Sa, s O-Ba: OberpfälzerW, BayrW, Regensburg, Coburg, Rhön Th: Mörsdorf, Suhl S-Sa: Erzg bei Wiesenbad (stemp/(mo)·c3EUR – L8 T4 F5 R4 N4 – 28). **Frischgrüne B.** – ***R. chaerophyllus*** SAGORSKI et W. SCHULTZE

11* Schössling dunkelweinrot, mit (10–)15–40 bis 1,5 mm lg Haaren pro cm Seite u. außer den größeren Stacheln mit 5–200 Stachelchen, Stachelhöckern, Drüsenborsten u. Stieldrüsen pro 5 cm. EndBlchen mäßig kurz gestielt (27–35 % der Spreite), aus schwach herzfg Grund verkehrteifg bis elliptisch, grob periodisch mit

längeren Hauptzähnen 3–4 mm tief gesägt, nicht konvex. BStiele mit >20 bis zu 2 mm lg Drüsenborsten u. Stieldrüsen. KrBl weiß (selten etwas rosa angehaucht). 2,50–4,00 lg. 7–8. Nemophil, auf nährstoffreicheren, doch kalkarmen Böden; z S-Th O- u. M-Sa, s O-Ba: Fichtelg (stemp/(mo)·c3EUR – L7 T4? F5 R5 N4? – 28).
Hofmann-B. – ***R. acanthodes*** H. HOFM.

12 **(10)** Schössling (fast) kahl, im Sommer grünlich od. wenig rötlich, mit sich deutlich davon abhebenden roten Kanten, Stachel(base)n, Stachelhöckern u. Drüsenborsten (Unterschiede im Herbst ± verwischt). Größere Stacheln bis 5–8 mm lg. Bl oseits mit 0–0,5 Haaren pro cm², useits (etwas schimmernd) weichhaarig **13**

12* Schössling mit nicht od. wenig unterschiedlich gefärbten Kanten u. Stachelbasen. Bl oseits kahl bis vielhaarig, useits filzlos od. filzig, nicht weichhaarig **14**

13 Schössling mit geraden, schlanken, bis 7–8 mm lg Stacheln. EndBlchen mäßig lg gestielt (38–47 % der Spreite), (br) verkehrteifg bis rundlich, 2–3(–4) mm tief gesägt. Größere Stacheln der BStandsachse zu 10–20 pro 5 cm, bis 7–8 mm lg. BStiele meist 5–10 mm lg. KrBl weiß bis blassrosa. 2,50–4,00 lg. 7(–8). Thamnophil, auf nährstoffreichen, gern kalkhaltigen Böden; z Rh: Mittelrhein We, s O-Ba: Teugn He: Taunus SW-Ns (temp·c1-2 EUR – L8 T5 F5 R7 N5 – ?).
Raspelartige B. – ***R. raduloides*** (W. M. ROGERS) SUDRE

Anm.: Ähnlich ist die **Klimmek-B.** – ***R. klimmekianus*** MATZKE-HAJEK, doch Schössling behaart (20–50 Haare pro cm Seite), KrBl rosa; z S-We: Bergisches Land, Bonn, s NO- Rh: WesterW, Sieggebiet He: Marburg.

13* Schössling mit teilweise etwas gekrümmten, breiteren, bis 5–6 mm lg Stacheln. EndBlchen kürzer gestielt (30–35 % der Spreite), schmal verkehrteifg. Größere Stacheln der BStandsachse etwa zu 2–5 pro 5 cm, gekrümmt, bis 5–6 mm lg. BStiele meist 15–25 mm lg. KrBl blassrosa. 2,50–4,00 lg. 7–8. Thamnophil, auf nährstoffreicheren, auch kalkhaltigen Böden; s Rh: Wolfstein †, NW-Ns: Heinbockel O-Sh: NO-Holstein, Angeln (temp·c1-2EUR – L8 T6 F5 R6 N5 – 28).
Schimmernde B. – ***R. micans*** GODR.

14 **(12)** Bl 5zählig. EndBlchen elliptisch bis etwas (verkehrt)eifg, abgesetzt 10–15 mm lg bespitzt, mit etwas scharfen Zähnen 2–3 mm tief gesägt. Schössling mit (2–)10–30 Haaren pro cm Seite u. br, bis 5–6 mm lg Stacheln. BStiele mit bis 2–2,5(–3) mm lg Stacheln u. ∞ blassen Stieldrüsen. KrBl blassrosa. 2,50–4,00 lg. (6–)7(–8). Schwach thamnophil, auf nährstoffreicheren Böden; z Ba (stemp/(mo)·c3EUR – L7 T5 F5 R5 N5 – 28). **Caflisch-B.** – ***R. caflischii*** FOCKE

14* Bl meist od. alle 3zählig. EndBlchen br (verkehrt)eifg od. rundlich, kaum abgesetzt 3–8 mm lg bespitzt, mit br Zähnen 1–2 mm tief gesägt. Schössling kahl, mit bis 4–5 mm lg Stacheln. BStiele mit bis 0,5–1,5(–2) mm lg Stacheln u. ∞ meist roten Stieldrüsen. KrBl blassrosa. 2,50–3,00 lg. 7(–8). Thamno- u. nemophil, auf mäßig nährstoffreichen Böden; z Ba (f NW) (stemp/(mo)·c3EUR – L8 T5 F5 R? N5 – 28).
Zarte B. – ***R. thelybatos*** FOCKE ex CAFLISCH

Tabelle J: Ser. ***Mucronati*** (FOCKE) H. E. WEBER – **Pickelhaubenbrombeeren**

(Bl mit oft rundlichen, aufgesetzt bespitzten Blchen. BStand mit zerstreuten bis ∞ 0,5–1,5(–2) mm lg Stieldrüsen. Schössling ähnlich wie bei Ser. *Micantes*)

1 **(Tab. A: 10***, S. 64) Staubbeutel (dicht) behaart (Lupe!). Schössling kahl od. behaart **2**

1* Staubbeutel kahl. Schössling (fast) kahl **4**

2 **(1, Tab. I: 7***, S. 84) KrBl u. StaubBl lebhaft rosarot. Schössling (fast) kahl, dunkelrotbraun, fast ohne Drüsenborsten u. Stachelhöcker. Bl überwiegend od. alle 5zählig, oseits mit 0–1(–10) Haaren pro cm², useits nicht fühlbar bis fühlbar behaart. EndBlchen aus herzfg Grund (br) verkehrteifg bis elliptisch, mit ent-

fernten Zähnen seicht 1,5–2(–2,5) mm tief gesägt, mit kaum ausgeprägter „Pickelhaubenspitze". NebenBl schmal lanzettlich, 1–1,5 mm br. 2,50–4,00 lg. 7–8. Thamno- u. nemophil, auf wenig nährstoffreichen, kalkfreien, gern etwas frischen Böden; z NW-We SW-Ns: Osnabrück M-Sh: um Neumünster, s We (f SW) Ns (f NO) Sh (außer M) (temp·c2EUR – L8 T5 F6 R4 N5 – 28). [*R. badius* Focke]
Drüsensträußige B. – ***R. glandithyrsos*** G. Braun

2* KrBl u. StaubBl weiß od. blassrosa. Schössling mit (5–)15–30(–60) Haaren pro cm Seite u. ∞ 0,5–2 mm lg, anfangs drüsigen Borsten. Bl 3–5zählig, useits nicht fühlbar behaart. EndBlchen br verkehrteifg bis kreisrund, 1–1,5 mm tief gesägt, mit pickelhaubenartig aufgesetzter Spitze. NebenBl schmal (etwa 0,5 mm br) linealisch 3

3 Schössling pro 5 cm mit 6–12 schlanken, (fast) geraden Stacheln. Bl dünn, überwiegend od. alle 5zählig, oseits mit 10–30 Haaren pro cm². EndBlchen mit dünner, 10–15 mm lg Spitze, oft etwas konvex. BStandsachse pro 5 cm mit 2–5 größeren, pfriemlichen, fast geraden, 4–6 mm lg Stacheln. BStiele mit (0–)1–3 nadligen, fast geraden Stacheln. FrKn behaart. 2,50–4,00 lg. 7–8. Schwach thamnophil, auf mäßig nährstoffreichen Böden in luft- u. regenfeuchten Lagen; v westliches M-Sh, z W- u. N-Sh (f NW), s We: Ebbeg NO-Ns SO-Sh, auch (N) aus holsteinischen Baumschulen verschleppt: s Ba We He Br Ns: Küstenkanal (ntemp·c1-2EUR, (N) stempEUR – L8 T5 F5 R4 N4 – 28). **Pickelhauben-B.** – ***R. mucronulatus*** Boreau

Anm.: Sehr ähnlich ist die **Rinder-B.** – ***R. bovinus*** A. Beek et H. E. Weber, doch Schössling kahler, fast ohne Stieldrüsen, EndBlchen nicht rundlich, BStand fast stieldrüsenlos; s NW-We: Greven, Burgsteinfurt.

3* Schössling pro 5 cm mit 12–15 br, teilweise etwas gekrümmten Stacheln. Bl etwas ledrig, überwiegend od. alle 3–4zählig. EndBlchen mit mäßig schlanker, 5–12 mm lg Spitze, nicht konvex. BStandsachse pro 5 cm mit 8–12 br, etwas krummen Stacheln. BStiele mit (5–)10–18 etwas gekrümmten Stacheln. FrKn kahl. 2,50–4,00 lg. 7–8. Schwach thamnophil, auf nährstoffreichen Böden; v NW-Sh: Angeln, s Ns: Wieheng NO-Me: Usedom W-Sh (ntemp·c1-2EUR – L8 T5 F5 R6 N5 – 28).
Drejer-B. – ***R. drejeri*** G. Jensen ex Lange

4 (**1, Tab. I: 3**, S. 83) Schössling ohne Stieldrüsen u. Borsten, pro 5 cm mit 8–12 dünnen, geneigten, geraden, 5–7 mm lg Stacheln. Bl überwiegend 3–4zählig, useits von auf den Nerven stehenden Haaren schimmernd u. samtig weich. EndBlchen kurz gestielt (20–30 % der Spreite) verkehrteifg bis elliptisch, mit br, zum Grund hin nur wenigen Zähnen, seicht u. geschweift 1,5–2(–2,5) mm tief gesägt. NebenBl 1–1,5 mm schmal lanzettlich. BStandsachse locker behaart, ohne od. mit wenigen Stieldrüsen, mit 2–5 nadligen, geraden Stacheln pro 5 cm. KrBl weiß. 2,50–4,00 lg. 7–8. Schwach thamnophil, auf mäßig nährstoffreichen, kalkfreien Böden; z NO-We: Weser- u. Wieheng Th: nördlicher Th-W O-Ns SW-Me Sh (f NW u. SW), s N-Ba M-We He NO-Th: Oldisleben W-Sa: Oelsnitz/V. N-An M-Ns (temp·c1-3EUR – L8 T5 F5 R4 N4? – 28). **Samtblättrige B.** – ***R. hypomalacus*** Focke

4* Schössling neben den größeren Stacheln zumindest mit vereinzelten Stieldrüsen, Stachelchen u. Borsten. Bl überwiegend 4–5zählig, useits nicht schimmernd weichhaarig. BStandsachse mit vielen Stieldrüsen 5

5 Schössling pro 5 cm mit 3–6 größeren, fast gerade abstehenden Stacheln u. mit zerstreuten Stieldrüsen od. deren Stümpfen. EndBlchen verkehrteifg bis rundlich, fast gleichmäßig 1(–1,5) mm tief gesägt. BStand br, doch nicht auffallend sparrig. Bl meist 5–10 cm unter der Spitze beginnend. 2,50–3,50 lg. 7–8. Thamno- u. nemophil, auf mittleren, kalkfreien Böden; v NW-Me SO-Sh: Raum Mölln bis Schaalsee, z O-Sh, s N-We: Wieheng u. nördlich davon NW-An: Hoyersburg, Mellin Ns: Hunteburg, Ströhen, Schweimke M- u. O-Me W-Sh (f NW u. SW) (ntemp·c2EUR – L8 T5 F5 R5 N5 – 28). **Kahlmännige B.** – ***R. atrichantherus*** E. H. L. Krause

5* Schössling pro 5 cm mit 5–12 stärker geneigten Stacheln u. >25 Stieldrüsen, Drüsenborsten u. Stachelchen. EndBlchen verkehrteifg, nicht rundlich, periodisch 2–3 mm tief gesägt. BStand bei optimaler Entwicklung mit waagerecht abgespreizten Ästen extrem sparrig. Bl (10–)15–25(–30) cm unter der Spitze beginnend. 2,50–3,50 lg. 7–8. Schwach thamnophil, auf nährstoffreicheren, kalkfreien Böden; v O-Ns: Raum Uelzen – Celle, z NW-An: Raum Salzwedel W-Sh: mittlerer Teil, s We: Anholt, Ilvese M-An: Badetz O-Ns (f S) (temp·c2EUR – L8 T5 F5 R5 N5 – ?). **Hochzeits-B.** – ***R. nuptialis*** H. E. WEBER

Tabelle K: Ser. ***Anisacanthi*** H. E. WEBER – **Verschiedenstachlige Brombeeren**

(Schössling abschnittsweise fast gleichstachlig u. [fast] stieldrüsenlos od. stark ungleichstachlig u. mit Stachelhöckern u. Stieldrüsen. Gelegentlich kommen an derselben Pfl auch ± durchgehend gleichstachlige u. ungleichstachlige Schösslinge vor)

1 **(Tab. A: 8*, S. 64)** Schössling [fast] kahl, kantig, flachseitig bis rinnig, mit auffallend rotfüßigen, br, meist gekrümmten, bis 7–9 mm lg Stacheln. Bl 4–5zählig, oseits mit 10–30 Haaren pro cm², useits meist etwas graufilzig. EndBlchen verkehrteifg, 1,5–3 mm tief gesägt. BStandsachse mit br, teilweise fast hakig gekrümmten Stacheln. Stiele mit bis 0,5–0,7 mm lg Stieldrüsen. FrKn dicht behaart. 2,50–4,00 lg. 7–8. Thamno- u. nemophil, auf nährstoffärmeren bis reichen, auch kalkhaltigen Böden; v NO-We: Weserbergland S-Ns: Solling, Harzrand, z SW-Ns bis Raum Osnabrück, s N-Rh: WesterW NW-He W-Th: Eisenach W-An: Harzrand SW- u. NO-Ns (temp·c1-2EUR – L8 T4 F5 RX N5 – 28). **Feindliche B.** – ***R. infestus*** WEIHE

1* Schössling mit 5–40 Haaren pro cm Seite, nicht rinnig, mit gelblichen od. unauffällig gefärbten, 5–7 mm lg Stacheln. Bl oseits mit 0–15(–20) Haaren pro cm². BStandsachse mit weniger gekrümmten, nicht hakigen Stacheln **2**

2 Bl useits filzlos grün, ohne Sternhaare, oseits mit 0(–5) Haaren pro cm². EndBlchen aus br abgerundetem bis geradem Grund br elliptisch bis verkehrteifg od. fast rundlich, mit abgesetzt scharfspitzigen Zähnen. Schössling weinrot überlaufen, mit am Grund stark verbreiterten, ungleich lg Stacheln, Stachelhöckern u. Stieldrüsen, 2,50–4,00 lg. 7(–8). Nemophil, auf nährstoffreicheren Böden; z Bw: N-SchwarzW, Neckargebiet Rh: PfälzerW He: OdenW, s Ba: Spessart Rh: Hunsrück, Saarland SW-Th: Liebengrün, Reichenbach, Kleinschwanda (stemp/(mo)·c2EUR – L7 T4 F5 R5 N4? – ?). **Falsche Feindliche B.** – ***R. pseudoinfestus*** H. E. WEBER

Anm.: Ähnlich ist die **Spaltblütige B.** – ***R. fissipetalus*** P. J. MÜLL., doch Bl useits ± graugrün- bis weißfilzig, oseits mit 35–60 Haaren pro cm²; z Rh: PfälzerW, südl. Oberrheintal, s Bw: Karlsruhe.

2* Bl useits durch Sternhaare schwach graugrün- bis graufilzig, oseits mit 2–>30 Haaren pro cm². EndBlchen am Grund herzfg od. abgerundet. Schösslingsstacheln am Grund schwach verbreitert **3**

3 Bl 4–5zählig. EndBlchen aus herzfg Grund br verkehrteifg bis fast kreisrund, etwas abgesetzt 5–10(–15) mm lg bespitzt, mit etwas rundlichen Zähnen 2–3 mm tief gesägt. BStandsachse mit meist deutlich gekrümmten, bis 5–6 mm lg Stacheln. KrBl u. StaubBl weiß. 2,50–3,50 lg. 7–8. Schwach thamnophil, auf mäßig nährstoffreichen Böden; z NO-Ns grenznahes SW-Me, s O-Ns: südlich bis Harz SO-Sh: zwischen Lübeck u. Lauenburg (temp·c1-2EUR – L8 T5 F5 R5 N5 –?). **Verschiedenbestachelte B.** – ***R. anisacanthos*** G. BRAUN

3* Bl (fast) alle 5zählig. EndBlchen aus schwach herzfg Grund schmal verkehrteifg, schwach abgesetzt 12–15 mm lg bespitzt, mit mäßig scharfen Zähnen 1,5–2,5 mm tief gesägt. BStandsachse mit meist fast geraden, bis 6–7 mm lg Stacheln. KrBl u. StaubBl blassrosa. 2,50–4,00 lg. (6–)7. Thamno- u. nemophil, auf mäßig nährstoffreichen, meist kalkfreien Böden; v SW-Ns: Osnabrück bis Niederhasegebiet,

s N-We: N-Westfalen W-Ns: mittlerer Teil (temp·c2EUR – L8 T5 F5 R3 N5 – 28).
Kegelstraußartige B. – ***R. conothyrsoides*** H. E. Weber

Tabelle L: Ser. ***Radula*** Focke – **Raspelbrombeeren**

(Schössling flachbogig, durch kurze, gleichartige Stieldrüsen[-höcker] meist raspelartig rau, dazu mit fast gleichfg größeren Stacheln. Zwischen Stieldrüsen u. Stacheln keine od. nur wenige Übergänge durch kleinere Stacheln od. [Drüsen-]Borsten. Bl useits graugrün bis weißgrau filzig)

1 (**Tab. A: 12**, S. 64) Bl überwiegend 4–5zählig, useits fühlbar behaart. Griffel weißlichgrün **2**

1* Bl überwiegend od. alle 3zählig, useits nicht fühlbar behaart. Griffel am Grund rosa. ***R. flexuosus***, s. **Tab. M: 12** S. 91

2 BStiele nur mit ± angedrückter, filzig-wirrer Behaarung, die von den 0,3–0,7 mm lg Stieldrüsen überragt wird. Schössling kantig-rinnig od. stumpfkantig-rundlich, kahl od. behaart **3**

2* BStiele neben der kurzen filzig-wirren Behaarung auch mit (einigen) längeren Haaren, die über die 0,1–0,3(–0,5) mm lg Stieldrüsen hinausragen. Schössling meist kantig-flachseitig bis rinnig, behaart **7**

3 Bl oseits völlig kahl. EndBlchen mit deutlich auswärtsgekrümmten Hauptzähnen 2–3 mm tief gesägt. BStandsachse mit (fast) geraden od. deutlich gekrümmten Stacheln **4**

3* Bl oseits zumindest mit vereinzelten Härchen. EndBlchen mit geraden od. schwach auswärtsgekrümmten Hauptzähnen 1–3 mm tief gesägt. BStandsachse mit fast geraden bis leicht gekrümmten Stacheln **5**

4 Schössling kahl, mit meist geraden, 4–6(–7) mm lg Stacheln. EndBlchen aus abgerundetem od. keilfg Grund elliptisch bis etwas verkehrteifg. BStand sparrig, seine Achse mit geraden od. leicht gekrümmten, 3–4 mm lg Stacheln. BStiele meist 15–20(–30) mm lg, mit dichtgedrängten, gleichartigen, 0,1–0,3 mm lg, rotköpfigen Stieldrüsen. K nach der Blüte abstehend od. etwas aufgerichtet. KrBl blassrosa, 7–9 mm lg. 2,50–4,00 lg. 7–8. Schwach nemophil, auf nährstoffreichen, auch etwas stickstoffbeeinflussten u. kalkhaltigen Böden; g O-We (mit Ausnahme der Sandgebiete) S-Ns: Bergland ohne Harz, v Rh O-We He W-Me: bis Rostock O-Sh: nördlich bis Kiel, z SW-We Th (f M) W-An NO-Ns, s Ba M-Sa O-An Br N-Ns (f NW) S- u. N-Me M- u. N-Sh (f NW) (temp/demo·c1-3EUR – L8 T5 F5 R6 N6 – 28).
Raue B. – ***R. rudis*** Weihe

4* Schössling mit 3–20 Büschelhaaren pro cm Seite u. gekrümmten, 5–7(–8) mm lg Stacheln. EndBlchen aus herzfg Grund eifg bis verkehrteifg. BStand nicht sparrig, seine Achse mit meist deutlich krummen, 5–6 mm lg Stacheln. BStiele meist 10–15 mm lg, mit oft auch blasseren Stieldrüsen (ausnahmsweise von einzelnen Haaren überragt). K zurückgeschlagen. KrBl ± weiß, 10–13 mm lg. 2,50–4,00 lg. 7–8. Thamno- u. nemophil, auf ± nährstoffreichen, auch kalkhaltigen Böden; v O-Ba, z M-Ba, s W-Ba (f NW) (stemp/(mo)·c3EUR – L7 T5 F5 R6? N5 – 28).
Kahlstirnige B. – ***R. epipsilos*** Focke

5 **(3)** Schössling mit 6–7 mm lg Stacheln. Bl fußfg 4–5zählig, untere SeitenBlchen 1–6(–8) mm oberhalb des Grundes der mittleren SeitenBlchen entspringend. EndBlchen verkehrteifg bis angedeutet 5eckig, mit wenig abgesetzter, 10–15 mm lg Spitze, fein bis grob periodisch 1–3(–4) mm tief gesägt. 2,50–4,00 lg. 7(–8). Thamnophil, Ökologie wenig bekannt; z SW-Ba: Allgäu, Oberschwaben, s Bw: S-SchwarzW (stemp/(mo)·c3EUR – L8 T5? F5 R6? N5? – ?). **Dörr-B.** – ***R. doerrii*** H. E. Weber

5* Schössling mit 3–6 mm lg Stacheln. EndBlchen mit viel kürzerer od. längerer Spitze **6**

6 Schössling mit 10–30 Haaren pro cm Seite u. 3–4 mm lg Stacheln. Bl klein (meist <15 cm lg), (3–)4–5zählig. EndBlchen fast kreisrund, seltener br verkehrteifg, mit br, kaum abgesetzter, nur 5(–8) mm lg Spitze, mit rundlichen, aufgesetzt bespitzten Zähnen u. fast geraden Hauptzähnen nur 1–2 mm tief gesägt. BStiele mit 0–5 etwa 1,5–2 mm lg Stacheln u. gleichartigen 0,2–0,3(–0,5) mm lg Stieldrüsen. FrKn (fast) kahl. 2,50–3,50 lg. 6–7. Thamno- u. nemophil, auf nährstoffreichen Böden; v SO-Ba: bes. Chiemgau, s übriges S-Ba u. Altmühltal (stemp/(mo)·c3EUR – L7 T5 F5 R6 N5 – 28). **Salzburger B.** – ***R. salisburgensis*** FOCKE ex CAFLISCH

6* Schössling mit 0,5–20(–30) Haaren pro cm Seite u. (4–)5,5–6 mm lg Stacheln. Bl größer (meist >15 cm lg), (3–)5zählig. EndBlchen verkehrteifg od. elliptisch, mit dünner, (10–)15–22 mm lg Spitze. BStandsachse mit 5–6 mm lg Stacheln. BStiele mit 7–12, nur 1–1,5 mm lg Stacheln u. ungleichen 0,2–0,7(–1) mm lg Stieldrüsen. FrKn an der Spitze dicht behaart. 2,50–4,00 lg. (6–)7. Thamnophil, auf nährstoffreichen Böden; z SO-Ba, s NO-Ba: BayrW, BöhmerW u. Eichstätt (stemp/mo·c3EUR – 28). **Chiemgauer B.** – ***R. indusiatus*** FOCKE

7 **(2)** Schössling mit (2–)5–10 Haaren pro cm Seite u. 6–9(–10) mm lg Stacheln. Bl oseits völlig kahl. EndBlchen mit 10–20 mm lg Spitze, mit deutlich auswärts gebogenen Hauptzähnen 2–3 mm tief gesägt. BStand schmal kegelfg, ab (2–)5–6(–12) cm unterhalb der Spitze beblättert, Achse mit 7–8 mm lg Stacheln. BStiele meist 10–15 mm lg, mit 3–4 mm lg Stacheln. KrBl blassrosa bis fast weiß. 2,50–4,00 lg. 7–8. Thamnophil, auf nährstoffreichen, gern auch kalkhaltigen Böden; g O-Sh W-Me, v He Th (s M u. Th-W) SO- u. NO-Ns O-Me, z Ba O-We SO-Sa An Br M-Ns: mit Osnabrücker Hügelland, s Bw Rh SW-We N-Sa W-Ns: Tiefland W-Sh (sm/mo-temp-(b)·c2-3EUR – L8 T5 F5 R6 N5 – 28). **Raspel-B.** – ***R. radula*** WEIHE

Anm.: Ähnlich ist die **Robert-B.** – ***R. roberti*** MATZKE-HAJEK [*R. fimbriifolius* auct. non P. J. MÜLL. et WIRTG.], doch Bl oseits etwas behaart, EndBlchen grob periodisch mit längeren, auswärtsgekrümmten Hauptzähnen 3–5 mm tief gesägt; z Rh: Eifel, WesterW, s He: Vortaunus.

7* Schössling mit (10–)20–60 Haaren pro cm Seite. Bl oseits vielhaarig. EndBlchen mit 7–12(–15) mm lg Spitze, mit schwach auswärtsgekrümmten Zähnen 2–4 mm tief gesägt. BStand sehr br u. umfangreich, Bl (10–)12–30 cm unterhalb der Spitze beginnend, Achse mit 2–3(–3,5) mm lg Stacheln. BStiele meist 15–30 mm lg, mit 1–1,5 mm lg Stacheln. KrBl weiß. 2,50–4,00 lg. 6–7. Thamnophil, etwas wärmeliebend, auf nährstoffreichen Böden; z bis s Rh: PfälzerW, s NW-Bw (stemp/demo·c2EUR – L8 T6 F5 R6 N5 – ?). **Großrispige B.** – ***R. macrostachys*** P. J. MÜLL.

Tabelle M: Ser. ***Pallidi*** W. C. R. WATSON – **Filzlose Raspelbrombeeren**

(Wie die vorige Ser. *Radula*, doch Bl useits ± grün, ohne Filz)

1 **(Tab. A: 12*,** S. 89) Staubbeutel alle behaart (Lupe!). KrBl rosa. Griffel zumindest am Grund rosa. EndBlchen 1–2 mm tief gesägt **2**

1* Staubbeutel kahl (ausnahmsweise einzelne mit einem Härchen). KrBl rosa od. weiß. Griffel grünlich od. (am Grund) rosa. EndBlchen 1–4 mm tief gesägt **3**

2 Schössling dichthaarig (50–>100 Haare pro cm Seite), mit 3,5–4 mm lg Stacheln. Bl (3–)4–5zählig, oseits mit 50–150 Haaren pro cm², useits nicht fühlbar bis weich behaart. EndBlchen aus herzfg Grund (br) verkehrteifg bis elliptisch. 2,50–4,00 lg. 6–7. Nemophil, auf mäßig nährstoffreichen, lehmigen Böden; z Rh: PfälzerW He: Taunus, Untermainebene, s Rh: Oberrheinebene (stemp/demo·c2EUR – L7 T5 F5 R5 N5 – ?). **Walter-B.** – ***R. walteri*** H. E. WEBER et H. GROSSH.

2* Schössling mit 5–15 Haaren pro cm Seite, mit 5–6 mm lg Stacheln. Bl (4–)5zählig, oseits mit 10–25 Haaren pro cm², useits durch auf den Nerven stehende, schimmernde Haare weichhaarig. EndBlchen aus br abgerundetem od. seicht herzfg Grund br verkehrteifg bis rundlich. 2,50–4,00 lg. 6–7. Schwach nemophil, auf kalkfreien Sandsteinböden; z N-He: südwärts bis zum BurgW SO-Ns: vom Solling südwärts (temp/demo·c2EUR – L7 T5 F5 R4 N5 – ?). **Pott-B.** – ***R. pottianus*** H. E. WEBER

3 **(1)** KrBl lebhaft rosa. Griffel am Grund (meist) rosa 4

3* KrBl weiß bis etwas blassrosa. Griffel am Grund (grün-)weißlich od. rosa 8

4 Schössling fast kahl. Bl (3–)5zählig, oseits mit 20–50 Haaren pro cm², useits fühlbar bis weich behaart. EndBlchen elliptisch bis verkehrteifg, mit entfernten Zähnen gleichmäßig nur 1,5 mm tief gesägt. BStiel u. K mit meist die Behaarung überragenden, dichten dunkelroten Stieldrüsen. 2,50–4,00 lg. 6–7. Schwach nemophil, auf etwas reicheren, frischen Lehmböden in koll. bis submont. Lage; g Rh: Hunsrück, v Rh: PfälzerW, Saarland, s Rh: W-Eifel He: Taunus (temp/demo·c2EUR – L7 T4 F5 R5 N5 – ?). **Weitzähnige B.** – ***R. macrodontus*** P. J. MÜLL.

4* Schössling deutlich behaart (20–100 Haare pro cm Seite) 5

5 EndBlchen sehr br ± elliptisch, zuletzt meist kreisrund 6

5* EndBlchen elliptisch od. (verkehrt)eifg, nie kreisrund 7

6 Bl (fast) alle 5zählig, useits grün, mit wenigen, nicht fühlbaren Haaren. EndBlchen 2,5–3 mm tief gesägt, mit 12–15 mm lg Spitze. BStiele mit 7–15 Stacheln. 2,50–4,00 lg. 6–7. Thamno- u. nemophil, auf mäßig nährstoffreichen Böden; v Rh: PfälzerW He (f N), z N-Ba Bw: N-SchwarzW, OdenW Rh: Hunsrück, Saarland, s S-Th (stemp/(mo)·c2-3EUR – L7 T5 F5 R6 N5 – 28). **Schnedler-B.** – ***R. schnedleri*** H. E. WEBER

6* Bl 3–5zählig, useits graugrün, von dichten Haaren etwas weich behaart u. dazu meist sternhaarig. EndBlchen 1–2 mm tief gesägt, mit 5–9 mm lg Spitze. BStiele mit 3–7 Stacheln. 2,50–4,00 lg. 6–7. Schwach nemophil, auf mäßig nährstoffarmen Lehmböden; g Rh: Nahegebiet, z Rh Hunsrück, N-PfälzerW, Saarland, s NO-Ba Bw: Karlsruhe He (stemp/(mo)·c2-3EUR – L8 T5 F5 R6 N5 – ?). **Verkleidete B.** – ***R. transvestitus*** MATZKE-HAJEK

7 **(5, Tab. H: 11*,** S. 83) Bl 3–5zählig, useits kaum fühlbar bis fühlbar behaart. EndBlchen verkehrteifg, periodisch mit teilweise etwas auswärtsgekrümmten Hauptzähnen gesägt, allmählich bespitzt. BStiele u. K mit meist in der Behaarung versteckten ± rötlichen Stieldrüsen. FrKn kahl. 2,50–4,00 lg. 6–7(–8). Thamno- u. nemophil, auf meist nährstoffreicheren Böden; z We: Sauerland, Weserbergland SO-Ns: Weserbergland, s We: Tiefland O-Ns: außerhalb Weserbergland (zweifelhafte Formen in O-Sh) (temp/demo·c2EUR – L8 T4 F5 R4 N5 – ?). **Braune B.** – ***R. fuscus*** WEIHE

Anm.: Verwechslungsmöglichkeit mit der **Schmuck-B.** – ***R. adornatus*** **Tab. H: 11,** S. 83, doch deren Bl useits ± weichhaarig. EndBlchen schwach verkehrteifg bis rundlich, lebend vorn etwas kleinwellig.

7* Bl (fast) alle 5-zählig, useits schwach fühlbar behaart. EndBlchen verkehrteifg od. br elliptisch, gleichmäßig gesägt, etwas abgesetzt bespitzt. BStiele u. K mit aus der Behaarung meist herausragenden Stieldrüsen. FrKn etwas behaart. 2,50–4,00 lg. 7–8. Nemophil, auf mäßig nährstoffreichen, meist kalkfreien Böden; g Rh: Hunsrück, z Rh: Saarland, s Ba: OdenW Rh: PfälzerW He: Fulda-Werra-Bergland, OdenW (stemp/(mo)·c2EUR – L7 T5 F4 R5 N5 – ?). **Hunsrück-B.** – ***R. caninitergi*** H. E. WEBER

8 **(3)** Bl überwiegend od. alle 3zählig 9

8* Bl überwiegend od. alle 4–5zählig 14

9 Schössling fast kahl (mit 0–5 Haaren pro cm Seite). EndBlchen gleichmäßig gesägt 10

9* Schössling behaart (5–100 Haare pro cm Seite). EndBlchen gleichmäßig bis deutlich periodisch gesägt 11

10 EndBlchen br verkehrteifg, oft angedeutet 5eckig, 7–10 mm lg bespitzt, 2–2,5(–3) mm tief gesägt. KrBl weiß od. blassrosa. Griffel grünlich. FrKn anfangs dicht behaart. 2,50–4,00 lg. 7–8. Nemophil, auf mittleren Böden; z bis v Ba: Alpenvorland vom Bodensee bis zum Inn, nordwärts bis Augsburg – Erding (temp/demo·c2-3EUR – L7 T6 F5 R5 N5 – ?). **Inn-B.** – ***R. oenensis*** H. E. WEBER

10* EndBlchen ± herzfg, 10–15 mm lg bespitzt, fast gleichmäßig 1–2(–3) mm tief gesägt. KrBl weiß. Griffel grünlichweiß (s am Grund etwas rosa). FrKn kahl. 2,50–4,00 lg. 7(–8). Mäßig nemophil, auf nährstoffreichen Böden; v Rh: PfälzerW, Hunsrück, z Bw: N-SchwarzW, s Ba: OdenW, Spessart, Mittelfranken Rh: Oberrheinebene SW-We: Aachen He (stemp/(mo)·c2 EUR – L7 T5 F5 R5 N5 – ?).
Herzähnliche B. – *R. subcordatus* H. E. WEBER

11 (**9**, s. auch **Tab. O: 3**, S. 94) StaubBl so hoch wie die am Grund roten od. insgesamt roten Griffel od. kürzer. KrBl weiß, nur 6–9 mm lg. K nadelstachlig, mit verlängerten, zuletzt aufgerichteten Zipfeln. Schössling stielrund, graugrün, pro cm Seite mit >100 angedrückten Büschelhaaren u. 40–50 dunkelroten, 0,3–0,5(–1) mm lg Stieldrüsen, Stacheln nadlig, bis 3(–3,5) mm lg. Bl überwiegend od. alle 3zählig. EndBlchen kurz gestielt (21–30 % der Spreite), verkehrteifg, mit aufgesetzter, dünner, 20–25 mm lg Spitze, nur 1 mm tief gesägt. BStandsachse mit nadligen, bis 3(–3,5) mm lg Stacheln. BStiele angedrückt wirrhaarig, mit gedrängten, roten, 0,3–0,6(–1) mm lg Stieldrüsen. FrKn (fast) kahl. 2,50–4,00 lg. 7– 8. Nemophil, auf mäßig nährstoffreichen Böden; v S-Bw, Rh: PfälzerW, Saarland, z W-Bw: SchwarzW, Rheinebene, s He: Taunus, Hohnstadt (stemp/mo·c2EUR – L7 T5? F5 R? N5? – ?).
Rundstänglige B. – *R. tereticaulis* P. J. MÜLL.

Anm.: Hier anzuschließen ist die **Scharfe B. – *R. scaber*** WEIHE, aber FrKn oft dicht behaart. Griffel grünlich, von den StaubBl überragt. BStiele mit 2–8 (nicht 7–21) Stacheln. z bis v O-Sa, s We Th: Roda.

11* StaubBl so hoch wie die weißgrünlichen od. am Grund rosafarbenen Griffel od. höher. KrBl weiß bis blassrosa, >9 mm lg. K zurückgeschlagen od. abstehend. EndBlchen 5–20 mm lg bespitzt. FrKn deutlich behaart **12**

12 Schössling mit 5–15(–20) Haaren pro cm Seite. Bl etwas ledrig. EndBlchen schmal, nie rundlich, 1–1,5 mm tief gesägt. BStandsachse zickzackfg hin- u. hergebogen. KrBl weiß od. wie die Griffel am Grund blassrosa. FrKn fast kahl od. wenig behaart. 2,50–3,50 lg. 7–8. Schwach nemophil, auf mäßig nährstoffreichen, kalkfreien Böden; z W-Ns (westlich Weser), s Ba: Spessart Bw: SchwarzW (W- u. S-Rand) Rh: Gutland bis Saarland N-We He M-Ns W-Me: Parchim Sh: südöstlich Flensburg (temp/demo·c1-2EUR – L7 T5 F5 R3 N4 – ?).
Zickzackachsige B. – *R. flexuosus* P. J. MÜLL. et LEF.

12* Schössling mit >20 Haaren pro cm Seite. Bl nicht ledrig. BStandsachse nicht auffällig zickzackfg. Griffel (weiß-)grünlich **13**

13 Schössling mit 20–40 Haaren pro cm Seite. Bl useits nicht od. wenig fühlbar behaart. EndBlchen aus herzfg Grund br verkehrteifg bis kreisrund, 7–10(–15) mm lg bespitzt, mit sehr br Zähnen 1–2,5 mm tief gesägt. KrBl blassrosa. Griffel weißlichgrün. 2,50–4,00 lg. (6–)7(–8). Schwach nemophil, auf mäßig nährstoffreichen Böden; z S-Bw: S-SchwarzW, s Ba u. Bw: Bodenseegebiet (stemp/(mo)·c2EUR – L7 T5 F5 R6 N5 – ?). **Bregenzer B. – *R. bregutiensis*** A. KERN. ex FOCKE

13* Schössling mit 50–100 Haaren pro cm Seite. Bl useits von auf den Nerven stehenden Haaren schimmernd u. samtig weich. EndBlchen aus schmal abgerundetem Grund verkehrteifg mit weit nach vorn verlagerter größter Breite, dann unvermittelt in eine scharf abgesetzte, dünne, 9–13 mm lg Spitze verschmälert, im oberen Teil ausgeprägt periodisch mit längeren, stark zurückgekrümmten Hauptzähnen 2–3 mm tief gesägt. KrBl weiß. 2,50–3,50 lg. 7–8. Thamno- u. nemophil, auf mäßig nährstoffreichen, meist kalkfreien Böden; v SO-Ns: Weserbergland, z NW-We: Sauerland, Weserbergland, s Bw: Schwarzw (W- u. S-Rand) Rh: PfälzerW, Saarland, Mosel, Eifel, Sieggebiet N-We: Hoetmar He: Helmscheid (temp/(mo)·c1-2EUR – L8 T4 F5 R4? N4? – ?). [*R. menkei* auct.]
Spreizrispige B. – *R. distractus* P. J. MÜLL. ex WIRTG.

14 **(8)** Griffel grünlich. KrBl weiß. K mit fädig verlängerten Zipfeln, nach der Blüte aufgerichtet. Bl alle 5zählig, useits schimmernd weichhaarig. EndBlchen lg gestielt (35–45 % der Spreite), länglich-verkehrteifg mit streckenweise fast geraden Seiten, abgesetzt 12–20 mm lg bespitzt. 2,50–4,00 lg. 7–8. Schwach nemophil, auf mäßig nährstoffreichen, meist kalkfreien Böden; v Rh: PfälzerW, Hunsrück, WesterW, z übriges Rh N- u. S-We He SW-Ns: Osnabrücker Hügelland SO-Ns: östlichster Teil, s M-We W-Th: Bad Liebenstein, Ruhla W-An (f N u. S) S-Ns: Wiedenbrügge am Steinhuder Meer (temp/(mo)·c2EUR – L7 T5 F5 R6 N5 – ?). **Löhr-B.** – ***R. loehrii*** WIRTG.

14* Griffel grünlich od. am Grund rosa. KrBl weiß od. blassrosa. KZipfel meist nicht verlängert, abstehend od. zurückgeschlagen. Bl useits nicht bis deutlich fühlbar, aber nicht schimmernd weich behaart. EndBlchen kürzer gestielt **15**

15 Bl (3–)4–5zählig. EndBlchen 1–2 mm tief gesägt. Schössling mit (5–)20–100 Härchen pro cm Seite, oft (bei var. *foliosus*) nur wenig stieldrüsig u. mit nur wenigen Stachelchen u. lg (Drüsen-)Borsten. EndBlchen elliptisch (bis angenähert rundlich, var. *foliosus*), aufgesetzt (5–)10–20 mm lg bespitzt. KrBl weiß u. Griffel grün (var. *foliosus*) od. KrBl blassrosa u. Griffel am Grund rosa (var. *corymbosus* [P. J. MÜLL.] KELLER). FrKn etwas zottig behaart. 2,50–4,00 lg. 7–8. Schwach nemophil, auf mäßig nährstoffreichen, kalkfreien Böden; z Bw: SchwarzW Rh We, s Ba: Spessart He M-Ns (temp/demo·c1-2EUR – L7 T5 F5 R4 N4 – 28). **Blattreiche B.** – ***R. foliosus*** WEIHE

15* Bl alle 5zählig. EndBlchen fast gleichmäßig 2–4 mm tief gesägt. KrBl weiß. Griffel am Grund rosa **16**

16 Bl useits kaum fühlbar bis ± weich behaart. EndBlchen aus abgerundetem od. seicht herzfg Grund schwach (verkehrt)eifg, mit abgesetzter 6–10(–15) mm lg Spitze. BStiele 5–15(–20) mm lg, mit 5–13 Stacheln u. in ganzer Länge dunkelroten, 0,2–1,5 mm lg, die Behaarung weit überragenden Stieldrüsen. 2,50–4,00 lg. 7. Nemophil, auf kalkfreien Sandstein- od. Granitböden in hochkoll. bis submont. Lage; z NO-Ba S-Th, s Ba: Ebelsbach He Sa: Rochlitzer Berg An: Ilsenburg, Wernigerode SO-Ns: Harz (temp/(mo)·c3EUR – L7 T5 F5 R6? N5 – ?). **Jansen-B.** – ***R. jansenii*** H. E. WEBER

16* Bl useits mit wenigen, nicht fühlbaren Haaren. EndBlchen aus herzfg Grund eifg bis elliptisch, allmählich 15–20 mm lg bespitzt. BStiele 15–30 mm lg, mit 15–20 Stacheln u. mit ± rotköpfigen, 0,2–0,5 mm lg, meist in der Behaarung versteckten Stieldrüsen. 2,50–4,00 lg. 7–8. Schwach nemophil, auf etwas nährstoffreicheren Böden; v NO-Sh: Angeln, z O-We He S-Ns: Bergland W-Me Sh, s Rh W-We Th (f SW) M-Sa Br: Belzig (verschleppt?) Ns: Tiefland (temp·c1-3EUR – L7 T5 F5 R4 N4 – 28). **Bleiche B.** – ***R. pallidus*** WEIHE

Tabelle N: Ser. ***Hystrix*** FOCKE – **Stachelschwein-Brombeeren**

(Schössling flachbogig bis kriechend, mit unterschiedlich großen Stacheln, Stachelhöckern, [Drüsen-]Borsten u. Stieldrüsen in allen Übergängen. Größere Stacheln zum Grunde hin br zusammengedrückt)

1 (**Tab. A: 13**, S. 64) Bl (zumindest im BStand) useits graugrün- bis graufilzig. KrBl rosa **2**

1* Bl useits filzlos grün. KrBl weiß od. rosa(rot) **3**

2 Bl überwiegend 3zählig, oseits völlig kahl, useits schimmernd weichhaarig. EndBlchen elliptisch bis verkehrteifg od. etwas rundlich, mit 15–20 mm lg Spitze, mit stark auswärtsgekrümmten Hauptzähnen gesägt. Griffel am Grund schwach rötlich. 2,50–4,00 lg. 7–8. Thamno- u. nemophil, auf mäßig nährstoffreichen, kalkfreien Böden; disjunkt (wegen unabhängiger SaEinträge der in England sehr häufigen Art durch Vogel-VdA) z N-We: westlicher TeutoburgerW u. Randbereiche M-Me: um

Neukloster u. Rostock, s NW-Ba: Schollbrunn im Spessart, Kleve Ns S-Me: Plau NW-Sh: Angeln (temp·c1-2EUR – L8 T5 F5 R4 N5 – 28).
Dickblättrige B. – ***R. dasyphyllus*** (W. M. Rogers) E. S. Marshall

Anm.: Sehr ähnlich ist die **Weber-B.** – ***R. henrici-weberi*** A. Beek, doch mit etwas gleichmäßiger gesägten, useits grünen, filzlosen Bl u. weißen KrBl; s NW-We: Ochtrup, Epe, Burgsteinfurt SW-Ns: Dörpen im Emsland, Sieringshoek, Gildehaus.

2* Bl 3–5zählig, oseits mit vereinzelten Härchen. EndBlchen verkehrteifg, mit 10–15 mm lg Spitze, Hauptzähne nicht od. wenig auswärts gekrümmt. Griffel grünlich. 2,50–4,00 lg. 7(–8). Nemophil, auf mäßig nährstoffreichen Böden; v S-Ba, s N-Ba: Rothenburg o. d. T. O-Bw. Bad Waldsee, Rot Sa: Herlasgrün (stemp/(mo)·c3EUR – L7 T5 F5 R3 N4 – 28). **Bayerische B.** – ***R. bavaricus*** (Focke) Utsch

3 **(1)** Bl überwiegend od. alle 3(–4)zählig. Schössling u. BStandsachse mit ± krummen Stacheln. KrBl weiß od. rosarot ... **4**

3* Bl überwiegend od. alle 5zählig. Schössling u. BStandsachse mit (fast) geraden Stacheln. KrBl weiß ... **6**

4 KrBl rosarot. Griffel (am Grund) rosa. Schössling etwas glänzend dunkelweinrot, mit 0–3 Haaren pro cm Seite u. bis 5–6 mm lg, schlanken, nicht auffallend gefärbten Stacheln. EndBlchen verkehrteifg bis rundlich, mit br Zähnen 2(–3) mm tief gesägt. KZipfel zurückgeschlagen. 2,50–4,00 lg. 7(–8). Thamno- u. nemophil, auf armen bis mäßig nährstoffreichen, gern humosen u. wechselfrischen Böden; z NW-Rh: Westeifel SW-We: Westeifel, Niederrheinische Bucht (temp/(demo)·c2EUR – L8 T5 F5 R? N5 – ?). **Rosarote B.** – ***R. rosaceus*** Weihe

4* KrBl weiß. Griffel grünlich. Schössling mit 5–40 Haaren pro cm Seite ... **5**

5 Schössling grünlich od. rötlich überlaufen, mit br zusammengedrückten, meist sichligen bis fast hakigen, bis 6–7(–8) mm lg, auffallend gelblichen od. rötlichen Stacheln. EndBlchen meist verlängert verkehrteifg mit oberhalb des Grundes oft fast geradem Rand, 1,5–2 mm tief gesägt. BStandsachse mit teilweise stark gekrümmten Stacheln. 2,50–4,00 lg. 7(–8). Nemophil, auf mäßig nährstoffreichen, meist kalkfreien Böden; v N-We (bis N-Rand Sauerland) SO-Th Ns (f NO u. Emsland), z NW-We He SW-Th Sa, s NO-Ba Bw: Renchen Rh: Hunsrück We (f SW) N- u. W-Th An SO-Br NW-Me: Kühlungsborn, Rerik-Neubuckow S-Sh: Itzehoe, südlich Lübeck (temp/(demo)·c2-3 EUR – L7 T5 F5 R4 N5 – 28). **Schleicher-B.** – ***R. schleicheri*** Weihe ex Tratt.

5* Schössling dunkelweinrot, mit mäßig br geneigten od. wenig gekrümmten bis 5–6 mm lg, nicht auffällig gefärbten Stacheln. EndBlchen verkehrteifg bis elliptisch, 2–3 mm tief gesägt. BStandsachse mit geraden od. schwach gekrümmten Stacheln. 2,50–4,00 lg. 7(–8). Nemophil, auf mittleren, kalkfreien Böden; g Ba: Haßberge, v Rh: Westerwald, z Ba: Franken M-We: Sauerland, Bergisches Land, s We: Altaffeln, Haarhausen, Leimstruth, Bonn He S-Th Sa: Vogtland An: Dessau Rh: Hilscheid im Hunsrück, Bad Sobernheim, Wiebelsheim (c2-3 EUR – L7 T5 F5 R4 N4? – ?).
Meierott-B. – ***R. meierottii*** H. E. Weber

6 **(3)** Schössling mit 20–50 Haaren pro cm Seite, stumpfkantig-rundlich. Bl oseits mit 15–40 Haaren pro cm². EndBlchen schmal verkehrteifg, abgesetzt 10–20 mm lg bespitzt, zur Spitze hin ausgeprägt periodisch mit längeren, schwach auswärts gebogenen Hauptzähnen bis 3–4 mm tief gesägt. BStandsachse mit pfriemlichen, bis 4(–5) mm lg Stacheln. 2,50–4,00 lg. 7–8. Nemophil, auf mäßig nährstoffreichen Böden; z He Th (f M), s N-Ba Bw Rh: u. a. Hunsrück, PfälzerW We: Volmershofen bei Bonn Sa (f N) SO-Ns: Osterhagen, Lutterberg (stemp/mo·c2-3EUR – L7 T4 F5 R4 N4 – 28). **Besonnte B.** – ***R. apricus*** Wimm.

6* Schössling mit 0–10 Haaren pro cm Seite. Bl oseits mit 0(–5) Haaren pro cm². EndBlchen 1,5–3(–4) mm tief gesägt. BStandsachse mit 5–7 mm lg Stacheln ... **7**

7 Schössling kantig mit flachen bis rinnigen Seiten. Bl oseits auffällig glänzend. EndBlchen verlängert (verkehrt)eifg mit teilweise fast parallelen Rändern, schwach abgesetzt 7–15 mm lg bespitzt, periodisch mit breiteren, deutlich auswärtsgekrümmten Hauptzähnen 1,5–3 mm tief gesägt. 2,50–4,00 lg. 7(–8). Schwach nemophil, auf unterschiedlichen, mäßig sauren, gern frischen Lehmböden; g Rh: Hunsrück, z übriges Rh, s We: Freudenberg im Sauerland He: u. a. Taunus (stemp/(mo)·c2 EUR – L7 T5 F5 R5? N4? – ?). **Fußangel-B.** – ***R. pedica*** MATZKE-HAJEK

7* Schössling stumpfkantig-rundlich. Bl oseits ± matt dunkelgrün. EndBlchen br (verkehrt)eifg, oft rundlich, etwas abgesetzt (12–)15–20 mm lg bespitzt, periodisch mit längeren, geraden od. nur schwach auswärtsgekrümmten Hauptzähnen bis 2–3(–4) mm tief gesägt. 2,50–4,00 lg. 7–8. Schwach nemophil, auf mäßig nährstoffreichen, meist kalkarmen Böden; v S-Th O-Sa, z W-Sa, s N-Ba He O-An Br NO-Ns: Thieshope Me: Zweedorf, Usedom SO-Sh: Basedow, Dalldorf, auch (N) We: Essen-Bredeney (stemp/(demo)·c3 EUR – L8 T4 F5 R4 N5 – 28). **Köhler-B.** – ***R. koehleri*** WEIHE

Tabelle O: Ser. ***Glandulosi*** (WIMM. et GRAB.) FOCKE – **Drüsenreiche Brombeeren**

(Schössling aus flachem Bogen kriechend, mit Stacheln, Drüsenborsten u. Stieldrüsen in allen Größenordnungen. Auch größere Stacheln [im Gegensatz zur vorigen Ser. *Hystrix*] unmittelbar oberhalb des ± verbreiterten Grundes pfriemlich bis nadelig verengt)

1 (**Tab. A: 13***, S. 64) Griffel zumindest am Grund deutlich rosa bis rot. StaubBl kürzer bis höher als die Griffel. Bl alle od. überwiegend 3zählig 2

1* Griffel insgesamt grün- od. weißlich (nur bei *R. oreades* u. *R. elegans* zuweilen am Grund schwach rosa). StaubBl meist so lg wie die Griffel od. länger. Bl alle 3zählig bis überwiegend 4–5zählig 6

2 Schössling deutlich kantig, mit flachen od. etwas rinnigen Seiten u. mit 0–5 Haaren pro cm Seite. EndBlchen aus abgerundetem od. seicht ausgerandetem Grund verlängert verkehrteifg, abgesetzt 10–20 mm lg bespitzt, mit entfernten Zähnen unregelmäßig 1–2 mm tief gesägt. StaubBl die Griffel überragend. BStiele mit gedrängten, 0,3–1,5(–2) mm lg, schwarzroten Stieldrüsen. KrBl schmal verkehrteifg, bis 5 mm br. 2,50–4,00 lg. 7–8. Nemophil, auf mäßig nährstoffreichen Böden in (sub)mont. Lage; z Bw: N-Schwarzw bis Neckar Rh: südlicher Hunsrück, s Rh M-We: Sauerland (stemp/mo·c2EUR – L7 T3 F5 R? N5? – ?). **Schwarzrotdrüsige B.** – ***R. atrovinosus*** H. E. WEBER

2* Schössling rundlich u. mit 2–>100 Haaren pro cm Seite. EndBlchen anders geformt, mit 15–25 mm lg Spitze. BStiele mit meist dunkelroten Stieldrüsen. StaubBl so hoch wie die Griffel od. kürzer 3

3 Schössling dicht behaart (meist >100 Haare pro cm Seite). EndBlchen verkehrteifg mit aufgesetzter, dünner, 20–25 mm lg Spitze, fein mit etwas entfernten Zähnen um 1 mm tief gesägt. BStiele wenig behaart, mit gedrängten, fast gleichartigen, bis etwa 0,6 mm lg Stieldrüsen u. deutlich davon abgesetzten gelblichen Stacheln. ***R. tereticaulis***, s. **Tab. M: 11**, S. 91

3* Schössling mit 2–30 Haaren pro cm Seite 4

4 EndBlchen aus schmalem, leicht herzfg Grund verkehrteifg u. mit stark abgesetzter, dünner, 10–13 mm lg Spitze, grob periodisch mit längeren, teilweise auswärts gekrümmten Hauptzähnen 3–4(–5) mm tief gesägt. SeitenBlchen lg gestielt, fast so groß wie EndBlchen. StaubBl so hoch od. wenig kürzer als die Griffel. 2,50–4,00 lg. 7(–8). Schwach nemophil, auf mittleren Böden in vorwiegend submont. Lage; z SO-Ns: Weserbergland bis Harz, s Rh: Hunsrück, Saarschleife bei Orscholz NO-We: Versmold, Freckenhorst, Eselsheide, Horn, Sauerland: Heiligenborn He: ReinhardsW, Taunus SW-Ns: Raum Osnabrück (stemp/(mo)·c2-3EUR – L7 T4 F5 R5? N4 – ?). **Hils-B** – ***R. hilsianus*** H. E. WEBER

4* EndBlchen elliptisch bis schwach verkehrteifg od. rundlich, mit 15–25 mm lg Spitze. BStiele mit dichten, schwarzroten, 1–2 mm lg Stieldrüsen u. kaum davon abzugrenzenden, ebenfalls schwarzroten Stacheln. StaubBl oft deutlich kürzer als die Griffel 5

5 Bl oseits glanzlos. EndBlchen elliptisch bis schwach verkehrteifg, allmählich bespitzt, um ca. 2–4 mm tief gesägt. SeitenBlchen der 3zähligen Bl 5–15 mm lg gestielt. BStiele grauweißfilzig mit farblich deutlich davon abgesetzten schwarzroten Stieldrüsen. 2,50–4,00 lg. 7–8. Nemophil, auf mäßig nährstoffreichen, meist kalkfreien Böden in mont. Lage; z S-Th: Th-W, Schiefergebirge O-Sa: Oberlausitz, s NO-Ba: Fichtelg He: Rastorf, Zillbach W-Sa: Erzg (stemp/mo·c3EUR – L7 T4 F5 R3 N4 – 28). **Günther-B.** – ***R. guentheri*** Weihe

5* Bl oseits glänzend. EndBlchen br verkehrteifg bis rundlich, deutlich abgesetzt bespitzt, 1–2 mm tief gesägt. SeitenBlchen der 3zähligen Bl 3–6 mm lg gestielt. BStiele graugrün mit farblich weniger abgesetzten Stieldrüsen. 2,50–4,00 lg. 7–8. Nemophil, auf sauren, meist lehmigen Böden; z S-We: Bergisches Land, Sauerland, s N-Rh: Eifel, WesterW (stemp/mo·c2EUR – L7 T4 F5 R3 N3? – ?). **Spiegelnde B.** – ***R. speculatus*** Matzke-Hajek

6 (1) Bl alle od. überwiegend 3zählig 7

6* Bl alle od. überwiegend 4–5zählig (ohne Berücksichtigung von Kümmerformen mit reduzierter BlchenZahl) 12

7 Bl useits fühlbar behaart u. zumindest im BStand durch Sternhaare useits graugrün- bis graufilzig. EndBlchen verlängert verkehrteifg, etwas abgesetzt 10–15(–20) mm lg bespitzt, fast gleichmäßig nur etwa 1 mm tief gesägt. BStandsachse mit bis 5 mm lg Stacheln. K meist dicht igelstachlig. 2,50–4,00 lg. 7–8. Schwach nemophil, auf nährstoffreicheren Böden; z O-Sa: Oberlausitz (stemp·c3EUR – L7 T4 F5 R? N5? – 28). **Lausitzer B.** – ***R. lusaticus*** Rostock

Anm.: Sehr ähnlich ist die **Falsche Lausitzer B.** – ***R. pseudolusaticus*** G. H. Loos, doch Bl useits nicht fühlbar behaart u. auch im BStand filzlos grün; s NO-We: Eggegebirge bis Höxter He: Körbecke.

7* Bl useits alle filzlos grün, ohne Sternhaare 8

8 EndBlchen verkehrteifg, seltener elliptisch, allmählich 15–25 mm lg bespitzt, deutlich periodisch mit längeren, stark auswärts gekrümmten Hauptzähnen 2–3(–4) mm tief gesägt. Schössling rundlich, mit 0–5(–10) Härchen pro cm Seite u. mit bis 2–4(–4,5) mm lg Stacheln. BStiele mit dunkelroten Stieldrüsen. Griffel grün, seltener am Grund leicht rötlich. 2,50–4,00 lg. 7–8. Nemophil, auf mäßig nährstoffreichen Böden; z bis s We: Rheinisches Schieferg, s O-Ba: Grafenhaig bei Kulmbach, Waldmünchen N-Rh: Eifel, WesterW, Taunus SW-We: Niederrheinische Bucht He (stemp/(mo)·c2EUR – L7 T4 F5 R5? N4 – ?). **Bergnymphen-B.** – ***R. oreades*** P. J. Müll. et Wirtg.

8* EndBlchen mit geraden od. wenig auswärts gebogenen, meist kaum längeren Hauptzähnen meist nur 1–2,5 mm tief gesägt. Schössling kahl bis dichthaarig 9

9 Schössling mit (0–)1–5 Haaren pro cm Seite. Bl useits nicht fühlbar behaart. EndBlchen regelmäßig elliptisch mit unvermittelt aufgesetzter, dünner, 15–25 mm lg Spitze, gleichmäßig 1–2 mm tief gesägt. SeitenBlchen fast ebenso groß u. ähnlich geformt wie das EndBlchen. BStand mit blassgelblichen, etwas rotköpfigen Stieldrüsen. KrBl ± spatelfg, nur 3(–4) mm br. 2,50–4,00 lg. 7–8. Ausgeprägt nemophil, auf mäßig nährstoffreichen, kalkfreien Böden im S in (sub)mont., im N auch plan. Lage; fast alle Bdl z bis v, doch s S-Ba An (z im Harz) M-Br, f M-Th, N-An u. S-Br (temp/demo·c1-3EUR – L7 T5 F5 R3 N4 – 28, 35). [*R. glandulosus* auct., *R. bellardii* Weihe p. p.] **Träufelspitzen-B.** – ***R. pedemontanus*** Pinkw.

9* Schössling fast kahl bis dicht behaart. Bl useits nicht fühlbar bis etwas weich behaart. EndBlchen anders geformt. SeitenBlchen meist kleiner als das EndBlchen. BStand mit blassgelblichen bis schwarzroten Stieldrüsen. KrBl oft breiter 10

10 EndBlchen mäßig kurz bis lg gestielt ([25–]30–40 % der Spreite), aus herzfg Grund br (verkehrt)eifg od. rundlich, schwach abgesetzt 10–15 mm lg bespitzt, mit rundli-

chen Kerbzähnen meist nur um 1 mm tief gesägt. BStiele angedrückt dünnfilzig, mit blassgelblichen bis rötlichen Stieldrüsen. 2,50–4,00 lg. 7–8. Nemophil, auf mäßig nährstoffreichen, sauren Lehmböden; z Th: Th-W Sa, s We übriges Th An SO-Ns (L7 T5 F5 R5 N4 – ?). **Harzer B.** – ***R. hercynicus*** G. Braun

1 Schössling fast kahl. EndBlchen oft rundlich. SeitenBlchen 5–12 mm, im BStand (3–)5–10 mm lg gestielt. z Th: Th-W S-Sa W-An: Harzgebiet, s We: Saalhausen, Schmallenberg He: Großalmerode S-Th An (außer Harz): Thurland SO-Ns (stemp/mo·c3 EUR). subsp. ***hercynicus***

1* Schössling meist mit >25 Haaren pro cm Seite. EndBlchen oberhalb des 20–35 mm br Grundes meist fast geradlinig bis über die Mitte verbreitert. SeitenBlchen bis 4 mm, im BStand bis 3 mm lg gestielt. s Th Sa (stemp/mo·c3EUR – selten Übergänge zur vorigen subsp.). subsp. ***pubescens*** (Sudre) H. E. Weber

Anm.: Sehr ähnlich ist die **Entwaffnete B.** – ***R. exarmatus*** H. E. Weber et W. Jansen, aber Schössling u. BStand fast stachellos; z NO-Ba S-Th.

10* EndBlchen meist kürzer gestielt (bis etwa 30 % der Spreite), anders geformt. BStand mit ausgeprägt schwarzroten Stieldrüsen **11**

11 Schössling dicht behaart. Bl useits von auf den Nerven stehenden Haaren samtig weich. EndBlchen kurz gestielt (21–27 % der Spreite), verkehrteifg mit 10–15(–18) mm lg Spitze, 2–2,5 mm tief gesägt. KZipfel sich oft fadenfg verlängernd, zuletzt aufgerichtet. 2,50–4,00 lg. 7–8. Nemophil, auf mittleren Böden in hochkoll. bis mont. Lage; z We: Sauerland, Wildbadessen, s He: Schoppenfeld, Bromskirchen (temp/mo·c2EUR – L7 T4 F5 R3 N4? – ?). **Haeupler-B.** – ***R. haeupleri*** H. E. Weber

11* **(10, 15)** Nicht alle genannten Merkmale kombiniert (zumindest nicht in We). Unstabilisierter Formenschwarm mit Hunderttausenden von singulären od. lokalen Morphotypen. 2,50–4,00 lg. 7–8. Nemophil, auf unterschiedlichen Böden vorzugsweise in (sub-)mont. Lage; v S-Ba: Alpen Bw: SchwarzW, z Ba: Fichtelg, BayrW, BöhmerW He, s Rh S-We Th: S u. Th-W S-Sa (sm/mo-stemp/demo·c2-4EUR-(WAS) – L7 T4 F5 RX NX – 28). **Dunkeldrüsige B.** – ***R. hirtus*** Waldst. et Kit. s. l.

12 **(6)** EndBlchen sehr lg (18–30 mm lg) bespitzt **13**

12* EndBlchen 10–15(–20) mm lg bespitzt **14**

13 EndBlchen aus herzfg Grund verlängert eifg, seltener fast elliptisch, allmählich in eine 25–30 mm lg ± gerade Spitze verschmälert, fast gleichmäßig 2–3(–4) mm tief gesägt. BStiele mit gelblichen Stieldrüsen. 2,50–4,00 lg. 7(–8). Nemophil auf kalkfreien Böden in (sub-)mont. Lage; g Th: Th-W, z N-Ba: Fichtelg bis Spessart Bw: Schwarzw W-He, s We: Westeifel, Sauerland übriges He übriges Th SO-Ns (stemp/mo·c2-3EUR – L7 T4 F5 R4 N4 – ?).
Langbespitzte B. – ***R. perlongus*** H. E. Weber et W. Jansen

13* EndBlchen aus herzfg bis abgerundetem Grund elliptisch bis schwach verkehrteifg, mit abgesetzter 18–30 mm lg, meist sichelig gebogener Spitze, periodisch mit etwas längeren Hauptzähnen 3–5 mm tief gesägt. BStiele mit schwarzroten Stieldrüsen. 2,50–4,00 lg. 7(–8). Nemophil, auf nährstoffreicheren Böden in (sub-)mont. Lage; z N-Ba: Spessart westwärts, OdenW Bw: OdenW, SchwarzW, Schwäbische Alb Rh: W-Eifel, W-Hunsrück, s He (stemp/mo·c2-3EUR – L7 T4 F5 R4 N4 – ?). [*R. multicaudatus* H. E. Weber] **Elegante B.** – ***R. elegans*** P. J. Müll.

14 **(12)** Schössling etwas kantig, (fast) kahl. Bl useits etwas blaugrün, nahezu kahl. EndBlchen verkehrteifg, etwas abgesetzt 10–15 mm lg bespitzt. NebenBl oft 1–3 mm br. 2,50–4,00 lg. 7–8. Auf wenig nährstoffreichen, sauren, lehmigen Böden; s NO-Ba: Haßberge, Fichtelg, Rhön He: Kirchheim, Seiferts Th: Th-W, Schieferg SO-Sa: Oberlausitz An: Ostharz Ns: Nordharz, Schöningen im Solling (stemp/mo·c3EUR – L7 T4 F5 R4 N4 – 28). **Bleigraue B.** – ***R. lividus*** G. Braun

14* Schössling rundlich, fast kahl bis dicht behaart. Bl useits grünlich, meist wenig behaart. NebenBl <1 mm br **15**

15 Pfl bes. im BStand mit lg, insgesamt schwarzroten Stieldrüsen. Schössling kahl bis dichthaarig. Bl useits nicht fühlbar bis weich behaart. ***R. hirtus*** s. l., s. **11***

15* Pfl mit ± rotköpfigen, sonst blassgelblichen od. nur schwach rötlichen Stieldrüsen. Schössling fast kahl od. etwas behaart, mit fast nadlig dünnen Stacheln. Bl useits nicht fühlbar behaart. EndBlchen kurz gestielt (20–28 % der Spreite), meist herzeifg, allmählich 15(–20) mm lg bespitzt, mit br rundlichen Kerbzähnen 1–2 mm tief gesägt, lebend oft konvex, untere Blchen der 5zähligen Bl auffallend klein. BStiele mit 0–3, meist kaum gegen die (drüsigen) Borsten abzugrenzenden, nadligen, geraden Stacheln. StaubBl kürzer bis länger als die Griffel. FrKn kahl. 2,50–4,00 lg. 7–8. Nemophil, auf mäßig nährstoffreichen, sauren, meist lehmigen u. etwas frischen Böden; z M-We: Sauerland, s N-Rh: Eifel, Hunsrück, WesterW He (temp/demo·c1-2EUR – L7 T4 F5 R4 N5 – ?). **Unerkannte B.** – ***R. ignoratus*** H. E. Weber

Anm.: Ähnlich ist die **Junge B.** – ***R. iuvenis*** A. Beek [*R. ignoratiformis* H. E. Weber], doch Schössling ziemlich dicht behaart mit am Grunde etwas stärker verbreiterten Stacheln. BStiele mit 15–25 etwas breiteren, oft leicht gekrümmten Stacheln. FrKn an der Spitze behaart; z Rh: Mittelsieg-Bergland, Gauchsberg We: vom Sauerland bis Eifel.

Tabelle P: Sect. ***Corylifolii*** Lindl. [*Rubus corylifolius* agg.] – **Haselblattbrombeeren** (sogr ScheinStr, kletternd od. meist um 0,5 m hohe Bogen- bis Kriechtriebe – Ap)

Anm.: Die Haselblattbrombeeren sind stabilisierte Sippen, die aus unbekannten Kreuzungsvorgängen entstanden sind. An diesen waren stets *R. caesius* u. *R.* sect. *Rubus* beteiligt, teilweise auch *R. idaeus* (bei der Subsect. *Subidaeus*). Folgende Formeln kommen für die Entstehung der Haselblattbrombeeren in Frage: *Rubus* sect. *Rubus* × *R. caesius*, *R.* (*caesius* × *R. idaeus*) × *R. caesius*, *R.* sect. *Corylifolii* × sect. *Corylifolii*, *R.* sect. *Corylifolii* × *R. caesius* (Rückkreuzungen), *R.* sect. *Corylifolii* × sect. *Rubus* (Rückkreuzungen).

1 **(9,** S. 62**)** Schössling im Querschnitt rund, mit geraden, auffallend dunkelvioletten Stacheln. FrKn filzig-dichthaarig bis kahl. KrBl weiß. Griffel grünlichweiß. Reife Fr schwarzrot (Subsect. *Subidaeus*) . **Tab. Q**, S. 98

1* Schössling rundlich od. kantig, mit gelblichen od. rötlichen, oft wie der Schössling gefärbten Stacheln. FrKn kahl bis zerstreut behaart. KrBl weiß bis rosa. Griffel (am Grund) grünlichweiß bis rosa. Fr schwarz (Subsect. *Sepincola*) **2**

2 Schössling mit (fast) gleichgroßen Stacheln (seltener mit ungleichgroßen Stacheln u. dann mit stark konvexen Blchen und behaarten Staubbeuteln), ohne od. mit einzelnen bis vielen, meist nur bis 0,5 mm lg Stieldrüsen. KrBl weiß bis rosa. Griffel (am Grund) grün od. rötlich **3**

2* Schössling mit ausgeprägt ungleichgroßen Stacheln u. ∞, teilweise >1 mm lg Stieldrüsen. KrBl weiß. Griffel grün (Ser. *Hystricopses*) **Tab. X**, S. 110

3 Staubbeutel kahl (ausnahmsweise einzelne mit einem Härchen). Bl 3–5zählig, useits nicht fühlbar bis weich behaart **4**

3* Staubbeutel (fast) alle behaart (Lupe!). Bl 5- od. 4–5zählig, useits fühlbar bis weich behaart (Ser. *Subsilvatici*) **Tab. U**, S. 105

4 Schössling mit 0–10 Haaren pro cm Seite. Bl 3–5-(sehr selten 6–7)zählig. BStiele meist mit <2,5 mm lg Stacheln **5**

4* Schössling mit 5–50 Haaren pro cm Seite. Bl (3–)5–7zählig, useits schimmernd weichhaarig u. (zumindest im BStand) oft auch filzig. BStiele mit 2,5–4 mm lg Stacheln (Ser. *Vestitiusculi*) **Tab. V: 9**, S. 108

5 EndBlchen mit ± allmählich zugespitzten Zähnen gesägt. K außen auf der Fläche graugrün bis graufilzig. Schössling kahl od. behaart, ohne od. mit 0,1–1,5 mm lg Stieldrüsen. Bl useits filzlos grün bis graufilzig. NebenBl 1–3 mm br **6**

5* EndBlchen meist mit aufgesetzt bespitzten Zähnen gesägt. K außen auf der Fläche grün od. etwas graugrün. Schössling kahl, ohne od. mit nur 0,1–0,2 (seltener einzelne bis 0,5) mm lg Stieldrüsen. Bl auch im BStand useits grün, filzlos, meist nicht od. kaum fühlbar behaart. NebenBl bis 1(–1,5) mm br (Ser. *Suberectigeni*) **Tab. R**, S. 99

Anm.: Falls die Bestimmung bei den *Suberectigeni* nicht zum Ziel führt, könnte es sich ausnahmsweise auch um einen (untypischen) Vertreter der *Subthyrsoidei*, **Tab. T**, S. 103, handeln.

6 Bl oseits mit 0–50 Haaren pro cm² (wenn mehr, dann Bl useits nicht gleichzeitig graufilzig), useits filzlos grün bis graufilzig, nicht fühlbar bis weich behaart 7

6* Bl oseits dichthaarig ([50–]100–>500 Haare, teils feine Sternhaare, pro cm²), useits (grüngrau- bis) graufilzig u. (wie oft auch oseits) weichhaarig (Ser. *Subcanescentes*) **Tab. V**, S. 106

7 Schössling kahl od. mit vereinzelten Härchen, mit bis zu 4–6(–7) mm lg Stacheln. EndBlchen schmal bis br. NebenBl <2,5 mm br. FrKn kahl od. behaart 8

7* Schössling kahl, mit bis zu 4(–5) mm lg Stacheln. EndBlchen meist br, oft rundlich. NebenBl oft >2,5 mm br. FrKn kahl (Ser. *Sepincola*) **Tab. S**, S. 101

8 Schössling gleichstachlig bis schwach ungleichstachlig, mit 0(–2) nur 0,1–0,2(–0,3) mm lg Stieldrüsen pro cm Seite. BStiele ohne od. mit 0,1–0,2 mm lg Stieldrüsen (Ser. *Subthyrsoidei*) **Tab. T**, S. 103

8* Schössling etwas ungleichstachlig, mit (3–)5–10 bis etwa 0,5 mm lg Stieldrüsen od. deren Stümpfen pro cm Seite. BStiele stets mit 0,2–0,6 mm lg Stieldrüsen (Ser. *Subradula*) **Tab. W**, S. 109

Tabelle Q: Subsect. ***Subidaeus*** (Focke) Hayek – **Himbeerverwandte Haselblattbrombeeren**

(Schössling rundlich, kahl, bei den behandelten Arten mit dunkelvioletten, gleichartigen Stacheln. Bl 3–7zählig. KrBl weiß. Reife Fr schwarzrot)

1 (**Tab. P: 1**, S. 97) Bl 5zählig, einzelne 6–7zählig, useits graugrün- bis graufilzig u. weichhaarig. Schössling kahl (selten angedrückt filzig), mit dünnen, 4–6 mm lg Stacheln. EndBlchen (5zähliger Bl) br herzfg-eifg bis rundlich, allmählich 8–15 mm lg bespitzt. FrKn anfangs kurzzottig u. filzig behaart. 2,00–3,00 lg. 5–6. Thamnophil, auf meist nährstoffreichen, auch mäßig kalkhaltigen, meist lehmigen Böden; disjunkt (wegen VdA durch Vögel bei dieser in England häufigen Art), v O-Sh: zwischen Kiel u. Bad Oldesloe, z Me (f M), s N-Ba: Rhön, Schweinfurt, Haßfurt He Th M-Sa: Rabenau NO-Ns Sh (f NW), auch (N aus Baumschulen Holsteins) s We: Sauerland, † Ns: Osnabrück (temp·c1-3EUR – L8 T5 F5 R6 N5 – 35). [*R. balfourianus* A. Bloxam] **Bereifte H. – *R. pruinosus*** Arrh.

1* Bl 3zählig, einzelne 4–5zählig. Schössling kahl od. wenig behaart, mit 2–4 mm lg Stacheln. EndBlchen nur etwa 5 mm lg bespitzt. FrKn (fast) kahl 2

2 Schössling weißlich od. etwas bläulich bereift, kahl, mit dünnen Stacheln. Bl useits graugrün- bis graufilzig u. samtig weich behaart. EndBlchen br herzfg-eifg bis fast dreieckig, 1–1,5(–2,5) mm tief gesägt. 2,00–3,00 lg. 5–6. Thamnophil, auf mäßig nährstoffreichen Böden; z NW-Ns: Ostfriesland, Oldenburg, s We: Herongen Th: Tann-Sinswinden W-Ns (ntemp·c1EUR – L8 T4 F6 R4 N4 – ?). **Buntstänglige H. – *R. picticaulis*** H. E. Weber

2* Schössling meist unbereift, mit 1–10 Haaren pro cm Seite u. etwas breiteren Stacheln. Bl useits filzlos grün, kaum od. nicht fühlbar behaart. EndBlchen br herzeifg bis fast kreisrund, um 3 mm tief gesägt. 2,00–3,00 lg. 5–6. Thamnophil, auf mäßig nährstoffreichen Böden; z W-Sh (f NW), s M-Ns (Tiefland) O-Sh (ntemp·c2EUR – L8 T5 F5 R5 N5 – ?). **Violettstachlige H. – *R. maximiformis*** H. E. Weber

Anm.: Ähnlich ist die **Größte H. – *R. maximus*** T. Marsson, doch u. a. mit zerstreuteren Stacheln (5–10 statt meist 15–25 pro 5 cm); z NO-Me: von Rügen bis Usedom.

Tabelle R: Subsect. ***Sepincola*** (WEIHE ex FOCKE) HAYEK – **Gewöhnliche Haselblattbrombeeren**

(Schössling rundlich bis kantig, mit gleichen bis sehr ungleichen, rötlichen bis gelblichen Stacheln. Bl 3–5zählig, selten 6–7zählig. Reife Fr schwarz)

Ser. ***Suberectigeni*** H. E. WEBER – **Grünkelchige Haselblattbrombeeren**

(Schössling kahl, mit fehlenden bis ∞ bis 0,5 mm lg Stieldrüsen. Stacheln [fast] gleichartig. Bl useits grün, ohne Filz. K außen auf der Fläche grün bis graugrün)

1 (**Tab. P: 5***, S. 97) Schössling deutlich kantig mit flachen od. etwas vertieften Seiten, mit 3–5 Stacheln pro 5 cm. Griffel (am Grund) rosa. EndBlchen lebend ± konvex. BStandsachse mit geraden Stacheln. BStiele ohne od. mit 0,1–0,2 mm lg Stieldrüsen **2**

1* Schössling stumpfkantig-rundlich, mit 3–20 Stacheln pro 5 cm. Griffel (am Grund) grün od. rosa. EndBlchen flach, konvex od. konkav. BStandsachse mit geraden od. ± krummen Stacheln. BStiele ohne od. mit bis zu 0,3–0,5 mm lg Stieldrüsen **3**

2 Schössling kahl, stieldrüsenlos. Bl 5zählig, einzelne nicht selten 6–7zählig, oseits (fast) kahl. EndBlchen fast gleichmäßig 1–2(–3) mm tief gesägt. BStand mit gerader, ungeteilter Achse. BStiele mit 0–10(–50) nur 0,1–0,2 mm lg Stieldrüsen. KrBl rosa, rundlich. 2,00–3,00 lg. 5–6. Thamnophil, etwas wärmeliebend, auf nährstoffreichen, gern kalkhaltigen Böden; v NO-We: Beckumer Berge, östliches Sauerland Th (f Th-W) W-An: Harzrandgebiete SO-Ns, z N-Ba Bw Rh He M-Sa S-An O-Br, s S-Ba We (f NW u. N) Sa (f M) NO-An SW-Ns: Diepholz Me: Crivits, Lychen (temp/(demo)·c2-3EUR – L8 T6 F5 R8 N5 – 28). **Geradachsige H. – *R. orthostachys*** G. BRAUN

2* Schössling mit 1–10 Haaren pro cm Seite, etwas stieldrüsig. Bl alle 5zählig, oseits mit etwa 20–50 Haaren pro cm². EndBlchen grober, oft etwas eingeschnitten, bis (2–)3–5 mm tief gesägt. BStand meist mit geteilter Achse u. dadurch etwas schirmrispig. BStiele mit >50 Stieldrüsen. KrBl (fast) weiß, elliptisch. 2,00–3,00 lg. 5–6. Thamnophil, auf mäßig nährstoffreichen, meist kalkfreien Böden; s N- u. W-We SW-Ns: Stovern, Wagenfeld (temp·c1-2EUR – L8 T5 F5 R4 N4 – ?). **Eingeschnittenere H. – *R. incisior*** H. E. WEBER

3 (**1**) KrBl deutlich hellrosa. Bl 5zählig, <20 cm lg. EndBlchen ± gleichmäßig 1–2 mm tief gesägt, lebend ausgeprägt konvex od. konkav **4**

3* KrBl weiß bis blassrosa (falls deutlicher rosa, dann Bl teilweise >20 cm lg). Bl (3–)5zählig. EndBlchen (1,5–)2–8 mm tief gesägt, ± flach, seltener konvex **5**

4 Schössling mit etwa 10–250 nur 0,1–0,2(–0,5) mm lg Stieldrüsen pro 5 cm (0–10 pro cm Seite). Bl useits fühlbar bis weich behaart. EndBlchen (br) elliptisch od. verkehrteifg bis fast kreisrund, abgesetzt 10–15 mm lg bespitzt, mit rundlichen Zähnen sehr gleichmäßig nur um 1 mm tief gesägt, lebend konvex u. konkav. Mittlere SeitenBlchen (0–)2–6(–10) mm lg gestielt. BStiele 10–30 mm lg, kurz stieldrüsig u. mit 3–10 bis 1–1,5 mm lg Stacheln. Griffel grün. 2,00–3,00 lg. 5–6. Schwach thamnophil, auf nährstoffreichen, meist sandigen, sauren Böden des Tieflands; v NO-An O-Ns: Tiefland W-Me SO-Sh, z N-We: Nordwestfalen O-Sa SW-An Br W-Ns: außer äußerstem W N- u. S-Me, s N-Ba: Aschaffenburg Th (f M u. SW) M-Sa SO-Ns M-Me S- u. M-Sh (temp·c2-3 EUR – L8 T5 F5 R2 N3? – 28). [*R. serrulatus* LINDEB. non FOERSTER, *R. aequiserrulatus* H. E. WEBER] **Feingesägte H. – *R. lamprocaulos*** G. BRAUN

Anm.: Verwechslungsgefahr besteht aufgrund ähnlicher Bl mit der **Schmiedeberger H. – *R. fabrimontanus*, Tab. W: 3**, S. 109, die u. a. jedoch längere Stieldrüsen besitzt.

4* (**3**, s. auch **Tab. T: 8***, S. 104) Schössling mit 0–10(–30) Stieldrüsen pro 5 cm. Bl useits nicht fühlbar behaart, 5–10 mm lg bespitzt, 1–2 mm tief gesägt, lebend stark konvex. Mittlere SeitenBlchen 0–5 mm lg gestielt. BStiele oft nur mit wenigen Stieldrüsen, mit 2–8 bis 3(–3,5) mm lg Stacheln. Griffel (am Grund) rosa. 2,00–3,00 lg.

5–6. Thamnophil, auf mäßig nährstoffreichen, kalkfreien Böden; z SW-Ns: südliches Emsland, s NW-We: bis Raum Münster W-Ns: östlich bis Osnabrück (temp·c1-2EUR – L8 T5 F5 R4 N4 – ?). **Kurzfüßige H.** – ***R. contractipes*** H. E. WEBER

Anm.: Ähnlich ist die **Uberische H.** – ***R. ubericus*** MATZKE-HAJEK, doch u. a. Schössling meist mit 15–25 (statt nur mit 4–13) Stacheln pro 5 cm; s NO-Rh: Sieggebiet, WesterW S-We: Niederrhein, Bergisches Land.

5 **(3)** Schössling kahl, ohne Stieldrüsen. Bl oft groß (>20 cm lg), useits nicht fühlbar behaart. EndBlchen ausgeprägt herzfg-eifg, allmählich 15–20(–30) mm lg bespitzt, fast gleichmäßig (1–)2–3 mm tief gesägt, lebend meist konvex. BStiele meist ohne Stieldrüsen, mit (0–)1–3(–5) bis 2(–2,5) mm lg Stacheln. KrBl weiß bis blassrosa. Griffel am Grund grünlich od. etwas rosa. 2,00–3,00 lg. 5–6. Thamnophil, auf mäßig nährstoffreichen, gern etwas frischen Böden; z W-Ns: Tiefland, s NW-We: Schmalge, Petershagen, Gütersloh S-Sh (temp·c2EUR – L8 T5 F5 R5 N5 – 28). [*R. demissus* H. E. WEBER et MARTENSEN non SUDRE] **Bescheidene H.** – ***R. perdemissus*** H. E. WEBER et MARTENSEN

5* Schössling mit 0–5 Haaren pro cm Seite, mit od. ohne Stieldrüsen. Bl kleiner. EndBlchen anders geformt od. kürzer bespitzt, oft tiefer gesägt, nicht konvex. Griffel am Grund grün 6

6 Bl 5zählig (selten einzelne 6–7zählig), useits nicht fühlbar behaart. EndBlchen zumindest teilweise gelappt (auf 1 od. 2 Seiten mit lappigem Absatz) od. mit lappenfg vorspringenden Hauptzähnen, 2–>8 mm tief gesägt 7

6* Bl (3–)5zählig (nie 6–7zählig), useits nicht fühlbar bis etwas weich behaart. EndBlchen nicht gelappt u. ohne lappenfg vorspringende Hauptzähne, 2–4(–5) mm tief gesägt 8

7 Schössling mit 0–5 Härchen pro cm Seite u. (5–)10–15 dünnen, abstehenden od. wenig geneigten, geraden, 4–5(–6) mm lg Stacheln pro 5 cm. Bl oseits vielhaarig. EndBlchen br herzfg-eifg, oft schwach 3lappig (selten auch 2–3teilig), allmählich 10–15 mm lg bespitzt, sehr grob periodisch 5–>8 mm tief gesägt. BStandsachse mit (fast) geraden, dünnen, 3,5–5 mm lg Stacheln. BStiele mit 3–10 nadligen, (fast) geraden, 2,5–3 mm lg Stacheln. 2,00–3,00 lg. 5–6. Thamnophil, auf nährstoffreichen, gern nitrathaltigen Böden; z N-We: mittlere Westfälische Bucht O-Br, s N-Ba: Zangenstein NW-We M-Br Ns: Ostfriesland, Bad Nenndorf S-Me (temp·c2-3EUR – L8 T5 F5 R5 N5 – ?). **Lappenzähnige H.** – ***R. lobatidens*** H. E. WEBER et STOHR

7* Schössling kahl, mit 15–20 br, geneigt-gekrümmten, bis 4 mm lg Stacheln pro 5 cm. Bl oseits (fast) kahl. EndBlchen rundlich, abgesetzt 5–10(–20) mm lg bespitzt, meist angedeutet 2–3lappig, nicht selten auch 2–3teilig (dann Bl 6–7zählig), unregelmäßig 2–5 mm tief gesägt. BStandsachse mit breiteren, krummen, 3–4 mm lg Stacheln. BStiele mit (8–)12–21 leicht gekrümmten, 1,5–2 mm lg Stacheln. 2,00–3,00 lg. 5–6. Thamnophil, auf mäßig nährstoffreichen bis reichen, auch kalkhaltigen Böden; z NW-Ba Th (f W u. O), s NO-Ba O-Bw SW-An: Billroda, Ober-Möllern (stemp/(demo)·c2-3EUR – 28). **Holub-H.** – ***R. josefianus*** H. E. WEBER

8 **(6)** BStiele mit 0–5 Stieldrüsen u. (1,5–)2–3 mm lg Stacheln. Schössling mit 0–5 Stieldrüsen u. 15–20 Stacheln pro 5 cm. Bl 4–5zählig. EndBlchen kurz gestielt (24–30 % der Spreite), br (verkehrt)herzeifg bis rundlich, grob 2–4(–5) mm tief gesägt. BStandsachse mit meist geraden Stacheln. KZipfel (laubig) verlängert. 2,00–3,00 lg. 5–6. Thamnophil, auf mäßig nährstoffreichen Böden; z NO-We: bes. um Bielefeld, s M-We: Mettmann S-Ns: Stadthagen, Loccum, Solling (temp·c2EUR – L8 T5 F5 R4? N5 – ?). **Angeber-H.** – ***R. vaniloquus*** A. SCHUMACH. ex H. E. WEBER

8* BStiele mit 1–60 Stieldrüsen u. 1–2 mm lg Stacheln. Schössling mit (0–)10–100(–500) Stieldrüsen pro 5 cm, 0–4(–20) pro cm Seite. KZipfel nicht verlängert 9

9 Schössling mit 100–500 fast sitzenden Stieldrüsen pro 5 cm (4–20 pro cm Seite). BStiele mit ∞ 0,1–0,2 mm lg Stieldrüsen. Bl 3–5zählig, oseits mit 20–60 Haaren pro

cm², useits nicht fühlbar behaart. EndBlchen br verkehrteifg bis rundlich, abgesetzt 10–15 mm lg bespitzt, 3(–4) mm tief gesägt. K außen auf der Fläche fast glänzend frischgrün, am Grund gelbstachlig. 2,00–3,00 lg. 5–6. Thamnophil, auf mäßig nährstoffreichen, kalkfreien Böden; v W- u. N-Sh (f NW), s We: Albaumer Klippen im Sauerland O-Ns: Tiefland westlich bis Delmenhorst, † Sa: Großenhain (ntemp·c2EUR – L8 T5 F5 R3? N3? – 28). **Unähnliche H.** – ***R. dissimulans*** Lindeb.

9* Schössling u. BStiele meist nur mit zerstreuten Stieldrüsen. Bl oseits (fast) kahl. K schwach graugrün **10**

10 EndBlchen ausgeprägt herzfg, mit 7–12 mm lg Spitze, 2,5–4(–5) mm tief gesägt. Stacheln der BlStiele u. BStandsachse gerade od. wenig gekrümmt, die der BStiele gerade. 2,00–3,00 lg. 5–6. Thamnophil, auf mäßig nährstoffreichen, kalkfreien Böden; z NO-Ns: Lüneburger Heide NW-Sh: Raum Husum, s M-Ns: Badener Holz, Frankenfeld bei Rethem M-Sh: östlich Neumünster (ntemp·c2EUR – L8 T5 F5 R6 N5? – ?). **Herzförmige H.** – ***R. cordiformis*** H. E. Weber et Martensen

10* EndBlchen br eifg bis rundlich, dabei oft breiter als lg, mit nur 3–5(–10) mm lg Spitze, um 2 mm tief gesägt. Stacheln der BlStiele u. BStandsachse deutlich, die der BStiele schwächer gekrümmt. ***R. franconicus***, s. **Tab. S: 8***, S. 103

Tabelle S: Ser. ***Sepincola*** (Weihe ex Focke) E. H. L. Krause – **Hecken-Haselblattbrombeeren**

(Schössling mit meist nur bis 3–4 mm lg [fast] gleichartigen Stacheln, kahl od. fast kahl, ohne od. mit sehr zerstreuten, seltener bis etwa 50 Stieldrüsen pro 5 cm. EndBlchen aus meist herzfg Grund oft br bis rundlich od. gelappt. NebenBl meist 2–3 mm br. Griffel grünlich. Staubbeutel kahl. Thamnophil. Schwer gegen die Ser. *Subthyrsoidei* abzugrenzen)

1 (**Tab. P: 7***, S. 98) Bl alle od. überwiegend 3zählig, useits etwas weich behaart. EndBlchen periodisch 3–6 mm tief gesägt. Schössling bereift od. unbereift. KrBl weiß **2**

1* Bl alle od. überwiegend 5zählig, useits nicht fühlbar bis weich behaart. EndBlchen 2–5 mm tief gesägt. Schössling unbereift. KrBl weiß bis rosa **3**

2 Schössling weißlich bereift, rundlich-stumpfkantig, mit ± rötlichen, etwas ungleichen, fast nadlig-dünnen, 2–3(–3,5) mm lg Stacheln u. zerstreuten Stieldrüsen. Bl oseits mit 300–500 Härchen pro cm². EndBlchen ± angenähert dreieckig. NebenBl 3–4 mm br. BStiele mit bis 0,5 mm lg, roten Stieldrüsen. KZipfel oft fädig verlängert, die Fr umfassend (Pfl insgesamt etwas ähnlich *R. caesius*, **10**, S. 101). 2,00–3,00 lg. 5–6. Thamnophil, auf nährstoffreichen, gern etwas nitrathaltigen Böden; z N- u. O-An S- u. M-Br, s NO-We: Döhren He Th N-Sa W- u. S-An Ns W-, S- u. NO-Me (f M) (temp·c2-3EUR – L8 T5 F5 R6 N6 – ?). **Plötzensee-H.** – ***R. leuciscanus*** E. H. L. Krause

2* Schössling (fast) unbereift, kantig u. meist flachseitig, mit gleichfarbigen, breiteren, 3–4(–6) mm lg Stacheln, ohne od. mit vereinzelten Stieldrüsen. Bl oseits mit 2–20 Haaren pro cm². EndBlchen br eifg bis br rhombisch. NebenBl 1–3 mm br. BStiele mit 0,1–0,3 mm lg blassen Stieldrüsen. KZipfel kurz, meist locker zurückgeschlagen. 2,00–3,00 lg. 5–6. Thamnophil, auf nährstoffreichen Böden; z N-An NO-Ns W-Me SO-Sh, s S-An W-Br M-Ns: Godenstedt bei Bremen (temp·c2-3EUR – L8 T5 F5 R6 N6 – ?). **Ragende H.** – ***R. exstans*** Walsemann et Stohr

3 (**1**) EndBlchen meist mit 1–2 lappenfg Absätzen od. tiefer 2–3lappig, sonst aus br ± herzfg Grund angenähert 3eckig, mit längeren Hauptzähnen grob periodisch 3–4 mm tief gesägt, in eine kaum abgesetzte um 10 mm lg Spitze auslaufend, useits etwas graugrün, deutlich fühlbar bis weich behaart. Schössling kantig, kahl. KrBl hellrosa. 2,00–3,00 lg. 5–6. Thamnophil, auf nährstoffreichen Böden; z M- u S-An: von Zerbst an südwärts, s Th: Limlingerode Br: Ruhland (temp·c3EUR – L8 T5 F5 R6 N6 – ?). **Anhaltiner H.** – ***R. anhaltianus*** H. E. Weber

3* EndBlchen ohne lappenfg Absätze, nicht angenähert 3eckig, oft rundlich 4

4 KrBl rosa. Schössling mit 3–4 mm lg Stacheln. EndBlchen meist etwas konvex, 2–3 mm tief gesägt. BStiele mit nur 1–1,5 mm lg Stacheln 5

4* KrBl weiß. Schössling mit 2–4 mm lg Stacheln. EndBlchen meist flach, 2–5 mm tief gesägt. BStiele mit 0,5–2 mm lg Stacheln 6

5 (**4**, s. auch **Tab. T: 6**, S. 104) Schössling mit am Grunde etwas polsterfg verdickten Stacheln. Bl oseits (fast) kahl. EndBlchen meist br eifg bis elliptisch, 7–12 mm lg bespitzt, lebend schwach konvex. BStandsachse mit am Grund verdickten, wenig gekrümmten Stacheln. BStiele mit am Grund verdickten Stacheln. 2,00–3,00 lg. 5–6. Thamnophil, auf nährstoffreichen, gern kalkhaltigen Böden; v N-We (Kalkgebiete) He SW-An SO-Ns, z NW-Rh Th (f Th-W) N- u. O-An (f SO) SW-Ns: Bergland W-Me: östlich bis zur Linie Rostock–Müritz SO-Sh: Ostholstein, s Ba (f S) O-Bw SO-Rh: Birkenfeld M- u. S-We NO-Br NO- u. M-Ns Me (temp/(demo)·c2-3EUR – L8 T5 F5 R7 N6 – 28). **Dickstachlige H.** – ***R. hadracanthos*** G. BRAUN

5* Schössling mit schlankeren Stacheln. Bl oseits mit 20–60 Haaren pro cm^2. EndBlchen br verkehrteifg bis kreisrund, mit aufgesetzter 8–15 mm lg Spitze, lebend deutlich konvex. BStandsachse mit schlanken, deutlich gekrümmten Stacheln. Stacheln der BStiele am Grunde nicht auffallend verdickt. 2,00–3,00 lg. 5–6. Thamnophil, auf nährstoffreichen, oft kalkhaltigen Böden; z SW-An, im N bis Deersheim u. Halberstadt, s Th: Jützenbach Ns: Bad Harzburg (temp·c3EUR – L8 T5 F5 R6 N6 – ?). **Kreislaubige H.** – ***R. orbifrons*** H. E. WEBER

6 (**4**) Bl oseits mit (1–)10–60 Haaren pro cm^2, useits weichhaarig. Schössling ohne Stieldrüsen. EndBlchen 2–3 mm tief gesägt, lebend schwach konvex od. flach .. 7

6* Bl oseits (fast) kahl, useits nicht fühlbar bis fühlbar (doch nicht weich) behaart, filzlos. Schössling ohne od. mit einzelnen Stieldrüsen. EndBlchen 2–6 mm tief gesägt, lebend meist flach 8

7 Bl runzlig, useits durch feine (Stern-)Haare graugrün- bis grüngraufilzig. Schössling mit dünnen, gekrümmten, 2–3(–4) mm lg Stacheln. EndBlchen br herzfg-eifg bis rundlich, nicht gefaltet. BStand etwas schirmrispig. BStiele ohne Stieldrüsen, mit 9–10 sichelfg, 0,5–1(–1,5) mm lg Stacheln. 2,00–3,00 lg. 5–6. Thamnophil, auf nährstoffreichen, gern nitrathaltigen, auch kalkreichen Böden; v S-Th W-An O-Sh, z N-Th O-An Br O-Ns W-Me SW-Sh, s N-Ba We: Langenholthausen, Hallenberg He (f S) Sa SW-Ns: Bad Laer N-Me NW-Sh (temp·c2-3 EUR – L8 T5 F5 R7 N6 – ?). [*R. dethardingii* auct. p. p.] **Krummnadlige H.** – ***R. curvaciculatus*** WALSEMANN ex H. E. WEBER

Anm.: Sehr ähnlich ist die **Detharding-H.** – ***R. dethardingii*** E. H. L. KRAUSE, doch Schössling stärker kantig, mit meist geraden Stacheln, Bl useits (stärker) graufilzig, BStiele mit bis 0,1 mm lg Stieldrüsen; v NW-Me bis Linie Plau–Greifswald, s N-An: Giesenslage Br O-Me SO-Sh.

7* Bl nicht runzlig, useits schwach graugrün, ohne Sternhaare, nicht filzig. Schössling mit dickeren, teilweise geraden, 3,5–4 mm lg Stacheln. EndBlchen br verkehrteifg bis fast kreisrund, oft etwas lindenartig, lebend schwach gefaltet (zw. den Seitennerven aufgewölbt). BStand schmal pyramidal bis zylindrisch. BStiele ohne od. mit einzelnen Stieldrüsen, mit 1–5 bis 2 mm lg, leicht gekrümmten Stacheln. 2,00–3,00 lg. 5–6. Thamnophil, auf nährstoffreichen, gern auch kalkhaltigen Böden; v NW-Th: südl. bis Schleiz, s grenznahes S-An: Casekirchen, Lonzig, Gutenborn Sa: Mühlau bei Penig (temp·c3EUR – L8 T5 F5 R6 N6 – ?). **Lindenartige H.** – ***R. tilioides*** H. E. WEBER et W. JANSEN

8 (**6**) Schössling mit 5–15 Stacheln pro 5 cm. Bl useits fühlbar behaart. EndBlchen in od. oberhalb der Mitte am breitesten, auch ohne die Spitze länger als br, 10–20 mm lg bespitzt, (2–)3–5 mm tief gesägt. 2,00–3,00 lg. 5–6. Thamnophil, auf nährstoffreichen Böden; z N-An Br NO-Ns W-Me SO-Sh: bis zur Linie Hamburg–Lübeck, s He: Kirtorf Sa: Dresden, Possendorf S-An (f SO) M-Ns O-Me (temp·c2-3EUR – L8 T5 F5 R6 N6 – ?). **Walsemann-H.** – ***R. walsemannii*** H. E. WEBER

8* (6, **Tab. R: 10***, S. 101) Schössling mit (10–)15–25 Stacheln pro 5 cm. Bl useits nicht fühlbar behaart, EndBlchen in od. unterhalb der Mitte am breitesten, ohne die Spitze oft breiter als lg, 3–5(–10) mm lg bespitzt, um 2 mm tief gesägt. 2,00–3,00 lg. 5–6. Thamnophil, auf mäßig nährstoffreichen bis kalkhaltigen Böden; v NO-Ba: außer höhere Gebirge SO-Th Sa: außer Erzg S-An, z M-Ba S- u. SW-Th NO-An S-Br, s He N-Th O-Ns: Bad Harzburg N-An M-Br: z. B. Berlin im Forst Düppel (temp·c3 EUR – L8 T5 F5 R6 N5 – 28). **Fränkische H.** – ***R. franconicus*** H. E. WEBER

Tabelle T: Ser. ***Subthyrsoidei*** (FOCKE) FOCKE – **Graukelchige Haselblattbrombeeren**

(Schössling meist kahl, [fast] ohne Stieldrüsen, mit gleichartigen Stacheln. Bl useits [vor allem im BStand] oft graufilzig. Staubbeutel gewöhnlich kahl)

1 (**Tab. P: 8**, S. 98) KrBl u. StaubBl (hell)rosa. Griffel oft am Grund rosa. Bl 3–4zählig od. (fast) alle 5zählig **2**

1* KrBl weiß (selten etwas rosa angehaucht). Griffel stets grünlichweiß. Bl alle 5 zählig **9**

2 Bl useits deutlich graufilzig **3**

2* Bl useits filzlos grün, seltener etwas graugrünfilzig **5**

3 Bl alle 5zählig (einzelne zuweilen 6–7zählig). EndBlchen br herzfg-eifg bis rundlich, kaum abgesetzt 8–15(–20) mm lg bespitzt, grob 3–5 mm tief gesägt. Schössling kantig, mit am Grund etwas roten, leicht gekrümmten, 3–5(–6) mm lg Stacheln. BStandsachse mit krummen Stacheln. BStiele mit 6–12 ungleichen, meist am Grund lebhaft roten, br, etwas krummen, bis 2–3 mm lg Stacheln. Griffel meist grünlichweiß. 2,00–3,00 lg. 5–6. Thamnophil, auf nährstoffreichen, auch kalkhaltigen Böden; z NW-Me (f M) NO-Sh, s N-Ba: Coburg, Hammelburg He Sa: Meißen An: Ivenrode, Bergwitz, Helbra NO-Ns: Quarstedt, Amelinghausen, Tellmer, Dickfeitzen SO-Ns: Schöningen (Elm) S-, N- u. O-Me W- u. S-Sh (ntemp·c2-3EUR – L8 T5 F5 R6 N5 – 35). **Wahlberg-H.** – ***R. wahlbergii*** ARRH.

Anm.: Ähnlich ist die **Lindenförmige H.** – ***R. subtileaceus*** (FRID.) H. E. WEBER et MARTENSEN mit angenähert lindenfg EndBlchen u. BStandsachse mit schlanken, (fast) geraden Stacheln; z O-Sh, s W-Sh: Föhr, Milstedt, Homfeld.

3* Bl alle od. überwiegend 3–4zählig. EndBlchen kurz gestielt (18–25 % der Spreite), br elliptisch bis rundlich, mit nur (3–)5–7(–10) mm lg Spitze, 1–3(–4) mm tief gesägt. Schössling kantig od. stumpfkantig-rundlich, mit 2,5–3,5(–4) mm lg Stacheln ... **4**

4 Schössling kantig-flachseitig (seltener etwas rinnig). Bl überwiegend od. alle 3zählig mit schwach 2lappigen SeitenBlchen, oseits mit 0–20 Haaren pro cm². EndBlchen kurz gestielt (18–25 % der Spreite), br elliptisch bis rundlich, 2–3(–4) mm tief gesägt. BStiele mit am Grund etwas roten, leicht gekrümmten Stacheln. 2,00–3,00 lg. 5–6. Thamnophil, auf nährstoffreichen Böden; z S-An O-Br SO-Me, s He Th (f SW) O-Sa NW-An (f NO) W-Me N-Me: Rügen (temp·c3EUR – L8 T5 F5 R7 N6 – 28). **Heveller-H.** – ***R. hevellicus*** (E. H. L. KRAUSE) E. H. L. KRAUSE

4* Schössling stumpfkantig-rundlich. Bl teils 3zählig mit meist tief 2lappigen SeitenBlchen, teils 4–5zählig, oseits fast kahl. EndBlchen mittellg gestielt (25–30 % der Spreite), (br) verkehrteifg bis fast rundlich, 1–2 mm tief gesägt. BStiele mit gelblichen, (fast) geraden Stacheln. 2,00–3,00 lg. 5–6. Thamnophil, etwas wärmeliebend, auf nährstoffreichen, meist kalkhaltigen Böden; z N-Ba (lokal häufiger), s Bw Rh: Hunsrück, PfälzerW, Saarland We: Kölner Bucht, Porta Westfalica He W-Th (stemp/(mo)·c2-3EUR – L8 T5 F5 R7 N6 – ?). **Bayreuther H.** – ***R. baruthicus*** H. E. WEBER

Anm.: Verwechslungsmöglichkeit mit der **Samtblättrigen H.** – ***R. amphimalacus*, Tab. V: 1**, S. 106, die sich durch fast ausschließlich 3zählige, oseits durch dichte Behaarung weiche Bl unterscheidet, SeitenBlchen (3zähliger Bl) gewöhnlich nicht 2lappig.

Sehr ähnlich ist auch die **Grenz-H.** – ***R. confinis*** P. J. MÜLL. mit oseits dicht kurzhaarigen Bl und daher auch zur Ser. *Subcanescentes* (**Tab. V**) gehörend; v Rh: PfälzerW, Saarland, s Rh: Hunsrück He.

5 **(2)** BStiele ohne, seltener mit nur 0,1 mm lg Stieldrüsen. Schössling kahl. EndBlchen 2–6 mm tief gesägt, schwach konvex od. flach. Griffel weißlichgrün od. am Grund schwach rosa **6**

5* BStiele mit 0,2–0,5 mm lg Stieldrüsen. Schössling etwas behaart od. kahl. EndBlchen 1–2 mm tief gesägt, stark konvex. Griffel am Grund stets deutlich rosa **8**

6 Schössling stumpfkantig-rundlich, kahl, mit 10–15 dickfüßigen, 3–4 mm lg Stacheln pro 5 cm. Bl oseits (fast) kahl. EndBlchen 2–3(–4) mm tief gesägt. BStiele mit (3–)5–10(–15) am Grund verdickten, 1–2 mm lg Stacheln. ***R. hadracanthos***, s. **Tab. S: 5**, S. 102

6* Schössling kantig, mit flachen od. rinnigen Seiten, kahl, mit 3–10 am Grund normal verbreiterten, (3–)3,5–5 mm lg Stacheln pro 5 cm. Bl oseits (fast) kahl od. behaart **7**

7 Schössling mit 5–10 nicht auffallend gefärbten Stacheln pro 5 cm. Bl (3–)4–5zählig, oseits mit 5–50 Haaren pro cm², useits nicht fühlbar behaart. EndBlchen mittellg gestielt (24–33 % der Spreite), herzfg-eifg bis rundlich, nicht selten 2–3lappig, periodisch (2,5–)3–5(–6) mm tief gesägt, lebend meist etwas konvex. BStiele mit (0–)3–7(–9) etwas gekrümmten, 1–2 mm lg Stacheln. 2,00–3,00 lg. 6. Schwach thamnophil, auf mäßig nährstoffreichen Böden; z Sa O-An Br, s N- u. M-Ba O-Th W-, S- u. N-An (stemp·c3EUR – L7 T5 F5 R5 N5 – ?). **Stohr-H.** – ***R. stohrii*** H. E. WEBER et RANFT

7* Schössling mit 3–5, meist am Grund auffallend roten Stacheln pro 5 cm. Bl 5zählig, oseits mit 0–5 Härchen pro cm², useits weichhaarig. EndBlchen lg gestielt (40–50 % der Spreite), br verkehrteifg bis fast rundlich, 10–15 mm lg bespitzt, um 2 mm tief gesägt, lebend ± flach. BStiele mit 1–6 (fast) geraden, 0,5–1,5(–2) mm lg Stacheln. 2,00–3,00 lg. 5–6. Thamnophil, etwas wärmeliebend, auf nährstoffreichen Böden; z S-Rh, s N-Bw He: Taunus, Bergstraße, OdenW (stemp/(demo)·c2EUR – L8 T6 F5 R7 N6 – ?). [*R. roseiflorus* P. J. MÜLL.] **Mougeot-H.** – ***R. mougeotii*** BILLOT ex F. W. SCHULTZ

8 **(5)** EndBlchen mittellg gestielt (25–35 % der Spreite), mittlere SeitenBlchen meist 5–15 mm lg gestielt. Bl (zumindest die oberen im BStand) useits etwas dünnfilzig, deutlich fühlbar behaart. Schössling mit (0–)1–3(–10) Härchen pro cm Seite. 2,00–3,00 lg. 5–6. Thamnophil, auf mäßig nährstoffreichen, kalkfreien Böden; v M-Ns, z N-We: südwärts bis mittlere Westfälische Bucht W- u. O-Ns: Tiefland, s SW-We N-An S-Ns: Bergland W-Me: bis Linie Wismar–Dömitz S-Sh (temp·c1-2EUR – L8 T5 F5 R4 N4 – 28). **Kahlköpfige H.** – ***R. calvus*** H. E. WEBER

8* EndBlchen kürzer gestielt (18–25 [–33]% der Spreite), mittlere SeitenBlchen 0–5 mm lg gestielt. Bl (auch im BStand) useits filzlos grün, meist nicht fühlbar behaart. Schössling kahl. ***R. contractipes***, s. **Tab. R: 4***, S. 99

9 **(1)** Bl useits (oft filzig) graugrün u. von längeren Haaren weich **10**

9* Bl useits filzlos ± grün, nicht weichhaarig **12**

10 Bl oseits mit 0–5(–10) Haaren pro cm². EndBlchen aus etwas herzfg Grund (schmal) verkehrteifg bis angenähert 5eckig, kaum abgesetzt 5–10 mm lg bespitzt (an *R. montanus*, **Tab. C: 13,** S. 70, erinnernd), (2–)3–5 mm tief gesägt. 2,00–3,00 lg. 5–6. Thamnophil, auf nährstoffreichen, auch kalkhaltigen Böden; z Ba (f SO) SO-Th, s O-Bw M-Th (stemp/(mo)·c2-3EUR – L8 T6 F4 R5? N5? – ?). **Schwäbische H.** – ***R. suevicola*** H. E. WEBER

10* Bl oseits mit (1–)5–150 Haaren pro cm². EndBlchen anders geformt **11**

11 Schössling mit am Grund br, 2,5–4 mm lg Stacheln. EndBlchen br herzeifg, periodisch bis oft etwas stufig gelappt. BStand br zylindrisch, oft etwas ebensträußig endend u. mit verlängerten, wirr durcheinander wachsenden, vielblütigen Ästchen. KrBl nur 7–8 mm lg. 2,00–3,50 lg. 5–6. Schwach thamnophil, auf mäßig sauren Böden in koll. bis submont. Lage; z Rh: Saarland, PfälzerW, Hunsrück, s We: Medebach He Th: Weißenborn, Treffurt, Apolda, Eisenach (stemp/(mo)·c2-3EUR – L7 T6 F4 R5? N5? – ?). **Wirrästige H. – *R. intricatus*** P. J. MÜLL.

11* Merkmalskombination andersartig. KrBl meist >8 mm lg **Tab. V: 2**, S. 107

12 **(9)** Schössling kräftig (bis 8–10 mm im ∅), mit 3–8 gerade abstehenden Stacheln pro 5 cm. EndBlchen mäßig lg gestielt ([25–]30–40 % der Spreite), br elliptisch od. eifg bis rundlich, etwas abgesetzt 10–15 mm lg bespitzt, periodisch grob 2–4(–5) mm tief gesägt. BStiele ohne Stieldrüsen, mit 3–15 etwa 2–3 mm lg Stacheln. 2,50–3,50 lg. 5–6. Thamnophil, auf nährstoffreichen, gern kalkhaltigen Böden; z M-Ba Th SW-An, s Ba (f SO) O-Bw Rh He O-Sa SO-An SO-Ns: Südharz (stemp/(mo)·c2-3EUR – L8 T6 F4 R7 N6 – ?). **Grobe H. – *R. grossus*** H. E. WEBER

12* Schössling um 5 mm im ∅, mit (5–)8–15 etwas geneigten Stacheln pro 5 cm. EndBlchen eifg bis elliptisch, allmählich (12–)15–20 mm lg bespitzt, deutlich periodisch (2–)3–4 mm tief gesägt. BStiele zuweilen mit fast sitzenden Stieldrüsen, mit 5–20 etwa 1,5–2 mm lg Stacheln. 2,00–3,00 lg. 6(–7). Thamnophil, auf nährstoffreichen, auch kalkhaltigen Böden; v O-Sh, z Th N-Sa O Sa An Br NO-Ns Me, s Ba N-We: Seeste, Westerkappeln He Ns (f W) W-Sh (temp·c2-3EUR – L 8 T5 F5 R7 N6 – 28). **Gotische H. – *R. gothicus*** FRID. et GELERT ex E. H. L. KRAUSE

Anm.: Ähnlich ist die **Unentschlossene H. – *R. haesitans*** MARTENSEN et WALSEMANN, unterschieden durch kantigere Schösslinge mit vereinzelten Stieldrüsen (u. Stachelhöckern), Bl useits weichhaarig, einzelne zuweilen 6–7zählig, EndBlchen oft stark periodisch-stufig gesägt od. gelappt; z SO-An NO-Ns W-Me (O-)Sh, s We: Bad Meinberg He Th N-An Br: Berlin N-Me: Darß (L8 T5 F5 R7 N6).

Tabelle U: Ser. ***Subsilvatici*** (FOCKE) FOCKE – **Wimpermännige Haselblattbrombeeren**

(Schössling stumpfkantig-rundlich, meist ± behaart, mit fast fehlenden bis ∞ Stieldrüsen u. fast gleichstachligen [nur bei *R. ferocior* oft auch sehr ungleichen] Stacheln. Staubbeutel behaart)

1 **(Tab. P: 3***, S. 97) KrBl u. StaubBl rosa. Griffel (am Grund) deutlich rosa. Schössling mit (3–)4–6 mm lg Stacheln **2**

1* KrBl u. StaubBl weiß (selten etwas rosa angehaucht od. beim Trocknen blassrosa). Griffel grünlich (falls sehr selten am Grund rosa, dann Schössling mit 6–7 mm lg Stacheln) **5**

2 **(Tab. X: 7**, S. 111) Schössling (zumindest streckenweise) mit deutlich ungleichgroßen Stacheln, ∞ (drüsigen) Borsten u. meist vielen bis 0,6 mm lg Stieldrüsen, fast kahl. Bl 5zählig, useits schwach bis deutlich fühlbar behaart. EndBlchen elliptisch od. schwach (verkehrt)eifg, 8–12 mm lg bespitzt, 2(–3) mm tief gesägt, extrem konvex (so dass es sich beim Pressen meist nicht glatt ausbreiten lässt). 2,00–3,00 lg. 5–6. Thamnophil, auf unterschiedlichen, sauren bis kalkhaltigen, bevorzugt etwas frischen Böden; g W-Ns, v O-Ns: nur Tiefland, z NW-We, s S-We N-An W- u. S-Me SO-Sh: Geesthacht, Dalldorf, wohl (N)†? Br: Autobahnparkplatz nördlich Dreieck Spreeaue (temp· c1-2EUR – L8 T5 F5 RX N5? – 28). [*R. ferox* WEIHE non VEST] **Wildere H. – *R. ferocior*** H. E. WEBER

2* Schössling mit (fast) gleichgroßen Stacheln, ohne od. mit wenigen (drüsigen) Borsten u. mit fast fehlenden bis ∞ kürzeren Stieldrüsen, fast kahl bis reichlich behaart . **3**

3 Schössling mit 0–5 Härchen pro cm Seite u. mit geneigten bis geraden u. etwas gekrümmten, 3–5 mm lg Stacheln. EndBlchen verlängert eifg, 1–1,5 (–2) mm tief gesägt, lebend konvex. BStandsachse mit teilweise gekrümmten, 3–4 (–5) mm lg Stacheln. KrBl 8–14 mm lg. 2,00–3,00 lg. 6–7. Thamnophil, auf mä-

ßig nährstoffreichen Böden; v NW-An NO-Ns SW-Me Sh (s NO-Holstein), z M- u. O-We W-Ns (f SW), s NO-u. W-Ba Rh: Hunsrück bei Kirchdorf, PfälzerW bei Hinterweidenthal, WesterW SW-We: Monschau He Th (f M u. SW) Sa: Tiefland M-An Br SO-Ns M- u. N-Me (temp/demo·c2-3EUR – L8 T5 F5 R4? N5 – ?). **Friedliche H.** – ***R. placidus*** H. E. WEBER

3* Schössling mit 10–60 Haaren pro cm Seite u. gerade abstehenden, 4–7 mm lg Stacheln. EndBlchen 2–4 mm tief gesägt, lebend ± flach. BStandsachse mit geraden, (3–)4–6 mm lg Stacheln. KrBl 11–18 mm lg **4**

4 Bl (3–)4–5zählig, oseits etwas graugrün, useits grünlich bis graugrün, kaum bis deutlich fühlbar (aber nicht schimmernd) kurzhaarig u. dazu oft schwach filzig. EndBlchen br eifg bis rundlich, oft auf einer od. beiden Seiten mit lappigem Absatz, 2–3 mm tief gesägt. BStiele mit um 0,5 mm lg Stieldrüsen. 2,00–3,00 lg. 5–7. Schwach thamnophil, auf ärmeren bis nährstoffreichen, gern etwas nitrathaltigen Böden; g SO-Sh, v W-Me: östlich bis Linie Wismar–Dömitz N-An O-Ns (Tiefland), z N-Rh We N- u. M-Br SO-Ns M-Sh, s Ba: OdenW, Maingebiet SW-Rh: Hunsrück, Kaiserslautern, Saarland He SO-Th Sa M-An (f S) S-Br W-Ns M-, N- u. O-Me N-Sh (f NW) (temp/(demo)·c1-3EUR – L8 T5 F5 RX NX – 28). **Hain-H.** – ***R. nemorosus*** HAYNE et WILLD.

4* Bl alle 5zählig, oseits grün, useits gelblich grün, von auf den Nerven stehenden, schimmernden Haaren samtig weich u. dazu deutlich filzig behaart. EndBlchen nie rundlich, stets ohne lappige Absätze, 2–4 mm tief gesägt. BStiele mit meist bis 1,5–2 mm lg Drüsenborsten. 2,50–3,00 lg. 5–6(–7). Schwach thamnophil, auf mäßig nährstoffreichen, meist sauren Böden; disjunkt, z Rh: Westeifel, M-We SO-An: bes. zwischen Dessau u. Wolfen, s W- u. O-We (stemp/(demo)·c1-3EUR – L8 T5 F5 R4 N5 – ?). **Große Hain-H.** – ***R. nemorosoides*** H. E. WEBER

5 **(1)** Schössling mit fast geraden, 3,5–4(–5) mm lg Stacheln. Bl oseits mit 20–100 Haaren pro cm², useits filzlos bis graugrün filzig. EndBlchen aus meist abgerundetem Grund eifg bis elliptisch. BStandsachse mit teilweise gekrümmten, bis 2–3,5(–4) mm lg Stacheln. KrBl meist 8–12 mm lg. 2,00–3,00 lg. 5–6. Schwach thamnophil, auf unterschiedlichen, optimal auf sauren Böden; g W-Sh, v M- u. O-We (Westfalen) Ns, z He Th (f M) W-Me O-Sh, s N-Ba Bw: Offenburg Rh: Eifel, Speyer W-We Sa W- u. S-An N- u. M-Br M-, N- u. O-Me (ntemp·c2EUR – L8 T5? F5 RX NX – 28). [*R. ciliatus* LINDEB.] **Bewimperte H.** – ***R. camptostachys*** G. BRAUN

5* Schössling mit geraden, 6–7 mm lg Stacheln. Bl oseits mit (0–)1–5(–20) Haaren pro cm², useits oft graufilzig. EndBlchen aus herzfg Grund br eifg bis lindenblattartig kreisrund. BStandsachse mit geraden, 5–6 mm lg Stacheln. 2,00–3,00 lg. 6–7. Schwach thamnophil, auf mäßig nährstoffreichen Böden; z NO-Sh, s We: Balve He: Bad Sooden-Allendorf, Rossbach, Untermainebene Sa: Leipzig NO-Ns: Raum Winsen – Bispingen Me: Wismar, Crivitz, Lübz, Usedom Sh (f SO) (temp·c1-2EUR – L8 T5 F5 R5 N5 – 42). **Lindenblättrige H.** – ***R. tiliaster*** H. E. WEBER

Tabelle V: Ser. ***Subcanescentes*** H. E. WEBER – **Filzblättrige Haselblattbrombeeren**

(Schössling kahl od. behaart, mit fehlenden bis ∞ Stieldrüsen, meist gleichstachelig. Bl oseits meist dicht kurzhaarig [>100 Haare pro cm²], meist auch mit Sternhaaren, useits graufilzig u. weichhaarig. Zumindest teilweise mit Beteiligung von *R. canescens*, **Tab. G: 1**, S. 80, hybridogen entstandene u. apomiktisch stabilisierte Sippen)

1 **(Tab. P: 6*,** S. 98) KrBl u. StaubBl blassrosa. Bl (fast) alle 3zählig. Schössling mit 2,5(–3) mm lg Stacheln. EndBlchen verkehrteifg mit etwas abgesetzter 3–7 mm lg Spitze, fein 1(–2) mm tief gesägt. SeitenBlchen 1–3 mm lg gestielt. BStandsachse mit 2,5–3 mm lg Stacheln. BStiele mit 1–1,5(–2) mm lg Stacheln. 2,00–3,00 lg. 5–6. Thamnophil, wärmeliebend, auf basenreichen, meist kalkhaltigen Böden; v Th: Kreis Saalfeld-Rudolstadt, z N-Ba: fast nur nördlich des Mains Rh: bes. Hunsrück,

PfälzerW He übriges Th, s Bw Rh (stemp/(mo)·c2-3EUR – L8 T6 F5 R7 N5 – 28).
Samtblättrige H. – ***R. amphimalacus*** H. E. WEBER

1* KrBl u. StaubBl weiß (seltener in der Knospe od. beim Trocknen rosa angehaucht). Bl überwiegend (3–)4–5zählig od. alle 5zählig **2**

2 (s. auch **Tab. T: 11***, S. 105) Schössling u. BStiele ohne Stieldrüsen. Bl oseits durch dichte Behaarung (50–500 Haare pro cm²) oft grauschimmernd u. weich **3**

2* Schössling mit zerstreuten bis ∞ meist 0,2–0,3 mm lg Stieldrüsen. BStiele mit 0,1–0,3 mm lg Stieldrüsen. Bl oseits dicht kurzhaarig od. weniger behaart **6**

3 Schössling etwas scharfkantig, mit meist rinnigen Seiten, dunkelweinrot, mit 7–15 bis 2,5–3,5 mm lg Stacheln pro 5 cm. Bl 5zählig, oseits runzlig, dicht behaart, useits mit dichter, grau- bis grauweißfilziger, samtig weicher Behaarung. EndBlchen aus br herzfg Grund rundlich (dabei oft breiter als lg) od. br 3eckig, oft etwas 2–3lappig, abgesetzt 4–8 mm lg bespitzt, fast gleichmäßig 1–1,5 mm tief gesägt. BStiele 8–15 mm lg, mit 5–12 gelblichen, ziemlich dicken, 0,5–1,5 mm lg Stacheln. 2,00–3,00 lg. 5–6. Thamnophil, etwas wärmeliebend, auf nährstoffhaltigen, basenreichen Böden; z Ba (f S) He Th (f meist M) SW- u. S-An NO-Ns: bes. Wendland, s O-Bw, O-Rh N-Rh: Hunsrück W-We: Süderbergland, Oelde, Stemweder Berge N-An SW-Ns: Brockum, auch (N) s S-Sh: Itzehoe (temp/(demo)·c2-3EUR – L8 T7 F5 R7 N6 – 28).
Geradachsenförmige H. – ***R. orthostachyoides*** H. E. WEBER

3* Schössling stumpfkantig, meist weniger rötlich gefärbt. Bl useits weniger dicht graufilzig. EndBlchen meist länger bespitzt (falls ebenso kurz, dann Schössling mit weniger Stacheln u. BStiele länger) **4**

4 Schössling mit 3–6 etwa 2–3 mm lg Stacheln pro 5 cm. Bl 3–5zählig. EndBlchen verkehrteifg bis etwas rundlich od. angenähert 5eckig, 5–6(–10) mm lg bespitzt, 1–2(–2,5) mm tief gesägt. BStiele in der Mehrzahl 20–50 mm lg, mit (0–)2–8 dünnen, 1–1,5 mm lg Stacheln. 2,00–3,00 lg. 5–6. Thamnophil, wärmeliebend, auf nährstoffreichen, gern kalkhaltigen Böden; v SO-Rh, z NO-Rh, s NW-Ba W- u. N-Rh: Hunsrück, Eifel He (f N) SW-Sa: Zettlarsgrün (stemp/(demo)·c2EUR – L8 T6 F5 R7 N6? – ?).
Weißgraue H. – ***R. leucophaeus*** P. J. MÜLL.

4* Schössling mit (5–)7–12 etwa (3–)4–5 mm lg Stacheln pro 5 cm. Bl alle 5zählig. EndBlchen deutlich periodisch (2,5–)3–5 mm tief gesägt, 5–10(–15) mm lg bespitzt, anders geformt. BStiele meist 5–20 mm lg **5**

5 Schössling kahl. EndBlchen mäßig kurz gestielt (25–33 % der Spreite), (br) eifg bis elliptisch. BStiele meist 5–15 mm lg, mit 6–15 derben (1–)1,5–2 mm lg Stacheln. 2,00–3,00 lg. 6(–7). Thamnophil, auf nährstoffreichen, gern kalkhaltigen Böden; v O-Sh (f S), z He Th (f Th-W) M-Sa W-An Br SO-Ns Me, s Ba (f S) Bw Rh We (f NW u. S) O- u. W-Sa O-An NO- u. M-Ns W-Sh (f NW) (temp/(demo)·c2-3EUR – L8 T6 F5 R8 N6 – 28).
Büschelblütige H. – ***R. fasciculatus*** P. J. MÜLL.

5* (**Tab. G: 1***, S. 81) Schössling stellenweise mit vereinzelten Härchen. EndBlchen kurz gestielt (19–25 % der Spreite), auch im BStand angenähert (schmal) rhombisch. BStiele mit 3–8 etwas br, 0,5–1,5 mm lg Stacheln. 2,00–3,00 lg. 5–6. Thamnophil, wärmeliebend, auf nährstoffreichen, auch kalkhaltigen Böden; z N-Ba SW-Rh, s S-Ba (f SO) Bw N-Rh He Th (f M u. W) (stemp/(mo)·c2-3EUR – L8 T7 F5 R8 N6 – ?).
Rhombische H. – ***R. rhombicus*** H. E. WEBER

6 (**2**) Schössling mit 2–2,5(–3) mm lg Stacheln. Bl alle 5zählig, oseits von dichten, ungleich verteilten, nur mit Lupe erkennbaren Stern- u. Büschelhaaren weich. EndBlchen br (verkehrt)eifg, 5–10 mm lg bespitzt, grob eingeschnitten periodisch bis 5–6 mm tief gesägt. Untere SeitenBlchen 0–2(–4) mm lg gestielt. BStand etwas schirmrispig, Achse knickig gebogen, SeitenBlchen 3zähliger Bl 1–4 mm lg gestielt. BStiele stieldrüsig, mit 8–20 nadligen, fast geraden, bis 1,5–2 mm lg Stacheln. KZipfel oft etwas verlängert, später ± aufgerichtet. 2,00–3,00 lg. 5–6. Thamnophil, ausgeprägt

wärmeliebend, auf basenreichen, gern kalkhaltigen Böden; v N- u. M-Ba: Kalkgebiete, z S-Th, s S-Ba O-Bw He S-Sa (stemp/(mo)·c2-3EUR – L9 T7 F4 R8 N6 – 28).
Weiche H. – *R. mollis* J. Presl et C. Presl

6* Schössling mit 3–4(–5) mm lg Stacheln. Bl 3–5zählig, oseits mit 1–150 Haaren pro cm² (u. daher nicht od. kaum weichhaarig). EndBlchen 2–3 mm tief gesägt. Untere SeitenBlchen der 5zähligen Bl 0–1 mm lg gestielt. SeitenBlchen der 3zähligen Bl im BStand 0–1 mm lg gestielt. KZipfel ± abstehend 7

7 Schössling kahl, mit dünnen, geraden Stacheln. EndBlchen kurz gestielt (22–30 % der Spreite), 5–15 mm lg bespitzt. BStandsachse u. BStiele mit (fast) geraden, dünnen Stacheln. 2,00–3,00 lg. 6–7. Thamnophil, auf nährstoffreichen, basenhaltigen Böden; v O-Sh, grenznahes W-Me, s N-An: Eickhorst, Stöckheim NO-Ns: Wendland, Klein Eilsdorf bei Verden W-Sh (ntemp·c2EUR – L8 T5 F5 R7 N6? – 28).
Fünen-H. – *R. fioniae* Frid. ex Neuman

7* Schössling (anfangs) mit zerstreuten Härchen, mit breiteren, teilweise ± gekrümmten Stacheln. EndBlchen oft länger gestielt (25–39 % der Spreite), 3–10(–15) mm lg bespitzt. BStandsachse u. BStiele mit breiteren, (teilweise) etwas gekrümmten Stacheln 8

8 Schössling mit 3,5–5 mm lg Stacheln. Bl 3–5zählig. EndBlchen (br) verkehrteifg bis elliptisch, nie kreisrund, 3–6(–10) mm lg bespitzt. NebenBl bis etwa 1,5 mm br. BStand bis 3–5 cm unter der Spitze beblättert. KZipfel zuletzt abstehend od. locker zurückgeschlagen. 2,00–3,00 lg. (5–)6. Thamnophil, auf nährstoffreichen, auch kalkhaltigen Böden; v N- u. M-Ba: Kalkgebiete, z O-An (außer N u. S), s S-Ba O-Bw Rh S-We He Th N- u. S-An (stemp/(mo)·c2-3EUR – L8 T6 F5 R8 N5 – ?).
Falsche Büschelblütige H. – *R. fasciculatiformis* H. E. Weber

8* Schössling mit 2–3,5 mm lg Stacheln. Bl meist alle 5zählig. EndBlchen oft (fast) kreisrund, 6–10(–15) mm lg bespitzt. NebenBl 1,5–3 mm br. BStand meist bis zur Spitze beblättert. KZipfel zuletzt oft etwas aufgerichtet. 2,00–3,00 lg. 5–6. Thamnophil, auf nährstoffreichen, gern kalkhaltigen Böden; v SW-Rh, z N- u. M-Ba Rh He W-An SO-Ns, s O-We Th (s M) O-An W-Br NO-Ns (temp/(demo)·c2-3EUR – L8 T6 F5 R7 N5 – ?). [*R. visurgianus* H. E. Weber] **Weser-H. – *R. scabrosus*** P. J. Müll.

Ser. ***Vestitiusculi*** H. E. Weber – **Bekleidete Haselblattbrombeeren**

(Schössling meist behaart, mit wenigen bis ∞ Stieldrüsen u. fast gleichen bis sehr ungleichen Stacheln. Bl useits von schimmernden Haaren samtig weich u. dazu oft filzig)

9 (**Tab. P: 4***, S. 97) Schössling stumpfkantig-rundlich, mit 10–>50 Haaren pro cm Seite, zerstreuten 0,1–0,2(–0,3) mm lg Stieldrüsen u. meist geraden, br, bis 4–7(–8) mm lg Stacheln. Bl 5zählig, einzelne 6–7zählig, useits schimmernd weichhaarig, seltener dazu sternhaarig. EndBlchen der 5zähligen Bl br herzfg-eifg bis rundlich, meist auf einer od. beiden Seiten mit lappigem Absatz, außerhalb der Absätze 2–3 mm tief gesägt. BStandsachse mit (teilweise) gekrümmten bis 3–6(–7) mm lg Stacheln. BStiele mit ∞ 0,1–1 mm lg gelblichen Stieldrüsen u. 7–15 leicht gekrümmten (1,5–) 2,5–3(–4) mm lg Stacheln. KrBl weiß. 2,00–3,00 lg. 6–7. Thamnophil, auf mittleren bis nährstoffreichen Böden; v NO-Sh: Angeln, s W-Sh (ntemp·c2EUR – L8 T5 F5 R6 N6 – 42). **Schleswig-B. – *R. slesvicensis*** Lange

9* Schössling mit gewölbten bis flachen Seiten kantig, mit 5–15 Haaren pro cm Seite, zerstreuten 0,2–0,6 mm lg Stieldrüsen u. geraden, bis (6–)7–9 mm lg Stacheln. Bl (3–)5zählig, useits durch dichte weiche Behaarung grauschimmernd, ohne Sternhaare. EndBlchen br herzeifg bis verkehrteifg od. rundlich, ohne lappige Abschnitte, 1,5–3 mm tief gesägt. BStandsachse mit schlanken, geraden, bis 6–7,5 mm lg Stacheln. BStiele mit ∞ nur 0,2–0,3(–0,5) mm lg Stieldrüsen u. 2–6 (fast) geraden 2–4 mm lg Stacheln. KrBl blassrosa bis fast weiß. 2,00–3,00 lg. 6. Thamnophil, auf nährstoffreichen, oft kalkhaltigen Böden; z SO-Ns vom Weser- durchs Leinebergland

bis Harz u. Göttingen N-An: Wernigerode (temp·c3EUR – L8 T5 F5 R6 N6 – ?).
Schwerttragende H. – ***R. xiphophorus*** H. E. WEBER

Tabelle W: Ser. ***Subradula*** W. C. R. WATSON – **Raspelstänglige Haselblattbrombeeren**

(Schössling meist mit ∞ bis 0,5[–1,5] mm lg Stieldrüsen u. meist gleichartigen Stacheln. Bei starker Besonnung werden die Stacheln mehrerer Arten zunehmend ungleich u. entsprechen dann eher der folgenden Ser. *Hystricopses* u. sind daher auch über **Tab. X**, S. 110, zu erreichen)

1 (**Tab. P: 8***, S. 98, **Tab. X: 1**, S. 110) EndBlchen zumindest bei einzelnen Bl 2–3lappig od. 2–3teilig. Schössling mit 5–20 ± angedrückten Haaren pro cm Seite u. pro 5 cm mit 5–8(–15) größeren, bis 3–4(–5) mm lg, geneigten Stacheln. Kleinere Stacheln verschiedener Größe fehlend bis zahlreich. Bl (4–)5zählig, useits weichhaarig. KrBl blassrosa. 2,00–3,00 lg. 6. Thamnophil, auf nährstoffärmeren, kalkfreien Böden; z NW-We: Heede, Vreden, Burgsteinfurt, Dorsten, Bocholt N-We: Versmold, Westevern, Beelen, s NW-Ns: Ahlhorn (temp·c1-2EUR – L8 T5 F5 R5 N5 – ?). **Gries-B.** – ***R. griesiae*** H. E. WEBER

1* EndBlchen alle ungeteilt u. nicht gelappt 2

2 EndBlchen br ± elliptisch, zuletzt meist kreisrund, gleichmäßig 1–1,5(–2) mm tief gesägt. Bl (4–)5zählig, useits filzlos grün, fühlbar bis weich behaart. KrBl (blass)rosa 3

2* EndBlchen nicht kreisrund (falls doch fast kreisrund, dann useits graugrün u. 3–4 mm tief gesägt). Bl 3–5zählig. KrBl rosa bis weiß 4

3 (s. auch **Tab. X: 8**, S. 111) Schössling kahl od. behaart, mit dichten Stieldrüsen od. deren Stümpfen u. mit fast gleichen bis ungleichgroßen, schlanken, gerade abstehenden, 4–5(–7) mm lg Stacheln. Kleinere Stacheln u. Borsten fast fehlend bis viele. Bl 5zählig. Obere ungeteilte Bl im BStand eifg od. lanzettlich. BStiele mit dichten, meist 0,3–0,6 mm lg Stieldrüsen u. mit 3–10 dünnen, 1,5–3,5 mm lg Stacheln. 2,00–3,00 lg. 6–7. Thamno- u. nemophil, auf mäßig nährstoffreichen, kalkfreien Böden; g NO-Ba SO-Th S-Sh: mittlerer Teil, v NW- u. M-Ba Sa O-An Br O-Ns: Tiefland, z N- u. W-Th S-An, s Bw Rh We He W- u. SO-Ns Me Sh (übriges Gebiet) (temp/(demo)·c2-3EUR – L7 T5 F5 R3? N5 – 35). **Schmiedeberger H.** – ***R. fabrimontanus*** SPRIB.

3* Schössling mit 30–50 feinen Büschelhaaren pro cm Seite u. zerstreuten Stieldrüsen sowie mit gleichartigen meist geneigten, 3,5–5 mm lg Stacheln mit br Grund. Bl 4–5zählig. Obere ungeteilte Bl im BStand rundlich. BStiele mit 0,2–0,3(–0,5) mm lg Stieldrüsen u. mit 1–6 nadligen, 1–2 mm lg Stacheln. 2,00–3,00 lg. 5–6. Thamnophil, auf nährstoffreichen Böden; z N-Bw SW-Rh, s NW-Rh He: OdenW (stemp/demo·c2EUR – L8 T5 F5 R6? N5 – ?). **Rundblättrige H.** – ***R. rotundifoliatus*** SUDRE

4 **(2)** KrBl deutlich rosa. Schössling (scharf)kantig, flachseitig od. etwas rinnig, (fast) kahl, mit meist 0,1–0,2 mm lg Stieldrüsen od. deren Stümpfen, pro 5 cm mit 8–20 bis 4–5 mm lg Stacheln. Bl 5zählig, oseits mit 0–2 Haaren pro cm², useits etwas graugrün u. weichhaarig, aber nicht graufilzig. EndBlchen lg gestielt (30–50 % der Spreite), aus br herzfg Grund rundlich od. ± 5eckig, wenig abgesetzt 10–15(–20) mm lg bespitzt, 3–4 mm tief gesägt. BStiele mit 0,1–0,2 mm lg Stieldrüsen u. (7–)10–20 am Grund roten, leicht gekrümmten, 1–2 mm lg Stacheln. KZipfel meist mit 5–10 mm lg Anhängseln. 2,00–3,00 lg. 5–7. Thamnophil, auf nährstoffreichen Böden; z Th (f M u. S) SW-An NO-Ns: Wendland Me (f S u. NO) O-Sh, s Ba: Obertreitenau He: Bad Sooden-Allendorf N- u. M-An Br SW-Sh (temp·c2-3EUR – L8 T5 F5 R6? N5 – ?). **Schreckliche H.** – ***R. horridus*** SCHULTZ

4* KrBl weiß (seltener etwas rosa angehaucht). Bl 3–5zählig. Schössling stumpfkantig-rundlich. Bl useits oft ± graufilzig. EndBlchen kürzer gestielt, 1,5–2,5(–3) mm tief gesägt. KZipfel kurz od. wenig verlängert **5**

5 Bl (3–)4–5zählig, oseits kahl. Schössling weinrötlich, mit gleichfarbigen, fast gleichgroßen, 3,5–5 mm lg Stacheln u. zarten, 0,2–0,6 mm lg Stieldrüsen (od. deren Stümpfen), Stachelhöcker fast fehlend. EndBlchen herzeifg, allmählich 10–18 mm lg bespitzt. BStandsachse mit 3–5 mm lg Stacheln. BStiele mit etwa 0,5 mm lg Stieldrüsen. KZipfel oft etwas fädig verlängert. 2,00–3,00 lg. 5–6. Thamnophil, auf nährstoffreichen, auch kalkhaltigen Böden; v bis g Rh, z N-Bw He, s NW-Ba S-We SW-Th (stemp/(mo)·c2EUR – L8 T6 F5 R7 N5 – ?). **Zugespitzte H.** – ***R. cuspidatus*** P. J. MÜLL.

Anm.: Ähnlich ist die **Auserlesene H.** – ***R. delectus*** P. J. MÜLL. et WIRTG., doch KrBl, StaubBl u. Griffel am Grund rosa, Bl oseits behaart; s Rh We.

5* Bl überwiegend od. alle 3zählig. EndBlchen 1,5–2,5 mm tief gesägt. Schössling mit 0,3–1,5 mm lg Stieldrüsen **6**

6 Schössling ± dunkelweinrot, mit gleichfarbigen, (fast) gleichgroßen, am Grund zusammengedrückt verbreiterten, 3–6 mm lg Stacheln u. nur vereinzelten Stachelhöckern. Bl useits nicht od. kaum filzig. EndBlchen br (verkehrt)eifg od. angedeutet 5eckig, 4–12 mm lg bespitzt. BStandsachse mit 3–5 mm lg Stacheln. BStiele mit 0,4–1 mm lg Stieldrüsen. KrBl weiß od. rosa angehaucht, 10–13 mm lg. 2,00–3,00 lg. 5–6. Thamno- u. nemophil, auf mäßig nährstoffreichen, lehmigen Böden; z bis v NW-Rh: Hunsrück, Taunus, WesterW, PfälzerW, z He: Frankfurt, Limburger Becken, Wetterau, s N-Ba: OdenW, Spessart (stemp/(mo)·c2EUR – ?). **Limes-H.** – ***R. limitis*** MATZKE-HAJEK et H. GROSSH.

6* (**Tab. X: 3**, S. 110) Schössling rotbräunlich überlaufen, mit intensiver gefärbten, am Grund verdickten, bis 6–7(–8) mm lg Stacheln u. vielen Stachelhöckern. Bl useits bei ausreichender Besonnung deutlich graufilzig. EndBlchen elliptisch bis verkehrteifg, 4–6(–10) mm lg bespitzt, 1,5–2,5 mm tief gesägt. BStandsachse mit 4–7(–10) mm lg Stacheln. BStiele mit 0,5–1,5 mm lg Stieldrüsen. KZipfel kurz od. wenig verlängert. KrBl reinweiß, 12–18 mm lg. 2,00–3,00 lg. 6–7. Thamnophil, auf mäßig nährstoffreichen Böden; disjunkt (durch vogelbedingte unabhängige SaEinträge dieser auf den Britischen Inseln sehr häufigen Art), z S-An, s N-Ba: Wüstenwelsberg NO-We He N-Th: Buttstädt M-Sa SW-Ns: Brockum, Quernheim (temp·c1-3EUR – 35). [*R. tuberculatus* BAB.] **Höckrige H.** – ***R. horrefactus*** P. J. MÜLL. et LEF.

Tabelle X: Ser. ***Hystricopses*** H. E. WEBER – **Ungleichstachlige Haselblattbrombeeren**

(Schössling rundlich bis stumpfkantig, mit sehr ungleichen Stacheln, Stachelhöckern, [Drüsen-]Borsten u. Stieldrüsen)

1 (**Tab. P: 2***, S. 97) EndBlchen zumindest bei einzelnen Bl 2–3lappig od. 2–3teilig. Bl useits weichhaarig. ***R. griesiae***, s. **Tab. W: 1**, S. 109

1* EndBlchen ungeteilt u. nicht gelappt (falls bei *R. dollnensis* mit lappigem Absatz, useits nicht fühlbar behaart) **2**

2 Bl useits (bei ausreichender Besonnung) zumindest im BStand ± graufilzig. EndBlchen (4–)5(–6) mm lg bespitzt. Schössling kahl od. behaart. KZipfel zuletzt abstehend od. aufgerichtet **3**

2* Bl auch im BStand useits filzlos grün. EndBlchen 5–15 mm lg bespitzt. Schössling fast kahl (0–5 Haare pro cm Seite). KZipfel zuletzt aufgerichtet **5**

3 Bl überwiegend od. alle 3zählig u. useits nicht weichhaarig. EndBlchen elliptisch bis verkehrteifg, nie rundlich. BStandsachse mit 4–7(–10) mm lg Stacheln. ***R. horrefactus***, s. **Tab. W: 6***, S. 110

3* Bl 4–5zählig u. useits weichhaarig. EndBlchen rundlich bis kreisrund, 1–1,5 mm tief gesägt. BStandsachse mit 4–5(–6) mm lg Stacheln 4

4 Schössling mit (0–)5–20 Haaren pro cm Seite u. mäßig schlanken, bis 4–6(–7) mm lg Stacheln. EndBlchen lg gestielt (33–46 % der Spreite), um 5 mm lg bespitzt, 1–1,5 mm tief gesägt. BStiele mit 2–3 mm lg Stacheln. KZipfel abstehend. 2,00–3,00 lg. 5–6. Schwach thamnophil, auf mäßig nährstoffreichen Böden; z S-We, s (N?) NW-Ns: Egels bei Aurich (stemp/(demo)·c2EUR – ?).
Rheinländische H. – ***R. parahebecarpus*** H. E. Weber

4* Schössling mit 0–5 Haaren pro cm Seite u. dünnen, bis 4–5 mm lg Stacheln. EndBlchen kürzer gestielt (22–30[–33]% der Spreite), meist <5 mm lg bespitzt, 1,5–2 mm tief gesägt. BStiele mit 1–2 mm lg Stacheln. KZipfel ± aufgerichtet. 2,00–3,00 lg. 6. Thamnophil, etwas wärmeliebend, auf nährstoffreichen Böden; v M-Ba: mittlere u. südliche Fränkische Alb, z W-Ba (f N u. S), s O-Bw (stemp/(mo)·c3EUR – ?).
Fürnrohr-H. – ***R. fuernrohrii*** H. E. Weber

5 **(2)** Bl (fast) alle 5zählig 6

5* Bl überwiegend od. alle 3zählig. EndBlchen 1–3(–3,5) mm tief gesägt 9

6 KrBl weiß, elliptisch. EndBlchen aus schmal abgerundetem Grund schmal elliptisch bis verlängert verkehrteifg. 2,00–3,00 lg. 6–7. Schwach thamnophil, auf mäßig nährstoffreichen, kalkarmen Böden; z W-Sh, s N-We: Nienborg, Espelkamp SW-Ns: Osnabrück bis Meppen (temp·c1EUR – L8 T5 F6 R3 N4 – 28).
Stachelschwein-H. – ***R. hystricopsis*** (Frid.) Å. Gust.

6* KrBl rosa, verkehrteifg od. rundlich 7

7 Staubbeutel dicht behaart. EndBlchen elliptisch od. schwach (verkehrt)eifg, allmählich bespitzt, lebend extrem konvex (meist nicht flach auszubreiten).
R. ferocior, s. **Tab. U: 2**, S. 105

7* Staubbeutel kahl. EndBlchen anders geformt, flach od. schwach konvex 8

8 EndBlchen br verkehrteifg bis ± kreisrund, abgesetzt bespitzt, 1–1,5(–2) mm tief gesägt. KrBl rundlich. ***R. fabrimontanus***, s. **Tab. W: 3**, S. 109

8* EndBlchen br herzeifg, allmählich bespitzt, 3–4 mm tief gesägt. KrBl verkehrteifg. 2,00–3,00 lg. 5–6. Nemophil, auf mäßig nährstoffreichen Böden in (sub-)mont. Lage; z Bw: S-Schwarzw, s Bw: Konstanz SW-Ba: Niederstaufen, Dressen (stemp/(mo)·c2EUR – L7 T5 F5 R5 N5 – ?). **Vortäuschende H.** – ***R. pseudopsis*** Gremli ex Focke

9 **(5)** EndBlchen (mäßig) br eifg bis verkehrteifg, allmählich in eine 10–20 mm lg Spitze verschmälert, 1–2,5 mm tief gesägt. Bl useits meist nicht fühlbar behaart. BStiele mit schwarzroten Stieldrüsen. K fast unbestachelt, dicht dunkelrot stieldrüsig. 2,00–3,00 lg. 5–6. Thamno- u. nemophil, auf mäßig nährstoffreichen Böden in hochkoll. bis mont. Lage; z SW-Ba: Bodenseegebiet S-Bw: Bodenseegebiet bis S-SchwarzW (stemp/(mo)·c2EUR – L7 T5 F5 R5 N5 – ?).
Schweizer H. – ***R. villarsianus*** Focke ex Gremli

9* EndBlchen rundlich-(verkehrt)eifg bis kreisrund, meist deutlich abgesetzt, 5–15 mm lg bespitzt, 2–3(–3,5) mm tief gesägt. BStiele u. K mit gelblichen od. nur schwach rötlichen, aber meist rotköpfigen Stieldrüsen 10

10 Schössling mit nadligen, bis 3–4 mm lg Stacheln. Bl useits nicht fühlbar behaart. EndBlchen kurz gestielt (16–25 % der Spreite), mit wenig abgesetzter 5–10 mm lg Spitze. BStiele mit 3–6 Stacheln, K (fast) stachellos. 2,00–3,00 lg. 6–7(–8). Schwach thamnophil, auf mäßig nährstoffreichen Böden; v SO-Th, z O-Sa: Bergland S-An: Raum Zeitz, s NO-Ba: Coburg, Kallmünz, Neustadt W- u. M-Th (f N) M- u. W-Sa N-An: Tangerhütte S-Br (stemp/(mo)·c3EUR – L7 T5 F5 R5 N5 – 35).
Drüsenborstige H. – ***R. dollnensis*** Sprib.

Anm.: Etwas ähnlich ist die **Zungenartige H.** – ***R. glossoides*** H. E. Weber et Stohr, doch Schössling mit mehr gleichartigen Nadelstacheln, EndBlchen schmal verkehrteifg (zungenfg), nur bis 1(–1,5) mm tief gesägt, KZipfel abstehend; z O-An: von Dessau ostwärts S-Br, s S-Th S-An: westlich Zeitz.

10* Schössling mit schlanken, doch nicht nadligen, bis 4–5 mm lg Stacheln. Bl useits weichhaarig. EndBlchen länger gestielt (25–35 % der Spreite), mit mehr abgesetzter, 5–15 mm lg Spitze. BStiele mit 10–20 Stacheln. K igelstachlig. 2,00–3,00 lg. 5–6. Thamnophil, auf mäßig nährstoffreichen Böden; v W-Rh: Eifel, Hunsrück, Saar, z übriges Rh, s SW-We: Monschau (stemp/(mo)·c2EUR – L8 T5 F5 R5 N5 – ?).
Igelkelchige H. – ***R. echinosepalus*** H. E. Weber

Sorbus

NORBERT MEYER (Hemhofen)

Sorbus (L.) CRANTZ – **Mehlbeere, Eberesche, Elsbeere, Speierling, Zwerg-Mehlbeere**

Zahlreiche Arten der Gattung sind vermutlich durch Hybridisierung u. Polyploidisierung entstanden u. vermehren sich apomiktisch. Die den fünf Untergattungen zugeordneten fünf diploiden Hauptarten der Gattung (2n = 2x = 34) vermehren sich hingegen sexuell:

Untergattung *Aria* PERS.	*S. aria* (L.) CRANTZ
Untergattung *Cormus* (SPACH) DUCH.	*S. domestica* L.
Untergattung *Chamaemespilus* (DC.) C. KOCH	*S. chamaemespilus* (L.) CRANTZ
Untergattung *Sorbus*	*S. aucuparia* L.
Untergattung *Torminaria* (DC.) C. KOCH	*S. torminalis* (L.) CRANTZ

Primäre Bastarde werden zwischen *S. aria* u. den übrigen Taxa (Ausnahme: *S. domestica*) gebildet. Sie sind fertil u. bilden durch eigene Aussaat gebietsweise morphologisch heterogene Populationen, daneben aber auch durch vegetative Vermehrung lokal begrenzte, einheitliche Polykormone, die homogene Kleinarten vortäuschen können.

Neben diesen diploiden, sexuellen Formen existieren in der Untergattung *Aria* zusätzlich noch polyploide Taxa (2n = 3x, 4x, 5x = 51, 68, 85) mit vorwiegend obligat od. fakultativ agamospermer Vermehrung. Diese teilweise hybridogene Formenvielfalt innerhalb der Untergattung *Aria* findet sich auch bei den Hybriden wieder, die mit den übrigen Untergattungen außer *Cormus* gebildet werden. Diese polyploiden agamospermen Taxa stellen morphologisch u. geographisch vorwiegend gut charakterisierte Kleinarten dar, die aber erst teilweise erforscht und beschrieben sind. Neben wenigen weiter verbreiteten Taxa finden sich unter ihnen vorwiegend Endemiten mit lokal bis regional begrenzten Vorkommen. Sexuelle u. agamosperme Taxa sind durch Chromosomenzählung od. Aussaat zu unterscheiden, im Gelände nur an ihrer Populationsstruktur.

Die zur Ordnung der Hybridformen bisher gebräuchlichen Aggregate werden durch hybridogene Untergattungen (UG) ersetzt:

Untergattung	**Hybridformel**	**Aggregat**
Soraria MÁJOVSKÝ et BERNÁTOVÁ	UG *Aria* × UG *Sorbus*	(*S. hybrida* agg.)
Tormaria MÁJOVSKÝ et BERNÁTOVÁ	UG *Aria* × UG *Torminaria*	(*S. latifolia* agg.)
Triparens M. LEPŠÍ et T. RICH	UG *Aria* × UG *Sorbus* × UG *Torminaria*	(*S. intermedia* agg.)
Chamaespilaria MÁJOVSKÝ et BERNÁTOVÁ	UG *Aria* × UG *Chamaemespilus*	(*S. sudetica* agg.)
Chamsoraria MÁJOVSKÝ et BERNÁTOVÁ	UG *Aria* × UG *Sorbus* × UG *Chamaemespilus*	(*S. hostii* agg.)

F. Müller, C. Ritz, E. Welk, K. Wesche (Hrsg.), *Rothmaler – Exkursionsflora von Deutschland*,
DOI 10.1007/978-3-8274-3132-5_12

Die folgende Übersicht fasst zusammen, wie sich die in D bisher nachgewiesenen Taxa auf die Untergattungen verteilen:
UG *Aria* Pers.: *S. aria* (L.) Crantz, *S. collina* Lepší, Lepší et N. Mey., *S. danubialis* (Jáv.) Kárpáti, *S. graeca* (Lodd. ex Spach) Schauer s. l., *S. pannonica* Kárpáti s. l., *S. subdanubialis* Kárpáti s. l.
UG *Cormus* (Spach) Duch.: *S. domestica* L.
UG *Chamaemespilus* (DC.) C. Koch: *S. chamaemespilus* (L.) Crantz
UG *Sorbus*: *S. aucuparia* L.
UG *Torminaria* (DC.) C. Koch: *S. torminalis* (L.) Crantz
UG *Soraria* Májovský et Bernátová: *S. aria* × *aucuparia*, *S. mougeotii* Soy.-Will. et Godr., *S. austriaca* (Beck) Hedl., *S. pseudothuringiaca* Düll, *S. harziana* N. Mey. in N. Mey. et al., *S. hohenesteri* N. Mey. in N. Mey. et al., *S. schwarziana* N. Mey. in N. Mey. et al., *S. pulchra* N. Mey. in N. Mey. et al., *S. gauckleri* N. Mey. in N. Mey. et al.
UG *Tormaria* Májovský et Bernátová: *S. aria* s. str. × *S. torminalis*, *S. adeana* N. Mey. in N. Mey. et al., *S. badensis* Düll, *S. cordigastensis* N. Mey. in N. Mey. et al., *S. eystettensis* N. Mey. in N. Mey. et al., *S. fischeri* N. Mey. in N. Mey. et al., *S franconica* Bornm. ex Düll, *S. herbipolitana* Meierott in N. Mey. et al., *S. hoppeana* N. Mey. in N. Mey. et al., *S. latifolia* (Lam.) Pers., *S. meierottii* N. Mey. in N. Mey. et al., *S. mergenthaleriana* N. Mey. in N. Mey. et al., *S. meyeri* S. Hammel et Haynold, *S. perlonga* Meierott in N. Mey. et al., *S. puellarum* Meierott in N. Mey. et al., *S. ratisbonensis* N. Mey. in N. Mey. et al., *S. schnizleiniana* N. Mey. in N. Mey. et al., *S. schuwerkiorum* N. Mey. in N. Mey. et al.
UG *Triparens* M. Lepší et T. Rich: *S. intermedia* (Ehrh.) Pers.
UG *Chamaespilaria* Májovský et Bernátová: *S. aria* agg. × *chamaemespilus*, *S. algoviensis* N. Mey. in N. Mey. et Schuwerk
UG *Chamsoraria* Májovský et Bernátová: *S. chamaemespilus* × *mougeotii*, *S. doerriana* N. Mey. in N. Mey. et Schuwerk

Die Erforschung der *Sorbus*-Kleinarten in D ist nicht abgeschlossen. Daher sind bei den hybridogenen Untergattungen noch nicht alle Taxa verschlüsselt. Eine Bestimmung bis zur Art gelingt hier nur in gut erforschten Gebieten wie Th, Ba u. Bw. Anderswo, wie in He, im Saarland und in Rh sind hingegen weitere Taxa zu erwarten bzw. bereits bekannt aber noch unbeschrieben. Zur Erhaltung der Übersichtlichkeit der Gattung werden neue Taxa erst ab mehr als 15–20 deutlich getrennten Exemplaren als Arten beschrieben. Nach gegenwärtigem Bearbeitungsstand wären in der Untergattung *Aria* weitere acht Sippen zu beschreiben, in *Tormaria* etwa zehn, in *Soraria eine*, in *Chamsoraria* und *Chamaespilaria* mehrere Sippen. Hinweise erfolgen im Schlüssel. Die primären Hybriden sind ebenfalls mit in den Schlüssel aufgenommen worden. Diese werden hier einheitlich unter Verwendung der Hybridformeln (also inklusive Eltern-Sippen) benannt. Für fixierte Sippen wird der gültig beschriebene Artname angegeben, das × für Hybriden wird nur bei Synonymen verwendet (dem Nomenklatur-Code folgend dann ohne Leerzeichen).

Eine mögliche Fehlerquelle ist, dass im Schlüssel nicht enthaltene Taxa den nächstähnlichsten Sippen zugeordnet werden. Eine Überprüfung der Ergebnisse ist notwendig, wozu die BlZähnung der Abbildungen, die FrFarbe und -form u. die Areale dienen können. Funde außerhalb des bekannten Verbreitungsgebietes sollten belegt u. durch Herbarvergleich bestätigt werden.

Zur Einarbeitung in die Gruppe ist ein Referenzherbar aus Standardmaterial hilfreich. Hierzu sollten Herbarbelege in Dubletten gesammelt werden u. ein Set zum Verbleib an Bestimmer gehen; Scans von Frischmaterial sind eine gute Alternative. Das empfohlene Herbarformat ist A3.

Hinweis zum Sammeln: Individuen der Gattung *Sorbus* bilden sehr unterschiedliche Bl aus, deshalb keine EinzelBl sammeln! B sind von Ende April bis Ende Mai, im Gebirge

Standardmaterial an einem Ast von *Sorbus pseudothuringiaca*

bis Ende Juni anzutreffen, reife Früchte von Ende August bis Mitte Oktober, teilweise aber bis in den Winter. Standardmaterial (Abb. **115**) weist selbst am gleichen Strauch eine gewisse, geringe Variabilität auf. Es wird von besonnten Ästen älterer Büsche od. Bäume gesammelt.
Pro Exemplar sind zwei gut ausgebildete, sterile Kurztriebe (seitenständig an den Astenden, Bl ± quirlig genähert) u. ein endständiger B- od. FrTrieb ausreichend. In manchen Jahren sind kaum sterile Kurztriebe vorhanden. Sterile Langtriebe an Astenden, Stockausschlägen od. Jungbüschen tragen 5–10 cm voneinander entfernte, wechselständige Bl; diese weichen vom Standardmaterial ab (Bl größer, Nerven zahlreicher, gröbere Zähnung/Lappung) u. können es sinnvoll ergänzen, da sie bei manchen Taxa völlig anders aussehen als die Standardblätter.
Die USeite der Blätter kann beschriftet werden (Kugelschreiber od. Filzstift). JungPfl u. Schattenexemplare sollten nur notfalls gesammelt werden; Einzelindividuen sparsam besammeln, aber Nachbartaxa mitbelegen. Auf Sichtbarkeit einzelner BlUSeiten ist zu achten. Als zusätzliche Herbardaten sollten notiert werden: Wuchssituation (Anzahl, Gleichförmigkeit, Verjüngung, Kulturverdacht), Substrat, Vergesellschaftung. Schneidgeräte mit Teleskopstangen sind von Nutzen (Felsvorkommen, hohe Bäume). B u. Fr verlieren während des Trocknens Farbe u. Form u. müssen frisch gemessen, fotografiert od. gescannt werden. Auch Knospen, Größe, Form u. Behaarung der KBl u. KrBl sowie Farbe der Staubbeutel sind spezifisch u. zur regionalen Gliederung geeignet.

Verwendete Literatur

HAMMEL, S.; HAYNOLD, B. (2014) *Sorbus meyeri* – eine neue Art aus der *Sorbus-latifolia*-Gruppe Kochia 8: 1–13.

LEPŠÍ, M.; LEPŠÍ, P.; KOUTECKÝ, P.; BÍLÁ, J.; VÍT, P. (2015) Taxonomic revision of *Sorbus* subgenus *Aria* in the Czech Republic. Preslia 87: 109–162

MÁJOVSKÝ, J.; BERNÁTOVÁ, D. (2001) New hybridogeneous subgenera of the genus *Sorbus* L. emend. Crantz. Acta Hort. et Regiotect. 4: 20–21.

MEYER, N.; GREGOR, T.; MEIEROTT, L.; PAULE, J. (2014) Diploidy suggests hybrid origin and sexuality in *Sorbus* subgen. *Tormaria* from Thuringia, Central Germany. Pl. Syst. Evol. 300: 2169–2175.

MEYER, N.; MEIEROTT, L.; SCHUWERK, H.; ANGERER, O. (2005) Beiträge zur Gattung *Sorbus* in Bayern. Ber. Bayer. Bot. Ges., Sonderband: 5–216.

MEYER, N.; SCHUWERK, H. (2000): Ergänzende Beobachtungen zu Vorkommen und Verbreitung der Gattung *Sorbus* in Bayern. Ber. Bayer. Bot. Ges. 69/70: 151–175.

RICH, T. C. G.; GREEN, D.; HOUSTON, L.; LEPŠÍ, M.; LUDWIG, S.; PELLICER, J. (2014) British *Sorbus* (Rosaceae): six new species, two hybrids and a new subgenus. New J. Bot. 4: 2–12.

URBAN, R.; MAYER, A. (2008) Floristische und vegetationskundliche Besonderheiten aus den Bayerischen Alpen. Funde im Rahmen der Alpenbiotopkartierung, Teil 3. Ber. Bayer. Bot. Ges. 78: 103–128.

Anmerkung zum Schlüssel: Die BlMerkmale beziehen sich, sofern nicht anders vermerkt, auf mittlere Bl von Kurztrieben (Abb. **115**). Die Tiefe der Einschnitte an den BlLappen wird an der oberen, kürzeren Seite der BlLappen in mm gemessen od. als ihr Längenverhältnis zum Abstand von BlRand zur Mittelrippe (1/2, 1/3 etc.) angegeben. Als BlNerven werden die Nerven 2. Ordnung bezeichnet, die entweder von der BlMittelrippe od. der BlchenMittelrippe zum BlRand abzweigen.

Bei *Sorbus* weist der BlRand oft eine sogenannte periodische Zähnung auf. Ausgehend von einer einfachen u. doppelten Zähnung an der BlSpitze folgt zum BlGrund hin mit jedem mündenden Hauptnerv eine stufenweise Vergrößerung der BlZähne, die schnell ihrerseits ebenfalls gezähnt sind u. in BlLappen übergehen, die zum BlGrund wieder kleiner werden können. Diese periodische Lappung/Zähnung kann eine Hilfe sein, um nah verwandte Taxa zu unterscheiden.

(InB Vw, auch Ap – VdA Kältekeimer)

1 Bl vollständig gefiedert od. nur im unteren Teil gefiedert od. bis zur BlMittelrippe fiederschnittig (Abb. **118**/1–4) **2**

1* Bl ungeteilt, BlRand einfach bis periodisch gezähnt, gelappt od. fiederteilig, bei *S. gauckleri* selten am untersten BlLappen bis zur BlMittelrippe fiederschnittig **4**

2 Bl nur im unteren Teil mit 1 bis mehreren Blchen gefiedert od. Bl wenigstens z. T. am Spreitengrund bis zur Mittelrippe fiederteilig, mit 11–12 Nervenpaaren. Bl useits grün- bis graufilzig. Primärer, aufspaltender Bastard, einzeln od. truppweise zwischen den Eltern, sehr variabel: Bl buchtig fiederspaltig bis fiederteilig (‚Thuringiaca', Abb. **118**/1), od. untere 1–2(–3) BlAbschnitte gefiedert ('Pinnatifida', Abb. **118**/2), od. untere 3(–7) BlAbschnitte gefiedert bis fiederteilig ('Decurrens', Abb. **118**/3), häufiger Parkbaum ist die Sippe 'Quercifolia' (Bl lg, schmal, zungenfg, untere BlFiederchen >1 cm abgerückt, Abb. **118**/4). 5,00–20,00. 5–6. Kalkhold; s Ba: Alpen, Alpenvorland He: Rhön Th (sm/mo-temp·c1-3EUR – sogr B – 34). [*S.* ×*pinnatifida* (SM.) DÜLL, *S.* ×*semipinnata* (ROTH) HEDL., *S.* ×*thuringiaca* (ILSE) FRITSCH] **Bastard-Eberesche – *S. aria* × *S. aucuparia***

Anm.: Taxa der Untergattung *Soraria* zeigen nach Beschädigung an Langtrieben auch oft fiederspaltige bis gefiederte BlSpreiten.

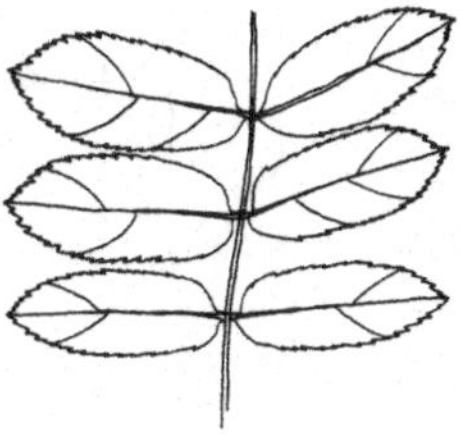

1 *Sorbus aucuparia* ssp. *aucuparia*

2 *Sorbus aucuparia* ssp. *glabrata*

2* Bl durchgehend gefiedert, useits behaart od. kahl, aber nicht filzig **3**

3 Zähne an jungen Blchen mit hinfälliger brauner Drüse. NebenBl der Langtriebe früh hinfällig. Knospen bräunlichgrün, kahl. Schirmrispen meist 35–75blütig. Griffel meist 5. FrØ 15–30 mm, Fr grün bis gelb, oft an der Sonnenseite gerötet, mit ∞ großen Lenticellen, zur FrReife verbraunend, birnen- od. apfelfg. Borke rau, sehr früh schuppig (wie bei *Pyrus*). 8,00–20,00. 4–5. Mäßig trockne LaubmischW, Eichen-TrockenW, kalkhold; z NW-Ba N-Bw Rh N-Th W-An: N-Harzvorland, Saale-Unstrut-Gebiet, s SW-We S-He S-Th, (A?) z N-Ba Bw Rh He, ↘; auch Obstbaum u. verwildert (m/mo-stemp·c2-3EUR – sogr B WuSpr – L(4) T8 F4 R8 N3 – O Querc. pub., V Fag., V Carp. – Obst – 34). [*Cormus domestica* (L.) SPACH] **Speierling – *S. domestica*** L.

3* Blchen ohne Drüsen an den Zähnen. NebenBl der Langtriebe bleibend. Knospen dunkelbraun, weiß behaart, selten kahl. Schirmrispen 200–300blütig. Griffel 2–4. FrØ 9–10 mm, Fr reinrot, ± kuglig, mit spärlichen, winzigen Lenticellen. Rinde lange glatt bleibend. 3,00–15,00. 5–6. Mäßig trockne bis frische Laub- u. NadelW, MoorW, WRänder, -schläge, an Felsen, kalkmeidend; alle Bdl g, aber z Trockengebiete NW-Ba MDt Rh; auch Straßen- u. Obstbaum u. verwildert (sm/mo-b·c1-7EURAS – sogr B/StrB, s WuSpr – VdA VersteckA, Wintersteher, Dunkelkeimer – L(6) Tx Fx R4 Nx – V Samb.-Salic., O Prun., K Querc. rob.-petr., K Vacc.-Pic., O Luz.-Fag., O Aln. – 34). **Eberesche, Vogelbeere – *S. aucuparia*** L.

1 Knospen bleibend behaart, nicht klebrig. Diesjährige Zweige, BStandsachsen u. BlUSeiten deutlich behaart. Blchen kurz zugespitzt (Abb. **117**/1). Fr kuglig. Meist Bäume. Laub- u. NadelW, WRänder, -schläge, an Felsen; Verbr. u. Soz. wie Art. subsp. ***aucuparia***

1* Knospen verkahlend, oft klebrig. Diesjährige Zweige u. BStandsachsen schon zur BZeit fast kahl, BlUSeiten nur auf den Nerven behaart od. kahl. Blchen allmählich zugespitzt (Abb. **117**/2). Fr br eifg. Meist Sträucher. Subalp. Gebüsche, lichte FichtenW-Pionierstadien an der WGrenze, Hochstaudenfluren; s Ba: Alpen, Fichtelg, Bayr-W, Rhön Bw: Schwarzw He: Taunus Sa: Erzg S-Ns, † An: Harz, in D oft Übergangsformen zu voriger, z. B. Th-W, Alpen (temp/salp+b-arct·2-6EUR-WSIB – K Vacc.-Pic., V Samb.-Salic., V Adenost. – 34). subsp. ***glabrata*** (WIMM. et GRAEB.) CAJANDER

Anm.: Es sind zahlreiche Selektionen durch Reiserveredlung in Kultur, ebenso Arten u. Hybriden aus der Untergattung *Sorbus*. Im Landschaftsbau werden groß- (bis 13 mm FrØ) u. mildfrüchtige Sippen (f. *moravica*, *rossica*) mit schöner Herbstfärbung anstelle der Wildform verbreitet gepflanzt, die ähnlich wie subsp. *glabrata* verkahlen u. nicht als Wildvorkommen kartiert werden dürfen.

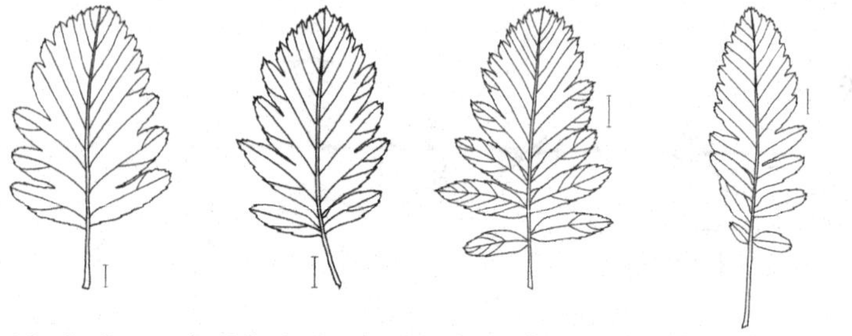

1 *S. aria* × *S. aucuparia* 'Thuringiaca' 2 *S. aria* ×*S. aucuparia* 'Pinnatifida' 3 *S. aria* ×*S. aucuparia* 'Decurrens' 4 *S. aria* ×*S. aucuparia* 'Quercifolia'

4 **(1)** KrBl rot, rosa, weiß mit rosa Rand od. wenn weiß, dann zumindest in der Knospe mit rosa Staubbeuteln u. -fäden, KrBl aufrecht zusammenneigend (Abb. **119**/8) od. halb geöffnet (Abb. **119**/9). BlNerven beidseits 4–10, (wenigstens einige) nahe des BlRandes gablig verzweigt. BlStiel 3–15 mm lg. Bl useits kahl, verkahlend od. bleibend graufilzig bis dünnwollig behaart. Niedrige, bis 3 m hohe Sträucher der mont. u. subalp. Stufe (Untergattungen *Chamaemespilus*, *Chamaespilaria*, *Chamsoraria*) **5**

4* KrBl rein weiß, seitlich abstehend. BlNerven beidseits 5–15, nahe des BlRandes nicht gablig verzweigt. BlStiel 10–20 mm lg. Bl useits kahl, verkahlend od. bleibend weiß, grau, gelblich od. grün filzig bis dünnwollig behaart. Sträucher od. Bäume (Untergattungen *Aria*, *Torminaria*, *Soraria*, *Tormaria*, *Triparens*) **9**

5 Bl seicht, aber deutlich gekerbt (Abb. **119**/3), BlRand doppelt gesägt. Bl mit 5–10 Nervenpaaren. BlStiele 10–15 mm lg (Untergattung *Chamsoraria*) **6**

5* Bl nicht deutlich kerbig, BlRand fein einfach od. in der oberen Hälfte doppelt gesägt. Bl mit 5–11 Nervenpaaren. BlStiele 3–10 mm lg (Untergattungen *Chamaemespilus*, *Chamaespilaria*) **7**

6 Bl doppelt so lg wie br, meist 5–6 (7) × 2–3,5 cm, zungenfg mit annähernd parallelen BlRändern. Spreitengrund keilfg (60–80°), BlSpitze stumpf bis kurz zugespitzt. (Abb. **119**/3) BlNervenpaare 7–8. BlRand einfach gesägt, dazu entfernt u. unregelmäßig kerbig. BlOseite blaugrün, verkahlend, glänzend, BlUseite graugrün, ± dünnfilzig bis wollig behaart. KrBl rosa mit dunklerem Rand, halb geöffnet (Abb. **119**/9). 1,00–3,00. 6. Subalp. Gebüsche, basenhold s Ba: Allgäuer Alpen: Oberstdorf, Immenstadt (stemp/salp·c2EUR Endemit – sogr Str – O Vacc.-Pic., V Adenost., V Stip. calam. – entstanden aus *S. chamaemespilus* × *S. mougeotii* – 68).
Dörr-Zwerg-Mehlbeere – ***S. doerriana*** N. Mey. in Mey. et Schuwerk

6* Bl anders geformt, eifg, größer od. kleiner, aber neben einfacher od. doppelter Zähnung ebenfalls entfernt kerbig od. seicht gelappt (z. B. Abb. **119**/4). BlOSeite grün bis blaugrün, BlUSeite kahl, wollig od. filzig. KrBl anders gefärbt. 0,40-2,00. 5. Subalp. Gebüsche, basenhold; s Ba: Berchtesgadener Alpen, Allgäuer Alpen (stemp/salp·c2EUR – sogr Str – O Vacc.-Pic., V Adenost., V Stip. calam. – entstanden aus *S. chamaemespilus* × Untergattung *Soraria* – 34, 51, 68) [*S.* ×*hostii* (Jacq. fil.) Hedl., *S.* ×*schinzii* Düll] **Untergattung *Chamsoraria***

Anm.: Aus dieser Untergattung sind mehrere polyploide, unbeschriebene Taxa in den Berchtesgadener Alpen u. im Allgäu bekannt. Eine vermutlich diploide Form ist in den Chiemgauer Alpen zusammen mit *S. aria* × *aucuparia* nachgewiesen.

7 **(5)** Bl dicht u. sehr fein einfach gesägt (Abb. **119**/1, 2), mit 5–8 ungleich weit voneinander entfernten Nervenpaaren, useits rasch verkahlend. BlStiele 3–7 mm lg. BlForm variabel, eifg. (f. *chamaemespilus*, Abb. **119**/1) bis lanzettlich (f. *an-*

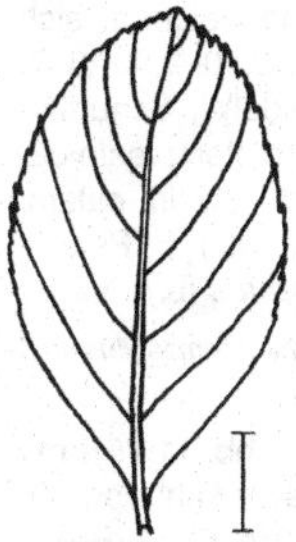

1 *S. chamaemespilus* f. *chamaemespilus*

2 *S. chamaemespilus* f. *angustifolia*

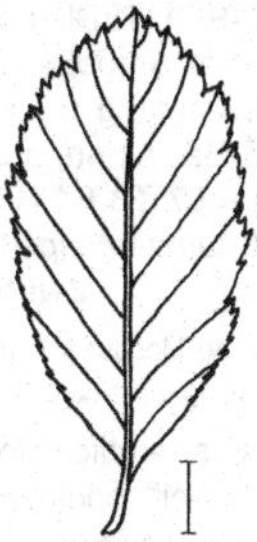

3 *S. doerriana*

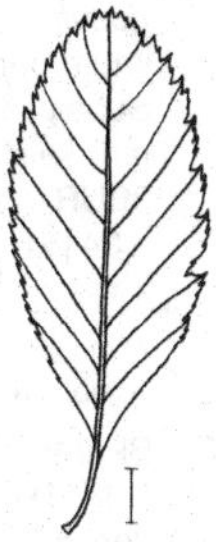

4 *S. ×hostii*

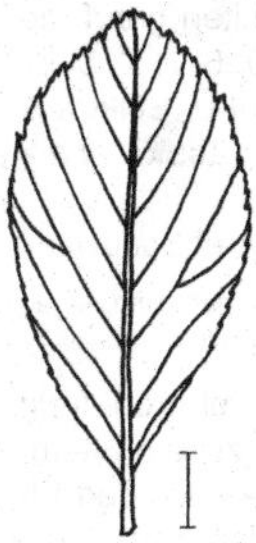

5 *S. ×ambigua*

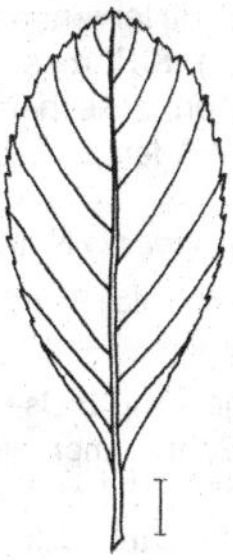

6 *S. ×ambigua*

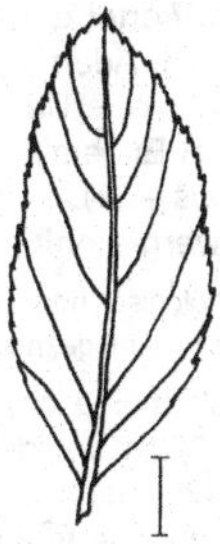

7 *S. algoviensis*

8 *Sorbus chamaemespilus*, Blüte

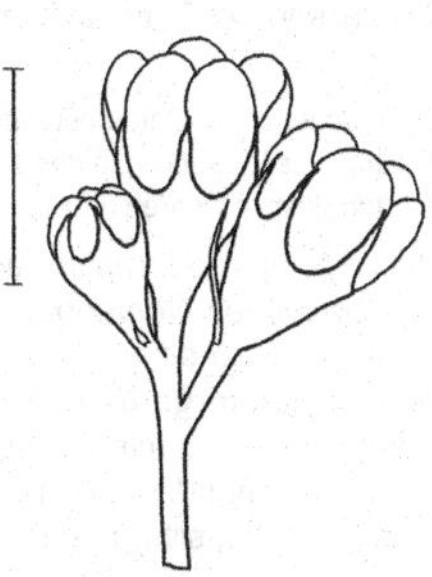

9 *S. ×ambigua*, Blüte

gustifolia, Abb. **119**/2). KrBl rosa bis blassrot, keglig zusammenneigend, sich kaum öffnend, daher StaubBl in der B verborgen (Abb. **119**/8). 0,40–2,00. 6–7. Subalp. frische bis mäßig trockne Gebüsche, lichte mont. NadelW, Schuttfluren, kalkhold; v S-Ba: Alpen, s SW-Bw: Feldberg, ob noch? (sm-stemp/salp·c2-3EUR – sogr Str – L7 T3 F4 R8 N3 – O Vacc.-Pic., V Adenost., V Stip. calam. – 34 [51, 68?]). [*Chamaemespilus alpina* (MILL.) K. R. ROBERSTON et J. B. PHIPPS]

Zwerg-Mehlbeere – *S. chamaemespilus* (L.) CRANTZ

Anm.: Stichprobenartige Messungen mittels Durchflusszytometrie von *S. chamaemespilus* in D ergaben bisher durchweg diploide Chromosomenzahlen.

7* Bl gröber, oberwärts deutlich doppelt u. oft abstehend gesägt (Abb. **119**/5), mit 7–9(11) etwa gleich weit voneinander entfernten Nervenpaaren, useits kahl, spärlich behaart od. meist bleibend graugrün- bis weißfilzig. BlStiele 6–10 mm lg. KrBl rot, rosa od. weiß mit rosa Rand, aufrecht abstehend, daher StaubBl in der B sichtbar (Abb. **119**/9) **8**

8 Bl eifg-lanzettlich, zugespitzt, 5,5–7,5 × 3–4 cm, Spreitengrund abgerundet, Bl-Rand im unteren Viertel ganzrandig, 6–8 BlNervenpaare, BlUseiten graufilzig mit leicht erhabenem Adernetz (Abb. **119**/7). KrBl rosa. 0,60–1,20. 6–7. Subalp. Gebüsche, basenhold; s Ba: Allgäuer Alpen: zwischen Söllerkopf u. Söllereck (stemp/salp·c2EUR Endemit – sogr Str – V Adenost. – entstanden aus *S. aria* × *S. chamaemespilus* – 51).

Allgäuer Zwerg-Mehlbeere – *S. algoviensis* N. MEY. in MEY. et SCHUWERK

Anm.: Weitere morphologisch homogene Vorkommen in den Berchtesgadener Alpen u. im Allgäu erwiesen sich als eigenständige, noch nicht beschriebene Taxa.

8* Andere Merkmalskombination, Bl anders geformt, BlUseiten kahl, wollig od. filzig (z. B. Abb. **119**/5, 6). KrBl anders gefärbt. Sehr formenreich: neben zu den Elternarten intermediären Ausprägungen in Habitus, BlForm u. BlGröße auch den Elternarten stark angenäherte Formen. Primäre, aufspaltende Hybriden. 0,40–3,00. 6–7. Subalp. Gebüsche, basenhold; z Ba: Alpen s Bw: Feldberg (sm-stemp/mo·c2-3 EUR – sogr Str – V Vacc.-Pic., Adenost., V Stip. calam. – entstanden aus *S. aria* agg. × *S. chamaemespilus* – 34, 51, 68) [*S.* ×*ambigua* MICHALET].

Untergattung *Chamaespilaria*

Anm.: Stichprobenartige Chromosomenzählungen mittels Durchflusszytometrie ergaben überraschend hohe Anteile an polyploiden Exemplaren, die bei ausreichend zahlreichen Nachweisen als Kleinarten gefasst werden müssten.

9 **(4)** Bl nicht gelappt od. meist nur die obere Hälfte der BlSpreite deutlich gelappt, mit 7–14 deutlichen Nervenpaaren, useits bleibend weißfilzig. Spreitengrund oft ganzrandig, BlRand einfach od. doppelt bis periodisch gezähnt [Artengruppe Gewöhnliche M.] (**Untergattung *Aria***) **10**

9* Bl auf ganzer Länge zumindest schwach gelappt, Tiefe der BlLappen zum Spreitengrund hin zunehmend, mit 4–12 deutlichen Nervenpaaren, useits Filz vermindert, silber- bis gelbgrau, silbriggrün od. gelbgrün bis verkahlend **13**

Anm.: Manche der Taxa unter **13*** weisen useits kaum verminderten Filz auf u. können gelappten *S. aria*-Formen sehr nahe kommen.

10 Bl dünn od. erst im Spätsommer etwas derb, nach dem Pflücken rasch welkend, mit 10–15 Nervenpaaren. BlStiel nicht auffällig derb. Fr blassrot, eifg, länger als br. Bl 7–14 cm lg, Form zwischen Individuen oft auffällig variabel, meist eifg-lanzettlich bis elliptisch, zugespitzt od. stumpf, in der Mitte am breitesten, am Spreitengrund abgerundet bis br keilig verschmälert, BlRand einfach bis periodisch gezähnt (f. *aria*, f. *longifolia*, f. *cyclophylla*, Abb. **123**/1, 2, 4) bis schwach gelappt (f. *incisa*, Abb. **123**/3), BlZähne schmal, so lg wie br od. länger. Meist Bäume. 3,00–15,00. 5–6. Trockne bis mäßig frische, lichte LaubmischW, Eichen-TrockenW, Stein-

riegel, Felsen, subalp. Gebüsche; v Ba: Alpen, obere Hochebene, Jura, Unterfranken, Rhön Bw: Jura, SchwarzW, Allgäu, Hochrhein Rh SW-We S-Th, z He N-Th, s SO-We, (N) s An Br W-Me, (U) s Sa, † SO-Ns; auch Straßenbaum (m/mo-temp/demo·c1-3EUR – sogr B/StrB – L(6) T5 F4 R7 N3 – O Querc. pub., O Fag., V Berb., V. Adenost., V Stip. calam., V Eric.-Pin. – 34). [*Aria nivea* Host]
Gewöhnliche Mehlbeere – ***S. aria*** (L.) Crantz s. str.

Anm.: Die Varianz der Bl erschwert die Bestimmung. Neben xeromorphen Formen mit weniger Bl-Nerven, länglichen od. runden Blattschnitten auch Individuen mit auffälliger Lappung, aber einzeln auftretend, dabei Filz u. Fr typisch; Folge länger zurückliegender Introgressionen?

10* Bl sehr bald ledrig-derb, nach dem Pflücken kaum welkend, mit 7–11 Nervenpaaren, diese useits deutlich hervortretend. Fr tiefrot, kuglig bis meist breiter als lg. BlStiel derb. BlForm umgekehrt eifg, elliptisch, rautenfg od. rundlich, stumpf od. kurz zugespitzt, in der Mitte od. im vorderen Drittel am breitesten, am Spreitengrund keilig bis br keilig verschmälert, Spreitengrund ganzrandig. BlZähne so lg wie br od. breiter. Bäume od. Sträucher [Artengruppe Griechische M.] **11**

11 Bl br elliptisch, fast kreisfg od. abgerundet rhombisch, 7–8,5 × 6–6,5 cm, mit 8–10 Nervenpaaren, beiderseits br keilfg (um 120°) zugespitzt (Abb. **123**/9), BlRand zur Spitze hin kraus, grob doppelt gezähnt od. seicht gelappt, BlZähne sägezahnartig aus der Ebene gedreht, BlStiel 13–16 mm lg. BStand kurz gestielt, daher scheinbar bukettfg auf Bl unterhalb aufliegend. Fr tiefrot, kuglig od. breiter als lg, mit ∞ Lenticellen. Reifer FrStand straff aufrecht. Kleine Bäume od. Sträucher. 3,00–10,00. 5. WSäume, Felsgebüsche, lichte Kiefernforste, kalkstet; z Ba: Südliche u. Mittlere Frankenalb (sm-stemp·c3-4EUR? – sogr StrB – L(6) T6 F3 R8 N3? – V Berb., O Querc. pub. – ob entstanden aus *S. graeca* (Spach) Lodd. ex Schauer × *S. umbellata* (Desf.) Fritsch? – 68). **Donau-M.** – ***S. danubialis*** (Jáv.) Kárpáti

Anm.: *S. danubialis* ist soweit bisher bekannt in D stets tetraploid, Angaben diploider Zählungen aus der Tschechischen Republik sind falsch. Im Bereich von Arealüberschneidungen von *S. aria* u. *S. danubialis* treten in der Südlichen Frankenalb bisher unbeschriebene lokalendemische Übergangssippen auf (*S. subdanubialis* s. l.).

11* Bl umgekehrt eifg bis rundlich, wenn rhombisch-kreisfg, dann größer, 8,5–11 × 6,5–7,5 cm, mit 7–11 Nervenpaaren. BlRand zur BlSpitze hin flach, nicht kraus. BlSpitze abgerundet-stumpf od. kurz zugespitzt. BStand eine deutlich gestielte Scheindolde über den folgenden Bl bildend **12**

12 Bl verkehrt-eifg od. br elliptisch bis nahezu rund, an Tennisschläger erinnernd (Abb. **123**/5), 9–10 × 6,5–7 cm, mit 9–11 Nervenpaaren, BlSpitze stumpf bis abgerundet (meist 150°), gelegentlich mit kleiner, aufgesetzter Spitze. Bl fruchtender Triebe meist sehr kurz zugespitzt, BlRand flach, zur BlSpitze hin gleichmäßig doppelt bis dreifach gezähnt. Spreitengrund br keilfg (90–105°). BlStiel 16–22 mm lg. FrStand eine abgeflachte Scheindolde, ∅ meist 10 cm, reif überhängend. 3,00–16,00. 5. Felsgebüsche, WSäume, lichte Kiefernforste, kalkstet; v Ba: Frankenalb, s S-Ba: Burghausen (sm/mo-stemp/co·c3-4EUR – sogr StrB/B – O Querc. pub., V Cephal.-Fag., V Berb. – 68). [*S. pannonica* auct. non Kárpáti, *S. graeca* (Spach) Lodd. ex Schauer p. p., *S. cretica* (Lindl.) Fritsch p. p.]
Hügel-Mehlbeere – ***S. collina*** M. Lepší, P. Lepší et N. Mey.

Anm.: *Sorbus collina* ist die vorherrschende *Aria*-Sippe in M-Ba: Frankenalb. Diese tetraploide Sippe wurde bisher irrtümlich zu Übergangsformen zwischen *S. aria* u. *S. graeca* (*S. pannonica* Kárpáti) gerechnet. Die Vorkommen in Nordbayern sind genetisch identisch mit solchen in Niederbayern, Ober- u. Nieder-Österreich und Tschechien. Die Neubeschreibung als *S. collina* erfolgte 2015, weil eine Konservierung des Namens *S. graeca* wegen einer abweichenden Lektotypisierung durch Aldasoro nicht möglich war. Arealüberschneidungen zwischen *S. aria* u. *S. collina* bzw. *S. graeca* in M-Ba: Jura enthalten triploide, endemische Übergangsformen (zu *S. pannonica* s. l. zu stellen). Zur Vorlage einer Gliederung besteht noch Forschungsbedarf.

12* Bl nicht an Tennisschläger erinnernd, eher rundlich, rautenförmig od. elliptisch, 6–12 cm lg, mit 7–11 Nervenpaaren (Abb. **123**/6, 7, 8). Fr abgeflacht kuglig bis apfelfg, mit zerstreuten Lenticellen. 3,00–15,00. 4–5. Trockne, wärmegetönte Säume u. Felsgebüsche, TrockenW, Kiefernforste, kalkhold; v Ba: südliches Maingebiet Bw: Taubergebiet, z M-Ba: Südliche Frankenalb, s Rh: Ahr, Mosel, Sauergebiet, Kyll He? (m/mo-stemp/co·c2-5EUR-VORDAS – sogr StrB/B – O Querc. pub., V Cephal.-Fag., V Berb. – 68). [*S. cretica* (LINDL.) FRITSCH]
Artengruppe Griechische M. – *S. graeca* (LODD. ex SPACH) SCHAUER s. l.

Anm.: Innerhalb des Verwandtschaftskreises von *S. graeca* s. l. gibt es in D noch mehrere bisher unbeschriebene tetraploide Taxa mit eigenen Arealen, die am BlSchnitt gut unterscheidbar sind.

13 **(9)** Bl mit nur 4–7 deutlichen Nervenpaaren, useits anfangs locker filzig, später verkahlend od. kahl, Haare sehr dick, kurz, kaum gekräuselt. BlForm sehr variabel, br eifg bis 3eckig, tief gelappt, Einschnitte spitzwinklig (Abb. **128**/1), Spreiten nahe BlGrund bis auf ½–¾ der Nervenlänge eingeschnitten, Spreitengrund gestutzt bis herzfg, BlRand fein einfach gezähnt. KrBl rundlich-löffelfg, kahl, mit kurzem Nagel. Fr matt braun, rostartig überzogen, verkehrt-eifg bis kuglig, reif weich u. abfallend (Musfrüchte). 5,00–20,00. 4–5. Mäßig trockne, lichte Eichen- u. LaubmischW, Gebüsche, Felsspalten, kalkhold; v M- u. N-Ba: Jura, Franken NO-Bw Rh Th SW-An SO-Ns, z S- u. O-We He N- u. O-Br, s SW-Ba: um München, Lech M-Sa: Elbe, Mulde Me, † Sh (m/co-temp·c1-4EUR – sogr B WuSpr – L(4) T7 F4 R7 N4 – O Querc. pub., V Cephal.-Fag., V Carp., V Berb. – 34). [*Torminalis clusii* (M. J. ROEMER) K. R. ROBERTSON et J. B. PHIPPS] **Elsbeere – *S. torminalis*** (L.) CRANTZ

13* Bl mit 6–12 Nervenpaaren, useits bleibend filzig od. behaart, Bl bis ½ der Nervenlänge gelappt. KrBlGrund mit weißen Haaren auf der Fläche **14**

14 Bl useits bleibend weißgrau bis silbergrün filzig, ohne Gelbstich. BlZähne jung ohne Drüsenspitze. [*S. aria* s. l. × *S. aucuparia*] **(Untergattung *Soraria*)** **15**

14* Bl useits bleibend dicht weißlichgelb, gelbgrau bis gelbgrün filzig, selten verkahlend. BlZähne (wenigstens bei einigen Zähnen junger Bl) in eine braune Drüsenspitze auslaufend. [*S. aria* s. l. × *S. torminalis*, *S. aria* s. l. × *S. aucuparia* × *S. torminalis*] **(Untergattungen *Tormaria, Triparens*)** **23**

Anm.: *Soraria*-Sippen zeigen keinen Gelbton auf den filzigen BlUSeiten, *Tormaria*-Sippen aber stets. Die zwischen beiden Gruppen vermittelnde *S. intermedia* **24** hat einen für die Untergattung *Soraria* typischen Blattschnitt (Abb. **124**/1) u. gelbgrau filzige BlUSeiten.

15 Bl br elliptisch, mit 11–12 BlNervenpaaren, BlRand seicht bis tief gelappt od. fiederteilig. Bl useits grün- bis graufilzig. Ungefiederte Ausprägungen der Aufspaltungsprodukte des primären Bastards, einzeln od. truppweise zwischen den Eltern, sehr variabel (z. B. Abb. **118**/1). 5,00–15,00. 5—6. kalkhold; s Ba: Alpen, Alpenvorland He: Rhön Th (sm/mo-temp·c1-3EUR – sogr B – 34). [*S.* ×*thuringiaca* (ILSE) FRITSCH]
Bastard-Eberesche – *S. aria* × *S. aucuparia* s. 2

15* Bl eifg, elliptisch od. zungenfg, mit 7–10 Nervenpaaren, seicht bis tief gelappt, am Spreitengrund selten bis zur Mittelrippe fiederteilig **16**

16 Bäume der mont. bis subalp. Stufe, aber nicht selten gepflanzt. Spitze der BlLappen abgerundet **17**

16* Bäume der koll. Stufe in N-Ba. Spitze der BlLappen abgerundet, spitz od. zugespitzt **18**

17 Bl elliptisch, 1,5–2mal so lg wie br, kaum bis 1/4 der Spreitenhälfte eingeschnitten. Spitzen der BlLappen abgerundet, einander nicht deckend (Abb. **124**/2). Unterste BlNerven <60° von der Mittelrippe abgewinkelt. Fr wenig länger als br, rot, ∅ 10 mm, mit wenigen, kleinen Lenticellen. 5,00–10,00. 5–6. Mont. bis subalp. mäßig trockne Gebüsche, Buchen-TannenW, WRänder, Felsen; s SW-Ba: Allgäu S-Bw: Hochrhein?, häufig gepflanzt, z. B. v Bw: Jura, SchwarzW z N-Ba. (sm/salp-stemp/mo·c2-3 EUR – sogr StrB/B – L8 T4 F3 R4 N2 – V Berb. – entstanden

1 *Sorbus aria* f. *aria*

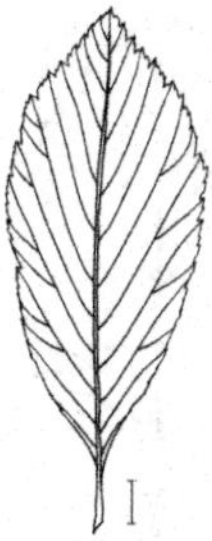

2 *S. aria* f. *longifolia*

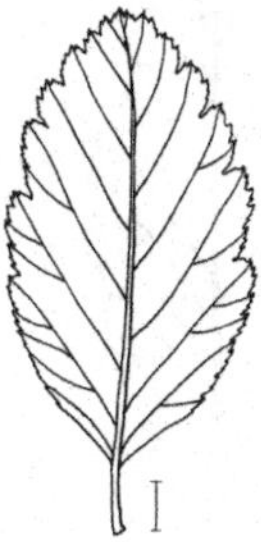

3 *S. aria* f. *incisa*

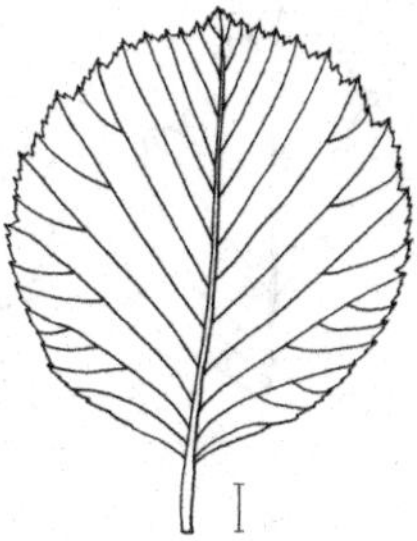

4 *S. aria* f. *cyclophylla*

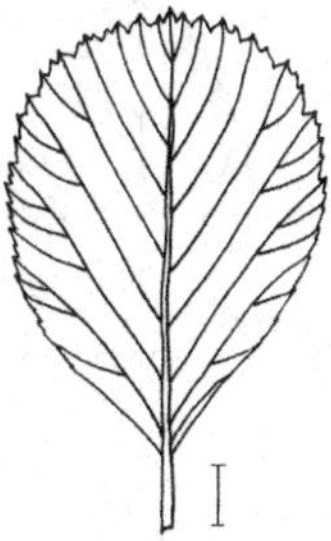

5 *Sorbus collina*

6 *S. graeca* "Kalmut"

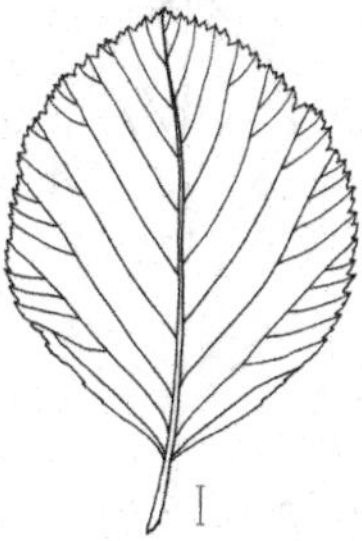

7 *S. graeca* "Sauergebiet"

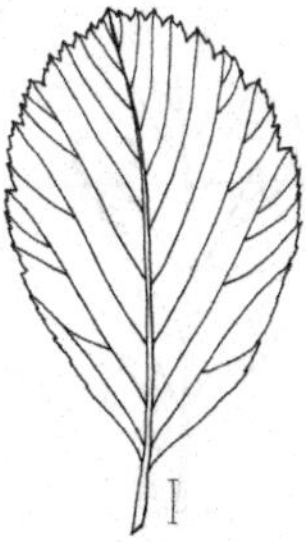

8 *S. graeca* "Hahnenkamm"

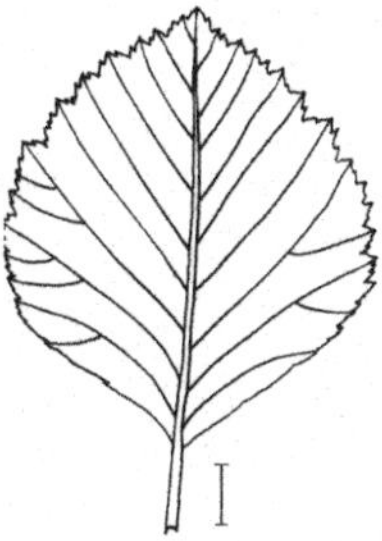

9 *S. danubialis*

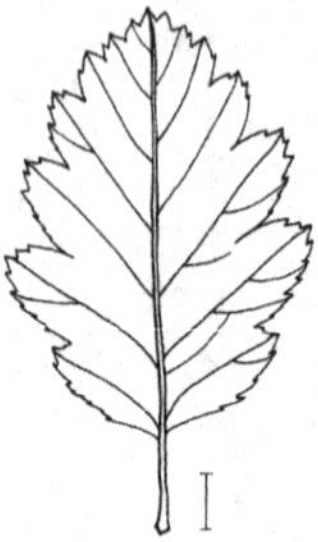

1 *Sorbus intermedia*

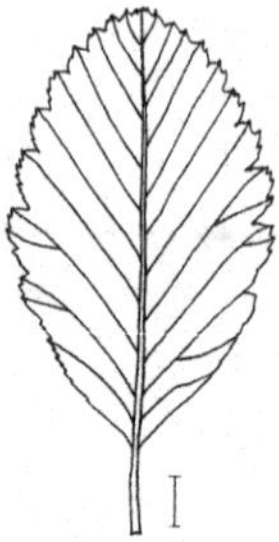

2 *S. mougeotii*

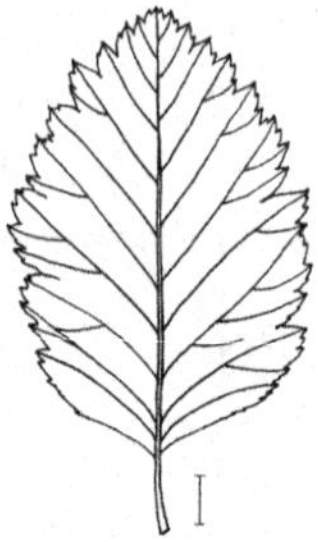

3 *S. austriaca* s.str.

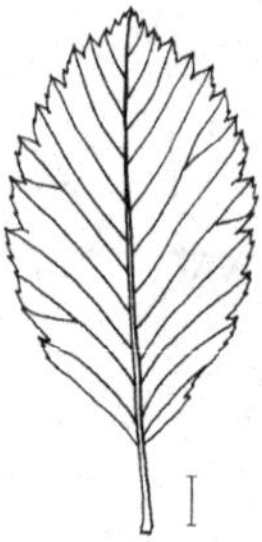

4 *S. austriaca* s.l.

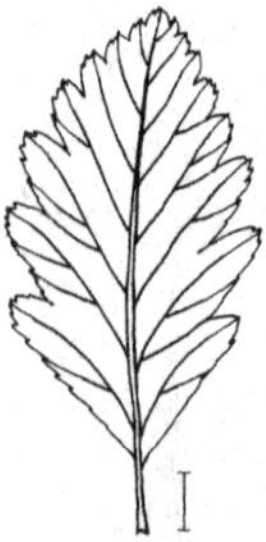

5 *S. pseudothuringiaca*

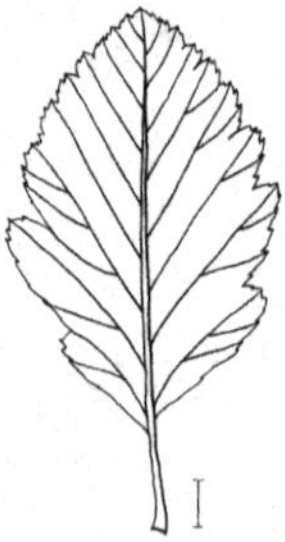

6 *S. harziana*

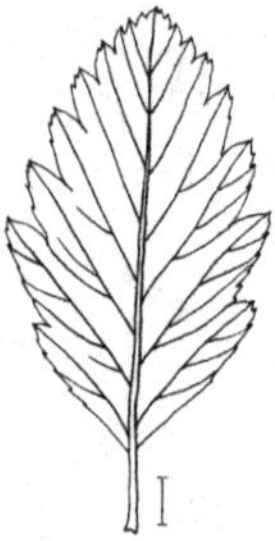

7 *S. hohenestri*

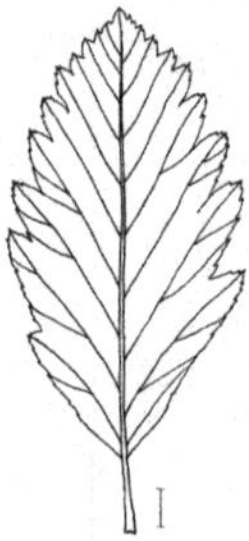

8 *S. schwarziana*

9 *S. pulchra*

10 *S. gauckeri*

aus *S. aria* agg. × *S. aucuparia* – 68).

Vogesen-Mehlbeere – *S. mougeotii* Soy.-Will. et Godr.

Anm.: Oft mit *S. intermedia* verwechselt (oft zusammen gepflanzt) sowie auch mit gelappten Formen von *S. aria*, daher Falschangaben für indigene Vorkommen in Bw: SW-Jura, Wutachgebiet, S-Schwarzw.

17* Bl br elliptisch, 1,3–1,5mal so lg wie br, bis 1/3 der Spreitenhälfte eingeschnitten, BlLappen, vor allem zur BlGrund hin, einander etwas überdeckend (Abb. **124**/3). Unterste BlNerven ≥60° von der Mittelrippe abgewinkelt. Fr kuglig, rot, ⌀ 10–13mm, mit ∞ großen Lenticellen. 5,00–15,00. 5–6. Mont. bis subalp. Gebüsche, kalkhold (?). In D nur gepflanzt, siehe aber Anm. (sm/salp-stemp/mo·c3-4EUR – sogr B – entstanden aus *S. aria* agg. × *S. aucuparia* – 68).

Österreichische Mehlbeere – *S. austriaca* (Beck) Hedl.

Anm.: In den Chiemgauer, Berchtesgadener u. Salzburger Alpen wurde eine weitere tetraploide, noch unbeschriebene *Soraria*-Sippe nachgewiesen, deren BlLappen nicht überlappen (siehe Abb. **124**/4).

18 **(16)** Spitze der BlLappen abgerundet **19**

18* Spitze der BlLappen spitz od. zugespitzt **20**

19 Bl schmal elliptisch, meist 2mal so lg wie br (Abb. **124**/5), BlLappen einander nicht überdeckend. Größte Bl unterhalb des BStandes mit am Spreitengrund abwärts gebogenen Nerven, bis ½ der Spreitenhälfte gelappt, BlUmriss daher dreieckig. Fr rot, kuglig, meist ⌀ 10mm. 5,00–15,00. 5. Frische, lichte BuchenW, Säume, Felsgebüsche, Kiefernforste, kalkstet; z N-Ba: Nördl. Frankenalb: Hersbruck, Betzenstein, Velden (stemp/(mo)·c3EUR Endemit – sogr B/StrB – V Cephal.-Fag., V Ger. sang. – entstanden aus *S. collina* × *S. aucuparia* – 51).

Hersbrucker Mehlbeere – *S. pseudothuringiaca* Düll

19* Bl eifg, meist 1,5mal so lg wie br (Abb. **124**/6). Wenigstens einige BlLappen einander leicht überdeckend. Größte Bl unterhalb des BStandes am Spreitengrund mit geraden BlNervenverlauf, BlLappen nur bis 1/5 der Nervenlänge eingeschnitten. Fr rot, eifg-kuglig, leicht zugespitzt, meist 9 × 11mm lg. 2,00–10,00. 5. Lichte BuchenW u. ihre Säume, Felsgebüsche, kalkstet; s N-Ba: Nördliche Frankenalb: Weismain (stemp/(mo)·c3EUR Endemit – sogr B/StrB – V Cephal.-Fag., V Ger. sang. – entstanden aus *S. aria* agg. × *S. aucuparia* – 51).

Weismainer Mehlbeere – *S. harziana* N. Mey. in N. Mey. et al.

20 **(18)** Fr deutlich eifg, meist 7 × 12mm. Bl am Kurztrieb eifg, meist 1,7mal so lg wie br, BlLappen am Kurztrieb gerade abstehend (Abb. **124**/7). 3,00–5,00. 5. Lichte BuchenW u. ihre Säume, Felsgebüsche, kalkstet; s N-Ba: Nördliche Frankenalb: Leutenbach, (stemp/(mo)·c3EUR Endemit – sogr B/StrB – V Cephal.-Fag., V Ger. sang. – entstanden aus *S. aria* agg. × *S. aucuparia* – 51).

Hohenester-Mehlbeere – *S. hohenesteri* N. Mey. in N. Mey. et al.

20* Fr rundlich, nicht eifg. BlLappen spitz **21**

21 BlSeitennerven der KurztriebBl gerade verlaufend. Bl elliptisch, meist 1,8-2mal so lg wie br (Abb. **124**/8). BlLappen weniger als ¼ eingeschnitten. Zähne der BlLappen dem BlRand anliegend. Fr rot, eifg-kuglig, leicht zugespitzt, um 9 × 10mm. 5,00–10,00. 5. Lichte BuchenW u. ihre Säume, Felsgebüsche, kalkstet; s N-Ba: Mittlere Frankenalb: Frechetsfeld ↘ (stemp/(mo)·c3EUR Endemit – sogr B/StrB – V Cephal.-Fag., V Ger. sang. – entstanden aus *S. collina* × *S. aucuparia* – 51).

Schwarz-Mehlbeere – *S. schwarziana* N. Mey. in N. Mey. et al.

21* BlSeitennerven der KurztriebBl auswärts gebogen **22**

22 Bl am Kurztrieb br eifg, meist 1,6mal so lg wie br (Abb. **124**/9). Wenigstens einige BlLappen einander leicht überdeckend. Zähne der BlLappen vom BlRand abgespreizt. Fr rot, eifg-kuglig, ⌀ meist 9 × 11mm. 5,00–10,00. 5. Lichte BuchenW u. ihre Säume, Felsgebüsche, kalkstet; s N-Ba: Nördliche Frankenalb: Gößweinstein (stemp/(mo)·c3EUR Endemit – sogr B/StrB – V Cephal.-Fag., V Ger. sang. – entstanden aus *S. collina* × *S aucuparia* – 51).

Gößweinsteiner Mehlbeere – ***S. pulchra*** N. MEY. in N. MEY. et al.

22* Bl am Kurztrieb br zungenfg, in der Spreitenmitte mit annähernd parallelen Rändern, meist 2mal so lg wie br (Abb. **124**/10). BlLappen einander nicht überdeckend, nahe Spreitengrund gelegentlich fiederteilig. Zähne der BlLappen nicht vom BlRand abgespreizt, gerade abstehend. Fr dunkelrot, eifg, ⌀ 11–12 mm. 5,00–15,00. 5. Lichte BuchenW, Felsgebüsche, kalkstet; s N-Ba: Mittlere Frankenalb: Happurg (stemp/(mo)·c3EUR Endemit – sogr B/StrB – V Cephal.-Fag., V Ger. sang. – entstanden aus *S. collina* × *S. aucuparia* – 51).

Gauckler-Mehlbeere – ***S. gauckleri*** N. MEY. in N. MEY. et al.

23 **(14)** Primäre, aufspaltende Hybride, daher morphologische Merkmale innerhalb einer Population variierend. Bl mit 8–12 Nervenpaaren, dünn od. derb, useits meist grau- bis grünfilzig mit Gelbton, z.T. verkahlend (z.B. Abb. **128**/2). Fr grünlichgelb, gelb bis rot, oft rostartig überzogen, verkehrt-eifg, eifg od. kuglig. 5,00–25,00. 4–5. Einzeln od. gesellig, dann aber heterogen im gemeinsamen Areal der Eltern, gelegentlich Trupps identischer Bäume durch Ausläufer od. Wurzelbrut. z N-Ba: Main, Rhön, Südliche Frankenalb Th, s N-Ba: Nördliche Frankenalb S-Ba: Ammersee Bw: Jura Rh: Mosel, Nahe, Sauer We: Ahr He: Federsee (m-stemp/(mo)·c1-3EUR – sogr B WuSpr? – 34). [*S.* ×*decipiens* (BECHST.) PETZ. et KIRCHN., *S.* ×*tomentella* GANDOGER, *S.* ×*vagensis* WILMOTT, *S.* ×*rotundifolia* auct. non HEDL.])

Bastard-Elsbeere – ***S. aria*** **s.str. ×** ***S. torminalis***

Anm.: Die als agamosperme Kleinarten beschriebenen Thüringer Taxa (*S. acutiloba* (IRMISCH) PETZ. et KIRCHN. [inkl. *S. subcordata* BORNM. ex DÜLL], *S. acutisecta* REUTHER et SCHWARZ, *S. decipiens* (BECHST.) PETZ. et KIRCHN., *S. heilingensis* DÜLL, *S. isenacensis* REUTHER, *S. multicrenata* BORNM. ex DÜLL u. *S. parumlobata* (IRMISCH) PETZ. et KIRCHN.) erwiesen sich alle als diploide, nicht fixierte Hybridschwärme mit größeren Populationen aus eigener fertiler Aussaat u. müssen als Synonyme zu **23** gerechnet werden. *S.* ×*decipiens* ist bei Benutzung binärer Nomenklatur für diese Hybriden der älteste u. derzeit gültige Name für diesen Bastard.

23* Agamosperme Kleinarten, morphologische Merkmale innerhalb einer Population gleich. Bl mit 6–12 Nervenpaaren, dünn od. derb, useits meist graufilzig bis grünfilzig, stets mit Gelbton. Fr meist orangerot, zur Vollreife teilweise verbraunend od. rostartig überzogen, seltener gelb, hellrot, dunkelrot, FrForm eifg, verkehrt-eifg, ellipsoidisch od. kuglig (**Untergattungen *Tormaria, Triparens***) **24**

Anm.: Die agamospermen Sippen der Untergattung *Tormaria* sind in D erst in N-Ba u. N-Bw erforscht, der Schlüssel enthält aber auch nicht alle von dort bekannten Taxa. Wegen der Gefahr der Zuordnung nach grober Ähnlichkeit bei der Bestimmung sind Blattrandzähnung, FrMerkmale u. Areal zu berücksichtigen. Disjunktionen wurden bisher kaum beobachtet. Das Sammeln von Herbarbelegen wird empfohlen.

24 Bl br eifg, 1,5mal so lg wie br, ihre Spitze stumpf. Bl mit 6–9 Nervenpaaren. BlLappen abgerundet, zu 4-5, bis 2 cm br. BlRand abstehend gezähnt (Abb. **128**/1). Bl derb, flach ausgebreitet, oseits dunkelgrün u. glänzend, useits bleibend u. dicht gelbgrau filzig. Fr eifg, rotorange. 3,00–12,00. 5–6. Straßen- u. Parkbaum, zunehmend auch eingebürgert; (N U) s Ba Bw We He Th Sa An Br Me Sh (ntemp·c3-4EUR – sogr StrB – L(6) T5 Fx Rx Nx – 68). Untergattung *Triparens* [*S. scandica* (L.) FR., *S. suecica* (L.) KROK et ALMQ.]

Schwedische Mehlbeere – ***S. intermedia*** (EHRH.) PERS.

Anm.: Gilt auf Bornholm als indigen.

24* Bl nicht gleichzeitig stumpf-eifg u. mit breiten, abgerundeten BlLappen, BlOSeite nicht immer dunkelgrün u. glänzend, Bl nicht flach ausgebreitet (**Untergattung *Tormaria***) **25**

25 Bl länglich bis lanzettlich, etwa 2mal so lg wie br, >10 cm lg, bespitzt, dünn, mit 11–13 BlNervenpaaren. BlLappen leicht spreizend, spitz (Abb. **128**/3). Fr eifg, meist 14 × 10 mm, leuchtend gelborange. 5,00–15,00. 4–5. Trockne LaubW u. Gebüsche, kalkhold; s N-Ba: Leinach, Hammelburg: Trimburg (stemp/co·c3EUR Endemit – sogr StrB/B WuSpr? – V Cephal.-Fag. – entstanden aus *S. aria* agg. × *S. torminalis* – 51).
Langblättrige Mehlbeere – ***S. perlonga*** Meierott in N. Mey. et al.

25* Bl eifg, verkehrt-eifg, elliptisch od. rundlich, 1–1,6mal so lg wie br **26**

26 Bl eifg, verkehrt-eifg od. elliptisch **27**

26* Bl br eifg bis rundlich **37**

27 Bl verkehrt-eifg, Spreitengrund schmal keilfg (<90°) **28**

27* Bl eifg od. elliptisch, unter od. in der Mitte am breitesten, Spreitengrund variabel **31**

28 KZähne br dreieckig, fleischig, krönchenartig abstehend, zur FrReife an sterilen Fr oft noch vorhanden. Fr eifg, 9 × 11–12 mm, gelborange bis orangebraun, meist rostartig überzogen. Bl mit 8-10 Nervenpaaren, BlLappenspitzen gerade (Abb. **128**/4). 3,00–12,00. 5. Felsgebüsche, BuchenWRänder, Hutungen, Säume, Kiefernforste, kalkhold; z N-Ba: Nördliche Frankenalb (stemp/co·c3EUR Endemit – sogr StrB/B WuSpr? – V Cephal.-Fag., V Berb. – entstanden aus *S. aria* agg. × *S. torminalis* – 51). **Fränkische Mehlbeere** – ***S. franconica*** Bornm. ex Düll

28* KZähne aufrecht, zur FrReife hinfällig, nicht fleischig. Fr nicht rostartig überzogen **29**

29 Bl rhombisch mit keilfg BlGrund um 90°. Fr braunrot, kuglig bis leicht eifg, ∅ 12–13 mm. Bl deutlich gelappt, ihre Spitzen spitz, leicht spreizend (Abb. **128**/8). 5,00–15,00. 5. Trockne LaubW u. Gebüsche, Hutungen, Kiefernforste, kalkhold; s N-Ba: Südliche Frankenalb, Ries (stemp/co c3EUR Endemit – sogr StrB/B WuSpr? – V Cephal.-Fag. – entstanden aus *S. aria* agg. × *S. torminalis* – 51).
Ries-Mehlbeere – ***S. fischeri*** N. Mey. in N. Mey. et al.**Θ**

29* Bl eifg, Fr kuglig, orangerot od. rot **30**

30 LangtriebBl br eifg, >10 cm lg, ihre BlLappen deutlich zugespitzt. KurztriebBl mit 11 Nervenpaaren, BlLappenspitzen kurz auswärts gespreizt (Abb. **128**/5). Fr eifg, orange, ∅ 11 × 12 mm. 5,00–15,00. 5. Trockne LaubW u. Gebüsche, Kiefernforste, kalkhold; s N-Ba: Nördliche Frankenalb (stemp/co c3EUR Endemit – sogr StrB/B WuSpr? – V Cephal.-Fag. – entstanden aus *S. aria* agg. × *S. torminalis* – 51).
Kordigast-Mehlbeere – ***S. cordigastensis*** N. Mey. in N. Mey. et al.

30* LangtriebBl schmal eifg, deren BlLappen spitz. Bl mit 10 Nervenpaaren, BlLappenspitzen gerade (Abb. **128**/6). Fr birnenfg, rot, ∅ 12 × 14 mm. 5,00–18,00. 5. Felsgebüsche, lichte, trockne LaubW u. WSäume, Kiefernforste, kalkhold; s N-Ba: Sulzbach-Rosenberg (stemp/co c3EUR Endemit – sogr StrB/B WuSpr? – V Cephal.-Fag. – entstanden aus *S. aria* agg. × *S. torminalis* – 51).
Schnizlein-Mehlbeere – ***S. schnizleiniana*** N. Mey. in N. Mey. et al.

31 **(27)** Bl eifg, Spreitengrund br keilfg (>90°) **32**

31* Bl elliptisch, Spreitengrund keilfg (um od. <90°) **33**

32 Fr eifg, orange, 12 × 15 mm, zuweilen rostartig überzogen. Bl br eifg, BlLappen leicht spreizend (Abb. **128**/7). 3,00–10,00. 5. Trockne LaubW u. Gebüsche, Hutungen, Kiefernforste, kalkhold; s N-Ba: unteres Naabtal (stemp/(mo)·c3EUR Endemit – sogr StrB/B WuSpr? – V Cephal.-Fag. – entstanden aus *S. aria* agg. × *S. torminalis* – 51).
Mergenthaler-Mehlbeere – ***S. mergenthaleriana*** N. Mey. in N. Mey. et al.

32* Fr kuglig, hellrot bis rotorange, ∅ 12–14 mm. Bl schwach gelappt, BlLappen stumpf (Abb. **128**/9). 3,00–10,00. 5. Trockne LaubW u. Gebüsche, Kiefernforste, kalkhold; s N-Ba: Maintal N Würzburg (stemp/co·c3EUR Endemit – sogr StrB/B WuSpr? – V Cephal.-Fag. – entstanden aus *S. aria* agg. × *S. torminalis* – 68).
Thüngersheimer Mehlbeere – ***S. haesitans*** Meierott in N. Mey. et al.

33 **(30)** BlOSeite stark glänzend, zwischen den BlNerven leicht nach oben gewölbt, wenig tief gelappt, BlLappen schmal u. spitz, abstehend gezähnt, ihre Spitzen kurz

1 *S. torminalis*

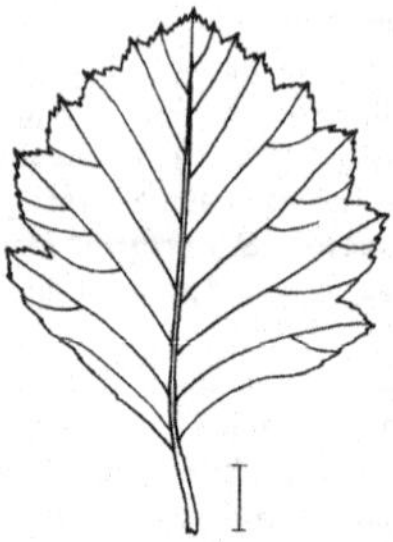

2 *S.* ×*decipiens*

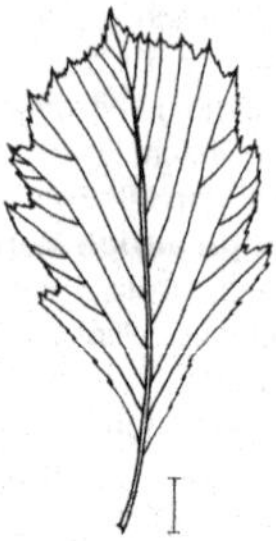

3 *S. perlonga*

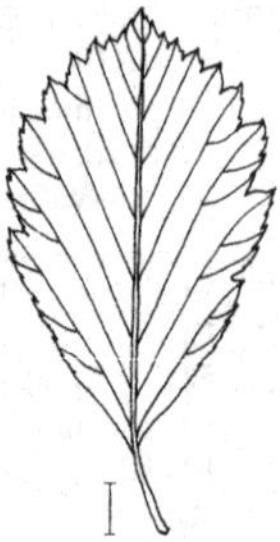

4 S. *franconica*

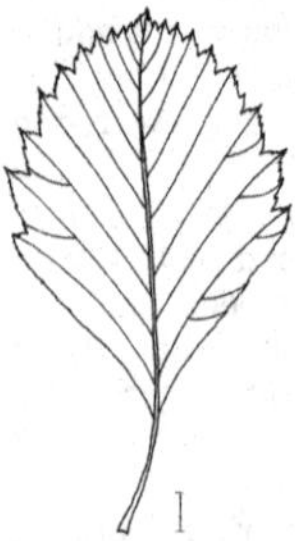

5 *S. cordigastensis*

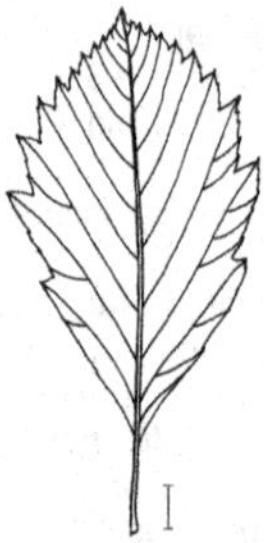

6 *Sorbus schnizleiniana*

7 *S. mergenthaleriana*

8 *S. fischeri*

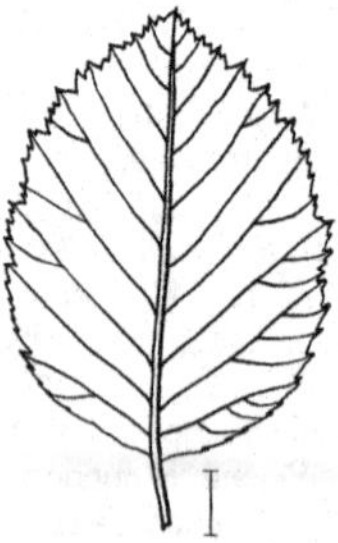

9 *S. haesitans*

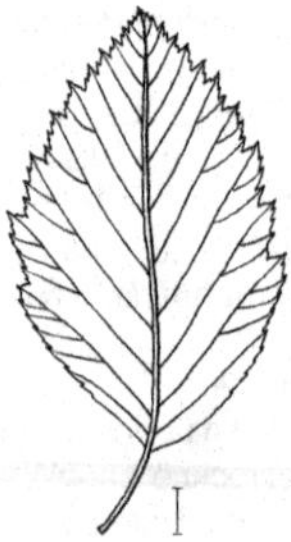

10 *S. meyeri*

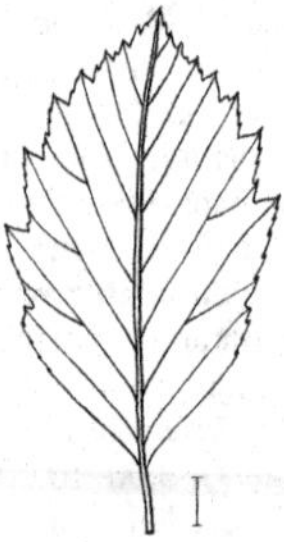

11 *Sorbus badensis*

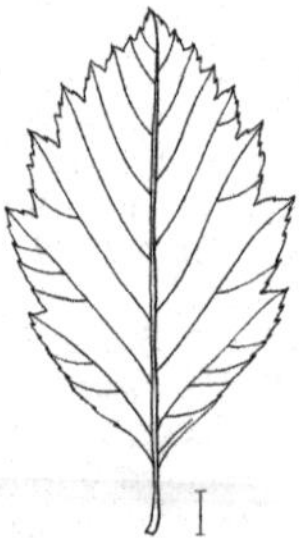

12 *S. adeana*

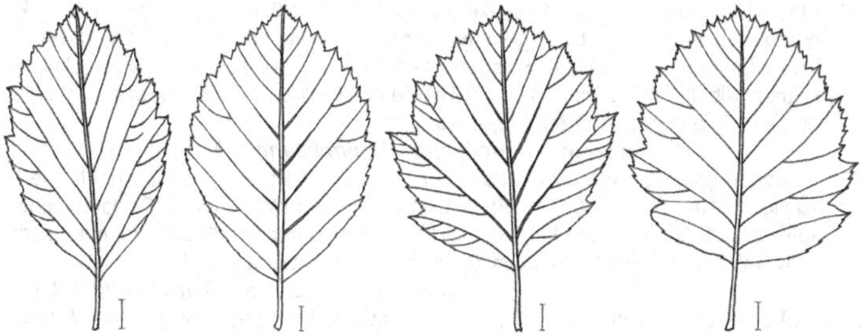

1 *Sorbus hoppeana* 2 *S. meierottii* 3 *S. puellarum* 4 *S. latifolia* s. str.

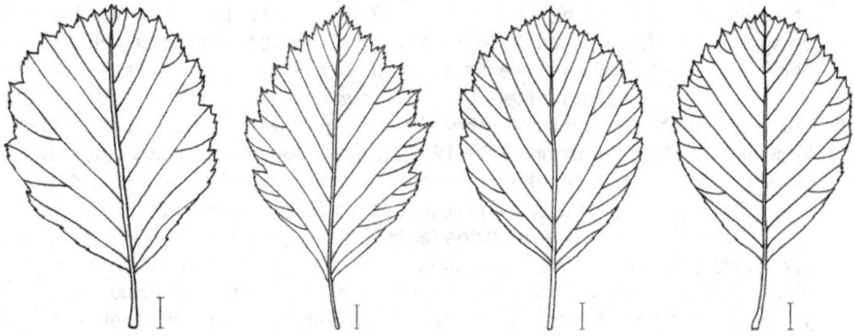

5 *S. eystettensis* 6 *S. herbipolitana* 7 *S. ratisbonensis* 8 *S. schuwerkiorum*

begrannt (Abb. **128**/10). BlStiele ab Sommer rosa überlaufen. Fr orangerot, eifg bis ellipsoidisch, ∅ meist 11 × 13 mm. 5,00–10,00. 5. Trockne LaubW u. Gebüsche, Kiefernforste, kalkhold; s N-Bw: W Tauberbischofsheim (stemp/co·c3EUR Endemit – sogr StrB/B WuSpr? – V Cephal.-Fag. – entstanden aus *S. graeca* s. l. × *S. torminalis* – 51). **Hainbuchenblättrige Mehlbeere – *S. meyeri*** S. Hammel et Haynold

33 *BlOSeite matt. BlLappen nicht deutlich abstehend gezähnt, BlStiele nicht rosa **34**

34 Bl deutlich gelappt, BlLappen leicht spreizend, ihr oberer Einschnitt >8 mm tief **35**

34* Bl seicht gelappt, BlLappen gerade od. zur BlSpitze gerichtet, ihr oberer Einschnitt bis 5 mm tief **36**

35 Bl bis 8 mm eingeschnitten, BlLappen gespreizt (Abb. **128**/11). Fr hellrot, birnenfg. 5,00–12,00. 4–5. Eichen-TrockenW, Kiefernforste, Weinbergsbrachen, kalkstet; s NW-Ba: Maingebiet bei Würzburg u. Karlstadt N-Bw: Gamburg, Buchen, Lengfurt (stemp/co·c3EUR Endemit – sogr StrB/B WuSpr? – V Cephal.-Fag. – entstanden aus *S. aria* agg. × *S. torminalis* – 51). **Badische Mehlbeere – *S. badensis*** Düll

Anm.: Der Formenkreis enthält in Unterfranken u. N-Baden weitere ähnliche, noch unbeschriebene Kleinarten, die steril von *S. badensis* schlecht abgrenzbar sind.

35* Bl >10 mm eingeschnitten, BlLappen gerade (Abb. **128**/12). Fr gelb mit rostartigem Überzug, birnfg. 5,00–20,00. 5. Lichte LaubmischW, Säume, Felsgebüsche, kalkstet; s N-Ba: Nördliche Frankenalb: Weismain, Modschiedel (stemp/co·c3EUR Endemit – sogr StrB/B WuSpr? – entstanden aus *S. aria* agg. × *S. torminalis* – 51). **Ades Mehlbeere – *S. adeana*** N. Mey. in N. Mey. et al.

36 **(34)** BlLappen stumpf, zur BlSpitze gerichtet (Abb. **129**/1). KBl an der Fr zurückgekrümmt, lineal. Fr gelborange u. auf der Sonnenseite braun, eifg. 4,00–12,00. 5. Lichte LaubmischW, Säume, Felsgebüsche, Kiefernforste, kalkstet; z N-Ba: Mittlere Frankenalb: Kallmünz (stemp/co·c3EUR Endemit – sogr StrB/B WuSpr? – entstanden aus *S. aria* agg. × *S. torminalis* – 51).
Kallmünzer Mehlbeere – ***S. hoppeana*** N. Mey. in N. Mey. et al.

36* BlLappen spitz, gerade (Abb. **129**/2). Fr dunkelrot mit großen, hellen Lenticellen, kuglig, ∅ 10–12 mm. 4,00–10,00. 5. Lichte LaubmischW, Säume, Felsgebüsche, kalkstet; s N-Ba: Südliche Frankenalb: Wellheim (stemp/co·c3EUR Endemit – sogr StrB/B WuSpr? – entstanden aus *S. aria* agg. × *S. torminalis* – 68).
Meierott-Mehlbeere – ***S. meierottii*** N. Mey.

37 **(26)** Spreitengrund br keilfg (>120°), z. T. herzfg. Bl br elliptisch bis rundlich, BlLappen bis >10 mm tief eingeschnitten, deren Flanken bauchig **38**

37* BlBasiswinkel am Spreitengrund 90–120°, keilfg bis br keilfg **39**

38 BlLappen spreizend (Abb. **129**/3). Fr gelb u. auf der Sonnenseite braun od. rostartig überzogen, kuglig, ∅ meist 11 mm. 5,00–12,00. 5. Lichte LaubmischW, Säume, Felsgebüsche, Kiefernforste, kalkstet; s NW-Ba: Uettingen (stemp/co·c3EUR Endemit – sogr StrB/B WuSpr? – entstanden aus *S. aria* agg. × *S. torminalis* – 68).
Mädchen-Mehlbeere – ***S. puellarum*** Meierott in N. Mey. et al.

38* BlLappen gerade bis spreizend (Abb. **129**/4). Fr gelbbraun u. rostartig überzogen, abgeflacht kuglig, 12 × 14 mm. 5,00–12,00. 5. Ⓚ Parkbaum, auch als Vorpflanzung an WRändern, Heimat: Zentral-Frankreich, in D nicht einheimisch (stemp/co·c2EUR – sogr B WuSpr? – entstanden aus *S. aria* agg. × *S. torminalis* – 68).
Breitblättrige Mehlbeere – ***S. latifolia*** (Lam.) Pers. s. str.

39 **(37)** Bl bis 6,5 cm lg, Spreitengrund br keilfg bis abgerundet (100–120°). BlLappen unter 5 mm tief eingeschnitten, stumpf (Abb. **129**/5). Fr hellrot, ellipsoidisch, 11 × 14 mm. 3,00–10,00. 5. Lichte LaubmischW, Säume, Felsgebüsche, Kiefernforste, kalkstet; s M-Ba: Südliche Frankenalb: Eichstätt (stemp/co·c3EUR Endemit – sogr StrB/B WuSpr? – entstanden aus *S. aria* agg. × *S. torminalis* – 51).
Eichstädter Mehlbeere – ***S. eystettensis*** N. Mey. in N. Mey. et al.

39* Bl >7,0 cm lg, Spreitengrund keilfg (um 90°) **40**

40 Bl deutlich gelappt, um 10 mm tief eingeschnitten, BlLappen zitzenfg, zugespitzt (Abb. **129**/6). Fr orangerot, kuglig bis apfelfg, ∅ 12 mm. 3,00–12,00. 5. Lichte LaubmischW, Säume, Kiefernforste, kalkstet; s N-Ba: Maingebiet NW Würzburg (stemp/co·c3EUR Endemit – sogr StrB/B WuSpr? – entstanden aus *S. aria* agg. × *S. torminalis* – 51). **Würzburger Mehlbeere** – ***S. herbipolitana*** Meierott in N. Mey. et al.

40* Bl undeutlich gelappt, bis 6 mm tief eingeschnitten **41**

41 BlSpitze spitz (Abb. **129**/7). Fr gelb, kuglig, ∅ 10–12 mm. 5,00–15,00. 5. Lichte LaubmischW, Säume, Felsgebüsche, Kiefernforste, kalkstet; z N-Ba: Mittlere Frankenalb: Undorf (stemp/co·c3EUR Endemit – sogr StrB/B WuSpr? – entstanden aus *S. aria* agg. × *S. torminalis* – 51).
Regensburger Mehlbeere – ***S. ratisbonensis*** N. Mey. in N. Mey. et al.

41* BlSpitze zugespitzt (Abb. **129**/8). Fr rotorange, birnenfg, ∅ 13 × 15 mm. 4,00–20,00. 5. Lichte LaubmischW, Säume, Felsgebüsche, Kiefernforste, kalkstet; s N-Ba: Südl. Frankenalb: Greding, (stemp/co·c3EUR Endemit – sogr StrB/B WuSpr? – entstanden aus *S. aria* agg. × *S. torminalis* – 51).
Gredinger Mehlbeere – ***S. schuwerkiorum*** N. Mey. in N. Mey. et al.

Hieracium laevigatum

SIEGFRIED BRÄUTIGAM (Dresden)

Hieracium laevigatum WILLD. – **Glattes Habichtskraut**

Diese „Hauptart" besteht – wie viele andere *Hieracium*-Arten – aus zahlreichen apomiktischen Untereinheiten, die taxonomisch entweder als Kleinarten, in Mitteleuropa aber üblicherweise als Subspecies behandelt werden. Allein für Mitteleuropa im weiten Sinne sind über 165 Subspecies angegeben. Eine befriedigende Bearbeitung steht bis heute aus. Im Folgenden wird ein grober Überblick gegeben, in dem ähnliche Sippen zu subsp.-Gruppen zusammengefasst werden.

Als „Haare" werden im Schlüssel nur die einfachen u. drüsenlosen Haare bezeichnet. Daneben kommen Drüsenhaare („Drüsen") u. die viel kleineren Sternhaare (10fache Lupe!) vor. Die Mengenangaben sind (unter anderem wegen der genetischen u. der modifikativen Variabilität) nur in 3 Stufen differenziert (arm, zerstreut, reich). Unter Beblätterungsindex wird die Anzahl der StgBl/StgHöhe in cm verstanden.

Sammelhinweise: Pflanzen, deren HauptStg beschädigt, abgefressen od. abgemäht sind, weichen in ihren Merkmalen oft stark ab u. sind dann kaum bestimmbar. Sie sollten nicht gesammelt werden.

Verwendete Literatur

BRÄUTIGAM, S. (1974) Die Verwertbarkeit der Merkmale von *Hieracium laevigatum* Willd. für die infraspezifische Gliederung. Flora 163: 163–177.

1 Bl deutlich gefleckt. z Rh, s We W-Me Sh, (N?) Br: Berlin (sm/mo-b·c1-3EUR). subsp. ***boraeanum*** (JORD.) ZAHN

1* Bl ungefleckt **2**

2 HüllBl reich sternhaarig. 0,50–1,20. z Bw: Jura (stemp/mo·c2ZEUR Endemit) subsp. ***istrogenes*** ZAHN

2* HüllBl sternhaarlos od. arm, selten zerstreut sternhaarig **3**

3 Mittlere StgBl mit ± abgerundetem Spreitengrund sitzend, elliptisch-lanzettlich od. eilanzettlich (Abb. **132**/1). Kopfstiele meist zerstreut behaart, Haare mit lg heller Spitze. HüllBl zerstreut drüsig, meist zerstreut behaart. 0,30–0,85. 7–8. Ba Bw: SchwarzW Th S-Sa An: Harz (temp·c1-3EUR – V Querc. rob.-petr., V Luz.-Fag., V. Trif. med., O Nard.). subsp. ***amaurolepis*** J. MURR et ZAHN s. l.

3* StgBl mit verschmälertem Spreitengrund sitzend. Kopfstiel haarlos bis arm, selten zerstreut behaart. HüllBl sehr arm bis fast reich drüsig, haarlos bis zerstreut behaart **4**

4 GrundBl zur BZeit (0–)1–4. StgBl (4–)6–8(–10). HüllBl 10–12 mm lg, schwärzlich, mit zerstreuten, ± kräftigen Drüsen u. einzelnen Haaren. Silikatmagerrasen; s Ba: Alpen, BöhmerW (sm/salp-b·c1-5EUR – O Nard.). subsp. ***gothicum*** (FR.) ZAHN

4* GrundBl zur BZeit 0(–3). StgBl 6–40. HüllBl 8–11 mm lg, dunkelgrün bis schwärzlich, sehr arm bis fast reich drüsig. Alle Bdl **5**

F. Müller, C. Ritz, E. Welk, K. Wesche (Hrsg.), *Rothmaler – Exkursionsflora von Deutschland*,
DOI 10.1007/978-3-8274-3132-5_13

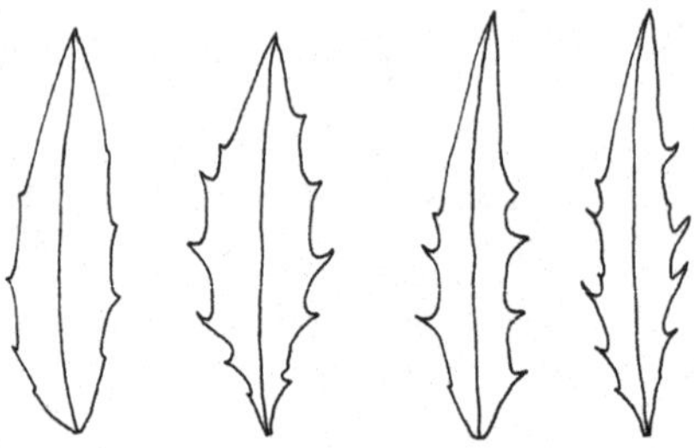

1 2 3 4

5 Mittlere StgBl elliptisch-lanzettlich, 3–4,5mal so lg wie br (Abb. **123**/2). HüllBl meist arm drüsig. StgBl 8–20; Beblätterungsindex 0,15–0,30. 0,30–1,00. alle Bdl? (sm/mo-temp·c2-3EUR – V Querc. rob.-petr., V Luz.-Fag., V. Trif. med., O Nard.). [grex *laevigatum* sensu ZAHN p. p. min., subsp. *deltophylloides* auct.] subsp.-Gruppe ***dryadeum***

5* Mittlere StgBl lanzettlich od. länglich-lanzettlich, 4,5–8mal so lg wie br. HüllBl gewöhnlich zerstreut drüsig **6**

6 Mittlere StgBl länglich-lanzettlich, jede BlHälfte mit 3–4 meist geraden Zähnen (Abb. **123**/3). StgBl 6–14; Beblätterungsindex 0,1–0,25. 0,30–1,00. 6–8. alle Bdl (sm/mo-b·c1-5EUR – 27 – V Querc. rob.-petr., V Luz.-Fag., V Dicr.-Pin., V. Trif. med., O Nard.). [grex *gothicum* (FR.) ZAHN p. p. max.] subsp.-Gruppe ***perangustum***

6* Mittlere StgBl lanzettlich, jede BlHälfte meist mit 4 deutlich gekrümmten Zähnen (Abb. **123**/4). StgBl 8–40; Beblätterungsindex 0,15–0,40. 0,30–1,20. 7–8. alle Bdl (sm/mo-b·c1-6EUR-SIB, (N) tempOAM – V Querc. rob.-petr., V Luz.-Fag., V Dicr.-Pin., V. Trif. med., O Nard.). [grex *laevigatum* sensu ZAHN p. p. max., grex *tridentatum* (FR.) ZAHN] subsp.-Gruppe ***laevigatum***

Taraxacum

INGO UHLEMANN (Liebenau), JAN KIRSCHNER (Průhonice) u. JAN ŠTĚPÁNEK (Praha)

Taraxacum F. H. WIGG. – **Kuhblume, Löwenzahn**

In Deutschland sind bislang 412 beschriebene *Taraxacum*-Arten nachgewiesen. Das entspricht schätzungsweise 30 % der realen Artenzahl. Allerdings ist der Erforschungsgrad der einzelnen Sektionen sehr unterschiedlich. Insbesondere der Schlüssel der sect. *Taraxacum* ist eine erste Orientierungshilfe, aber die meisten verbreiteten Arten sind darin erfasst. Ein Bestimmungsergebnis sollte auf jeden Fall mit einer Habitus-Abbildung u. einem bestimmten Herbarbeleg verglichen werden.

Die meisten Arten sind Elemente polyploid-apomiktischer, miteinander vernetzter Formenschwärme, die als Sektionen (früher Aggregate) klassifiziert werden. Aus Deutschland sind 13 Sektionen u. mindestens drei weitere Gruppen mit möglichem Sektionsrang bekannt. Kernsippen entsprechen den Sektionsbeschreibungen. Andere, wohl hybridogene Arten vermitteln zwischen zwei od. mehreren Sektionen. Deshalb ist die Zuordnung mancher Arten zu bestimmten Sektionen problematisch.

In Deutschland gibt es innerhalb der Gattung *Taraxacum* drei Typen von Reproduktionssytemen: 1. obligat apomiktische Arten (überall im Gebiet, im Norden nur diese), 2. fakultativ apomiktische Arten (nur Ba), 3. sexuelle Arten (SW-Ba, Bw, S-He). Nur in Gebieten mit ausschließlich obligat apomiktischen Taxa ist eine uneingeschränkte Unterscheidung von Arten möglich. In den übrigen Regionen gibt es neben stabilen apomiktischen Arten auch Hybriden zwischen sexuellen u. apomiktischen Sippen sowie rein sexuelle Taxa. Lokalsippen, wie sie bei *Rubus* vorkommen, sind wegen des hohen Ausbreitungsvermögens bei *Taraxacum* nicht zu erwarten.

Wichtig für die Bestimmung der Gattung sind etwa 30 Merkmale, die im Überblick in der Abbildung (Abb. **134**) dargestellt sind. Bei den Bl muss auf die Form, Lappung, Kräuselung, Behaarung, Farbe u. Fleckung geachtet werden. Das Bl setzt sich aus folgenden Bestandteilen zusammen, die jeweils relevanten Merkmale stehen in Klammern: **BlEndlappen** (Form, Größe; Abb. **134**/1), **BlSeitenlappen** (Ausrichtung, Form, Zahnbesatz, Zerklüftung, Abb. **134**/2), **BlInterlobien** od. BlZwischenlappenabschnitte (Farbe, Form, Kräuselung, Abb. **134**/3), **BlMittelrippe** (Behaarung, Farbe, Vorhandensein von Streifenmustern; **134**/4) u. **BlStiel** (Farbe, Flügelung; **134**/5).

Neben den üblichen Begriffen zur BlMorphologie gibt es bei *Taraxacum* noch besondere Bezeichnungen für die Gestalt der BlSeitenlappen (Abb. **134**/2):

bügelfg: oberer Rand an der Basis konvex (geschultert), Spitze waagerecht abstehend od. zurückgerichtet; (Abb. **135**/1)
sichelfg: oberer Rand an der Basis konvex (geschultert), Spitze sinusfg nach oben gebogen; (Abb. **135**/2)
hakenfg: Spitze nach unten gerichtet; (Abb. **135**/3)
zurückgebogen: Spitze nach außen gerichtet; (Abb. **135**/4)
spatelfg: Spitze verbreitert, stumpf; (Abb. **135**/5)

F. Müller, C. Ritz, E. Welk, K. Wesche (Hrsg.), *Rothmaler – Exkursionsflora von Deutschland*,
DOI 10.1007/978-3-8274-3132-5_14

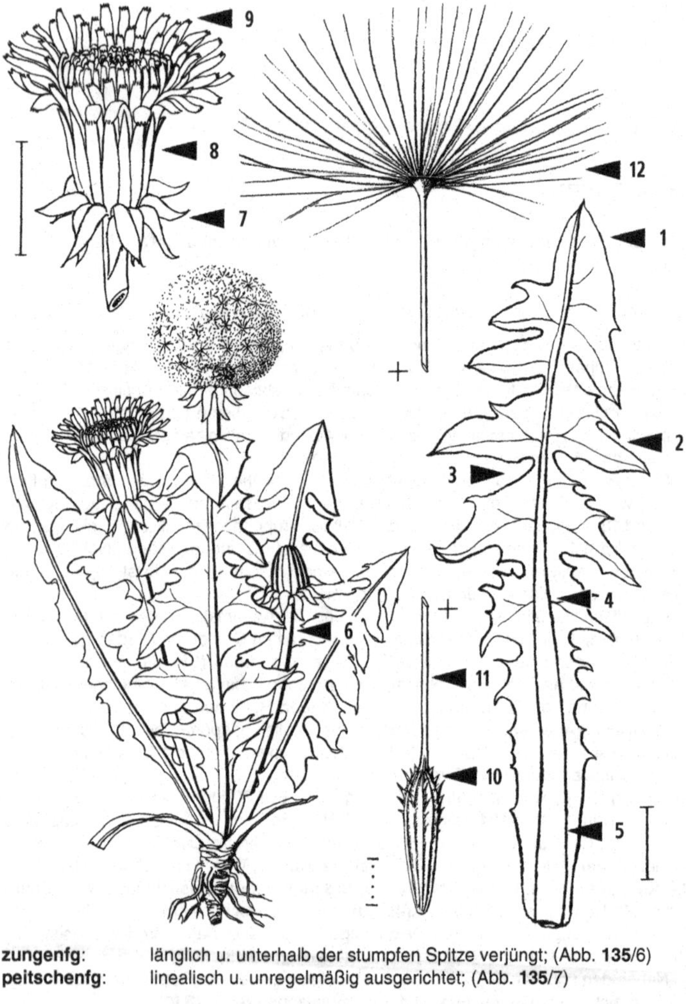

zungenfg:	länglich u. unterhalb der stumpfen Spitze verjüngt; (Abb. **135**/6)
peitschenfg:	linealisch u. unregelmäßig ausgerichtet; (Abb. **135**/7)

Der BStand besteht aus dem **Schaft** (Behaarung, Farbe; Abb. **134**/6), der **Hülle** (Bereifung, Farbe der HüllBl; Abb. **134**/7, 8; **136**/1-6) u. den **B** (Farbe der ZungenB, Farbe u. Form der Zähne an der Spitze der ZungenB, Vorhandensein von Pollen; Abb. **134**/9). Die **HüllBl** können entweder **unberandet** od. **weiß berandet** (Abb. **137**/1) sein u. tragen in den Sektionen *Erythrosperma, Obliqua* u. *Piesis* **Schwielen** (kleine Höcker auf der Außenseite der Spitze der äußeren HüllBl; Abb. **137**/2).

Bes. Bedeutung kommt der Stellung der **äußeren HüllBl** (InvolukralBl) zu, da diese sehr konstant ist. Es werden folgende Stellungen unterschieden:

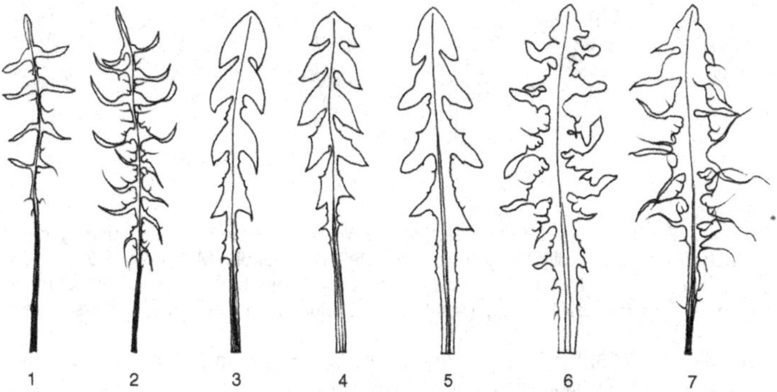

anliegend (Abb. **136**/1), **aufrecht** (Abb. **136**/2), ± **waagerecht abstehend** (Abb. **136**/3), **zurückgebogen** (Abb. **136**/4), **zurückgerichtet** (Abb. **136**/5) u. **unregelmäßig** (Abb. **136**/6).

Die FrMerkmale sind stets an reifen Achänen zu ermitteln. Die Diasporen setzen sich zusammen aus einem mehr od. weniger gefärbten Hauptteil, der aus dem Achänenkörper (**134**/10) u. dessen aufgesetzter, gefärbter Spitze, der sogenannten Pyramide (Abb. **137**/3, 4) besteht sowie aus einem farblosen Stiel (Rostrum; Abb. **134**/11), der den weißen Haarkelch (Pappus; Abb. **134**/12) trägt. Die Pyramide kann entweder **konisch** (Abb. **137**/3) od. **zylindrisch** (Abb. **137**/4) geformt sein.

Hinweise zum Sammeln: Gesammelt werden sollten *Taraxacum*-Belege nur während ihrer Hauptblüte: April–Mai (Tiefland, Mittelg), Juni–August (sehr hohe Mittelgebirgslagen u. Alpen). Keine Herbstexemplare sammeln! Ein Herbarbeleg sollte nicht aus der gesamten Pfl angefertigt werden, da bei ganzen Pfl die Form der Blätter wegen Überlappung oft schlecht erkennbar ist u. zudem ganze Pfl oft schlecht trocknen u. sich verfärben. Stattdessen sollten Belege nur ca. fünf Blätter, einen geöffneten sowie einen ungeöffneten BStand u. gegebenenfalls (bes. sect. *Erythrosperma*) Früchte aufweisen. Keine ausschließlich fruchtenden Exemplare sammeln, da sich bei späten Entwicklungsstadien die BlMorphologie ändert!

Verwendete Literatur

Kirschner, J. & J. Štěpánek (1998) A monograph of *Taraxacum* sect. *Palustria*. Institute of Botany Academy of Sciences of the Czech Republic, Průhonice. 281 S.

Meierott, L. (2008) Flora der Haßberge und des Grabfelds. Neue Flora von Schweinfurt. Band 2. IHW-Verlag, Eching.

Kallen, H. W.; Kallen, C.; Sackwitz, P.; Øllgaard, H. (2003) Die Gattung *Taraxacum* (Asteraceae) in Norddeutschland – 1. Teil: Die Sektionen *Naevosa*, *Celtica*, *Erythrosperma* und *Obliqua*. Bot. Rundbr. Meckl.-Vorp. 37: 5–89.

Øllgaard, H. (1983) *Hamata*, a new section of *Taraxacum* (Asteraceae). Pl. Syst. Evol. 141: 199-217.

Schmid, M. 2003: Morphologie, Vergesellschaftung, Ökologie, Verbreitung und Gefährdung der Sumpf-Löwenzähne (*Taraxacum* sect. *Palustria* Dahlst., *Asteraceae*) Süddeutschlands. Biblioth. Bot. 155: 1-268.

Sahlin, C. I. & W. Lippert (1983) Die *Taraxacum*-Arten der bayerischen Alpen. Ber. Bayer. Bot. Ges. 54: 23-45.

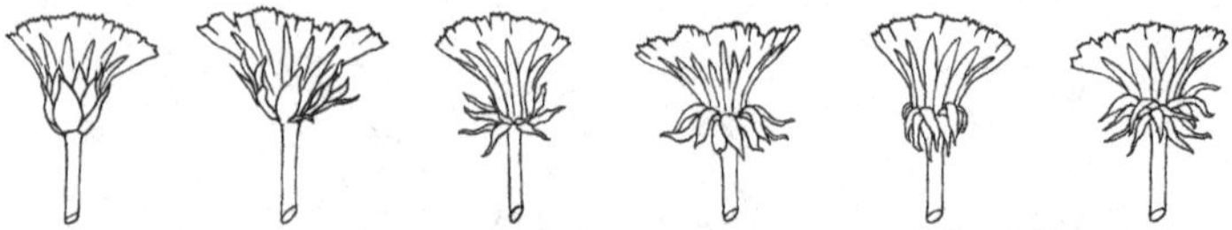

1 2 3 4 5 6

Sackwitz, P.; Uhlemann, I. (2002) *Taraxacum* Workshop 9. Germany, Isle of Rügen, Altenkirchen/farm „Hof Wollin" May 16th to 19th, 1999. Bot. Rundbr. Meckl.-Vorp. 37: 91–96.
Uhlemann, I. (2001) Distribution of reproductive systems and taxonomical concepts in the genus *Taraxacum* F.H. Wigg. (Asteraceae, Lactuceae) in Germany. Feddes Repert. 112: 15–35.
Uhlemann, I. (2003) Die Gattung *Taraxacum* (*Asteraceae*) im östlichen Deutschland. Mitt. florist. Kart. Sachsen-Anhalt. Sonderheft: 1–136.
Uhlemann, I.; Meierott, L.; Trávníček, B.; Žíla, V. (2015) Fortschritte in der Erforschung der Gattung *Taraxacum* in Deutschland. Kochia 9: 1–35.

(Alle Arten in D: teiligr ros H ♃ PfWu, regenerativ WuSpr – WiA KIA Lichtkeimer – Futter-, Bienenfutter-, Salat-, VolksheilPfl)

Die Chromosomenzahlen variieren zwischen der diploiden (2n = 2x = 16), der triploiden (2n = 3x = 24) u. der tetraploiden Stufe (2n = 4x = 32). Triploide Pfl sind am häufigsten. Soweit aus belastbaren Zählungen Chromosomenzahlen vorliegen, sind diese jeweils am Ende der Artdiagnose in Klammern vermerkt.

1 Äußere HüllBl an der Außenseite der Spitze mit einer schwielenartigen Verdickung. Pfl meist zart u. klein, mit dünnen BlStielen **2**

1* Äußere HüllBl an der Außenseite der Spitze ohne schwielenartige Verdickung. Pfl robust, mittelgroß bis groß, vorwiegend an Rud. u. im Grünland, wenn zart u. klein, dann in alp. Bereichen, Nasswiesen, Salzwiesen od. modifiziert an untypischen Standorten **4**

2 Pappus schmutzig gelb bis purpurbräunlich. Bl ganzrandig, gezähnt, gebuchtet, geschweift od. mit wenigen kleinen Lappen (Abb. **138**/1, 2). Äußere HüllBl ca. 1 mm br, den inneren anliegend. Bl meist linealisch bis lanzettlich. Pfl sehr zart u. meist kleinwüchsig (Habitus wie *T.* sect. *Palustria*). Achänen hell graubraun, ohne Pyramide 4–5 mm lg, allmählich in die 1,1–1,7 mm lg zylindrische Pyramide übergehend. Rostrum 4–5 mm lg. Sexuelle Art. 0,10–0,20. 8–10. Salzwiesen, Salzweiden, salzbeeinflusste Rud.; (U) s Rh: Mainz (m-stemp c5-10 EUR+MAS – K. Aster. trip.). [*Leontodon dentatus* Tausch, *L. pinnatifidus* Tausch, *L. parviflorus* Tausch, *Pyrrhopappus taraxacoides* DC., *Taraxacum fulvipilis* Harv., *T. microcephalum* Schur, *T. procumbens* Less., *T. salinum* Besser, *T. salsugineum* Lamotte] **Salzwiesen-K. – *T.* (sect. *Piesis*** (DC.) A. J. Richards ex Kirschner et Štěpánek) ***bessarabicum*** (Hornem.) Hand.-Mazz.

2* Pappus weiß. Bl tief gelappt **3**

3 Achänen braun, rotbraun, ziegelrot, orangerot, gelblichbraun od. selten grau. Pyramide länglich-zylindrisch. ZungenB hellgelb, meist flach. 0,05–0,25(–0,35). 4–5. Lückige Xerothermrasen, (ruderale) Sandtrockenrasen, Silikatmagerrasen, Dünen, trockne Rud., Ackerbrachen, Weinberge; v (Bergland s) Rh N- u. W-We Th Br, z Ba Bw SO-We He Sa An Ns Me Sh (m/(mo)-sm-temp·c1-6EUR-WAS – L8 T6 F3 R7 N2? – O Coryneph., K Sedo-Scler., K Fest.-Brom., K Plant.). [*T. laevigatum* (Willd.) DC. s. l., *T. fulvum*-Gruppe, *T. simile*-Gruppe sensu Oberd.] **Schwielen-K.-Gruppe – sect. *Erythrosperma*** (H. Lindb.) Dahlst. – **Tabelle A** S. 140

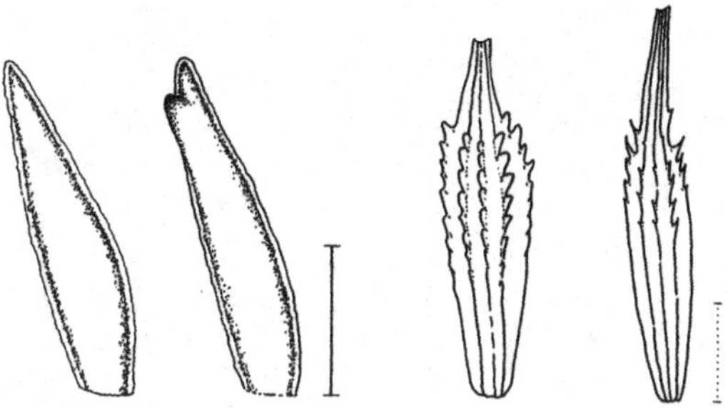

1 2 3 4

3* Achänen stets grau. Pyramide konisch. ZungenB goldgelb bis orangegelb, zumindest teilweise röhrig eingerollt. 0,05–0,15. 4–5. Küstendünen u. küstennahe, sandige Xerothermrasen; s Ns Me Sh: Nord- u. Ostseeküste (temp·c2-3litEUR – L9 T6 F3 R6? N4? – O Coryneph., bes. V Koel. albesc.). [*T. obliquum* (Fr.) Dahlst. s. l.]
Dünen-K.-Gruppe – sect. *Obliqua* (Dahlst.) Dahlst. – **Tabelle B** S. 143

4 **(1)** ZungenB meist röhrig eingerollt, an der Spitze kapuzenfg verwachsen, strohgelb bis hell ockerfarben. 0,10–0,25. 5–8. Subalp. u. alp. Matten, Trittrasen, Schneetälchen; s S-Ba: Berchtesgadener Alpen, Wetterstein-Geb. (sm-temp/(salp)-alp·c3-5EUR – L8 T2 F6 R6? N4? – V Poion. alp., K Salic. herb.). [*T. cucullatum* Dahlst. s. l.]
Kapuzen-K.-Gruppe – sect. *Cucullata* Soest – **Tabelle C** S. 143

4* ZungenB flach, an der Spitze nicht kapuzenfg verwachsen, hell-, gold- od. orangegelb **5**

5 Bl meist linealisch bis linealisch-lanzettlich. Bl ganzrandig, gezähnt, gebuchtet, geschweift od. mit wenigen kleinen Lappen. Achänen mit zylindrischer, (0,5–)0,7–2 mm lg Pyramide. Pfl sehr zart u. meist kleinwüchsig, zuweilen schwach sukkulent. BlStiel schmal, meist ungeflügelt, selten schwach geflügelt. Äußere HüllBl br od. seltener schmal weiß berandet, anliegend bis aufrecht abstehend, (2–)3–6 mm br. 0,05–0,30. 4–6. Staunasse bis wechselfeuchte Wiesen u. Flachmoore, Quellmoore, Salzwiesen, basenhold; z S-Ba Me, s M- u. N-Ba Bw S-Rh N-We He Th SO-Sa An Br Ns Sh ((m)-sm-temp-b·c1-3EUR-WAS – L8 T? F8 R8 N2? – O Car. davall., V Mol., V Calth., V Armer. marit.). [*T. palustre* (J. Lyons) Symons s. l., *T. paludosum* (Scop.) Crép. s. l.] **Sumpf-K.-Gruppe – sect. *Palustria*** (H. Lindb.) Dahlst. – **Tabelle D** S. 144

5* Bl lanzettlich bis verkehrteilanzettlich. Bl meist tief gelappt. Achänen mit konischer od. fast zylindrischer, meist <0,8 mm lg Pyramide. Pfl robust, mittelgroß bis groß, vorwiegend an Rud. u. im Grünland, wenn Bl gezähnt, gebuchtet, geschweift od. mit wenigen kleinen Lappen u. Pfl zart u. klein, dann in alp. Bereichen, Salzwiesen od. modifiziert an untypischen Standorten. Äußere HüllBl nicht od. schmal berandet, locker anliegend, aufrecht abstehend, ± waagerecht abstehend, zurückgebogen, zurückgerichtet od. unregelmäßig **6**

6 Rostrum kurz, 3–5(–6) mm lg. Äußere HüllBl (4–)5–7(–7,5) mm lg. 0,05–0,15(–0,25). 6–9. Subalp. bis alp. frische bis feuchte Matten, Schneetälchen, Lägerfluren, Bachränder, Wegränder, feinerdereiche Schotter, nährstoffanspruchsvoll; z Ba: Alpen ((m)-sm-stemp//salp-alp·c1-3EUR – L8 T2 F6 R8 N6 – O Arab. caer., V Poion alp.). [*T. alpinum* Hegetschw. s. l., *T. apenninum*-Gruppe sensu Oberd.]
Alpen-K.-Gruppe – sect. *Alpina* G. E. Haglund – **Tabelle E** S. 147

6* Rostrum (6–)8–12 mm lg. Äußere HüllBl >7,5 mm lg **7**

7 Achänenkörper >3,5 mm lg. An frischen bis nassen Standorten N-D od. der Alpen **8**

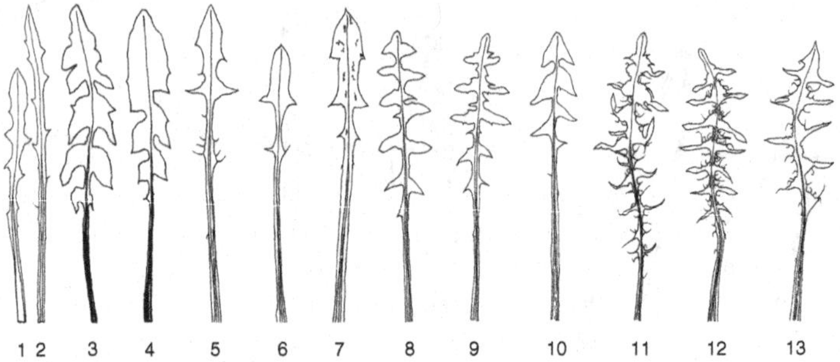

7* Achänenkörper <3,5 mm lg. An frischen bis feuchten Standorten **10**

8 Bl dicht behaart, auf der gesamten Spreite meist mit ± großen, unregelmäßigen, schwarzvioletten Flecken. BlStiel meist intensiv purpurn mit einem Muster feiner rot-grüner Linien. 0,10–0,30. 5–6. Nass- u. Salzwiesen, Flachmoore; s Me (temp-b·c1-3EUR – L8 T6 F7 R4 N3? – K Aster. trip., O Mol.). [*T. spectabile* sensu auct. germ. p. p. s. l., *T. praestans*-Gruppe sensu OBERD.]
Flecken-K.-Gruppe – sect. *Naevosa* M. P. CHRIST. – **Tabelle H** S. 150

8* Bl ± kahl, Spreite ungefleckt. Verbreitung: Alpen **9**

9 BlStiel wenigstens der äußeren Bl br geflügelt, grün, rosa od. rotviolett. BlSpreite grün, gezähnt od. mit wenigen meist kleinen Lappen. Äußere HüllBl anliegend, aufrecht od. zurückgebogen, grün, berandet od. unberandet. Achäne grau bis graubraun. 0,15–0,25(–0,30). 6–8. Subalp. bis alp. Moore, Quellfluren, Bachufer; s Ba: Alpen (sm-stemp//salp·c3-4EUR – L8 T3 F9 R6? N5? – K Mont.-Card.). [*T. fontanum* HAND.-MAZZ. s. l.] **Quell-K.-Gruppe – sect. *Fontana*** SOEST – **Tabelle F** S. 148

9* BlStiel ungeflügelt, rotviolett. BlSpreite bläulich graugrün, deutlich gelappt, beidseits mit 2–3 3eckigen Seitenlappen. BlEndlappen größer als die Seitenlappen, meist gezähnt (Abb. **138**/3, 4). Äußere HüllBl aufrecht bis anliegend, in der oberen Hälfte purpurn, im unteren Teil grün, undeutlich berandet. Achäne rotbraun. 0,15–0,20. 7–8. Subalp. bis alp. Quellfluren, Bachufer; s Ba: Allgäuer Alpen, Alte Piesenalpe (sm-stemp//salp·c3-4EUR – L8 T3 F9 R6? N5? – K Mont.-Card.). [*T. rhodocarpum* DAHLST.]
Rotfrüchtige-K. – *T.* (sect. *Rhodocarpa* SOEST) ***schroeterianum*** HAND.-MAZZ.

10 **(7)** Äußere HüllBl bis 10 mm lg, selten einzelne etwas länger. B meist goldgelb bis orangegelb (*T. hercynicum* mit rein gelben B). 0,10–0,30. 5–8. Subalp. bis alp. u. dealp., lückige, feuchte Rasen, mont. Wiesen, Bachufer, Weg- u. Straßenränder; z Ba: Alpen, s Hochebene, s Bw: HochSchwarzW z An: Brocken (sm-stemp//salp-alp·c1-4EUR – L7 T3? F5 R7 N6?). [*T. alpestre* HEGETSCHW. non (TAUSCH) DC. s. l., *T. nigricans*-Gruppe sensu OBERD.]
Gebirgs-K.-Gruppe – sect. *Alpestria* SOEST – **Tabelle G** S. 148

10* Äußere HüllBl >10 mm lg. B gelb. **11**

11 Innere HüllBl blauschwarz, stets deutlich bereift. BlStiel mit einem Muster feiner rot-grüner Linien. BlSeitenlappen meist hakenfg. Bl meist kahl od. locker behaart, wenn dicht behaart, dann vgl. *T. boekmanii*, **Tabelle J, 7.** 0,15–0,30. 4–5. Frische bis nasse Wiesen u. Weiden, Parkrasen, seltener Rud. (Weg- u. Straßenränder), nährstoffanspruchsvoll; v Ns Sh, z We He Th Sa An Br Me, s Ba Bw Rh (temp·c2-5EUR – K Mol.-Arrh., K Plant.). [*T. officinale* auct. germ. p. min. p.]
Haken-K.-Gruppe – sect. *Hamata* H. ØLLG. – **Tabelle J** S. 150

11* Mindestens eines der folgenden Merkmale fehlend: innere HüllBl blauschwarz, deutlich bereift; BlStiel mit einem Muster feiner rot-grüner Linien **12**

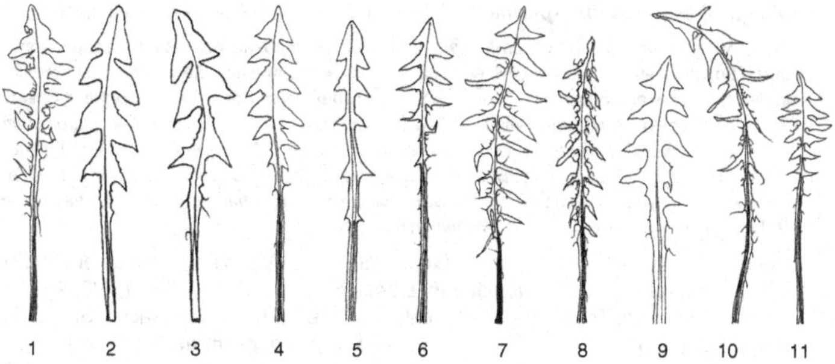

12 BlStiel mit einem Muster feiner rot-grüner Linien. Bl dicht behaart. Hülle rein- bis blaugrün, bereift. 0,15–0,30. 4-5. Frische bis feuchte, seltener nasse Wiesen u. Weiden od. (seltener) Rud. (Weg- u. Straßenränder), nährstoffanspruchsvoll; z We He Th Sa An Br Ns Me Sh, s Ba Bw Rh (temp·c2-5EUR – K Mol.-Arrh., K Plant.). [*T. officinale* auct. germ. p. min. p.] **Adam-K.-Gruppe** – ***T. adamii*-Gruppe** – **Tabelle I** S. 139

12* Mindestens eines der folgenden Merkmale fehlend: BlStiel mit einem Muster feiner rot-grüner Linien; Bl dicht behaart; Hülle rein- bis blaugrün, bereift **13**

13 Äußere HüllBl bläulich, oft mit dunklem Mittelstreifen auf der Außenseite, steif aufrecht abstehend od. locker anliegend, wenn nicht berandet, dann BlStiel rosa bis rotviolett, wenn äußere HüllBl schmal berandet, dann BlStiel grün. BlSeitenlappen kurz ± 3eckig, meist aus br Basis ± plötzlich in eine schmale, stumpfe Spitze auslaufend. 0,10–0,35. 4–5. (Frische), feuchte bis nasse, teils auch salzhaltige Wiesen u. Weiden, feuchte Silikatmagerrasen; v Ns Sh, z We He, s Ba Bw Rh Th Sa An Br Me (sm-temp·c2EUR – O Mol., O Nard., K Plant.). [*T. spectabile* auct. germ. p. min. p.] **Moor-K.-Gruppe** – **sect. *Celtica*** A. J. Richards – **Tabelle K** S. 152

13* Äußere HüllBl grün bis schwarzgrün, ohne dunklen Mittelstreifen auf der Außenseite, ± waagerecht abstehend, zurückgebogen, zurückgerichtet od. unregelmäßig, wenn aufrecht abstehend bis locker anliegend, dann schmal berandet **14**

14 Äußere HüllBl ± waagerecht abstehend, zurückgebogen, zurückgerichtet od. unregelmäßig, berandet od. unberandet. Achänen mit konischer, 0,3–0,6 mm lg Pyramide, sehr selten mit fast zylindrischer, >0,6 mm lg Pyramide; wenn äußere HüllBl aufrecht abstehend bis locker anliegend u. berandet, dann Pyramide <0,6 mm lg. 0,15–0,40. 4–6. Frische bis mäßig frische Wiesen u. Weiden, Rud. (Weg- u. Straßenränder), Äcker, nährstoffanspruchsvoll; alle Bdl g (austr-trop/mo-m-b·c1-7CIRCPOL – L7 Tx F5 Rx N8 – O Arrh., K Plant., K Artem.). [*T. officinale* auct. germ. p. max. p., *T.* sect. *Vulgaria* Dahlst., nom. illeg., *T.* sect. *Ruderalia* Kirschner, H. Øllg. et Štěpánek] **Wiesen-K.-Gruppe** – **sect. *Taraxacum*** – **Tabelle M** S. 154

14* Äußere HüllBl aufrecht abstehend bis locker anliegend, schmal berandet. Achänen mit fast zylindrischer, >0,6 mm lg Pyramide **15**

15 Pfl robust. Pollen vorhanden, wenn fehlend, dann vgl. *T. subalpinum.* Bl stets ungefleckt, beidseits mit ≥2 Seitenlappen. 0,15–0,35. 4–5. (Frische), feuchte bis nasse, teils auch salzhaltige Wiesen u. Weiden, v bis z in N- u. M-D, z bis s in S-D (sm-temp·c2EUR – O Mol., O Nard., K Plant.). [*T. palustre* auct.] **Hudziok-K.-Gruppe** – ***T. subalpinum*-Gruppe** (Palustroide) – **Tabelle L** S. 153

15* Pfl zart. Pollen stets fehlend. Bl ungefleckt od. mit kleinen, schwarzvioletten Flecken, beidseits mit 1–2(–3) Seitenlappen (Abb. **138**/5, 6, 7). 0,10–0,25. 4–5. Nasse bis feuchte Salzwiesen; z an Nord- u. Ostseeküste, sehr s Br: Binnensalzstellen (24). **Strand-K.** – ***T. litorale*** Raunk.

Tabelle A: *T.* sect. ***Erythrosperma*** (H. Lindb.) Dahlst. – **Schwielen-K.-Gruppe**

Anm.: Verschiedene aus D bekannt gewordene od. beschriebene Arten sind bislang taxonomisch unzureichend untersucht bzw. noch nicht sicher nachgewiesen. Sie wurden deshalb nicht in den Schlüssel aufgenommen: *T. brakelii* Soest, *T. brunneum* Soest, *T. canophyllum* Soest, *T. dunense* Soest, *T. falcatum* Brenner, *T. glaucinum* Dahlst., *T. grootii* Soest, *T. marginatum* (Dahlst.) Raunk., *T. pilosum* R. Doll, *T. polyschistum* Dahlst., *T. proximiforme* Soest, *T. pseudofulvum* H. Lindb., *T. pseudoproximum* Soest, *T. rostochiense* R. Doll, *T. ruberulum* Dahlst. et Borgv., *T. saphycraspedum* Saarsoo ex G. E. Haglund, *T. schlobarum* R. Doll, *T. streliziense* R. Doll, *T. subdissimile* Dahlst., *T. userinum* R. Doll.

1 Pollenkörner von nahezu gleicher Größe. Sexuelle Art. BlForm variabler als bei apomiktischen Arten. BlSeitenlappen ± 3eckig bis linealisch (Abb. **138**/8, 9, 10). Bisher Österreich, Tschechische Republik. Ob in D? (16). [*T. austriacum* Soest, *T. slovacum* Kláŝt.] ⑦ ***T. erythrospermum*** Andrz. in Besser

1* Pollenkörner sehr variabel od. Pollen fehlend. Apomiktische Arten ... **2**

2 Achänen graubraun bis grau [*T.* sect. *Dissimilia* Dahlst.] ... **3**

2* Achänen braun, rotbraun, orangerot, hellrosa od. gelblichbraun ... **9**

3 Bl kraus. Pyramide 1,0–1,5 mm lg. BlSeitenlappen aus br Basis in linealische Spitzen verschmälert, am oberen Rand gezähnt, Interlobien mit schmalen Läppchen (Abb. **138**/11). Pollen vorhanden. v N-Ba Rh z Bw We He Ns, östlich bis Th, im NO bis W-Me Sh dort s, sehr s Br: Berlin (24). ***T. tortilobum*** Florstr.

3* Bl ± glatt. Pyramide 0,5–1,0 mm lg ... **4**

4 Interlobien u. BlSeitenlappen am oberen Rand stark gezähnt ... **5**

4* Interlobien u. BlSeitenlappen am oberen Rand ungezähnt od. mit sehr wenigen Zähnen ... **6**

5 Äußere HüllBl zurückgebogen, schmal berandet, meist rötlich. BlEndlappen länglich-spatelfg (Abb. **138**/12). Interlobien oft schwarzviolett. Pollen fehlend. Achänenkörper 3,0–3,5 mm lg. Pyramide ca. 0,8 mm lg. z bis s N-Ba S-Bw Rh He, s Sa (24). ***T. tanyolobum*** Dahlst.

5* Äußere HüllBl aufrecht abstehend bis locker anliegend, deutlich berandet, Spitzen rötlich. BlEndlappen spießfg (Abb. **138**/13). Interlobien grün. Pollen fehlend. Achänenkörper 2,0–2,5 mm lg. Pyramide ca. 1,0 mm lg. s Me (24). ***T. dissimile*** Dahlst.

6 **(4)** Pfl relativ kräftig, ähnlich einer kleinwüchsigen Art der sect. *Taraxacum*. Achänenkörper >3,2 mm lg ... **7**

6* Pfl zart. Achänenkörper <3,2 mm lg ... **8**

7 BlSeitenlappen u. Endlappen spatelfg (Abb. **139**/1). z bis s M, S u. W, s bis f im N u. O (24). [*T. affine* G. E. Haglund non Jordan, *T. marchionii* Soest, *T. pseudolacistophyllum* Soest, *T. varense* Soest, *T. wallonicum* Soest] ***T. lacistophylloides*** Dahlst.

7* BlSeitenlappen spitz, seltener ± stumpf, BlEndlappen 3eckig, mit zungenfg Spitze (Abb. **139**/2, 3). Bisher nur Ba: Feuchtwangen. ***T. penelobum*** Sahlin

8 **(6)** BlSeitenlappen ± 3eckig mit allmählich verschmälerten Spitzen. Interlobien kurz (Abb. **139**/4). Pollen fehlend od. vorhanden. Achänenkörper ca. 3 mm lg. Pyramide zylindrisch, ca. 0,8 mm lg. Bisher Dänemark. Ob in D? [*T. mundum* M. P. Christ.] ⑦ ***T. simile*** Raunk.

8* BlSeitenlappen sehr kurz 3eckig. Interlobien lg (Abb. **139**/5). Pollen vorhanden. Achänenkörper ca. 2,5 mm lg. Pyramide konisch bis zylindrisch, ca. 0,7 mm lg. Bisher nur Bw. ***T. parvilobum*** Dahlst.

9 **(2)** BKöpfe fast stets geschlossen bleibend. BlSeitenlappen ± 3eckig, kaum gezähnt. BlEndlappen 3eckig bis pfeilfg (Abb. **139**/6). Äußere HüllBl meist rotviolett. Pollen vorhanden. z bis s N-Ba Bw Rh We He Sa Br Ns Me Sh (24). ***T. brachyglossum*** (Dahlst.) Raunk.

9* BKöpfe vollständig öffnend ... **10**

10 Griffeläste gelb. Achänen rotbraun od. blassrosa ... **11**

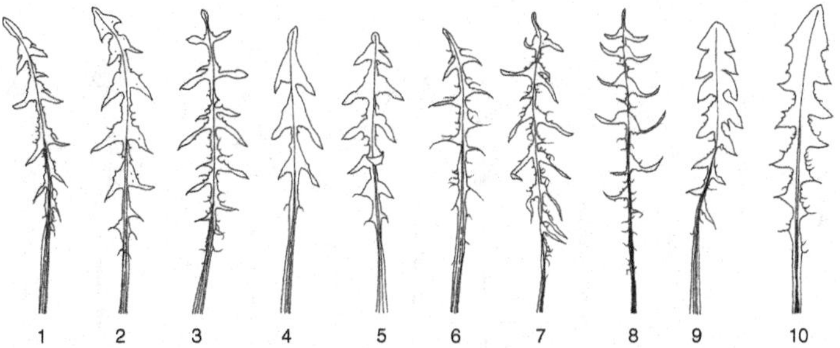

10* Griffeläste grünlichgelb, graugrün od. schwärzlich. Achänen braun, rotbraun, orangerot od. gelblichbraun **13**

11 Bl beidseits mit 7–9 schmal 3eckigen, ± waagerecht abstehenden Seitenlappen. Oberer Rand der BlSeitenlappen ganzrandig od. mit wenigen markanten Zähnen (Abb. **139**/7). Achänen blassrosa. Äußere HüllBl flattrig: einige aufrecht bis waagerecht, andere mit zurückgebogenen Spitzen. Pollen fehlend. sehr s We: Griesheuel. ***T. roseocarpum*** Soest

11* Bl beidseits mit 3–7 Seitenlappen. Achänen rotbraun **12**

12 BlEndlappen u. Seitenlappen länglich-spatelfg, ihr oberer u. unterer Rand mit ∞ schmalen Zähnen od. Läppchen (Abb. **139**/8). BlStiel rosarot. Pollen fehlend. s Br Ns (24). [*T. commutatum* Dahlst. non Jord.] ***T. commixtum*** G. E. Haglund

12* BlEndlappen u. Seitenlappen schmal 3eckig, meist ganzrandig (Abb. **139**/9). BlStiel grün bis weiß. Pollen vorhanden. Kalkhold. s Me: Hiddensee, Rügen (32). ***T. laetum*** (Dahlst.) Raunk.

13 **(10)** Achänen gelblichbraun od. gelblichrot. Pfl relativ kräftig, habituell einer kleinwüchsigen Art der sect. *Taraxacum* ähnlich. BlSeitenlappen aus br Basis allmählich in eine schmale Spitze verlängert (Abb. **139**/10). Pollen fehlend. s Me (32). [*T. divaricatum* (Brenner) Brenner, *T. sagittarium* Brenner] ***T. fulvum*** Raunk.

13* Achänen braun, rotbraun od. orangerot. Pfl zart **14**

14 BlSeitenlappen allmählich in ± lg, linealische, länglich-spatelfg od. sichelfg Spitzen verlängert **15**

14* BlSeitenlappen ± 3eckig, zuweilen mit etwas verlängerten Spitzen **23**

15 Äußere HüllBl den inneren anliegend od. aufrecht abstehend. BlSeitenlappen abstehend, bügelfg bis länglich-spatelfg (Abb. **139**/11). Pollen vorhanden, seltener fehlend. Achänen rotbraun, Achänenkörper 2,5–2,9 mm lg, Pyramide 1,0–1,3 mm lg. Kalkhold. v Ba: Franken Th (Muschelkalkgebiete), z Ba Bw We He Th An Ns, s Sa, f Br Me (24). ***T. rubicundum*** (Dahlst.) Dahlst.

15* Äußere HüllBl aufrecht abstehend mit zurückgebogenen Spitzen, ± waagerecht abstehend od. zurückgebogen **16**

16 Pollen stets fehlend. BlEndlappen länger als br, länglich-spatelfg. BlSeitenlappen linealisch, selten schmal 3eckig. Interlobien auffallend lg, gezähnt (Abb. **141**/1). Achänen rotbraun, Achänenkörper ca. 2,2 mm lg. Pyramide ca. 0,9 mm lg. s Br Me Sh (24). ***T. linguatifrons*** Markl.

16* Pollen vorhanden **17**

17 BlSeitenlappen schmal 3eckig, linealisch verlängert (Abb. **141**/2). Achänen orangerot. Bisher nur Bw. ***T. magnolevigatum*** W. Koch ex Soest

17* BlSeitenlappen linealisch od. länglich-spatelfg. Achänen rotbraun **18**

18 BlSeitenlappen länglich-spatelfg **19**

18* BlSeitenlappen linealisch, zurückgebogen, sichelfg od. abstehend **21**

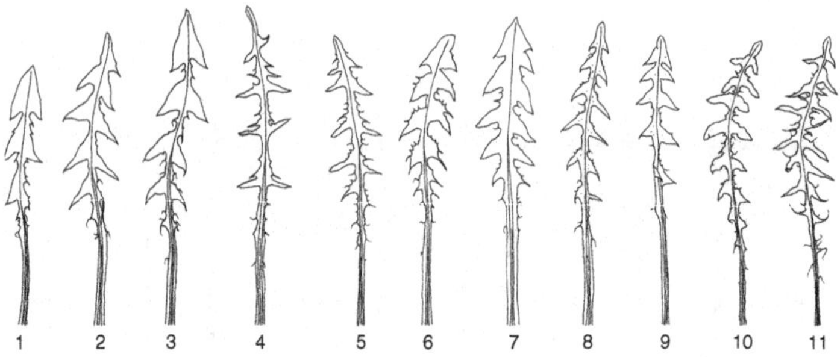

19 BlEndlappen aus 3 fast gleich großen spatelfg Abschnitten bestehend. Interlobien mit ∞ Zähnen od. Läppchen (Abb. **141**/3). s Bw? Sa Br Ns Me Sh (24). ***T. tenuilobum*** (Dahlst.) Dahlst.

19* BlEndlappen mit br Basis u. spatelfg Spitze. Interlobien ungezähnt od. mit wenigen Zähnen **20**

20 BlSeitenlappen zurückgebogen bis zurückgerichtet, ihr unterer Rand ohne Zahn (Abb. **141**/4). s N-Ba: Frankenalb, Spessart (ob Endemit?). ***T. multiglossum*** Mart. Schmid

20* BlSeitenlappen abstehend, ihr unterer Rand oft mit einem großen Zahn (Abb. **141**/5). s Th An Br: Berlin (24). ***T. danubium*** A. J. Richards

21 **(18)** BlSeitenlappen ± waagerecht abstehend, linealisch, ihr oberer Rand oft eingeschnitten od. gezähnt (Abb. **141**/6). Achänen dunkel rotbraun. Bisher nur Bw: Istein. ***T. divulsum*** G. E. Haglund

21* BlSeitenlappen zurückgebogen od. sichelfg, aus ± br Basis linealisch zulaufend **22**

22 BlSeitenlappen zurückgebogen, ihr oberer Rand gezähnt, zuweilen auch eingeschnitten (Abb. **141**/7). Achänen rotbraun. s Ns Me Sh. ***T. discretum*** H. Øllg.

22* BlSeitenlappen sichelfg, ihr oberer Rand meist ganzrandig, ihr unterer Rand zuweilen mit einem Zahn (Abb. **141**/8). Achänen hell rötlich. v bis z in allen Bdl (24). ***T. lacistophyllum*** (Dahlst.) Raunk.

23 **(14)** Pollen stets fehlend **24**

23* Pollen vorhanden **28**

24 BlEndlappen etwa so lg wie br, stumpf 3eckig. BlSeitenlappen ± 3eckig, oft ganzrandig, die oberen auffällig einander genähert (Abb. **141**/9). Achänen rotbraun. z N-Ba Bw Rh He Th Sa An Br, s We Ns Me Sh (24). [*T. badium* Soest, *T. gracillimum* Soest, *T. praegracilens* Sonck, *T. silesiacum* Dahlst. ex G. E. Haglund] ***T. parnassicum*** Dahlst.

24* BlEndlappen länger als br. Achänen braun od. rotbraun **25**

25 BlSeitenlappen am oberen Rand mit ∞ kleinen Zähnen (Abb. **141**/10). Achänen braun, nicht rotbraun. BlSeitenlappen 3eckig, abstehend. Äußere HüllBl zurückgerichtet. z We Br Ns Me Sh, s Sa, f Ba (24). [*T. attenuatum* Brenner] ***T. proximum*** (Dahlst.) Raunk.

25* BlSeitenlappen ganzrandig od. mit sehr wenigen Zähnen. Achänen rotbraun . **26**

26 Äußere HüllBl <2 mm br, schwach berandet. BlSeitenlappen kurz ± 3eckig, zurückgerichtet (Abb. **142**/1). s Me Sh. ***T. isophyllum*** G. E. Haglund

26* Äußere HüllBl >2 mm br, deutlich berandet **27**

27 BlSeitenlappen schmal 3eckig, zur Spitze linealisch verlängert, ganzrandig (Abb. **142**/2). Äußere HüllBl schmal aber deutlich berandet. Bisher in Dänemark. Ob in D? ⑦ ***T. decipiens*** RAUNK.

27* BlSeitenlappen br 3eckig, kurz, etwas gezähnt (Abb. **142**/3). Äußere HüllBl br berandet. s Ns: Ostfriesland. ***T. taeniatum*** G. E. HAGLUND

28 **(23)** Oberer Rand der BlSeitenlappen wenigstens bei einigen Bl mit Einschnitten **29**

28* Oberer Rand der BlSeitenlappen ganzrandig od. gezähnt **30**

29 Äußere HüllBl grün. Fast alle BlSeitenlappen mit Einschnitten am oberen Rand (Abb. **142**/4). Achänen dunkel rotbraun. v bis z im N u. NO, z bis s in M u. S (24). ***T. scanicum*** DAHLST.

29* Äußere HüllBl oft intensiv rotviolett. Nur einige BlSeitenlappen mit Einschnitten am oberen Rand (Abb. **142**/5). Achänen hell rotbraun. z N-Ba s Bw Rh He Th Br: Berlin (24). [*T. prunicolor* MART. SCHMID, VAŠUT et OOSTERVELD] ***T. bellicum*** SONCK

30 **(28)** BlSeitenlappen am oberen Rand mit kräftigen Zähnen (Abb. **142**/6). Achänen hellbraun, nicht rotbraun. z Br Ns Me Sh, s Rh We He Th Sa An (24). ***T. disseminatum*** G. E. HAGLUND

30* BlSeitenlappen ganzrandig od. am oberen Rand mit kleinen Zähnen. Achänen rotbraun **31**

31 Innere HüllBl hellgrün, äußere br berandet. Bl kahl. BlSeitenlappen ± 3eckig, ganzrandig, selten mit einzelnen Zähnen (Abb. **142**/7). s Me Sh: Sylt (32). [*T. obscurans* (DAHLST.) G. E. HAGLUND] ***T. limbatum*** DAHLST.

31* Innere HüllBl rein- od. schwarzgrün. Bl meist ± behaart **32**

32 Innere HüllBl reingrün. Griffeläste grau. BlSeitenlappen zurückgebogen, schmal 3eckig, am oberen Rand mit wenigen kleinen Zähnen, Spitzen der Seitenlappen zuweilen etwas ausgezogen (Abb. **142**/8). Bl oft dicht behaart. z N-Ba Bw Th Sa An Br Ns Me (24). [*T. franconicum* SAHLIN] ***T. plumbeum*** DAHLST.

32* Innere HüllBl schwarzgrün. Griffeläste schwarz. BlSeitenlappen abstehend, 3eckig, ganzrandig (Abb. **142**/9). Bl locker behaart. Sehr s Br. ***T. maricum*** VAŠUT, KIRSCHNER et ŠTĚPÁNEK

Tabelle B: *T.* sect. ***Obliqua*** (DAHLST.) DAHLST. – **Dünen-K.-Gruppe**

Anm.: In D nur an der Nord- u. Ostseeküste. Angaben aus anderen Regionen in D beruhen wahrscheinlich auf Verwechslungen mit graufrüchtigen Arten der Sektion *Erythrosperma*.

1 Bl meist hellgrün. BlSeitenlappen kurz, zungenfg, stumpf, wenig gezähnt od. ganzrandig (Abb. **142**/10). BlStiel grün od. schwach rosa. s Ns Me Sh: Nord- u. Ostseeküste (24). ***T. obliquum*** (FRIES) DAHLST.

1* Bl meist dunkelgrün. BlSeitenlappen spitz, meist linealisch werdend, am oberen Rand oft gezähnt (Abb. **142**/11). BlStiel rotviolett. s Me Sh: Nord- u. Ostseeküste. ***T. platyglossum*** RAUNK.

Tabelle C: *T.* sect. ***Cucullata*** SOEST – **Kapuzen-K.-Gruppe**

1 Bl reingrün, beidseits mit 1–3 Seitenlappen. BlEndlappen stumpf (Abb. **144**/1). Äußere HüllBl eilanzettlich, deutlich berandet, anliegend. Griffeläste grünlich. Pollen vorhanden. s Ba: Berchtesgadener Alpen. ***T. cucullatum*** DAHLST.

1* Bl hellgrün, beidseits mit 4–6 Seitenlappen. BlEndlappen spitz (Abb. **144**/2). Äußere HüllBl br lanzettlich, kaum berandet, etwas abstehend. Griffeläste gelblichgrün. Pollen fehlend. s Ba: Wettersteing (32). ***T. tiroliense*** DAHLST.

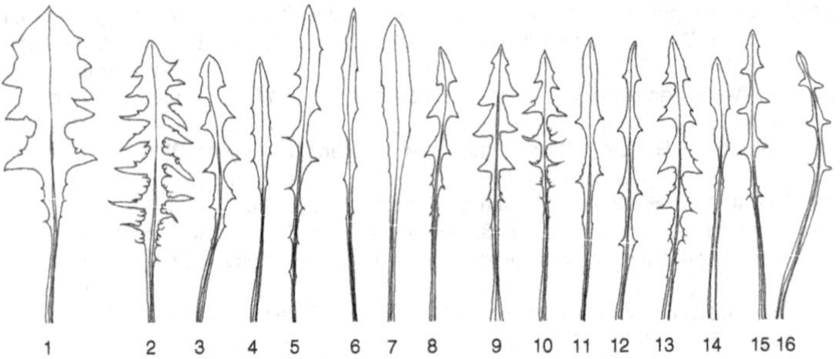

Tabelle D: ***T.*** sect. ***Palustria*** (H. Lindb.) Dahlst. – **Sumpf-K.-Gruppe**

Anm.: Fälschlicherweise aus D angegebene Arten: *T. anglicum* Dahlst. (eine ähnliche Sippe in Ns u. We), *T. limnanthes* G. E. Haglund, *T. decolorans* Dahlst., *T. divulsifolium* Soest, *T. pseudobalticum* Soest, *T. suecicum* G. E. Haglund, *T. vestrogothicum* Dahlst.

Der folgende Schlüssel basiert im Wesentlichen auf Schmid (2003).

1 Äußere HüllBl ± rötlich bis purpurn überlaufen, scheinbar unberandet, d. h. weißer Rand vorhanden, aber aufgrund der Färbung kaum sichtbar **2**

1* Äußere HüllBl deutlich u. farblich abgesetzt berandet **4**

2 BKöpfe meist deutlich >3 cm im ∅. Äußere HüllBl locker anliegend bis abstehend, kaum bewimpert. Bl deutlich gelappt, Seitenlappen br 3eckig (Abb. **144**/3). Pollen vorhanden. s Bw: Bodensee, SO SchwarzW-Rand Rh: Oberrheintal. [*T. crassiceps* G. E. Haglund ex Soest, *T. laeticolorifrons* G. E. Haglund ex Soest, *T. hagendijkii* Soest] ***T. udum*** Jordan

2* BKöpfe meist <3 cm im ∅. Äußere HüllBl eng anliegend, selten einzelne etwas abstehend, bewimpert **3**

3 Äußere HüllBl ungleich lg. Bl gezähnt, selten gelappt. BlZähne ∞, meist hakenfg (Abb. **144**/4). Pollen vorhanden. s Ba: Isargebiet. ***T. memorabile*** Kirschner et Štěpánek

3* Äußere HüllBl etwa gleich lg. Bl meist stark gelappt. BlSeitenlappen ± 3eckig. BlEndlappen lg, spießfg (Abb. **144**/5). Pollen vorhanden. s Ba Th Br, † We An Ns. [*T. apiculatum* Soest] ***T. frisicum*** Soest

4 **(1)** Äußere HüllBl 8–10(–11) **5**

4* Äußere HüllBl (10–)11–23 .... **6**

5 Bl geschweift (Abb. **144**/6). Griffeläste schmutzig gelb. Stg auffallend kupferfarben. Pollen fehlend. s Br Me, † Sa An: Aschersleben (32). ***T. brandenburgicum*** Hudziok

5* Bl gezähnt, Zähne als Doppelzähne ausgebildet, d. h. dicht oberhalb jedes Zahns ein weiterer, meist kleinerer Zahn (Abb. **144**/7). Griffeläste hellgelb. Stg bräunlich. Pollen fehlend. s Ba Br Me, † Th Sa Ns (32). ***T. geminidentatum*** Hudziok

6 **(4)** Äußere HüllBl schmal lanzettlich bis eifg, (1,5–)2–3(–3,5) mm br (bei **12*** ausnahmsweise auch breiter) **7**

6* Äußere HüllBl br eifg, 3,5–6 mm br **13**

7 Äußere HüllBl aufrecht abstehend bis locker anliegend **8**

7* Äußere HüllBl eng anliegend, selten einige locker anliegend **10**

8 Äußere HüllBl 11–13, rötlich überlaufen. Bl meist deutlich gelappt, Seitenlappen schmal 3eckig, abstehend bis etwas zurückgebogen (Abb. **144**/8). Pollen vorhanden. s Ba: Alpenvorland Bw: Bodensee, † Sa: Langenhennersdorf (24). [*T. vollmannii* Soest] ***T. turfosum*** (Sch. Bip.) Soest

8* Äußere HüllBl ≥15, grün od. höchstens schwach rötlich überlaufen 9
9 Äußere HüllBl 18–23, (7–)9–11 mm lg. BlSeitenlappen 3eckig, abstehend, ganzrandig od. mit wenigen, sehr kleinen Zähnchen (Abb. 144/9). Pollen vorhanden. s Ba: Franken Rh: Oberrheinaue (24). ***T. irrigatum*** Kirschner et Štěpánek
9* Äußere HüllBl (15–)16–20(–21), (6,5–)7,5–8,5(–9) mm lg. BlSeitenlappen schmal 3eckig, am oberen Rand oft gezähnt (Abb. 144/10). Pollen vorhanden. s Ba: Oberbayern He: Wisselsheim, Selters, Mönchbruch u. Münzenberg, sehr s Ba: Unterfranken † Rh Br: Berlin? Ns. ***T. germanicum*** Soest
10 **(7)** Hülle V-fg, dadurch schmal wirkend. Äußere HüllBl eilanzettlich. Schaft auf der gesamten Länge rotviolett. BlSeitenlappen kurz, schmal 3eckig, abstehend bis etwas hakenfg. BlEndlappen deutlich länger als br (Abb. 144/11). Pollen vorhanden. z Ba: Alpenvorland, s N-Ba Bw Br Me † Th (24). ***T. madidum*** Kirschner et Štěpánek
10* Hülle U-fg. Äußere HüllBl eifg mit zusammengezogener Spitze. Schaft höchstens im unteren Teil purpurn od. blass rötlich 11
11 BlMittelrippe purpurn. Äußere HüllBl 3farbig: schwärzlichgrüner Mittelstreifen, dann purpurnes u. außen weißliches Randfeld. Bl mit sehr regelmäßig angeordneten, kurzen, 3eckigen Seitenlappen (Abb. 144/12). Griffeläste schwarz. Pollen vorhanden. s Bw: Bodenseegebiet. ***T. balticiforme*** Dahlst.
11* BlMittelrippe grün od. bräunlich. Äußere HüllBl grün od. etwas purpurn überlaufen, Randfeld weißlich. Griffeläste grünlich 12
12 BlSeitenlappen 3eckig, am oberen Rand gezähnt, Buchten nicht bis zur Mittelrippe reichend (Abb. 144/13). Pyramide 0,5–0,7(–0,8) mm lg. Pollen vorhanden. s Ba: Isar- u. Lechgebiet (24). ***T. dentatum*** Kirschner et Štěpánek
12* BlSeitenlappen kurz 3eckig, ganzrandig od. mit einzelnen sehr kleinen Zähnen am oberen Rand, Buchten fast bis zur Mittelrippe reichend (144/14). Pyramide 0,7–0,9 mm lg. Pollen vorhanden. Zuweilen einige der äußeren HüllBl >3,5 mm br. s Ba An Br Ns Me, † Th (24). ***T. paucilobum*** Hudziok
13 **(6)** Bl gelappt. BlSeitenlappen linealisch bis schmal zungenfg 14
13* Bl gezähnt od. gelappt, wenn gelappt, dann BlSeitenlappen ± 3eckig 16
14 Äußere HüllBl 14–17, schwarzgrün, schmal u. deutlich berandet. BlEndlappen pfeilfg, mit 2 gegenüberstehenden Zähnchen (Abb. 144/15). Pollen vorhanden od. fehlend. s Ba Th Me, † Sa Br (32). ***T. ancoriferum*** Hudziok
14* Äußere HüllBl 11–14. BlEndlappen ohne gegenständige Zähne 15
15 Äußere HüllBl reingrün bis olivgrün, br eifg, br aber undeutlich berandet. BlEndlappen zungenfg (Abb. 144/16). Pollen meist fehlend. s Th Br Ns Me Sh, † We An (32). [*T. prostratum* Hudziok] ***T. balticum*** Dahlst.
15* Äußere HüllBl dunkelgrün bis schwarzgrün, eilanzettlich, schmal berandet. BlEndlappen br 3eckig bis spießfg, zuweilen zungenfg verlängert (Abb. 146/1). Pollen vorhanden. s Rh: Saarland. ***T. delanghei*** Soest
16 **(13)** Bl gezähnt od. mit kleinen, schmalen Läppchen 17
16* Bl deutlich gelappt. BlSeitenlappen ± 3eckig 22
17 Bl stark gezähnt 18
17* Bl mit wenigen Zähnen od. mit kleinen, schmalen Läppchen od. Lappen 19
18 Hülle V-fg, schmal wirkend. Äußere HüllBl ± gleich lg, flach. Bl häufig beidseits mit vielen, oft >10 Zähnen, diese zuweilen in schmale Lappen verlängert (Abb. 146/2). Schaft kahl. Achänenkörper höckrig. Pollen vorhanden. s Ba: Alpenvorland. ***T. heleocharis*** Kirschner et Štěpánek
18* Hülle U-fg, br. Äußere HüllBl ungleich lg u. meist konvex aufgewölbt. Bl meist beidseits mit wenigen, oft <10 Zähnen (Abb. 146/3). Schaft oft stark behaart. Achänenkörper stachlig. Pollen vorhanden od. fehlend. s Ba: Alpenvorland Bw, sehr s Ba: Franken, † Rh We He Th Br (24). [*T. anserinum* Kirschner et Štěpánek] ***T. pauckertianum*** Hudziok

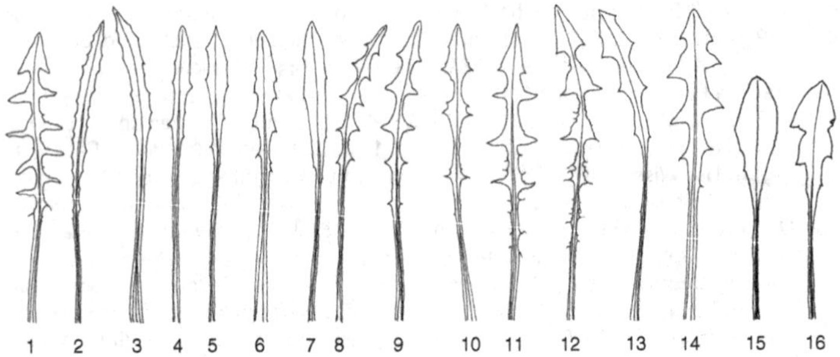

19 **(17)** Pyramide 1,5–2,0 mm lg. Bl mit wenigen sehr kurzen, stumpfen, meist wechselständigen 3eckigen Lappen (Abb. **146**/4). Äußere HüllBl br eifg bis rundlich, mit kurzer, stumpfer Spitze, konvex aufgewölbt. Pollen meist fehlend. s Ba Th Sa Br Me, † He An Ns Sh (24). [*T. calcemamans* Hudziok] ***T. bavaricum*** Soest

19* Pyramide meist <1,5 mm lg. Bl mit wenigen Zähnen od. sehr kurzen, spitzen Lappen. Äußere HüllBl eifg, flach **20**

20 Äußere HüllBl 11–13, 3,5–4,5 mm br, auffallend br berandet. Bl schwach gelappt od. etwas gezähnt, selten einzelne mit kurzen, abstehenden, 3eckigen Lappen (Abb. **146**/5). Pollen meist fehlend. s Rh We An? Ns Sh (32). [*T. lanceolatum* Poir., *T. limnanthes* subsp. *limnanthoides* Soest, *T. maritimum* Hagend., Soest et Zevenb., *T. westhoffii* Hagend., Soest et Zevenb.] ***T. palustre*** (J. Lyons) Symons

20* Äußere HüllBl (11–)14–20 ..... **21**

21 Äußere HüllBl (3,5–)4,0–5,0(–5,5) mm br, auffallend br berandet (1,0–1,5 mm). Bl schwach gelappt bis seicht gezähnt, aber nicht auffallend stufig (Abb. **146**/6). Pyramide 0,5–0,7 mm lg, Rostrum 6–7 mm lg. Pollen vorhanden. s Bw He, † Rh. [*T. balticiforme* f. *multilepis* Soest] ***T. multilepis*** Kirschner et Štěpánek

21* Äußere HüllBl (2,8–)3,5–4,0 mm br, br berandet (0,7–1,2 mm). Bl stufenartig gezähnt, selten beidseits mit 2 etwas entfernten kurzen, 3eckigen Seitenlappen (Abb. **146**/7). Pyramide 0,7–1,2 mm lg, Rostrum 8,5–12 mm lg. Pollen vorhanden. s Ba Bw He Th Br Me, † Sa Br: Berlin (32). [*T. hemiparabolicum* Hudziok] ***T. trilobifolium*** Hudziok

22 **(16)** Pollen fehlend **23**

22* Pollen vorhanden **24**

23 Pfl schlank. BlSeitenlappen spitz, 3eckig, am oberen Rand zuweilen mit kleinen Zähnen (Abb. **146**/8). Pyramide 1,0–1,2 mm lg. s Ba Bw (24). [*T. heleonastes* G. E. Haglund] ***T. austrinum*** G. E. Haglund

23* Pfl gedrungen. BlSeitenlappen stumpf, oft ganzrandig (Abb. **146**/9). Pyramide 0,7–1,0 mm lg. s Ba, † Rh Th Sa (24). ***T. pollichii*** Soest

24 **(22)** Äußere HüllBl locker anliegend bis aufrecht stehend **25**

24* Äußere HüllBl eng anliegend **26**

25 Äußere HüllBl 15–21, schwarzgrün, glänzend, schmal (0,1–0,5 mm br) u. deutlich berandet. BlSeitenlappen br 3eckig, am oberen Rand mit 1 markantem Zahn (Abb. **146**/10). Pyramide 1,0–1,4 mm lg. s Ba: Staffelseegebiet † Me (24). [*T. subdolum* Kirschner et Štěpánek] ***T. spurium*** (Beck) Murr

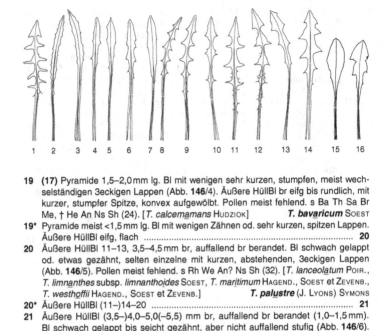

25* Äußere HüllBl 11–13, an der Spitze rötlich überlaufen, br (0,6–0,8 mm br) u. undeutlich berandet. BlSeitenlappen schmal 3eckig, meist ganzrandig (Abb. **146**/11). Pyramide 0,6–0,8 mm lg. † We. ⓣ ***T. gelricum*** Soest

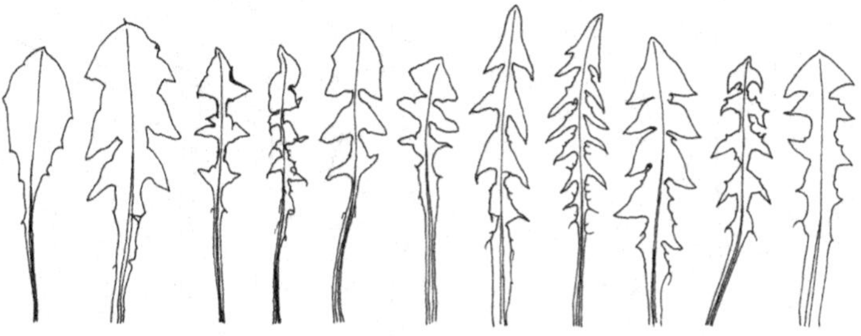

26 **(24)** Innere u. äußere HüllBl schwarzgrün. Pyramide 0,7–1,0 mm lg. BlEndlappen spitz, spießfg. BlSeitenlappen abstehend, br 3eckig, mit etwas konvexem oberen Rand (Abb. **146**/12). s Ba: Bayrischzell. (32). [*T. vitabile* Kirschner et Štěpánek] ***T. vindobonense*** Soest

26* Innere u. äußere HüllBl reingrün bis olivgrün. Pyramide 0,5–0,7 mm lg **27**

27 Äußere HüllBl 3,5–4,0 mm br, mit 0,4–1,0 mm br Rand. BlSeitenlappen kurz 3eckig (Abb. **146**/13). s Bw Rh. ***T. neo-aellenii*** Soest

27* Äußere HüllBl (3,5–)4,0–5,5(–6,0) mm br, mit 1,0–2,0 mm br Rand. BlSeitenlappen br 3eckig (Abb. **146**/14). z Ba: Franken, s Bw Rh We He Th Br Ns (24). ***T. hollandicum*** Soest

Tabelle E: *T.* sect. ***Alpina*** G. E. Haglund – **Alpen-K.-Gruppe**

1 Bl ganzrandig, selten mit sehr kleinen Läppchen **2**

1* Bl gelappt **3**

2 Bl br lanzettlich (Abb. **146**/15, 16). Pfl sehr klein u. zart, bis 10 cm hoch. Griffeläste schwarz. s Ba: Alpen (32). ***T. helveticum*** Soest

2* Bl verkehrteifg (Abb. **147**/1). Pfl nicht auffallend klein u. zart, meist >10 cm hoch. Griffeläste graugrün. s Ba: Alpen. [*T. parsennense* Soest] ***T. petiolulatum*** (Huter) Soest

3 **(1)** Bl kraus. HüllBl schwarzgrün. BlEndlappen br 3eckig bis pfeilfg, oft eingeschnürt (Abb. **147**/3, 4). Pollen fehlend. s Ba: Alpen. ***T. vetteri*** Soest

3* Bl glatt. HüllBl reingrün bis blaugrün **4**

4 BlEndlappen größer als die Seitenlappen, abgerundet, br helmfg **5**

4* BlEndlappen etwa so groß wie die Seitenlappen, ± 3eckig, 3lappig od. pfeilfg .. **6**

5 BlEndlappen mit unregelmäßigen, ± tiefen Einschnitten, undeutlich von den Seitenlappen abgesetzt, spitz (Abb. **147**/2). Pollen meist fehlend. s Ba: Alpen (32). [*T. parsennense* Soest] ***T. petiolulatum,*** s. **Tab. E, 2***

5* BlEndlappen br helmfg, deutlich von den Seitenlappen abgesetzt, auffallend stumpf (Abb. **147**/5). Pollen vorhanden. s Ba: Alpen. ***T. vernelense*** Soest

6 **(4)** BlSeitenlappen stumpf, kurz, schmal zungenfg bis spatelfg, abstehend. BlEndlappen kurz 3eckig od. 3lappig (Abb. **147**/6). Pollen vorhanden. z bis s Ba: Alpen (24). [*T. carinthiacum* Soest] ***T. venustum*** Dahlst.

6* BlSeitenlappen spitz **7**

7 BlEndlappen länger als br. BlSeitenlappen schmal 3eckig, oft zurückgerichtet (Abb. **147**/7, 8). s Ba: Alpen (32). ***T. panalpinum*** Soest

7* BlEndlappen etwa so lg wie br **8**

8 BlSeitenlappen br 3eckig, mit konvexem, ganzrandigem oberen Rand (Abb. **147**/9). Schweiz, Österreich. Ob in D? ⑦ ***T. saasense*** Soest

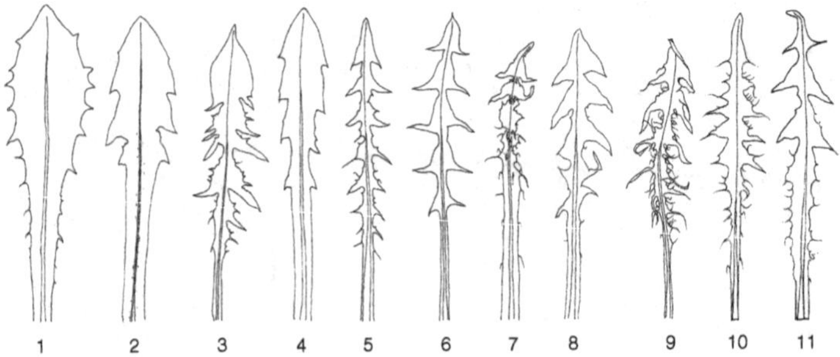

8* BlSeitenlappen schmal od. br 3eckig, ihr oberer Rand gezähnt 9
9 Äußere HüllBl unberandet. BlSeitenlappen ± zurückgebogen bis hakenfg, am oberen Rand oft mit einem großen Zahn (Abb. **147**/10). s Ba: Alpen. ***T. obitsiense*** Sahlin
9* Äußere HüllBl berandet. BlSeitenlappen ± waagerecht abstehend, am oberen Rand mit wenigen kleinen Zähnen (Abb. **147**/11). s Ba: Alpen (32). ***T. schmidianum*** Sahlin

Tabelle F: *T.* sect. ***Fontana*** Soest – **Quell-K.-Gruppe**

Anm.: Aus D noch nicht sicher nachgewiesen ist *T. fontanosquameum* Soest.

1 Bl gezähnt, selten einzelne Zähne in sehr kleine Lappen verlängert (Abb. **148**/1). Äußere HüllBl aufrecht abstehend, mit zurückgebogener Spitze. Pyramide konisch, ca. 0,5 mm lg. s Ba: Allgäuer Alpen (32). ***T. fontanicola*** Soest
1* Bl gelappt 2
2 Äußere HüllBl zurückgebogen bis waagerecht abstehend. Bl beidseits mit 1–2 Seitenlappen (Abb. **148**/2). s Ba: Alpen. [*T. rhodochlorum* G. E. Haglund] ***T. pohlii*** Soest
2* Äußere HüllBl aufrecht abstehend bis anliegend, nur ihre Spitze meist etwas zurückgebogen 3
3 Bl tief gelappt. BlSeitenlappen ± 3eckig, in eine schmale Spitze verlängert, am oberen Rand gezähnt (Abb. **148**/3). B fast orange. Pyramide ca. 0,3 mm lg, konisch. s Ba: Alpen. ***T. aurantellum*** Soest
3* Bl schwach gelappt. Bl mit kurzen, fast ganzrandigen Seitenlappen (Abb. **148**/4). B goldgelb. Pyramide ca. 1 mm lg, konisch. s Ba: Alpen. ***T. absurdum*** Soest

Tabelle G: *T.* sect. ***Alpestria*** (Soest) Soest – **Gebirgs-K.-Gruppe**

Anm.: Die Bearbeitung basiert auf Sahlin u. Lippert (1983). Hier werden aber auch die Arten *T. perfissum* Soest u. *T. rhaeticum* Soest zu dieser Sektion gestellt. Ob *T. hercynicum* Kirschner et Štěpánek, *T. krameriense* Sahlin u. *T. podlechianum* Sahlin in diese sect. od. in die sect. *Taraxacum* gehören, ist umstritten, wegen ähnlichem Habitus bzw. Verbreitung werden sie hier in der sect. *Alpestria* geführt. Die Angaben von *T. martellense* Soest, *T. rufocarpum* Soest u. *T. unicoloratum* A. J. Richards aus D sind zweifelhaft.

1 Griffeläste gelb od. gelblichgrün 2
1* Griffeläste graugrün od. schwärzlich 5
2 Pollen fehlend 3
2* Pollen vorhanden 4

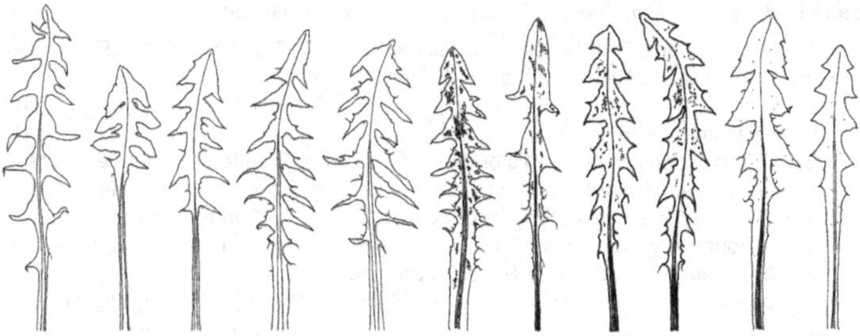

3 Bl beidseits mit 6–7 zurückgerichteten Seitenlappen. BlEndlappen pfeilfg (Abb. **148**/5). s Ba Sa (24). ***T. hercynicum*** KIRSCHNER et ŠTĚPÁNEK

3* Bl beidseits mit 4–5, waagerecht abstehenden Seitenlappen. BlEndlappen spießfg (Abb. **148**/6). s Ba: Alpen (32). [*T. strictilobum* SOEST] ***T. rhaeticum*** SOEST

Anm.: Möglicherweise sind *T. hercynicum* u. *T. rhaeticum* konspezifisch. Die wenigen morphologischen Unterschiede sind quantitativ u. stellen vielleicht nur Modifikationen dar. Ein qualitativer Unterschied besteht in der Ploidiestufe.

4 **(2)** Interlobien kraus, schwarzviolett. BlStiel br geflügelt (Abb. **148**/7). s Ba: Alpen. ***T. grandiflorum*** SOEST

4* Interlobien glatt, grün. BlStiel etwas geflügelt (Abb. **148**/8). s Ba: Alpen. ***T. ooststroomii*** SOEST

5 **(1)** Interlobien u. BlSeitenlappen am oberen Rand mit ∞ Zähnen od. Läppchen (Abb. **148**/9). s Ba: Alpen u. dealp. bis München Bw: HochSchwarzW. [*T. vereinense* SOEST] ***T. perfissum*** SOEST

5* Interlobien u. BlSeitenlappen am oberen Rand ganzrandig od. mit wenigen kleinen Zähnen **6**

6 Bl einer Pfl in 2 verschiedenen Typen auftretend (heterophyll): Äußere Bl beidseits mit 4–5 Seitenlappen, diese kurz 3eckig u. voneinander entfernt stehend; Innere Bl beidseits mit 5–7 Seitenlappen, diese schmal, spitz u. sehr dicht stehend (Abb. **148**/10, 11). s Bw: SchwarzW, Feldberg. [*T. simpliciusculum* SOEST] ***T. albulense*** SOEST

6* Bl nicht heterophyll, äußere u. innere Bl mit geringfügigen Unterschieden **7**

7 BlSeitenlappen aus br Basis plötzlich in die linealisch-spatelfg Spitze übergehend (Abb. **149**/1). BlStiel schmal, grün. s Ba: München. ***T. podlechianum*** SAHLIN

7* BlSeitenlappen allmählich verschmälert **8**

8 Bl beidseits mit 2–3 Seitenlappen, diese kurz spatelfg, gedrängt stehend (Abb. **149**/2). s Ba: Alpen. ***T. congestolobum*** SOEST

8* Bl beidseits mit >3 Seitenlappen, diese durch deutliche Interlobien getrennt **9**

9 BlStiel schmal, ungeflügelt. Oberer Rand der BlSeitenlappen oft ganzrandig (Abb. **149**/3). s Ba: Alpen. ***T. cordatifolium*** SOEST

9* BlStiel geflügelt. Oberer Rand der BlSeitenlappen gezähnt **10**

10 Bl beidseits mit 6–7 Seitenlappen (Abb. **149**/4). Äußere HüllBl ca. 5 mm br, abstehend bis zurückgebogen. s Ba: Alpen. ***T. krameriense*** SAHLIN

10* Bl beidseits mit meist 5 Seitenlappen (Abb. **149**/5). Äußere HüllBl 2,5–3 mm br, locker anliegend. s Ba: Alpen. ***T. polycercum*** SAHLIN

Tabelle H: *T.* sect. ***Naevosa*** M. P. Christ. – **Flecken-K.-Gruppe**

1 BlStiel br geflügelt. Bl dicht gelappt, beidseits mit (4–)5–6 Seitenlappen. BlEndlappen etwa so lg wie br (Abb. **149**/6). s Me: Rügen, Grevesmühlen (32). ***T. euryphyllum*** (Dahlst.) Hjelt

1* BlStiel schmal, ungeflügelt **2**

2 BlEndlappen deutlich länger als br. Bl beidseits mit 2–3 entfernt stehenden Seitenlappen. Oberer Rand der oberen BlSeitenlappen ganzrandig (Abb. **149**/7). s Me: Klocksdorf, Warnemünde, Rügen, Usedom (32). ***T. maculigerum*** H. Lindb.

2* BlEndlappen etwa so lg wie br. Bl beidseits mit 4–5 dicht stehenden Seitenlappen. Oberer Rand der BlSeitenlappen gezähnt, dabei oft mit einem markanten großen Zahn u. einigen kleinen Zähnen (Abb. **149**/8, 9). s Me: Rügen. ***T. lentiginosum*** H. Øllg.

Tabelle I: ***T. adamii*-Gruppe – Adam-K.-Gruppe**

Anm.: Diese Gruppe vermittelt morphologisch zwischen den Sektionen *Taraxacum* u. *Naevosa*, steht aber der letztgenannten Sektion näher. Sie unterscheidet sich von der Sektion *Naevosa* durch kleinere Früchte u. ungefleckte Bl.

1 Äußere HüllBl berandet, aufrecht abstehend **2**

1* Äußere HüllBl unberandet, ± waagerecht abstehend bis etwas zurückgebogen . **3**

2 Bl ungelappt od. mit 3eckigen, großen, spitzen End- u. Seitenlappen (Abb. **149**/10). BlStiel u. Mittelrippe intensiv rot. s N-Ba Rh Th Sa (32). ***T. adamii*** Claire

2* Bl gelappt, Seitenlappen kurz, 3eckig mit aufwärts gebogenen Spitzen. BlEndlappen kurz, 3eckig, stumpf (Abb. **149**/11). BlStiel intensiv rot, Mittelrippe rötlich od. bräunlich. z Rh We He Th Sa Br Ns Me Sh, s Ba: Franken Bw. ***T. gelertii*** Raunk.

3 **(1)** BlMittelrippe intensiv rot. BlSeitenlappen abstehend od. etwas zurückgebogen, stumpf, ihr oberer Rand ganzrandig od. mit sehr wenigen, kleinen Zähnen (Abb. **151**/1). s He? Sa. ***T. excellens*** Dahlst.

3* BlMittelrippe bräunlich. BlSeitenlappen abstehend, spitz, ihr oberer Rand mit kleinen Zähnen (Abb. **151**/2). z Rh We He Br Ns Me Sh, s N-Ba Bw Rh Sa An (24). [*T. raunkiaeri* Wiinst. ex M. P. Christ. et Wiinst.] ***T. duplidentifrons*** Dahlst.

Tabelle J: *T.* sect. ***Hamata*** H. Øllg. – **Haken-K.-Gruppe**

Anm.: Die Bearbeitung dieser Gruppe u. der Schlüssel basieren auf Øllgaard (1983).

1 Die meisten äußeren HüllBl <2,5 mm br **2**

1* Die meisten äußeren HüllBl >3 mm br **3**

2 BlEndlappen, bes. der inneren Bl größer als die Seitenlappen, beidseits mit einem großen Zahn (Abb. **151**/3). z im N u. W, s Sa Br. ***T. atactum*** Sahlin et Soest

2* BlEndlappen nicht auffallend größer als die Seitenlappen, ganzrandig (Abb. **151**/4). s We Ns Me. [*T. atrovirens* Dahlst. ex M. P. Christ. et Wiinst., *T. glabriforme* R. Doll] ***T. hamiferum*** Dahlst.

3 **(1)** Rand des BlEndlappens ± konkav, beidseits mit einem kräftigen Zahn **4**

3* Rand des BlEndlappens gerade od. konvex, mit od. ohne Zähne **5**

4 Pyramide <0,5 mm lg. BlSeitenlappen, bes. der mittleren u. inneren Bl linealisch verlängert (Abb. **151**/5). s We Ns. ***T. kernianum*** Hagend., Soest et Zevenb.

4* Pyramide ca. 0,7 mm lg. BlSeitenlappen schmal 3eckig (Abb. **151**/6). s Rh We Br: Berlin. ***T. lancidens*** Hagend., Soest et Zevenb.

5 **(3)** Äußere HüllBl 4–5 mm br **6**

5* Äußere HüllBl 3–3,5(–4) mm br **8**

6 Äußere HüllBl unberandet. Zunge der RandB useits fast in gesamter Breite dunkler gestreift. BlSeitenlappen deutlich hakenfg, meist ganzrandig (Abb. **151**/7). z im N, s Ba We He Sa Br (24). ***T. fusciflorum*** H. Øllg.

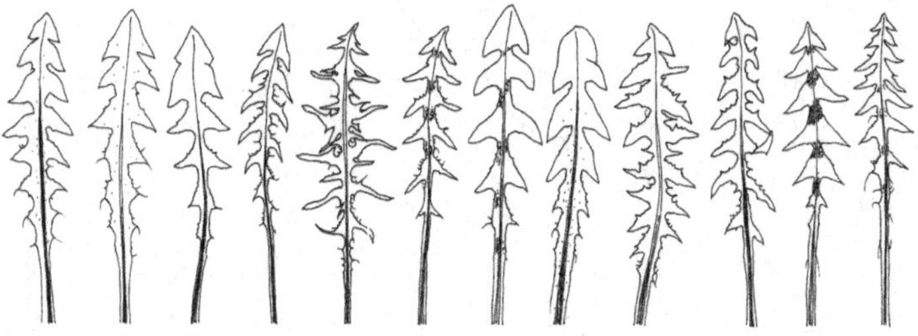

1 2 3 4 5 6 7 8 9 10 11 12

6* Äußere HüllBl berandet. Zunge der RandB useits nur in der Mitte (etwa die Hälfte der Breite) dunkler gestreift **7**
7 Bl behaart. BlSeitenlappen deutlich hakenfg, ganzrandig. BlStiel u. Mittelrippe tief rotviolett (Abb. **151**/8). s He Sa. ***T. boekmanii*** Borgv.
7* Bl meist kahl, selten locker behaart. BlSeitenlappen ± abstehend aber kaum hakenfg, am oberen Rand gezähnt. BlStiel rötlich, Mittelrippe rotbraun (Abb. **151**/9). z bis s Ba We Th Sa Br (24). ***T. lamprophyllum*** M. P. Christ.
8 **(5)** Äußere HüllBl unberandet **9**
8* Äußere HüllBl berandet **12**
9 BlSeitenlappen mit 1–2 kräftigen Zähnen am oberen Rand (Abb. **151**/10). Äußere HüllBl rosarot. v im NW, südlich u. südöstlich bis He, s Sa: Bad Gottleuba (24). [*T. infestum* Hagend., Soest et Zevenb.] ***T. subericinum*** Hagend., Soest et Zevenb.
9* Oberrand der Seitenlappen ganzrandig od. mit kleinen Zähnen. Äußere HüllBl grün **10**
10 Interlobien intensiv schwarzviolett. Bl beidseits mit 4–5 meist ganzrandigen, abstehenden Seitenlappen (Abb. **151**/11). HüllBl schwach bereift. s We. ***T. brabanticum*** Hagend., Soest et Zevenb.
10* Interlobien grün, selten schwach schwarzviolett. Bl beidseits mit 5–6(–7) Seitenlappen **11**
11 BlSeitenlappen abstehend bis etwas zurückgerichtet aber kaum hakenfg (Abb. **151**/12). HüllBl stark bereift, deshalb weißlich erscheinend. z im N, s N-Ba He Sa. ***T. subhamatum*** M. P. Christ.
11* BlSeitenlappen hakenfg zurückgebogen (Abb. **152**/1, 2). HüllBl schwach bereift. s We: Orsbach. ***T. replicatum*** Hagend., Soest et Zevenb.
12 **(8)** BlStiel grün od. sehr schwach rosa **13**
12* BlStiel rotviolett **15**
13 BlEndlappen ± gezähnt. BlSeitenlappen spitz, ± abstehend (Abb. **152**/3). s Rh. ***T. ericinoides*** Hagend., Soest et Zevenb.
13* BlEndlappen ganzrandig. BlSeitenlappen ± stumpf, hakenfg **14**
14 Äußere HüllBl schmutzig purpurn mit rosafarbenem Rand. Bl gelblichgrün, Mittelrippe bräunlich (Abb. **152**/4). s im N, südlich bis He Sa. ***T. polyhamatum*** H. Øllg.
14* Äußere HüllBl grün od. weißlichgrün mit weißem Rand. Bl graugrün, Mittelrippe grün (Abb. **152**/5). s He. ***T. pruinatum*** M. P. Christ.
15 **(12)** BlSeitenlappen in eine schmale Spitze verlängert **16**
15* BlSeitenlappen 3eckig bzw. hakenfg **17**

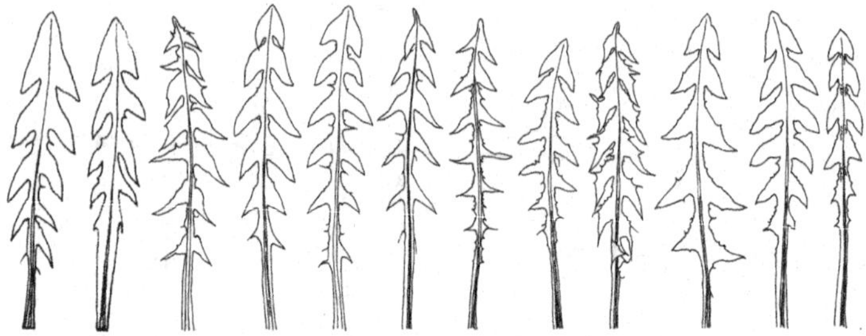

16 BlMittelrippe rotviolett. BlSeitenlappen zurückgerichtet (Abb. **152**/6). z bis s im NW, südlich bis He, ob in Me? [*T. nubilum* HAGEND., SOEST et ZEVENB.]
T. subditivum HAGEND., SOEST et ZEVENB.

16* BlMittelrippe grün od. etwas bräunlich. BlSeitenlappen ± abstehend (Abb. **152**/7). s Ba Me. ***T. spiculatum*** M. P. CHRIST.

17 **(15)** BlSeitenlappen ± wechselständig, schmal 3eckig, abstehend bis etwas zurückgerichtet (Abb. **152**/8). v im N, z Ba: Franken Rh He Sa An Br, s Bw (24).
T. hamatiforme DAHLST.

17* BlSeitenlappen gegenständig **18**

18 BlSeitenlappen mit wenigstens 1 großen Zahn am oberen Rand, sehr dicht stehend u. zum Teil etwas überlappend (Abb. **152**/9). z bis s im N, südlich bis Ba, He u. Br (24). ***T. marklundii*** PALMGR.

18* BlSeitenlappen ganzrandig od. mit wenigen, sehr kleinen Zähnen am oberen Rand **19**

19 Spitzen der BlSeitenlappen nach außen abstehend (Abb. **152**/10). v im NW: Rh We Ns, südlich bis Ba u. Bw? He Th, s im O: Sa: Rosenthal Me: Darze (24).
T. quadrans H. ØLLG.

19* BlSeitenlappen hakenfg, ihre Spitzen nach unten gerichtet **20**

20 Äußere HüllBl (3–)4 mm br, bewimpert, ± abstehend. Spitzen der BlSeitenlappen oft etwas geknickt (Abb. **152**/11). z Ba We He Sa (24).
T. hamatulum HAGEND., SOEST et ZEVENB.

20* Äußere HüllBl 2–3 mm br, ihr Rand unbehaart, aufrecht abstehend mit zurückgebogenen Spitzen. BlSeitenlappen stark hakenfg (Abb. **152**/12). z im N, N-An u. N-Br, s N-Ba Rh He Th Sa (24). [*T. medians* BRENNER] ***T. hamatum*** RAUNK.

Tabelle K: *T.* sect. ***Celtica*** A. J. RICHARDS – **Moor-K.-Gruppe**

Anm.: Diese Sektion wird hier auf Basis des Typus, *T. celticum* A. J. RICHARDS, eng gefasst u. beinhaltet nur die unmittelbare morphologische Verwandtschaft von *T. nordstedtii* DAHLST., eine Art, die dem Typus sehr nahe steht u. weit verbreitet ist. Die übrigen, gewöhnlich in dieser Sektion geführten Arten finden sich entweder in der *T. adamii*-Gruppe od. in der Sektion *Taraxacum*.

1 Pollen fehlend. BlSeitenlappen aus br Basis plötzlich in eine schmale, stumpfe Spitze verschmälert, diese oft aufwärts gerichtet. BlEndlappen rhombisch-3eckig od. 3lappig, kurz (Abb. **153**/1). z bis s, regional stark ↘ (48). [*T. cambriense* A. J. RICHARDS]
T. nordstedtii DAHLST.

Anm.: Bes. in der Nordseeküstenregion u. im SchwarzW ist mit sehr ähnlichen, zum Teil noch unbeschriebenen Sippen zu rechnen, von denen einige bislang nur aus den Niederlanden bekannt sind.

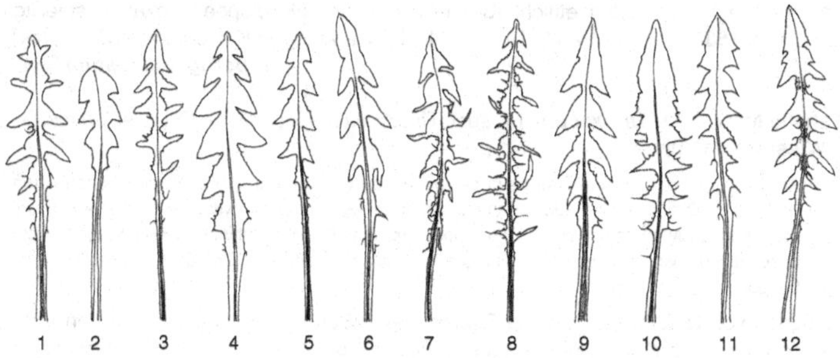

1* Pollen vorhanden 2

2 BlStiel blassgrün. BlSeitenlappen entweder br u. kurz 3eckig, wenig gezähnt od. BlSeitenlappen hakenfg, dann ihr oberer Rand stark gezähnt (Abb. **153**/2). s Bw: Bruchsal N-We He? (24). [*T. johannis-jansenii* Soest] ***T. hygrophilum*** Soest

2* BlStiel u. meist auch Mittelrippe rosa bis rotviolett 3

3 BlEndlappen länger als br, pfeilfg. BlSeitenlappen aus br Basis plötzlich in eine schmale, stumpfe Spitze verschmälert, diese oft aufwärts gerichtet (Abb. **153**/3). s N-Ba Th Sa: Vogtland. ***T. reichlingii*** Soest

3* BlEndlappen etwa so lg wie br, ± 3eckig. BlSeitenlappen ± 3eckig, allmählich verschmälert 4

4 BlEndlappen mit deutlich abgesetzter Spitze (Abb. **153**/4). Schaft ohne HochBl. s Rh We Ns Me. [*T. prionoides* Hagend., Soest et Zevenb.] ***T. prionum*** Hagend., Soest et Zevenb.

4* BlEndlappen allmählich zugespitzt (Abb. **153**/5). Schaft mit HochBl. z We Ns Me Sh, s N-Br (24). ***T. bracteatum*** Dahlst.

Tabelle L: *T. subalpinum*-Gruppe – Hudziok-K.-Gruppe, Palustroide K.

Anm.: Diese Gruppe vermittelt morphologisch u. ökologisch zwischen den Sektionen *Palustria* u. *Taraxacum*. Die Sippen unterscheiden sich morphologisch von Vertretern der Sektion *Palustria* durch ihren robusten Habitus u. deutlich tiefgelappte Bl.

1 Pollen fehlend. BlSeitenlappen meist ganzrandig. BlEndlappen länger als br, oft eingeschnürt (Abb. **153**/6). z Th Sa An Br Ns Me, s Ba Rh He (24). [*T. dahnkei* R. Doll, *T. flaemingense* Hudziok] ***T. subalpinum*** Hudziok

1* Pollen vorhanden 2

2 BlEndlappen etwa so lg wie br 3

2* BlEndlappen deutlich länger als br 4

3 Äußere HüllBl den inneren anliegend. Pyramide 0,7–1,0 mm lg. BlEndlappen meist ohne od. mit undeutlich abgesetzter Spitze (Abb. **153**/7). s Th Sa Br (24). ***T. fascinans*** Kirschner, Mikolas et Štěpánek

3* Äußere HüllBl locker aufrecht abstehend. Pyramide 0,6–0,7 mm lg. BlEndlappen mit abgesetzter kurzer Spitze (Abb. **153**/8). s N-Ba Th (Endemit ?) (24). (Hüllbl. gelegentlich waagerecht, siehe daher auch sect. *Taraxacum* **Tabelle M2**) ***T. rutilum*** Kirschner et Štěpánek

4 **(2)** Äußere HüllBl br eifg, bis 5–6 mm br. BlEndlappen meist ganzrandig, pfeilfg (Abb. **153**/9). z Br Ns Me, s Ba: Franken Rh He Th Sa An. ***T. copidophyllum*** Dahlst.

4* Äußere HüllBl br lanzettlich, (3–)4(–5) mm br. BlEndlappen gezähnt, spießfg (Abb. **153**/10). z Ba Sa An Br Ns (24). [*T. tragopogon* Kirschner et Štěpánek] ***T. porrigentilobatum*** Rail.

Tabelle M: ***T.*** sect. ***Taraxacum***[1] [*T.* sect. *Ruderalia* Kirschner, H. Øllg. et Štěpánek] **– Wiesen-K.–Gruppe**

Anm.: Die umfangreichste Gruppe in der gesamten Gattung mit >1000 beschriebenen Arten weltweit. In D sind bislang 282 beschriebene Arten nachgewiesen, was maximal 30% der real existierenden Arten entsprechen dürfte. Viele Sippen sind noch nicht identifiziert bzw. noch nicht beschrieben. Insofern dient der nachfolgende Schlüssel allein einer Grundorientierung in dieser Gruppe.

In Süden von D kommen sexuelle Sippen dieser Sektion vor, die sich von den agamospermen Arten durch einen regulären Pollen∅ u. weitere, kaum verschlüsselbare quantitative Merkmale unterscheiden. Wie diese taxonomisch zu bewerten sind, ist noch fraglich. Eine Möglichkeit wäre, sie unter dem ältesten, für eine sexuelle Sippe vergebenen Namen, ***T. linearisquameum*** Soest, zusammenzufassen.

Die Eigenständigkeit der wenigen sexuellen, meist von Sahlin aus Ba bzw. von Soest aus der Schweiz beschriebenen Sippen, ist fragwürdig.

1 BlStiele einer Pfl grün, selten die der inneren Bl etwas rosa **Tabelle M1**, S. 154
1* BlStiele rosa bis rot od. rotviolett, zuweilen die der äußeren Bl grün **2**
2 Äußere HüllBl berandet **Tabelle M2**, S. 164
2* Äußere HüllBl unberandet **3**
3 Innere HüllBl schwarzgrün **Tabelle M3**, S. 169
3* Innere HüllBl reingrün od. blassgrün **4**
4 Interlobien der Bl schwarzviolett **Tabelle M4**, S. 170
4* Interlobien der Bl reingrün, höchstens ihre Ränder schwarzviolett **5**
5 Bl (bes. die inneren) dicht behaart **Tabelle M5**, S. 175
5* Bl kahl od. locker behaart **6**
6 BlStiel ungeflügelt od. die Flügel nicht breiter als die Mittelrippe **Tabelle M6**, S. 176
6* BlStiel geflügelt, die Flügel breiter als die Mittelrippe **7**
7 Äußere HüllBl ± waagerecht abstehend od. unregelmäßig **Tabelle M7**, S. 181
7* Äußere HüllBl zurückgebogen od. zurückgerichtet **Tabelle M8**, S. 182

Tabelle M1 (BlStiel grün)

1 Äußere HüllBl aufrecht abstehend, berandet **2**
1* Äußere HüllBl ± waagerecht abstehend, zurückgebogen, zurückgerichtet od. unregelmäßig; berandet od. unberandet **4**
2 Griffeläste gelb. BlSeitenlappen ± 3eckig, abstehend (Abb. **153**/11). Bisher nur Ba: Miesenbach. ***T. campodunie̱nse*** Sahlin
2* Griffeläste graugrün **3**
3 BlEndlappen länger als br, oft eingeschnitten. Interlobien deutlich entwickelt, ihre Ränder oft gezähnt (Abb. **153**/12). s N-Ba We Sa Ns Me Sh. [*T. laetifrons* G. E. Haglund] ***T. interme̱dium*** Raunk.
3* BlEndlappen kurz 3eckig (abgesehen von nicht ausdifferenzierten Formen), meist ganzrandig. Interlobien kurz (Abb. **155**/1). z Ba We He Th Sa An Br Ns Me Sh (24). [*T. patulum* (Brenner) Brenner, *T. politanum* R. Doll, *T. sagittaticordatum* Brenner] ***T. tene̱bricans*** (Dahlst.) Raunk.
4 **(1)** Äußere HüllBl berandet **5**

[1] Zur Umbenennung der Sektion siehe Kirschner, J. & J. Štěpánek (2011) Typification of *Leontodon taraxacum* L. (≡ *Taraxacum officinale* F. H. Wigg.) and the generic name *Taraxacum*: A review and a new typification proposal. Taxon **60** (1): 216–220.

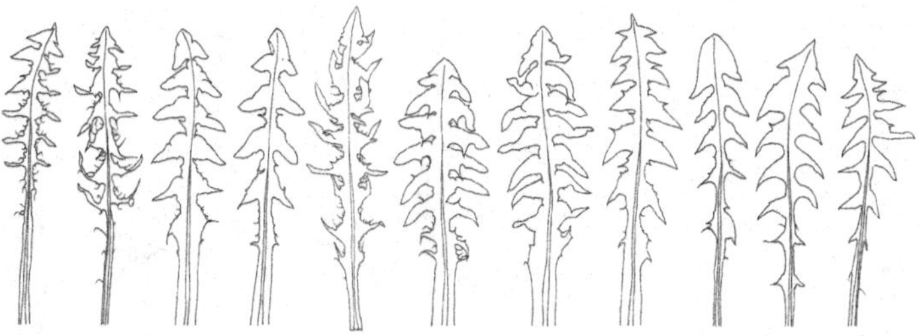

1 2 3 4 5 6 7 8 9 10 11

4* Äußere HüllBl unberandet **18**

5 Äußere HüllBl ca. 10 mm lg. Pollen fehlend. s Ba Bw Sa. ***T. hercynicum***, s. **Tab. G, 3**

Anm.: T. *hercynicum* u. verschiedene, bes. von Sahlin u. Soest aus den Bayerischen Alpen u. der Schweiz beschriebene Arten, deren äußere HüllBl wenig >10 mm lg sind, vermitteln morphologisch zur Sektion *Alpestria* od. dürften Vertreter dieser Sektion sein.

5* Äußere HüllBl (11–)14–20 mm lg. Pollen vorhanden **6**

6 BlSeitenlappen (bes. die oberen) spatelfg od. zungenfg **7**

6* BlSeitenlappen spitz od. stumpf **11**

7 BlStiel ungeflügelt od. Flügel nicht breiter als die Mittelrippe. BlSeitenlappen schmal, oft aufwärts gebogen, am unteren Rand oft mit einem großen Zahn (Abb. **155**/2). z We He. ***T. eudontum*** Sahlin

7* BlStiel geflügelt, Flügel breiter als die Mittelrippe **8**

8 Äußere HüllBl (4–)5–7 mm br. BlSeitenlappen oft ± waagerecht abstehend, ihr unterer Rand meist ohne Zahn (Abb. **155**/3, 4). s N-Ba Sa. ***T. aberrans*** Hagend., Soest et Zevenb.

8* Äußere HüllBl 3–4(–5) mm br. Wenigstens einige BlSeitenlappen am unteren Rand gezähnt **9**

9 BlSeitenlappen am unteren Rand mit einem großen Zahn u. mehreren kleinen Zähnen. BlEndlappen länger als br, mehrfach eingeschnürt (Abb. **155**/5). z Sa. ***T. proclinatum*** Rail.

9* BlSeitenlappen am unteren Rand gewöhnlich mit einem Zahn. BlEndlappen etwa so lg wie br, einfach eingeschnürt **10**

10 BlSeitenlappen dichtstehend, am unteren Rand oft mit 1 großen Zahn. Spitzen eines BlSeitenlappenpaares gleichmäßig abstehend od. zurückgebogen (Abb. **155**/6). s Rh Br Ns Me (24). ***T. undulatum*** H. Lindb. et Markl.

10* BlSeitenlappen entferntstehend, am unteren Rand mit 1 kleinen Zahn. Spitzen eines BlSeitenlappenpaares oft unterschiedlich ausgerichtet (Abb. **155**/7). s Ba We Br Ns Me. ***T. gesticulans*** H. Øllg.

11 **(6)** BlEndlappen mit deutlich abgesetzter Spitze (Abb. **155**/8). Bl gelbgrün. Sexuelle Sippe? Bisher nur Bw. ***T. paradoxachrum*** Soest

11* BlEndlappen stumpf, spitz od. zungenfg. Bl blassgrün bis dunkelgrün **12**

12 BlEndlappen br abgerundet (Abb. **155**/9). Bisher nur Ba: München. ***T. oligolobatum*** Sahlin

12* BlEndlappen ± 3eckig, spitz, stumpf od. zungenfg **13**

13 Griffeläste gelb. BlSeitenlappen zurückgebogen bis hakenfg (Abb. **155**/10). Sexuelle Sippe? Bisher nur Ba: München Bw. ***T. demotes*** Sahlin

13* Griffeläste grünlich. BlSeitenlappen ± waagerecht abstehend **14**

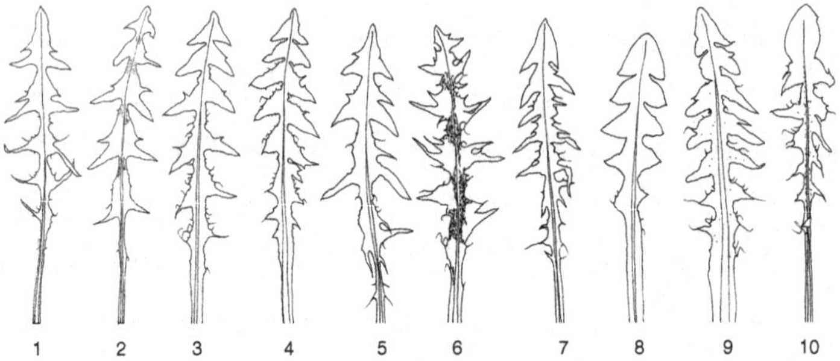

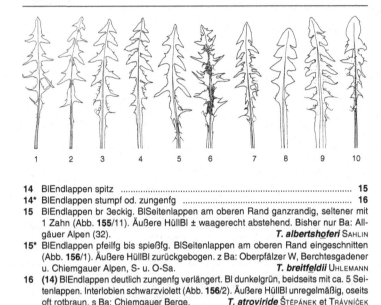

14 BlEndlappen spitz **15**
14* BlEndlappen stumpf od. zungenfg **16**
15 BlEndlappen br 3eckig. BlSeitenlappen am oberen Rand ganzrandig, seltener mit 1 Zahn (Abb. **155**/11). Äußere HüllBl ± waagerecht abstehend. Bisher nur Ba: Allgäuer Alpen (32). ***T. albertshoferi*** SAHLIN
15* BlEndlappen pfeilfg bis spießfg. BlSeitenlappen am oberen Rand eingeschnitten (Abb. **156**/1). Äußere HüllBl zurückgebogen. z Ba: Oberpfälzer W, Berchtesgadener u. Chiemgauer Alpen, S- u. O-Sa. ***T. breitfeldii*** UHLEMANN
16 **(14)** BlEndlappen deutlich zungenfg verlängert. Bl dunkelgrün, beidseits mit ca. 5 Seitenlappen. Interlobien schwarzviolett (Abb. **156**/2). Äußere HüllBl unregelmäßig, oseits oft rotbraun. s Ba: Chiemgauer Berge. ***T. atroviride*** ŠTĚPÁNEK et TRÁVNÍČEK
16* BlEndlappen stumpf, zuweilen etwas zungenfg verlängert **17**
17 Bl dunkelgrün. BlSeitenlappen nur am oberen Rand etwas gezähnt (Abb. **156**/3). Stiele aller Bl stets grün. s Ba We He Sa Br Ns Me. ***T. pallidipes*** MARKL.
17* Bl mittelgrün bis hellgrün. BlSeitenlappen am oberen u. unterem Rand gezähnt (Abb. **156**/4). Stiele der inneren Bl zuweilen etwas rosa. v bis z in allen Bdl (24). ***T. sertatum*** KIRSCHNER, H. ØLLG. et ŠTĚPÁNEK
18 **(4)** Äußere HüllBl blau- bis rotviolett od. schmutzig rosa **19**
18* Äußere HüllBl grün od. schwach rötlich **35**
19 Oberer Rand der BlSeitenlappen mit Einschnitten **20**
19* Oberer Rand der BlSeitenlappen ganzrandig od. gezähnt **22**
20 BlStiel ungeflügelt od. Flügel nicht breiter als die Mittelrippe. BlEndlappen länger als br (Abb. **156**/5). Bisher nur Ba: Berchtesgadener Alpen. ***T. pseudelongatum*** SOEST
20* BlStiel geflügelt, Flügel breiter als die Mittelrippe **21**
21 Interlobien schwarzviolett. BlSeitenlappen abstehend bis etwas aufwärts gerichtet (Abb. **156**/6). Äußere HüllBl (4–)5–6 mm br. z N-Ba Bw Rh We He, s Th Sa. ***T. pittochromatum*** SAHLIN
21* Interlobien grün. BlSeitenlappen etwas zurückgebogen (Abb. **156**/7). Äußere HüllBl 3–4 mm br. s Bw Ns Me. ***T. chlorodes*** G. E. HAGLUND
22 **(19)** Äußere HüllBl blauviolett. BlSeitenlappen mit konvexem oberen u. unteren Rand (Abb. **156**/8). z We He Br Ns Me Sh, s N-Ba Sa (24). ***T. cyanolepis*** DAHLST.
22* Äußere HüllBl rotviolett, violett od. schmutzig rosa **23**
23 BlEndlappen oft mehrfach u. unregelmäßig eingeschnürt. Oberer Rand der BlSeitenlappen oft mit großen Zähnen **24**
23* BlEndlappen ganzrandig, mit 2 gegenüberstehenden Zähnen, selten einfach eingeschnitten od. eingeschnürt. Oberer Rand der BlSeitenlappen meist ganzrandig

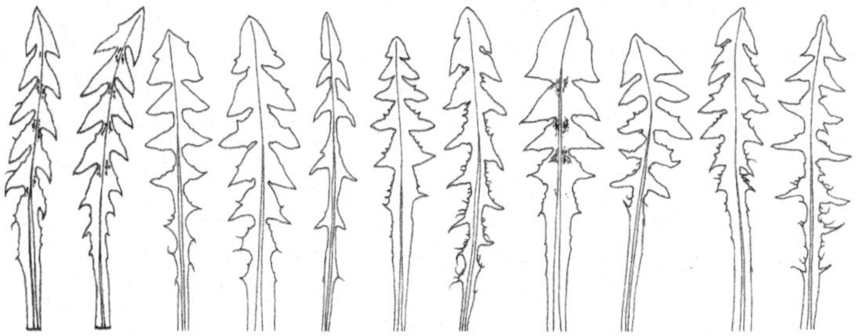

1 2 3 4 5 6 7 8 9 10 11

od. mit wenigen kleinen Zähnen , selten bei *T. ingens*, **27*** u. *T. intumescens*, **31*** zuweilen mit kräftigen Zähnen **25**

24 BlSeitenlappen etwas entfernt stehend. BlEndlappen pfeilfg od. 3eckig (Abb. **156**/9, 10). Bl oft mäßig behaart. Äußere HüllBl schmutzig rosa, zurückgebogen. z Ba He Sa Br Ns (24). [*T. rhacodes* RAIL.] ***T. horridifrons*** RAIL.

24* BlSeitenlappen dicht stehend. BlEndlappen etwas zungenfg (Abb. **157**/1, 2). Bl schwach behaart. Äußere HüllBl schmutzig violett od. violett, ± waagerecht abstehend. s Me: Rügen, Putbus. ***T. pycnolobum*** DAHLST.

25 **(23)** Äußere HüllBl ± waagerecht abstehend **26**

25* Äußere HüllBl zurückgebogen **29**

26 BlEndlappen 3eckig bis spießfg, dazu mit 2 großen gegenüberstehenden Zähnen, daher 5spitzig **27**

26* BlEndlappen ganzrandig od. eingeschnürt bzw. eingeschnitten **28**

27 BlSeitenlappen abstehend, stumpf, ihr oberer Rand ganzrandig od. mit wenigen kleinen Zähnen. BlStiel schmal geflügelt (Abb. **157**/3). Pyramide ca. 1 mm lg. s Rh We Me Sh. ***T. laeticolor*** DAHLST.

27* BlSeitenlappen abstehend, spitz, ihr oberer Rand zuweilen mit kräftigen Zähnen. BlStiel br geflügelt (Abb. **157**/4). Pyramide ca. 0,7 mm lg. s N-Ba He Th Sa An Ns (24). ***T. ingens*** PALMGREN

28 **(26)** BlStiel ungeflügelt. BlEndlappen länger als br, zuweilen eingeschnitten od. eingeschnürt. BlSeitenlappen schmal, hakenfg (Abb. **157**/5). Griffeläste gelbgrün. Bisher nur Ba: München. ***T. amphorifrons*** SAHLIN

28* BlStiel schmal geflügelt. BlEndlappen 3eckig, stumpf, ganzrandig. BlSeitenlappen abstehend, stumpf (Abb. **157**/6). Griffeläste graugrün. s Me. ***T. insigne*** EKMAN ex M. P. CHRIST. et WIINST.

29 **(25)** Äußere HüllBl oseits blasslila, bis 5 mm br, flattrig: hauptsächlich zurückgebogen, einige aber abstehend od. aufrecht. BlSeitenlappen zurückgebogen (Abb. **157**/7). v Bw Sa, z Rh He We, s Br (24). [*T. lilaceum* H. ØLLG.] ***T. floccosum*** RAIL.

29* Äußere HüllBl rotviolett od. schmutzig rosa, alle zurückgebogen **30**

30 Bl mit dicht stehenden Seitenlappen u. kaum entwickelten schwarzvioletten od fehlenden Interlobien **31**

30* Bl mit entfernt stehenden Seitenlappen u. deutlich entwickelten Interlobien **32**

31 BlSeitenlappen auffallend gleichartig, kurz 3eckig mit konvexem oberem Rand, meist waagerecht abstehend (Abb. **157**/8). s Sa: Dresden Br: Berlin Me: Rostock ***T. curtifrons*** H. ØLLG.

31* BlSeitenlappen ± zungenfg, ihr oberer Rand zuweilen mit kräftigen Zähnen. BlEndlappen br 3eckig, abgerundet (Abb. **157**/9). s We: Höstmer Ba: Gemünden. ***T. intumescens*** G. E. HAGLUND

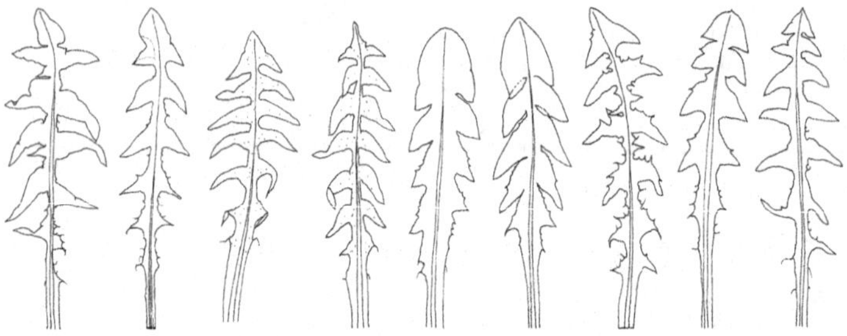

1 2 3 4 5 6 7 8 9

32 **(30)** BlEndlappen oft bespitzt, etwa so lg wie br. BlSeitenlappen kurz 3eckig od. etwas zurückgebogen (Abb. **157**/10). z We Me (24). [*T. oncolobum* Dahlst., *T. retusum* Hagend., Soest et Zevenb., *T. subcyanolepis* M. P. Christ. ex M. P. Christ. et Wiinst.] ***T. expallidiforme*** Dahlst.
32* BlEndlappen ohne abgesetzte Spitze **33**
33 BlSeitenlappen kurz 3eckig, abstehend bis etwas zurückgerichtet (Abb. **157**/11). Äußere HüllBl 3–4 mm br, rotviolett, flattrig: die meisten zurückgebogen, einige aber abstehend od. aufrecht. z bis v Ba We He Th Sa An Br Ns Me Sh (24). ***T. piceatum*** Dahlst.
33* BlSeitenlappen zurückgebogen bis etwas hakenfg **34**
34 BlEndlappen etwa so lg wie br. BlStiel meist br geflügelt (Abb. **158**/1). Äußere HüllBl (4–)5–6 mm br, schmutzig rosa. s Bw. ***T. procerum*** G. E. Haglund
34* BlEndlappen länger als br. BlStiel ungeflügelt od. schmal geflügelt (Abb. **158**/2). Äußere HüllBl 3–4 mm br, schmutzig rosa. z Ba Sa. ***T. freticola*** H. Øllg.
35 **(18)** BlSeitenlappen (wenigstens der inneren Bl) zurückgebogen bis hakenfg . **36**
35* BlSeitenlappen ± waagerecht abstehend, zurückgerichtet od. nach oben gebogen **44**
36 Bl (bes. die inneren) dicht behaart **37**
36* Bl kahl od. locker behaart **38**
37 Äußere HüllBl ca. 18 mm lg u. 4,5 mm br. Pyramide ± zylindrisch, (0,6–)0,7–0,8 mm lg. BlSeitenlappen zurückgebogen (Abb. **158**/3). s We. ***T. procerisquameum*** H. Øllg.
37* Äußere HüllBl ca. 12 mm lg u. 5 mm br. Pyramide konisch, 0,5–0,6 mm lg. BlSeitenlappen überwiegend hakenfg (Abb. **158**/4). s Bw. ***T. selenoides*** Sahlin
38 **(36)** Bl dunkelgrün. BlEndlappen deutlich größer als die Seitenlappen (Abb. **158**/5). v We Ns Me Sh, z He Sa An Br, s N-Ba Bw (24). ***T. ancistrolobum*** Dahlst.
38* Bl rein-, blass- od. gelbgrün. BlEndlappen so groß wie die Seitenlappen, wenn etwas größer, dann vgl. *T. recessum* u. nicht ausdifferenzierte Formen von *T. laticordatum* **39**
39 BlSeitenlappen sehr dichtstehend, oft einander überlappend u. Interlobien fehlend (Abb. **158**/6). s We Br: Berlin. ***T. recessum*** Hagend., Soest et Zevenb.
39* BlSeitenlappen entferntstehend u. Interlobien vorhanden **40**
40 Äußere HüllBl unregelmäßig zurückgebogen. Oberer Rand der BlSeitenlappen mit kräftigen Zähnen. BlEndlappen zungenfg verlängert (Abb. **158**/7). z Ba: Oberpfälzer W, Bayr-W, Chiemgauer Berge, Berchtesgadener Alpen Sa: Erzg, Oberlausitz, Vogtland. ***T. ottonis*** Uhlemann
40* Äußere HüllBl regelmäßig zurückgebogen, bei *T. uncosum* höchstens 1–2 HüllBl in ihrer Stellung etwas abweichend **41**

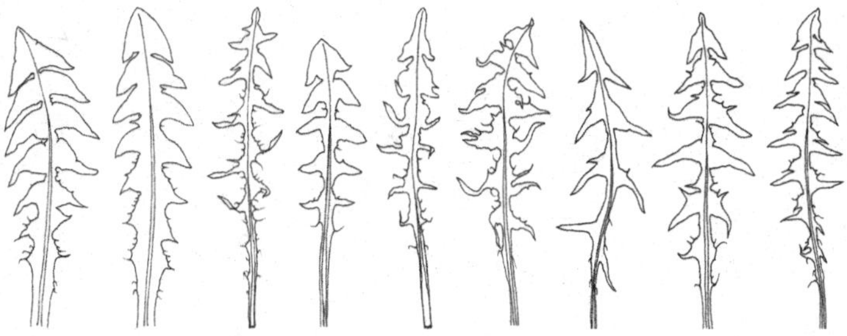

41 Oberer Rand der BlSeitenlappen mit einzelnen, zum Teil kräftigen Zähnen (Abb. **158**/8). BlSeitenlappen an den inneren Bl hakenfg, an den äußeren Bl etwas spatelfg. z Ba Bw Rh We He Th Sa An Br Ns Me Sh (24). [*T. adalatum* RAIL.] ***T. laticordatum*** MARKL.

41* BlSeitenlappen ganzrandig, selten die unteren am oberen Rand mit wenigen kleinen Zähnen **42**

42 Bl mit beidseits (5–)6–7 Seitenlappen, gelbgrün. BlSeitenlappen der inneren Bl hakenfg, die der äußeren Bl ± waagerecht abstehend (Abb. **158**/9). Äußere HüllBl schwach rötlich. s Bw We. ***T. chrysophaenum*** RAIL.

42* Bl beidseits mit 3–5 Seitenlappen, reingrün **43**

43 Alle äußeren HüllBl regelmäßig zurückgebogen. BlSeitenlappen lg zugespitzt (Abb. **159**/1). s Ns (24). ***T. lunare*** M. P. CHRIST. ex M. P. CHRIST et WIINST.

43* Die meisten äußeren HüllBl regelmäßig zurückgebogen, zuweilen 1–2 etwas abweichend. BlSeitenlappen kurz u. spitz, aber nicht lg zugespitzt (Abb. **159**/2). s Ba? ***T. uncosum*** G. E. HAGLUND

44 **(35)** BlStiel ungeflügelt od. Flügel nicht breiter als die Mittelrippe **45**

44* BlStiel geflügelt, Flügel breiter als die Mittelrippe **54**

45 BlSeitenlappen spatelfg od. zungenfg **46**

45* BlSeitenlappen ± 3eckig, spitz od. stumpf **48**

46 Äußere HüllBl 3–3,5 mm br. BlEndlappen zungenfg. BlSeitenlappen 5–6 (Abb. **159**/3). s N-Ba Sa. ***T. klingstedtii*** SONCK

46* Äußere HüllBl (3,5–)4–5 mm br **47**

47 BlEndlappen br 3eckig (Abb. **159**/4). Äußere HüllBl ca. 12 mm lg. z Ba We Th Sa An Br Me (24). ***T. sublaeticolor*** DAHLST.

47* BlEndlappen zungenfg (Abb. **159**/5). Äußere HüllBl >12 mm lg. s Me: Ludwigslust. ***T. macrolobum*** DAHLST.

48 **(45)** BlSeitenlappen in linealische, oft peitschenfg Spitzen auslaufend, am oberen Rand oft stark gezähnt (Abb. **159**/6). Äußere HüllBl 3–4 mm br, schwach rötlich überlaufen. Bisher nur Rh: Worms He: Fulda. ***T. lanceolatisquameum*** RAIL.

48* Spitzen der BlSeitenlappen ± regelmäßig **49**

49 Innere HüllBl schwarzgrün. Pollen fehlend. BlSeitenlappen abstehend bis etwas zurückgerichtet, ganzrandig, selten mit einzelnen Zähnen am oberen Rand (Abb. **159**/7). s Me: Rügen (24). [*T. remotijugum* H. LINDB., *T. proruptiforme* SONCK] ***T. humile*** BRENNER

49* Innere HüllBl rein- od. hellgrün. Pollen vorhanden **50**

50 BlEndlappen bespitzt. BlSeitenlappen abstehend, ihr oberer Rand mit einzelnen großen Zähnen (Abb. **159**/8). z We Ns, s Sa Sh. ***T. subleucopodum*** M. P. CHRIST.

50* BlEndlappen spitz od. stumpf, ohne abgesetzte Spitze **51**

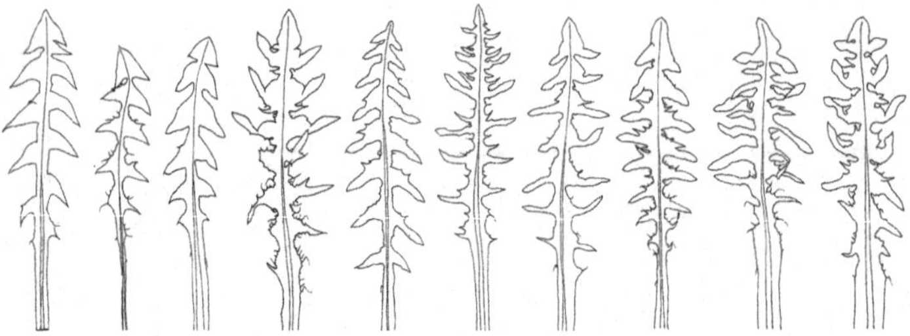

1 2 3 4 5 6 7 8 9 10

51 Oberer Rand der BlSeitenlappen mit einem tiefen Einschnitt. BlSeitenlappen abstehend od. an den inneren Bl etwas zurückgebogen (Abb. **159**/9). s Me: Rügen (24). ***T. gibberum*** Markl.

51* Oberer Rand der BlSeitenlappen ganzrandig od. gezähnt **52**

52 Äußere HüllBl etwas unregelmäßig zurückgebogen. BlStiel kurz, nur ca. 1 cm lg, grün, Mittelrippe rotviolett. BlSeitenlappen vogelflügelartig: ± waagerecht abstehend, aber ihre Spitzen abgeknickt, spitz (Abb. **160**/1). z Ba: Oberpfälzer W, Bayr-W Sa: Erzg, Oberlausitz, Vogtland. ***T. saxonicum*** Uhlemann

52* Äußere HüllBl regelmäßig zurückgebogen, BlSeitenlappen nicht abgeknickt .. **53**

53 Oberer Rand der BlSeitenlappen gezähnt (Abb. **160**/2). Äußere HüllBl zuweilen schwach blassviolett, 3–4 mm br. s We Br Me Sh. [*T. arenarium* Hagend., Soest et Zevenb.] ***T. subpraticola*** G. E. Haglund

53* Oberer Rand der BlSeitenlappen ganzrandig (Abb. **160**/3). Äußere HüllBl grün, ca. 2,5 mm br. s Ba: Alpen. ***T. luteolum*** G. E. Haglund ex Soest

54 **(44)** BlSeitenlappen spatelfg **55**

54* BlSeitenlappen ± 3eckig bis linealisch, spitz od. stumpf **62**

55 BlSeitenlappen auf dem oberen u. unteren Rand mit ∞ kleinen Zähnen, ihre Spitzen oft aufwärts gebogen (Abb. **160**/4). z Ba Bw Sa. ***T. prasinum*** Sahlin

55* Oberer Rand der BlSeitenlappen ganzrandig, eingeschnitten od. gezähnt, ihr unterer Rand selten mit einem Zahn **56**

56 BlEndlappen mit abgesetzter Spitze (Abb. **160**/5). s Ns. ***T. pannulatiforme*** Dahlst.

56* BlEndlappen spitz, stumpf od. zungenfg, ohne abgesetzte Spitze **57**

57 Äußere HüllBl zurückgebogen **58**

57* Äußere HüllBl ± waagerecht abstehend **59**

58 Bl ± glatt, ± behaart. BlEndlappen mit zungenfg Spitze. BlSeitenlappen mit tiefen Einschnitten am oberen Rand (Abb. **160**/6). s N-Ba We Sa Br: Berlin Me Sh. ***T. lacerifolium*** G. E. Haglund

58* Bl kraus, kahl. BlEndlappen ± 3eckig bis spießfg, zuweilen zur Spitze hin verschmälert. BlSeitenlappen zuweilen mit großen Zähnen (Abb. **160**/7). s Me. [*T. percrispum* M. P. Christ.] ***T. densilobum*** Dahlst.

59 **(57)** BlEndlappen zungenfg. BlSeitenlappen am oberen Rand oft kräftig gezähnt od. eingeschnitten (Abb. **160**/8). s N-Ba Br Ns. ***T. linguatum*** Dahlst. ex M. P. Christ. et Wiinst.

59* BlEndlappen 3lappig od. 3eckig **60**

60 Bl dunkelgrün. BlSeitenlappen lineal-lanzettlich, abstehend. Interlobien mit schmalen Lappen od. Zähnen (Abb. **160**/9). s We Me. ***T. olitorium*** G. E. Haglund

60* Bl reingrün bis blassgrün. BlSeitenlappen eilanzettlich **61**

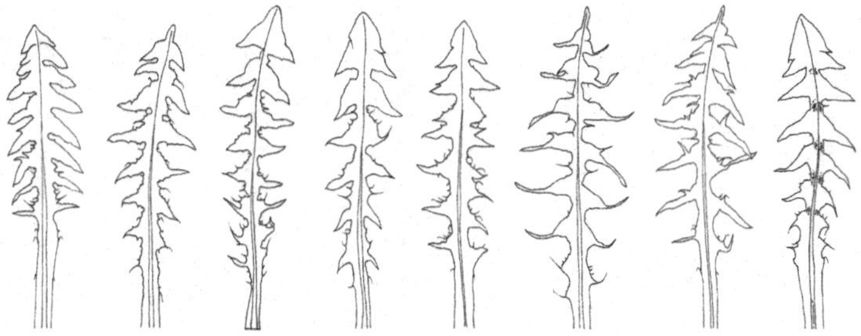

61 Bl ± niederliegend. BlSeitenlappen am oberen Rand mit großen stumpfen Zähnen od. Einschnitten (Abb. **160**/10). Äußere HüllBl regelmäßig, waagerecht abstehend. s We Sa Ns Me. ***T. corynodes*** G. E. Haglund
61* Bl aufrecht. BlSeitenlappen am oberen Rand ganzrandig od. zuweilen mit einem spitzen Zahn (Abb. **161**/1). Äußere HüllBl etwas unregelmäßig waagerecht abstehend. s N-Ba: Bamberg We Sa Me Sh. ***T. undulatiforme*** Dahlst.
62 **(54)** Innere HüllBl stark bereift, daher weiß überzogen **63**
62* Innere HüllBl schwach bereift od. unbereift, daher ± grün **66**
63 BlEndlappen mit deutlich abgesetzter Spitze (Abb. **161**/2). BlStiel br geflügelt. Bl dunkelgrün, ± kraus. z We He? Sa Ns Me. ***T. leucopodum*** G. E. Haglund
63* BlEndlappen spitz od. stumpf, zuweilen etwas zungenfg, ohne abgesetzte Spitze. Bl glatt **64**
64 Bl beidseits mit 5–6 Seitenlappen. BlSeitenlappen schmal 3eckig, spitz, zuweilen linealisch verlängert (Abb. **161**/3). Äußere HüllBl 4–5 mm br. s N-Ba Sa. ***T. opertum*** H. Øllg.
64* Bl beidseits mit 3–4 Seitenlappen. BlSeitenlappen 3eckig. Äußere HüllBl 3–4 mm br **65**
65 Bl gelbgrün. BlEndlappen oft eingeschnitten (Abb. **161**/4). Äußere HüllBl ca. 3 mm br. s He. ***T. flavescens*** G. E. Haglund
65* Bl reingrün. BlEndlappen ganzrandig od. etwas eingeschnürt (Abb. **161**/5). Äußere HüllBl ca. 4 mm br. v We Ns Me Sh, z Ba He Sa An, s Bw (24). [*T. granvinense* Dahlst.] ***T. sellandii*** Dahlst.
66 **(62)** BlSeitenlappen mit lg ausgezogenen linealischen bis peitschenfg Spitzen . **67**
66* BlSeitenlappen ± 3eckig, spitz od. stumpf **74**
67 BlEndlappen mit deutlich abgesetzter, ± lg schmaler Spitze **68**
67* BlEndlappen spitz od. stumpf, ohne deutlich abgesetzte Spitze **69**
68 Griffeläste gelblich. Oberer Rand der BlSeitenlappen ganzrandig od. mit kleinen Zähnen (Abb. **161**/6). s Bw We He. ***T. porrigens*** Markl. ex Puol.
68* Griffeläste graugrün. Oberer Rand der BlSeitenlappen mit wenigstens 1 großen Zahn od. Einschnitt (Abb. **161**/7). s Ba: München Bw? Sa. ***T. panoplum*** Sahlin
69 **(67)** Griffeläste gelb bis gelbgrün. BlEndlappen 3eckig (Abb. **161**/8). s Ba: Oberpfälzer W, Bayr-W Sa: Erzg. ***T. flavostylum*** R. G. Bäck
69* Griffeläste graugrün **70**
70 Bl beidseits mit 5–6 dichtstehenden Seitenlappen (Abb. **162**/1). Bl bläulichgrün. z Ba Bw Rh He Th Sa Me. [*T. flagelliferum* Sahlin, *T. paradoxatum* Rail.] ***T. quadrangulum*** Rail.
70* Bl beidseits mit 3–4 Seitenlappen **71**

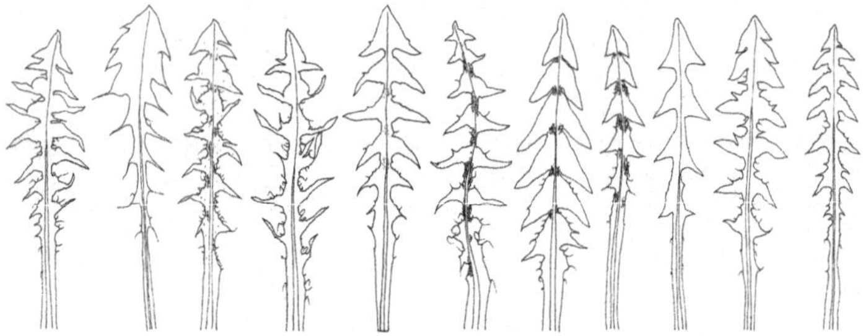

1 2 3 4 5 6 7 8 9 10 11

71 Äußere HüllBl ± waagerecht abstehend. Bl reingrün. BlEndlappen oft undeutlich ausdifferenziert (Abb. **162**/2). Bisher nur Ba: Alpen. ***T. anemoomum*** SOEST
71* Äußere HüllBl zurückgebogen **72**
72 Wenigstens einige Interlobien schwarzviolett. Bl locker behaart. BlSeitenlappen aus br Basis linealisch verlängert, zuweilen nach oben gebogen (Abb. **162**/3). Äußere HüllBl etwas zurückgebogen. s An: Brocken Ns Me Sh. ***T. acutifidum*** M. P. CHRIST. ex M. P. CHRIST. et WIINST.
72* Interlobien grün **73**
73 BlSeitenlappen unregelmäßig; ihre Spitzen nach oben od. unten gerichtet. Oberer Rand der BlSeitenlappen gezähnt od. eingeschnitten. (Abb. **162**/4). Bl oft locker behaart. z We He Sa Br Ns. [*T. hastatum* MARKL.] ***T. undulatiflorum*** M. P. CHRIST.
73* BlSeitenlappen regelmäßig; ihre Spitzen waagerecht abstehend od. etwas zurückgebogen. Oberer Rand der BlSeitenlappen meist ganzrandig od. mit wenigen kleinen Zähnen (Abb. **162**/5). s im W. Ba: Unterfranken: Karlstadt. ***T. homoschistum*** H. ØLLG.
74 **(66)** Interlobien schwarzviolett **75**
74* Interlobien grün, höchstens ihre Ränder etwas schwarzviolett **78**
75 Äußere HüllBl (15–)17–20 mm lg, zurückgebogen. BlSeitenlappen schmal 3eckig, zuweilen die inneren mit linealischen Spitzen, ± waagerecht abstehend bis schwach sichelfg (Abb. **162**/6). z Sa An Ns, s Ba: Unterfranken: Werneck ***T. infuscatum*** H. ØLLG.
75* Äußere HüllBl 12–15(–17) mm lg. BlSeitenlappen schmal 3eckig, ± zurückgerichtet **76**
76 Griffeläste gelb. BlSeitenlappen stumpf, etwas zurückgerichtet (Abb. **162**/7). Äußere HüllBl etwas zurückgebogen. s He Ns Me Sh. ***T. privum*** DAHLST.
76* Griffeläste grünlich. BlSeitenlappen spitz **77**
77 BlSeitenlappen kurz 3eckig, zurückgerichtet (Abb. **162**/8). Äußere HüllBl stark zurückgerichtet. s Ba Sa. ***T. uniforme*** H. ØLLG.
77* BlSeitenlappen 3eckig, ± waagerecht abstehend (Abb. **162**/3). Äußere HüllBl etwas zurückgebogen. s An: Brocken Ns Me. ***T. acutifidum***, s. **Tab. M1, 72**
78 **(74)** Griffeläste gelb **79**
78* Griffeläste grünlich od. schwärzlich **80**
79 Äußere HüllBl etwas zurückgebogen, ca. 4 mm br. Oberer Rand der BlSeitenlappen ganzrandig od. mit wenigen kleinen Zähnen (Abb. **162**/9). s Bw. ***T. aganophytum*** SOEST
79* Äußere HüllBl stark zurückgerichtet, ca. 3 mm br. Oberer Rand der BlSeitenlappen gezähnt (Abb. **162**/10). s An Me. ***T. kjellmanii*** DAHLST.
80 **(78)** Äußere HüllBl stark zurückgebogen od. zurückgerichtet **81**

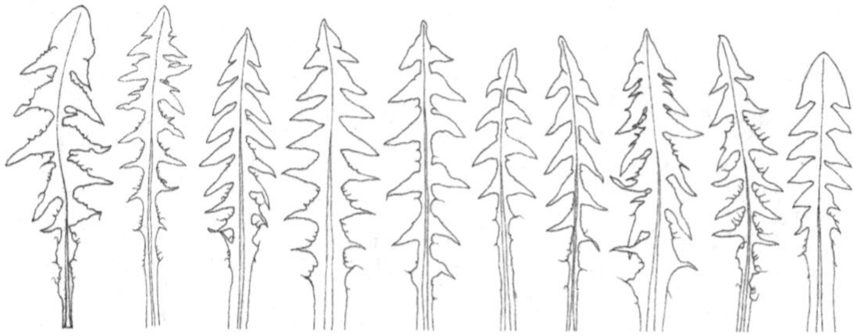

1 2 3 4 5 6 7 8 9 10

80* Äußere HüllBl ± waagerecht abstehend od. nur leicht zurückgebogen **88**

81 Äußere HüllBl 1,5–2(–2,5) mm br. BlSeitenlappen etwas zurückgerichtet, am oberen Rand gezähnt. BlEndlappen oft eingeschnitten (Abb. **162**/11). s Bw. ***T. pallescentiforme*** Soest

81* Äußere HüllBl (2–)3–5 mm br **82**

82 Bl dunkel, graugrün. BlSeitenlappen am oberen Rand mit zahlreichen dünnen Zähnen, am unteren Rand mit wenigen kleinen Zähnen. BlEndlappen eingeschnürt (Abb. **163**/1). s N-Ba He. ***T. nothum*** Hagend., Soest et Zevenb.

82* Bl reingrün **83**

83 Oberer Rand der BlSeitenlappen stark gezähnt od. eingeschnitten, ihre Spitzen abstehend od. aufwärts gerichtet (Abb. **163**/2). Zunge der RandB useits mit purpurnen Streifen. s We Sa Ns Me Sh (24). ***T. croceiflorum*** Dahlst.

83* Oberer Rand der BlSeitenlappen ganzrandig od. mit kleinen Zähnen. Zunge der RandB useits mit grauvioletten Streifen **84**

84 BlSeitenlappen dichtstehend, d. h. Interlobien kaum entwickelt **85**

84* BlSeitenlappen entferntstehend, d. h. Interlobien deutlich entwickelt **86**

85 BlSeitenlappen bes. der äußeren Bl stumpf (Abb. **163**/3). s We Sa Br: Berlin Ns Me Sh. ***T. necessarium*** H. Øllg.

85* BlSeitenlappen etwas ausgezogen, spitz (Abb. **163**/4). s Ns Me. ***T. edytomum*** G. E. Haglund

86 **(84)** BlEndlappen etwa so lg wie br, mit kurzer abgesetzter Spitze. BlSeitenlappen abstehend, oft vogelflügelartig, d. h. ihre Spitzen geknickt (Abb. **163**/5). z Ba Bw We Sa Ns Me Sh (24). [*T. aequatum* Dahlst., *T. gigas* Rail., *T. subpallescens* Dahlst.] ***T. lingulatum*** Markl.

86* BlEndlappen länger als br, ohne abgesetzte Spitze **87**

87 Innere HüllBl graugrün. BlEndlappen spießfg. BlSeitenlappen ± abstehend bis leicht zurückgebogen (Abb. **163**/6). s Ba: Alpen. ***T. karwendelense*** Sahlin

87* Innere HüllBl dunkelgrün. BlEndlappen pfeilfg, oft mit zungenfg Spitze. BlSeitenlappen meist zurückgerichtet (Abb. **163**/7). v Sa, z N-Ba Br Me. ***T. macranthoides*** G. E. Haglund

88 **(80)** Oberer Rand der BlSeitenlappen mit ∞ Zähnen **89**

88* Oberer Rand der BlSeitenlappen ganzrandig od. mit wenigen Zähnen **90**

89 BlEndlappen ± 3eckig, oft eingeschnürt od. eingeschnitten (Abb. **163**/8). Äußere HüllBl oft etwas rötlich, 3–4 mm br. s Me Sh. ***T. amphilobum*** M. P. Christ.

89* BlEndlappen zungenfg verlängert. Oberer Rand der BlSeitenlappen oft mit großen, kammfg Zähnen (Abb. **163**/9). Äußere HüllBl grün, ca. 5 mm br. z bis v Br Ns Me, s bis z Rh We He Sa An (24). [*T. protractifrons* Dahlst. ex M. P. Christ. et Wiinst.] ***T. pannucium*** Dahlst.

90 **(88)** Oberer Rand der BlSeitenlappen meist ganzrandig (Abb. **163**/10). Äußere HüllBl 3–4 mm br. s Ns Me Sh. ***T. pallescens*** Dahlst.

90* Oberer Rand der BlSeitenlappen mit wenigen Zähnen **91**

91 Äußere HüllBl etwas zurückgebogen, ihre Spitzen aber aufwärtsgebogen. BlSeitenlappen kurz 3eckig, oft mit einem markanten Zahn am Oberrand (Abb. **164**/1). z bis v in allen Bdl (24). [*T. semiprivum* Dahlst.] ***T. alatum*** H. Lindb.

91* Spitzen der äußeren HüllBl ± waagerecht abstehend **92**

92 BlEndlappen etwa so lg wie br, zuweilen mit einer kurzen, stumpfen Spitze. BlSeitenlappen kurz 3eckig od. etwas zurückgebogen (Abb. **157**/10). z Me (24). [*T. oncolobum* Dahlst., *T. retusum* Hagend., Soest et Zevenb., *T. subcyanolepis* M. P. Christ. ex M. P. Christ. et Wiinst.] ***T. expallidiforme,*** s. **Tab. M1, 32**

92* BlEndlappen länger als br **93**

93 Bl gelbgrün. Äußere HüllBl regelmäßig abstehend. BlEndlappen stumpf (Abb. **164**/2). s We He. ***T. luteoviride*** M. P. Christ.

93* Bl reingrün. Äußere HüllBl unregelmäßig abstehend. BlEndlappen spitz (Abb. **164**/3). s We Ns. [*T. subanfractum* M. P. Christ.] ***T. laciniosum*** Dahlst.

Tabelle M2 (BlStiel rosa bis rot od. rotviolett, äußere HüllBl berandet)

1 Äußere HüllBl aufrecht abstehend **2**

1* Äußere HüllBl ± waagerecht abstehend, zurückgebogen, zurückgerichtet od. unregelmäßig **8**

2 BlEndlappen zungenfg verlängert **3**

2* BlEndlappen nicht zungenfg **4**

3 Bl beidseits mit 2–3 zurückgerichteten, allmählich in die Spitze verjüngten Seitenlappen (Abb. **164**/4). s an Salzstellen in An Ns Me. ***T. leptoglotte*** M. P. Christ.

3* Bl beidseits mit 4–5 waagerecht abstehenden bis sichelfg, plötzlich in die Spitze verjüngten Seitenlappen (Abb. **153**/8). s N-Ba Th (Endemit?) (24). ***T. rutilum*, s. Tab. L, 3***

4 **(2)** BlEndlappen spießfg, gezähnt od. gelappt. Bl beidseits mit 4–6(–7) schmal 3eckigen Seitenlappen. Oberer u. unterer Rand der BlSeitenlappen oft gezähnt (Abb. **164**/5). z bis v Br Ns Me, s Th Sa An. [*T. amphiodon* Dahlst. ex G. E. Haglund, *T. hemipolyodon* Dahlst., *T. similatum* Dahlst.] ***T. subundulatum*** Dahlst.

4* BlEndlappen pfeilfg, ganzrandig od. eingeschnürt **5**

5 BlStiele sehr schwach rosa, einige zuweilen grün. Bl beidseits mit 5–6 Seitenlappen, Spitzen der BlSeitenlappen linealisch (Abb. **164**/6). Äußere HüllBl rötlich. s Sa Ns. ***T. acutifrons*** Markl.

5* BlStiele rot(violett). Bl beidseits mit (2–)3–4 Seitenlappen **6**

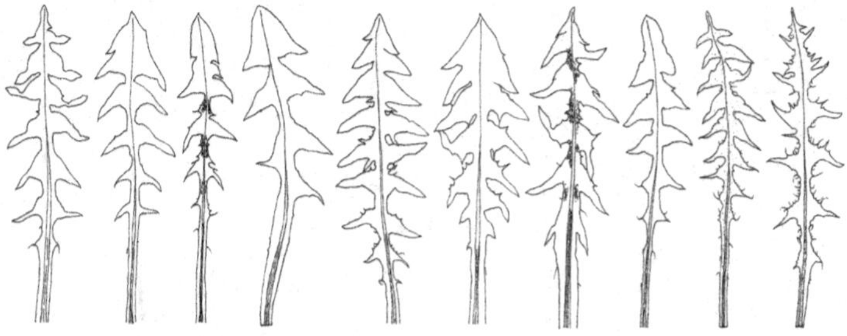

6 Bl blaugrün. BlStiel intensiv rotviolett, glänzend. BlEndlappen mit mehreren tiefen Einschnürungen (Abb. **164**/7). s Ba We Ns Me Sh. ***T. fulgidum*** G. E. HAGLUND

6* Bl graugrün bis mittelgrün. BlStiel rotviolett. BlEndlappen meist ganzrandig od. mit wenigen flachen Einschnürungen **7**

7 BlEndlappen stumpf. BlSeitenlappen abstehend, bes. die unteren am oberen Rand zum Teil kräftig gezähnt (Abb. **164**/8). v We Ns Me Sh, z Ba Th Sa An Br. [*T. horridum* HAGEND., SOEST et ZEVENB.] ***T. lucidum*** DAHLST.

7* BlEndlappen spitz. BlSeitenlappen zurückgerichtet, ganzrandig od. die unteren am oberen Rand mit wenigen kleinen Zähnen (Abb. **164**/9). s Me: Rügen. ***T. symphorilobum*** G. E. HAGLUND

8 **(1)** Äußere HüllBl deutlich zurückgebogen od. zurückgerichtet **9**

8* Äußere HüllBl ± waagerecht abstehend od. etwas zurückgebogen **29**

9 Pollen stets fehlend. BlStiel schwach rosa. BlSeitenlappen zurückgebogen (Abb. **164**/10). s Ns. ***T. subhuelphersianum*** M. P. CHRIST.

9* Pollen vorhanden **10**

10 BlStiel u. Mittelrippe rotviolett. BlSeitenlappen in peitschenfg Spitzen verschmälert, diese oft geknickt (Abb. **164**/11). z Bw We Ns Me, s Ba He Th Sa An (24). ***T. pectinatiforme*** H. LINDB.

10* BlStiel u. Mittelrippe grün od. bräunlich. BlSeitenlappen ± 3eckig od. schmal spatelfg **11**

11 BlSeitenlappen schmal spatelfg, ihr oberer Rand konvex u. ganzrandig. BlEndlappen zungenfg verlängert (Abb. **165**/1). z Ns, s Br. ***T. latens*** H. ØLLG.

11* BlSeitenlappen ± 3eckig **12**

12 Äußere HüllBl 2–3 mm br **13**

12* Äußere HüllBl (3–)4–5 mm br **14**

13 Interlobien grün (Abb. **165**/2). Äußere HüllBl ca. 12 mm lg. s Ba: Karwendelg. ***T. glaphyrum*** SAHLIN

13* Interlobien schwarzviolett (Abb. **165**/3). Äußere HüllBl ca. 15 mm lg. s Me (24). [*T. polychroum* EKMAN ex M. P. CHRIST. et WIINST., *T. acroschistum* G. E. HAGLUND] ***T. purpureum*** RAUNK. em. H. ØLLG.

14 **(12)** Unterer Rand der BlSeitenlappen gezähnt **15**

14* Unterer Rand der BlSeitenlappen ganzrandig **17**

15 BlStiel ungeflügelt, intensiv rotviolett. BlEndlappen br 3eckig bis helmfg (Abb. **165**/4). z Ba: Bayr-W. ***T. moldavicum*** CHÁN, H. ØLLG., ŠTĚPÁNEK, TRÁVNÍČEK et ŽILA

15* BlStiel geflügelt, rosarot bis rötlich **16**

16 Äußere HüllBl rötlich überlaufen, innere bereift. BlSeitenlappen schmal 3eckig (Abb. **165**/5). s Sa An Ns Me Sh. ***T. vastisectum*** MARKL. ex PUOL.

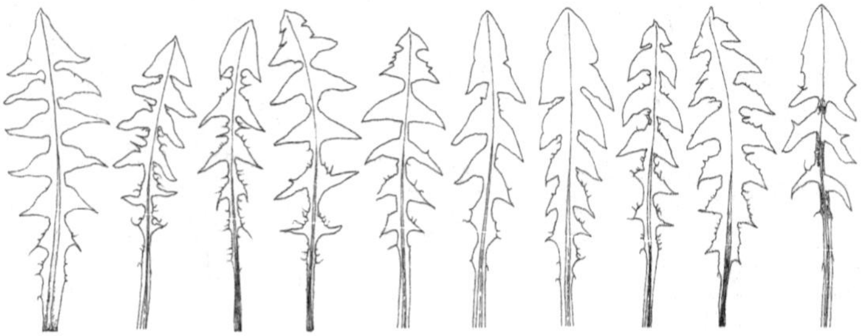

1 2 3 4 5 6 7 8 9 10

16* Äußere HüllBl grün, innere unbereift. BlSeitenlappen br 3eckig (Abb. **165**/6, 7). s N-Ba Rh We He. [*T. piceipictum* Sahlin] ***T. subarmatum*** Hagend., Soest et Zevenb.

17 **(14)** Innere HüllBl deutlich bereift, daher weiß überzogen. BlEndlappen zungenfg verlängert, oft eingeschnürt (Abb. **165**/8). BlSeitenlappen klauenfg nach vorn stehend. s Sa. ***T. rhamphodes*** G. E. Haglund

17* Innere HüllBl nicht od. wenig bereift, daher ± grün **18**

18 Bl sehr dicht behaart. BlSeitenlappen oft mit peitschenfg Spitzen. BlEndlappen mit zungenfg Spitze (Abb. **165**/9). v Br, z Ba Sa Me Ns. ***T. capillosum*** H. Øllg. et Uhlemann

18* Bl ± kahl **19**

19 BlSeitenlappen ± waagerecht abstehend **20**

19* BlSeitenlappen zurückgebogen od. zurückgerichtet **26**

20 Bl stark kraus. Oberer Rand der BlSeitenlappen kräftig gezähnt od. eingeschnitten. Interlobien schwarzviolett (Abb. **165**/10). Äußere HüllBl unregelmäßig zurückgebogen. s Ba: Bayerischer W. [*T. laniatum* Rail.] ***T. verticosum*** Rail.

20* Bl ± glatt **21**

21 BlSeitenlappen am oberen Rand eingeschnitten (Abb. **156**/1). z Ba: Oberpfälzer W, Berchtesgadener u. Chiemgauer Alpen S- u. O-Sa. ***T. breitfeldii,*** s. **Tab. M1, 15***

21* BlSeitenlappen ganzrandig od. gezähnt **22**

22 BlStielflügel u. BlStiel rosarot. BlSeitenlappen 3eckig, allmählich in eine schmale Spitze verjüngt. BlEndlappen br 3eckig (Abb. **166**/1). z Ba: Oberpfälzer W, Bayr-W Sa: Erzg, Vogtland. [*T. tumentifrons* Rail.] ***T. praestabile*** Rail.

22* BlStielflügel grün u. BlStiel rosarot **23**

23 BlSeitenlappen dichtstehend, d. h. Interlobien kaum entwickelt. BlEndlappen etwa so groß wie die Seitenlappen, ± 3eckig, oft bespitzt (Abb. **166**/2). s N-Ba An. ***T. wiinstedtii*** H. Øllg.

23* BlSeitenlappen entferntstehend, d. h. Interlobien deutlich entwickelt. BlEndlappen meist größer als die Seitenlappen, eingeschnitten **24**

24 BlEndlappen nur wenig größer als die Seitenlappen, oft ganzrandig. Oberer Rand der BlSeitenlappen mit zahlreichen dünnen Zähnen (Abb. **166**/3). s We: Aachen. ***T. incisiforme*** Hagend., Soest et Zevenb.

24* BlEndlappen meist wenigstens doppelt so groß wie die Seitenlappen, oft mehrfach eingeschnitten **25**

25 BlSeitenlappen der äußeren Bl spatelfg (Abb. **166**/4). Äußere HüllBl zurückgerichtet. z Sa. ***T. delectum*** Uhlemann

25* BlSeitenlappen allmählich in die Spitze verschmälert (Abb. **166**/5). Äußere HüllBl zurückgebogen. v bis z in allen Bdl (24). [*T. ichmadophilum* Rail., *T. purpurisquameum* Soest] ***T. acervatulum*** Rail.

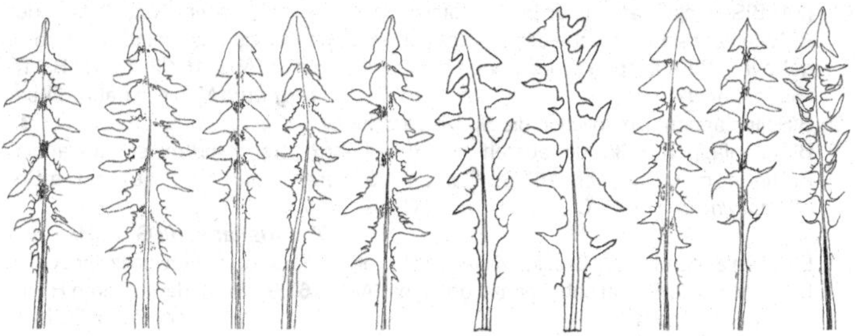

1 2 3 4 5 6 7 8 9 10

26 **(19)** Spitzen der zurückgebogenen äußeren HüllBl etwas nach außen gebogen, oft rötlich. BlEndlappen deutlich länger als br (Abb. **166**/6). z Ba Sa An Br Me (24). ***T. caninum*** UHLEMANN

26* Spitzen der zurückgebogenen äußeren HüllBl gerade **27**

27 BlEndlappen stumpf. BlSeitenlappen klauenfg (Abb. **166**/7). s Me. ***T. unguifrons*** HAGEND., SOEST et ZEVENB.

27* BlEndlappen oft bespitzt; BlSeitenlappen nicht klauenfg **28**

28 BlEndlappen größer als die fast hakenfg Seitenlappen (Abb. **166**/8). s Ba Sa An Ns Me (24). [*T. retroflexiforme* DAHLST. ex M. P. CHRIST. et WIINST.] ***T. retroflexum*** H. LINDB.

28* BlEndlappen etwa so groß wie die etwas zurückgebogenen Seitenlappen (Abb. **166**/9). s We: Aachen. ***T. filidens*** HAGEND., SOEST et ZEVENB.

29 **(8)** Äußere HüllBl 1,5–2 mm br, rötlich. Interlobien schwarzviolett. BlSeitenlappen schmal, am oberen Rand gezähnt. BlEndlappen meist gezähnt, viel größer als die BlSeitenlappen (Abb. **166**/10). Bisher nur We: Meschede. ***T. distantijugum*** SAHLIN

29* Äußere HüllBl 3–6 mm br **30**

30 Interlobien schwarzviolett **31**

30* Interlobien grün, höchstens deren Ränder schwarzviolett **38**

31 BlEndlappen allmählich in eine lg u. schmale zungenfg Spitze verlängert. BlSeitenlappen abstehend, am oberen Rand mit dünnen Zähnen (Abb. **167**/1). Salztolerant. z Me, s N-Ba Th Sa An Br. ***T. haematicum*** G. E. HAGLUND ex H. ØLLG. et WITTZELL

31* BlEndlappen ± 3eckig, br u. kurz zungenfg od. bespitzt **32**

32 BlSeitenlappen dicht stehend, Interlobien kaum entwickelt **33**

32* BlSeitenlappen entferntstehend, durch deutlich entwickelte Interlobien getrennt . **34**

33 BlStiel sehr schwach rosa, einige zuweilen grün. BlSeitenlappen aus br gezähnter Basis in eine schmale, stumpfe Spitze verlängert (Abb. **167**/2). s We Ns Me Sh. ***T. dilaceratum*** M. P. CHRIST.

33* BlStiel rosa. BlSeitenlappen ± 3eckig, abstehend deren Oberkante ganzrandig od. mit sehr wenigen kleinen Zähnen (Abb. **167**/3). s Rh We Sa Br: Berlin Ns Sh. ***T. severum*** M. P. CHRIST.

34 **(32)** BlEndlappen 1,5–2 mal so lg wie br **35**

34* BlEndlappen etwa so lg wie br **36**

35 BlSeitenlappen allmählich in die Spitze übergehend, ihr oberer Rand stets, ihr unterer Rand zuweilen gezähnt. Meist nur einige Interlobien etwas schwarzviolett (Abb. **167**/4). s N-Ba Sa (24). ***T. altissimum*** H. LINDB.

35* BlSeitenlappen aus br Basis plötzlich in die oft spatelfg Spitze übergehend, meist ganzrandig (Abb. **167**/5). s Ns. ***T. calochroum*** HAGEND., SOEST et ZEVENB.

36 **(34)** BlSeitenlappen aus br Basis plötzlich in die Spitze verschmälert, Spitzen der BlSeitenlappen unterschiedlich ausgerichtet, aber wenigstens einige nach oben gebogen. BlEndlappen eingeschnitten od. eingeschnürt (Abb. **167**/6, 7). s N-Ba Th (Subendemit?) ***T. turgidum*** MEIEROTT et H. ØLLG.

36* BlSeitenlappen allmählich in die Spitze verschmälert **37**

37 BlSeitenlappen br 3eckig, abstehend, stumpf, ihr oberer Rand meist ganzrandig. BlStiel br geflügelt (Abb. **167**/8). Rand der äußeren HüllBl meist gezähnt. s Sh. [*T. marginellum* M. P. CHRIST. ex M. P. CHRIST. et WIINST.] ***T. christiansenii*** G. E. HAGLUND

37* BlSeitenlappen schmal 3eckig, abstehend bis etwas zurückgebogen, spitz, ihr oberer Rand gezähnt. BlStiel sehr schmal geflügelt (Abb. **167**/9). Rand der äußeren HüllBl nicht gezähnt. s Ns. ***T. scotinum*** DAHLST.

38 **(30)** BlSeitenlappen (bes. die oberen) aus br Basis plötzlich in die Spitze verschmälert **39**

38* BlSeitenlappen allmählich in die Spitze verschmälert **41**

39 BlEndlappen allmählich in eine zungenfg Spitze verschmälert. Bl beidseits mit 5–7 Seitenlappen, ihre Spitzen meist abstehend, selten nach oben gebogen (Abb. **167**/10). s He. ***T. bellum*** H. ØLLG.

39* BlEndlappen mit abgesetzter, zungenfg Spitze. Bl beidseits mit 4–5 Seitenlappen **40**

40* Oberer Rand der BlSeitenlappen ganzrandig od. mit wenigen kleinen Zähnen (Abb. **169**/1). Äußere HüllBl waagerecht abstehend. v in allen Bdl (24). ***T. pulchrifolium*** MARKL.

40* Oberer Rand der BlSeitenlappen mit zahlreichen, zum Teil kräftigen Zähnen (Abb. **153**/8). Äußere HüllBl waagerecht abstehend bis leicht aufrecht. s N-Ba Th (Endemit?). (24). ***T. rutilum,*** s. **Tab. L, 3***

41 **(38)** BlSeitenlappen ± hakenfg **42**

41* BlSeitenlappen abstehend bis etwas nach oben gerichtet **43**

42 Bl beidseits mit 5–6 Seitenlappen, diese in eine schmale, etwas spatelfg Spitze ausgezogen (Abb. **169**/2). Bisher nur Ba: München. ***T. blanditum*** SAHLIN

42* Bl beidseits mit 3–4 Seitenlappen, diese kurz, spitz (Abb. **169**/3). Bisher nur Ba: München. ***T. opulentiforme*** SAHLIN

43 **(41)** BlStiel sehr schwach rosa, äußere zuweilen grün **44**

43* BlStiel rosa od. rotviolett, nie grün **45**

44 BlEndlappen mit ∞ Zähnen. BlSeitenlappen nur am oberen Rand gezähnt (Abb. **169**/4). s Ns. ***T. insuetum*** M. P. CHRIST.

44* BlEndlappen meist ganzrandig. BlSeitenlappen am oberen u. unteren Rand gezähnt (Abb. **156**/4). ***T. sertatum***, s. Tab. **M1**, **17***

45 **(43)** Äußere HüllBl rotviolett. BlSeitenlappen länglich, abstehend od. nach oben gebogen, am oberen Rand oft eingeschnitten (Abb. **169**/5); BlStiel rotviolett od. rotbraun. Salztolerant. s Ns Me Sh. ***T. rubrisquameum*** M. P. CHRIST.

45* Äußere HüllBl grün od. etwas rosa **46**

46 Bl beidseits mit 2(–3) Seitenlappen. BlSeitenlappen br 3eckig (Abb. **169**/6). s Me. ***T. comtulum*** G. E. HAGLUND

46* Bl beidseits mit >3 Seitenlappen **47**

47 BlSeitenlappen meist zurückgerichtet, 3eckig (Abb. **169**/7). BlStiel rosa. z bis v in allen Bdl (24). [*T. pectinatilobatum* RAIL., *T. robustum* MARKL. ex PUOL. non KOIDZ., *T. semigygaeum* RAIL., *T. subedytomum* RAIL.] ***T. amplum*** MARKL.

47* BlSeitenlappen ± waagerecht abstehend, kurz zungenfg (Abb. **169**/8). BlStiel rotviolett. s Ns. ***T. nitidum*** HAGEND., SOEST et ZEVENB.

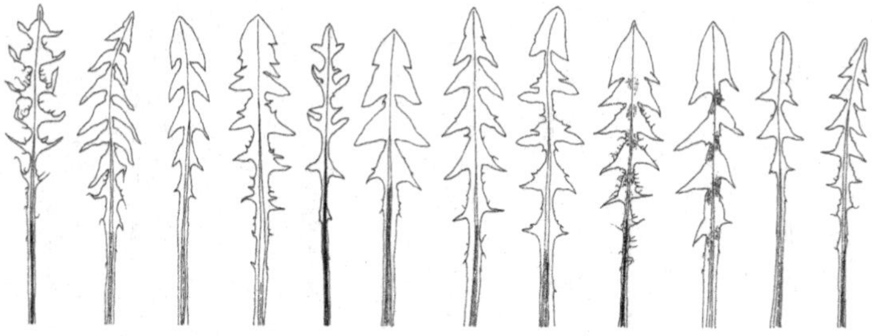

1 2 3 4 5 6 7 8 9 10 11 12

Tabelle M3 (BlStiel rosa bis rot od. rotviolett, äußere HüllBl unberandet, innere HüllBl schwarzgrün)

1 Bl auffallend dunkel graugrün. BlStiel schmutzig rotviolett, schmal geflügelt. BlSeitenlappen schmal 3eckig, zurückgerichtet, oft in eine ± lg, schmale Spitze ausgezogen, am oberen Rand oft mit sehr schmalen Zähnen. BlEndlappen groß. Interlobien oft schwarzviolett (Abb. **169**/9). z bis v in allen Bdl (24). [*T. ampelophytum* Sahlin, *T. lippertianum* Sahlin, *T. matricium* Sahlin] ***T. debrayi*** Hagend., Soest et Zevenb.

1* Bl rein- od. blassgrün **2**

2 BlEndlappen länger als br **3**

2* BlEndlappen etwa so lg wie br **5**

3 Interlobien schwarzviolett. BlSeitenlappen oft wechselständig (Abb. **169**/10). v N-Ba He Th Sa An Br Me (24). ***T. ohlsenii*** G. E. Haglund

3* Interlobien grün. BlSeitenlappen gegenständig **4**

4 Bl beidseits mit 2–3 Seitenlappen. BlSeitenlappen zurückgerichtet (Abb. **169**/11). s N-Ba Bw Sa An Br. ***T. praecox*** Dahlst. ex Puol.

4* Bl beidseits mit 3–4(–5) Seitenlappen. BlSeitenlappen waagerecht abstehend (Abb. **169**/12). z im N u. W, s N-Ba Th Sa An (24). ***T. atricapillum*** Sonck

5 **(2)** Bl beidseits mit 5–6(–7) Seitenlappen. BlSeitenlappen ± waagerecht abstehend, mit einem großen Einschnitt am oberen Rand. Interlobien schwarzviolett (Abb. **170**/1). Pfl relativ zart. z bis v Ba Th Sa An Br (24). ***T. collarispinulosum*** Uhlemann

5* Bl beidseits mit 3–4(–5) Seitenlappen **6**

6 BlSeitenlappen stark hakenfg **7**

6* BlSeitenlappen ± 3eckig, abstehend, zurückgebogen od. zurückgerichtet **8**

7 Griffeläste schwärzlich. Pollen stets vorhanden. BlSeitenlappen am oberen Rand meist ganzrandig, selten mit kleinen Zähnen (Abb. **170**/2). z bis v im N u. O, s Rh He Th N-Ba (24). [*T. cardiastrum* Sahlin, *T. falciferum* Markl. ex Puol., *T. fusciceps* G. E. Haglund, *T. perhamatum* Dahlst., *T. pseudoleptodon* Soest] ***T. oblongatum*** Dahlst.

7* Griffeläste gelb. Pollen stets fehlend. BlSeitenlappen mit einem großen Zahn am oberen Rand (Abb. **170**/3). z bis s Ba Rh We Sa An Br Ns Me Sh (24). [*T. duplidens* H. Lindb., *T. stenolepis* (Brenner) Hjelt] ***T. ostenfeldii*** Raunk.

8 **(6)** BlEndlappen mit schmaler, deutlich abgesetzter Spitze **9**

8* BlEndlappen ± 3eckig, zuweilen etwas zungenfg verlängert **10**

9 BlSeitenlappen am oberen Rand mit ∞ schmalen u. zum Teil lg Zähnen (Abb. **170**/4). z bis v Ba Bw Rh Th Sa An Ns (24). ***T. subsaxenii*** Sahlin

9* BlSeitenlappen am oberen Rand ganzrandig od. mit einem Einschnitt, zuweilen mit wenigen kleinen Zähnen (Abb. **170**/5). z Sa, s Br (24). ***T. petterssonii*** Markl.

10 (**8**) Interlobien schwarzviolett. BlSeitenlappen ± abstehend bis zurückgebogen, am oberen Rand kräftig gezähnt (Abb. **170**/6). BZeit meist früher als die der übrigen Arten. v Sa Br, z N-Ba Th He An, s Bw (24). ***T. atrox*** Kirschner et Štěpánek

10* Interlobien grün, höchstens deren Ränder schwarzviolett **11**

11 BlSeitenlappen zurückgerichtet. BlEndlappen oft wenig ausdifferenziert, d. h. nach unten durch immer größer werdende Einschnitte allmählich in die Seitenlappen übergehend (Abb. **170**/7). z bis v N-Ba Bw Rh He Th An Sa Br Me Ns Sh (24). [*T. lucentipes* M. P. Christ., *T. rhadinolepis* Sahlin, *T. rhodomaurum* G. E. Haglund et Sahlin ex Sahlin] ***T. melanostigma*** H. Lindb. in Markl.

11* BlSeitenlappen abstehend bis schwach zurückgebogen. BlEndlappen ausdifferenziert, d. h. von den Seitenlappen abgesetzt **12**

12 BlStiel sehr schwach rosa, äußere zuweilen grün. BlSeitenlappen abstehend bis wenig zurückgebogen, ihr oberer Rand oft gezähnt (Abb. **170**/8). s Me: Rügen. ***T. pallidulum*** H. Lindb.

12* BlStiel rötlich **13**

13 BlStiel ungeflügelt od. Flügel nicht breiter als die Mittelrippe. BlEndlappen gezähnt od. eingeschnitten (Abb. **170**/9). z Sa, s An Me. ***T. amaurolepis*** Markl.

13* BlStiel geflügelt, Flügel breiter als die Mittelrippe. BlEndlappen ganzrandig (Abb. **170**/10). s Ba Rh We Sa. ***T. inarmatum*** M. P. Christ.

Tabelle M4 (BlStiel rosa bis rot od. rotviolett, äußere HüllBl unberandet, innere HüllBl grün, Interlobien schwarzviolett)

1 Äußere BlStiele grün, innere rot. Interlobien u. teilweise auch BlSpreiten schwarzviolett (Abb. **170**/11). z N-Ba He Sa (24). [*T. atripictum* Markl., *T. fulgens* Rail., *T. paucimaculatum* Rail., *T. robustiosum* Rail.] ***T. maculatum*** Jordan

1* Alle BlStiele (blass)rosa bis rot od. rotviolett **2**

2 Pollen stets fehlend **3**

2* Pollen stets vorhanden **5**

3 Griffeläste gelb. BlEndlappen (bes. der inneren Bl) wesentlich größer als die Seitenlappen (Abb. **171**/1). Äußere HüllBl zurückgerichtet, etwas unregelmäßig. s We Ns Sh. ***T. inops*** H. Øllg.

3* Griffeläste graugrün. BlEndlappen etwa so groß wie od. wenig größer als die BlSeitenlappen **4**

4 BlSeitenlappen sehr dicht stehend, daher Interlobien kaum entwickelt. BlStiel br geflügelt (Abb. **171**/2). Äußere HüllBl abstehend. s Br Ns Sh (24). ***T. pulcherrimum*** H. Lindb.

4* BlSeitenlappen durch deutliche Interlobien getrennt. BlStiel schmal geflügelt (Abb. **171**/3). Äußere HüllBl zurückgebogen. s We. ***T. semicurvatum*** H. Øllg.

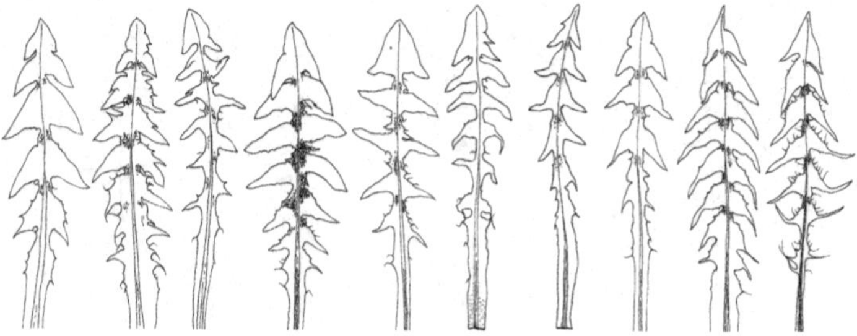

1 2 3 4 5 6 7 8 9 10

5 **(2)** Griffeläste ± gelb **6**
5* Griffeläste blassgrün, graugrün od. schwärzlich **10**
6 Äußere HüllBl abstehend. BlEndlappen länger als br. BlSeitenlappen schmal 3eckig, ± abstehend (Abb. **171**/4). z We Ns Me (24). ***T. xanthostigma*** H. LINDB.
6* Äußere HüllBl zurückgebogen **7**
7 BlMittelrippe u. Schaft dicht behaart. BlSeitenlappen (bes. der äußeren Bl) oft etwas spatelfg (Abb. **171**/5). BlStiel rosarot. s Ns Sh. ***T. scotiniforme*** DAHLST. ex G. E. HAGLUND
7* Pfl kahl od. locker behaart **8**
8 BlSeitenlappen schmal 3eckig, spitz, ± waagerecht abstehend (Abb. **161**/8). BlStiel schmal geflügelt, sehr schwach rosa, Flügel grün. s Ba Sa. ***T. flavostylum***, s. **Tab. M1**, **69**
8* BlSeitenlappen zungenfg bis spatelfg, ± waagerecht abstehend od. zurückgebogen **9**
9 BlSeitenlappen zurückgebogen (Abb. **171**/6). BlStiel rosarot, br geflügelt, Flügel rosarot. z N-Ba He. ***T. roseopes*** K. JUNG, MEIEROTT et SACKWITZ
9* BlSeitenlappen ± waagerecht abstehend (Abb. **171**/7). BlStiel rosarot, schmal geflügelt, Flügel grün. s He Ns. ***T. theodori*** G. E. HAGLUND ex LUNDEV. et ØLLG.
10 **(5)** Rand der abstehenden bis wenig zurückgebogenen äußeren HüllBl gezähnt. Bl blassgrün. BlEndlappen länger als br, oft eingeschnürt. BlSeitenlappen ± 3eckig, etwas zurückgerichtet (Abb. **171**/8). s Ba Sa Ns. ***T. pulverulentum*** H. ØLLG.
10* Hüllbl ganzrandig **11**
11 Bl niederliegend. BlStiel br geflügelt. BlSeitenlappen zurückgebogen, in lg linealische Spitzen auslaufend. Interlobien kraus (Abb. **171**/9). v im N u. M, z He Sa An (24). [*T. chloroleucum* DAHLST., *T. ulogonium* RAIL.] ***T. planum*** RAUNK. em. H. ØLLG.
11* Bl aufrecht **12**
12 Oberer Rand der BlSeitenlappen mit ∞ großen, dünnen, kammfg Zähnen. BlEndlappen in eine schmale Spitze verlängert (Abb. **171**/10). s An: Brocken. ***T. saxenii*** MARKL.
12* Oberer Rand der BlSeitenlappen ganzrandig, eingeschnitten od. mit wenigen aber zum Teil großen Zähnen **13**
13 BlEndlappen nicht ausdifferenziert u. undeutlich von den Seitenlappen abgesetzt, mit mehreren Einbuchtungen u. Einschnitten. BlSeitenlappen oft wechselständig, an ihrem oberen Rand mit unterschiedlich großen Zähnen (Abb. **172**/1). s Sa. ***T. heikkinenii*** SAARSOO
13* BlEndlappen deutlich von den Seitenlappen abgesetzt **14**
14 BlSeitenlappen aus br, konvexem, meist ganzrandigem oberem Rand plötzlich in eine linealische Spitze verschmälert (Abb. **172**/2). s Sa Br Ns. ***T. aurosulum*** H. LINDB.

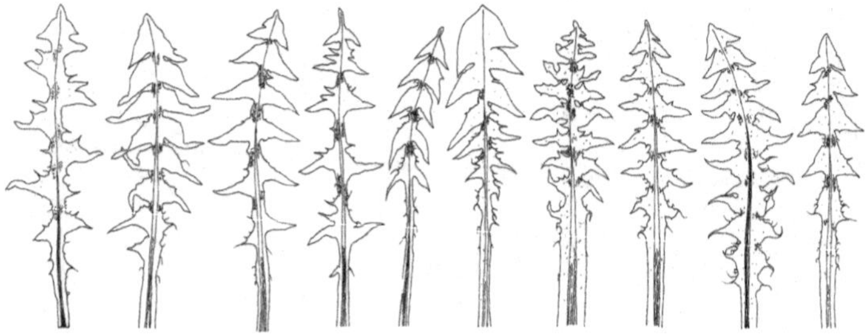

14* BlSeitenlappen allmählich in die Spitze verschmälert **15**
15 BlEndlappen mit deutlich abgesetzter, zungenfg Spitze **16**
15* BlEndlappen ± 3eckig od. zungenfg verlängert, bei *T. guttigestans* (s. **26**) oberstes Drittel eingeschnürt **18**
16 Bl locker behaart. BlEndlappen helmfg. BlSeitenlappen mit einzelnen kleinen Zähnen am oberen Rand (Abb. **172**/3). s Me Sh. ***T. latissimum*** PALMGREN
16* Bl kahl **17**
17 BlSeitenlappen abstehend, am oberen Rand mit großen Zähnen od. Einschnitten (Abb. **172**/4). Äußere HüllBl oseits graugrün. s N-Ba: Obertheres Ns. ***T. glossocentrum*** DAHLST.
17* BlSeitenlappen zurückgerichtet, am oberen Rand meist ganzrandig, seltener mit einzelnen Zähnen (Abb. **172**/5). Äußere HüllBl oseits purpurn. s Bw. ***T. sphenolobum*** G. E. HAGLUND
18 **(15)** Bl (bes. die inneren) dicht behaart **19**
18* Bl kahl od. locker behaart **24**
19 BlStiel schwach rosa, an den äußeren Bl zuweilen grün. BlSeitenlappen 3eckig, abstehend od. zurückgerichtet, oft wechselständig (Abb. **172**/6). s N-Ba He Sa An Ns Me. [*T. angermannicum* DAHLST.] ***T. huelphersianum*** DAHLST. ex G. E. HAGLUND
19* BlStiel rosarot od. rotviolett **20**
20 BlSeitenlappen schmal spatelfg, ihr oberer u. unterer Rand gezähnt. BlStiel rotviolett, br geflügelt (Abb. **172**/7). s N-Ba Br Ns Me Sh. ***T. laciniosifrons*** WIINST. ex M. P. CHRIST. et WIINST.
20* BlSeitenlappen ± 3eckig, ihr unterer Rand ganzrandig od. selten mit einem kleinen Zahn **21**
21 BlSeitenlappen stumpf. BlStiel rotviolett (Abb. **172**/8). Äußere HüllBl oft schmutzig purpurn. Zähne der ZungenB rötlich. z bis v N-Ba Rh We He Sa An Br Me. ***T. deltoidifrons*** H. ØLLG.
21* BlSeitenlappen spitz **22**
22 Bl beidseits mit (5–)6–7 dichtstehenden Seitenlappen (Abb. **172**/9). BlStiel rotviolett. v N-Ba We Th Sa, z Bw Rh Br. ***T. subxanthostigma*** M. P. CHRIST. ex H. ØLLG.
22* Bl beidseits mit 4–5 entferntstehenden Seitenlappen. BlStiel rosarot, Mittelrippe grün od. bräunlich **23**
23 BlEndlappen etwa so lg wie br. BlSeitenlappen abstehend bis etwas zurückgerichtet (Abb. **172**/10). z Rh He Th Sa An Br Sh, s N-Ba (24). [*T. sublatissimum* DAHLST.] ***T. fasciatum*** DAHLST.
23* BlEndlappen länger als br. BlSeitenlappen zurückgebogen bis hakenfg (Abb. **173**/1). s Ns. ***T. plicatifrons*** SAARSOO

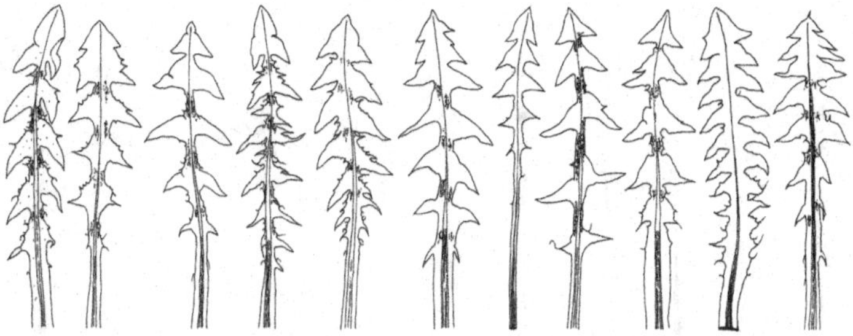

24 **(18)** Äußere HüllBl auf unterschiedlicher Höhe ansetzend, rötlich. BlEndlappen mit ∞ Zähnen od. Einschnitten. BlSeitenlappen ± waagerecht abstehend, am oberen Rand gezähnt (Abb. **173**/2). v im N, s Sa Br (24). [*T. ardisodon* DAHLST., *T. naeviferum* DAHLST.] ***T. polyodon*** DAHLST.

24* Äußere HüllBl auf gleicher Höhe ansetzend **25**

25 Äußere HüllBl (schmutzig) rosa bis rotviolett **26**

25* Äußere HüllBl grün od. schwach rötlich überlaufen **34**

26 BlEndlappen im oberen Drittel eingeschnürt. BlSeitenlappen meist waagerecht abstehend, zuweilen etwas zurückgebogen (Abb. **173**/3). z N-Ba, s Bw Rh We He Th Sa An. ***T. guttigestans*** H. ØLLG.

26* BlEndlappen ganzrandig, eingeschnitten od. etwa in der Mitte eingeschnürt ... **27**

27 Oberer Rand der BlSeitenlappen u. Interlobien mit ∞ kräftigen Zähnen. BlEndlappen oft eingeschnürt (Abb. **173**/4). s He. ***T. incisum*** H. ØLLG.

27* Oberer Rand der BlSeitenlappen ganzrandig od. mit wenigen, meist kleinen Zähnen **28**

28 BlSeitenlappen dichtstehend, zurückgerichtet, seltener ± waagerecht abstehend, am oberen Rand etwas gezähnt. BlEndlappen oft eingeschnürt (Abb. **173**/5). s Bw: SchwarzW (24). ***T. fasciatiforme*** SOEST

28* BlSeitenlappen entferntstehend, d. h. Interlobien deutlich entwickelt **29**

29 BlEndlappen deutlich länger als br, mehrfach eingeschnitten **30**

29* BlEndlappen etwa so lg wie br, ganzrandig, beidseits einfach eingeschnitten od. eingeschnürt **31**

30 BlEndlappen br 3eckig. BlSeitenlappen in schmale, unterschiedlich ausgerichtete Spitzen verlängert, am oberen Rand gezähnt (Abb. **173**/6). s Ba Ns. ***T. violaceipetiolatum*** RAIL.

30* BlEndlappen schmal 3eckig. BlSeitenlappen kurz 3eckig, ganzrandig (Abb. **173**/7). s Sa: Bad Gottleuba. ***T. violaceifrons*** TRÁVNÍČEK

31 **(29)** BlEndlappen beidseits einfach eingeschnitten. Oberer Rand der BlSeitenlappen mit einzelnen Zähnen (Abb. **165**/6, 7). s N-Ba Rh We He. [*T. piceipictum* SAHLIN] ***T. subarmatum,*** s. **Tab. M2, 16***

31* BlEndlappen ganzrandig, selten eingeschnürt **32**

32 BlEndlappen kurz bespitzt. BlSeitenlappen kurz 3eckig, ganzrandig (Abb. **173**/7). s Sa: Bad Gottleuba. ***T. violaceifrons***, s. **Tab. M4, 30***

32* BlEndlappen nicht bespitzt **33**

33 Interlobien lg u. flach. BlSeitenlappen schmal 3eckig. BlStiel schmal geflügelt (Abb. **173**/8). z bis v in allen Bdl (24). ***T. baeckiiforme*** SAHLIN

33* Interlobien kurz u. kraus. BlSeitenlappen br 3eckig. BlStiel br geflügelt (Abb. **173**/9). s Me Sh. ***T. dilatatum*** H. LINDB.

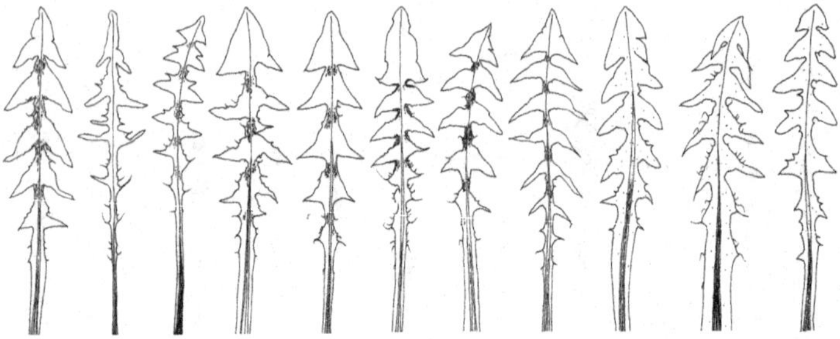

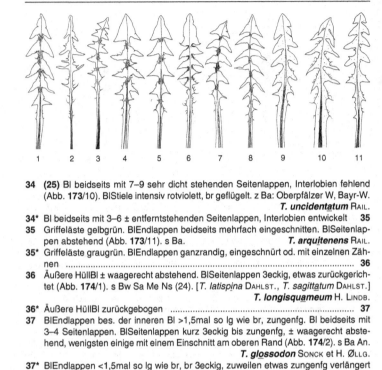

1 2 3 4 5 6 7 8 9 10 11

34 **(25)** Bl beidseits mit 7–9 sehr dicht stehenden Seitenlappen, Interlobien fehlend (Abb. **173**/10). BlStiele intensiv rotviolett, br geflügelt. z Ba: Oberpfälzer W, Bayr-W. ***T. uncidentatum*** Rail.

34* Bl beidseits mit 3–6 ± entferntstehenden Seitenlappen, Interlobien entwickelt **35**

35 Griffeläste gelbgrün. BlEndlappen beidseits mehrfach eingeschnitten. BlSeitenlappen abstehend (Abb. **173**/11). s Ba. ***T. arquitenens*** Rail.

35* Griffeläste graugrün. BlEndlappen ganzrandig, eingeschnürt od. mit einzelnen Zähnen **36**

36 Äußere HüllBl ± waagerecht abstehend. BlSeitenlappen 3eckig, etwas zurückgerichtet (Abb. **174**/1). s Bw Sa Me Ns (24). [*T. latispina* Dahlst., *T. sagittatum* Dahlst.] ***T. longisquameum*** H. Lindb.

36* Äußere HüllBl zurückgebogen **37**

37 BlEndlappen bes. der inneren Bl >1,5mal so lg wie br, zungenfg. Bl beidseits mit 3–4 Seitenlappen. BlSeitenlappen kurz 3eckig bis zungenfg, ± waagerecht abstehend, wenigsten einige mit einem Einschnitt am oberen Rand (Abb. **174**/2). s Ba An. ***T. glossodon*** Sonck et H. Øllg.

37* BlEndlappen <1,5mal so lg wie br, br 3eckig, zuweilen etwas zungenfg verlängert **38**

38 Oberer Rand der 3eckigen BlSeitenlappen u. Interlobien mit wenigstens 1 kräftigen Zahn **39**

38* Oberer Rand der BlSeitenlappen ganzrandig od. mit einzelnen, kleinen Zähnen **40**

39 Oberer Rand der kurzen, 3eckigen BlSeitenlappen mit 1 kräftigen Zahn. BlEndlappen zuweilen etwas zungenfg. BlStiel ungeflügelt (Abb. **174**/3). Äußere HüllBl 1,5–3mm br. z Sa Br, s N-Ba: Gefrees. ***T. subborgvallii*** Uhlemann, Štěpánek et Kirschner

39* Oberer Rand der verlängerten, 3eckigen BlSeitenlappen mit mehreren kräftigen Zähnen. BlEndlappen br 3eckig bis spießfg. BlStiel geflügelt (Abb. **174**/4). Äußere HüllBl 3–4mm br. s We Br Ns Sh. ***T. trigonum*** M. P. Christ. ex M. P. Christ. et Wiinst.

40 **(38)** Bl blaugraugrün. BlSeitenlappen br 3eckig, ± abstehend (Abb. **174**/5). z Ba Sa, s Br. ***T. lundense*** H. Øllg. et Wittzell

40* Bl blassgrün od. rein- bis graugrün. BlSeitenlappen zurückgebogen **41**

41 Bl blassgrün. Interlobien kraus (Abb. **174**/6). z bis v Ba Bw Rh He Th Sa An Ns Me. ***T. crassum*** H. Øllg. et Travniček

41* Bl rein- bis graugrün. Interlobien flach **42**

42 BlStiel br geflügelt. BlEndlappen br 3eckig od. etwas zungenfg verlängert (Abb. **174**/7). z bis v in allen Bdl (24). ***T. hepaticum*** Rail.

42* BlStiel ungeflügelt od. Flügel nicht breiter als die Mittelrippe **43**

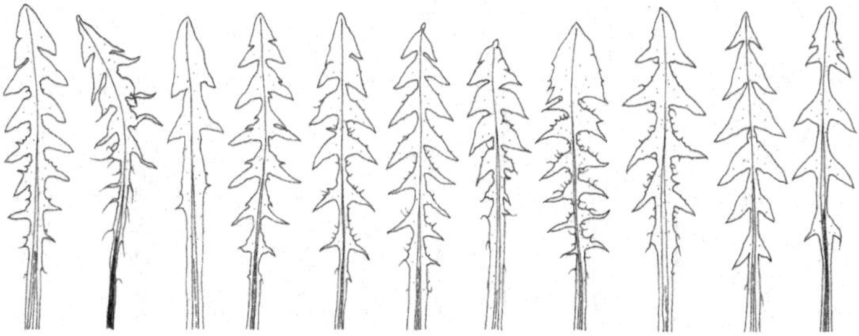

1 2 3 4 5 6 7 8 9 10 11

43 Bl locker behaart. BlEndlappen zuweilen etwas zungenfg verlängert. BlSeitenlappen mit einzelnen kleinen Zähnen am oberen Rand (Abb. **172**/3). s Me Sh. ***T. latissimum***, s. **Tab. M4, 16**

43* Bl kahl. BlEndlappen br 3eckig. BlSeitenlappen ganzrandig (Abb. **174**/8). s Bw Ns Sh. ***T. sublongisquameum*** M. P. Christ.

Tabelle M5 (BlStiel rosa bis rot od. rotviolett, äußere HüllBl unberandet, innere HüllBl grün, Interlobien grün, Bl dicht behaart)

1 Pollen fehlend. Griffeläste grünlich. BlSeitenlappen stumpf, abstehend bis etwas zurückgebogen (Abb. **174**/9). BlStiel u. untere Teile der Mittelrippe intensiv rotviolett, glänzend. z Br Me Sh. [*T. densiflorum* M. P. Christ.] ***T. subdahlstedtii*** M. P. Christ.

1* Pollen vorhanden **2**

2 BlStiel u. Mittelrippe intensiv rotviolett. BlStiel br geflügelt. BlSeitenlappen in linealische Spitzen verschmälert, am oberen Rand mit feinen Zähnen od. Läppchen (Abb. **174**/10). Äußere HüllBl ± abstehend, (3–)4–5 mm br. z Ba Sa An Ns. ***T. speciosiflorum*** M. P. Christ.

2* BlMittelrippe schwach rötlich, bräunlich od. grünlich **3**

3 BlSeitenlappen stumpf **4**

3* BlSeitenlappen spitz **5**

4 Bl bläulichgrün. BlStiel intensiv rotviolett. BlEndlappen etwa so lg wie br (Abb. **174**/11). Äußere HüllBl 3–4 mm br. z im N, s N-Ba Sa (24). [*T. dahlstedtii* H. Lindb., *T. radians* Brenner] ***T. stenoglossum*** Brenner

4* Bl gelbgrün. BlStiel schwach rötlich. BlEndlappen länger als br (Abb. **175**/1). Äußere HüllBl (4–)5–6 mm br. s Br Ns Me Sh. ***T. vanum*** H. Øllg.

5 **(3)** BlSeitenlappen in linealische, ± peitschenfg Spitzen verschmälert (Abb. **175**/2). BlStiel ungeflügelt, intensiv rotviolett. Bisher nur Ba. ***T. zelotes*** Sahlin

5* BlSeitenlappen ± 3eckig **6**

6 Griffeläste gelb. Bl beidseits mit 2(–3) abstehenden, br 3eckigen Seitenlappen. BlEndlappen länger als br (Abb. **175**/3). BlStiel sehr schwach rosa. Äußere HüllBl zurückgebogen. s Bw. ***T. sahlinii*** Rail.

6* Griffeläste grünlich. Bl beidseits mit >3 Seitenlappen **7**

7 Äußere HüllBl ± abstehend bis etwas zurückgebogen **8**

7* Äußere HüllBl stark zurückgerichtet **10**

8 BlSeitenlappen am oberen Rand oft mit einem großen Zahn od. Einschnitt (Abb. **175**/4). BlStiel rosa. Äußere HüllBl leicht rötlich. z Ns Me Sh. ***T. stereodes*** Ekman ex G. E. Haglund

8* BlSeitenlappen am oberen Rand mit ∞ dünnen Zähnen **9**

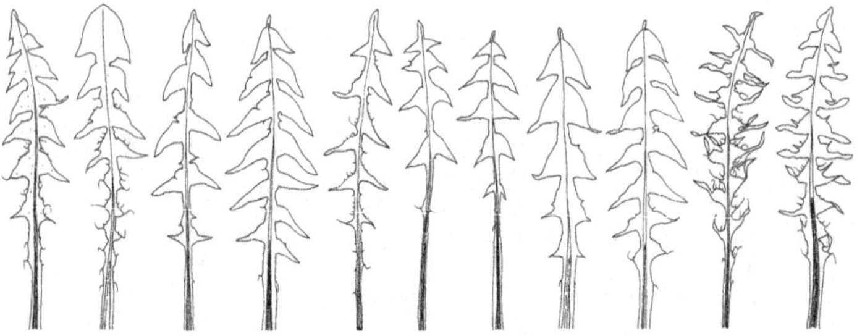

9 BlStiel ungeflügelt. BlEndlappen oft zungenfg verlängert (Abb. **175**/5). s Ba We Sa Ns Sh. [*T. vitelliniforme* G. E. HAGLUND ex M. P. CHRIST. et WIINST.] ***T. leptodon*** MARKL.

9* BlStiel geflügelt. BlEndlappen br 3eckig, zuweilen mit abgesetzter Spitze (Abb. **175**/6). s Sa Br: Berlin. [*T. intricatum* H. LINDB. ex PALMGREN, *T. pholidotum* (DAHLST.) G. E. HAGLUND, *T. rubefactum* DAHLST.] ***T. recurvum*** DAHLST.

10 **(7)** BlEndlappen br pfeilfg, mit abgesetzter Spitze, größer als die Seitenlappen, oft mehrfach eingeschnürt. BlSeitenlappen br 3eckig mit konvexem oberem Rand, sehr spitz (Abb. **175**/7). BlStiel schwach rosa. v Sa, s Br. [*T. paradoxum* PALMGREN] ***T. acrolobum*** DAHLST.

10* BlEndlappen 3eckig bis pfeilfg, ohne abgesetzte Spitze **11**

11 Oberer Rand der BlSeitenlappen konvex, mit ∞ zum Teil kräftigen Zähnen. BlEndlappen groß, oft eingeschnitten bzw. gezähnt, selten eingeschnürt (Abb. **175**/8). Verbreitungsschwerpunkt auf trockenen, sandigen Böden. v An Br Me Sh, z bis s Sa (24). [*T. adiantifrons* EKMAN ex DAHLST., *T. approximans* H. LINDB. in MARKL., *T. stellum* R. DOLL] ***T. semiglobosum*** H. LINDB.

11* BlSeitenlappen ganzrandig od. mit kleinen Zähnen **12**

12 BlStiel schwach rosa. BlSeitenlappen 3eckig, abstehend od. etwas zurückgerichtet, oft wechselständig, am oberen Rand mit wenigen kleinen Zähnen (Abb. **175**/9). s Sa Me. [*T. macranthum* DAHLST.] ***T. praeradians*** DAHLST.

12* BlStiel rotviolett **13**

13 BlEndlappen u. Seitenlappen ganzrandig (Abb. **175**/10). Äußere HüllBl sehr schmal, ca. 1 mm br. Pyramide ca. 1 mm lg. s Me. ***T. flexile*** G. E. HAGLUND

13* BlEndlappen eingeschnürt bzw. eingeschnitten. Äußere HüllBl 3–4 mm br. Pyramide <1 mm lg **14**

14 BlSeitenlappen entferntstehend, ganzrandig, schmal 3eckig (Abb. **175**/11). s Br: Berlin. ***T. remanentilobum*** SOEST

14* BlSeitenlappen dichtstehend, ganzrandig od. seltener mit sehr wenigen kleinen Zähnen, br 3eckig (Abb. **176**/1). z N-Ba Rh Sa An Br Me (24). ***T. interveniens*** G. E. HAGLUND

Tabelle M6 (BlStiel rosa bis rot od. rotviolett, äußere HüllBl unberandet, innere HüllBl grün, Interlobien grün, Bl kahl od. locker behaart, BlStiel ungeflügelt od. Flügel nicht breiter als die BlMittelrippe)

1 Pollen fehlend. Griffeläste gelb. BlStiel schwach rosa. BlEndlappen größer als die BlSeitenlappen, stumpf (Abb. **176**/2). s Ba Sa Me (24). ***T. obtusulum*** H. LINDB.

1* Pollen vorhanden **2**

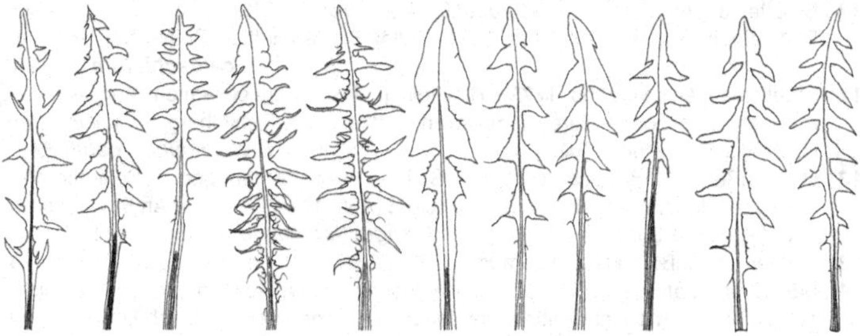

2 Äußere HüllBl ± waagerecht abstehend bis aufwärts gerichtet, ihre Spitzen gerade. BlSeitenlappen etwas hakenfg (Abb. **176**/3). s Ba Bw Me (24). ***T. subcanescens*** MARKL. ex PUOL.

2* Äußere HüllBl zurückgebogen, zurückgerichtet, ± waagerecht abstehend od. unregelmäßig **3**

3 BlEndlappen stets mit deutlich abgesetzter, linealischer Spitze, helmfg od. mit 3 fast gleich lg Abschnitten **4**

3* BlEndlappen ohne abgesetzte Spitze, 3eckig, pfeilfg, spießfg, zungenfg, wenn mit schwach abgesetzter Spitze, dann pfeilfg u. länger als br **9**

4 Griffeläste gelb. Äußere HüllBl etwas zurückgebogen, schwach rosa. BlSeitenlappen etwas zurückgebogen (Abb. **176**/4). s Br Sh. ***T. cacuminatum*** G. E. HAGLUND

4* Griffeläste grünlich **5**

5 Spitze des BlEndlappens > ⅓ des gesamten Lappens (Abb. **176**/5, 6, 7) **6**

5* Spitze des BlEndlappens < ⅓ des gesamten Lappens (Abb. **176**/8, 9) **8**

6 BlEndlappen bes. der inneren Bl nicht symmetrisch: basale Läppchen versetzt zueinander stehend od. eine Seite eingeschnitten u. die andere ungeteilt (Abb. **176**/5). Pyramide 0,7 mm lg, zylindrisch. s Me: Grevesmühlen: Santower See. ***T. idiomorphum*** MARKL.

6* BlEndlappen symmetrisch **7**

7 Spitzen der BlSeitenlappen zurückgerichtet od. unregelmäßig (Abb. **176**/6). Pyramide >0,5 mm lg. s Sa An Br Me. [*T. acuminatum* MARKL.] ***T. exacutum*** MARKL.

7* Spitzen der BlSeitenlappen regelmäßig ausgerichtet u. ± waagerecht abstehend (Abb. **176**/7). Pyramide ca. 0,5 mm lg. Bisher nur Bw: Plören. ***T. acrophorum*** G. E. HAGLUND

8 **(5)** BlSeitenlappen waagerecht abstehend, sehr gleichfg (Abb. **176**/8). s Sa. [*T. politum* RAIL., *T. trigonophorum* MARKL.] ***T. geminatum*** G. E. HAGLUND

8* BlSeitenlappen hakenfg od. zurückgerichtet (Abb. **176**/9). s Ba Sa Br Ns Me. ***T. pseudoretroflexum*** M. P. CHRIST.

9 **(3)** Oberer Rand wenigstens einiger BlSeitenlappen mit 1 od. mehreren Einschnitten **10**

9* Oberer Rand aller BlSeitenlappen ganzrandig od. gezähnt **17**

10 Äußere HüllBl unregelmäßig, oft etwas rötlich. BlSeitenlappen mit einem Einschnitt am oberen Rand (Abb. **176**/10). s Bw Sa Br Ns Me Sh. ***T. canoviride*** H. LINDB. ex PUOL.

10* Äußere HüllBl regelmäßig: abstehend, zurückgebogen od. zurückgerichtet **11**

11 BlMittelrippe u. BlStiel intensiv rotviolett **12**

11* BlMittelrippe grün, bräunlich od. rötlich, BlStiel rosa bis rotviolett **13**

12 BlSeitenlappen stumpf, etwas spatelfg (Abb. **176**/11). Oft nur der untere Teil der BlMittelrippe intensiv rotviolett. BlStiel aller Bl rotviolett. z Br Ns Me Sh (24). ***T. caloschistum*** DAHLST.

12* BlSeitenlappen spitz (Abb. **177**/1). BlMittelrippe fast auf der gesamten Länge intensiv rotviolett. BlStiel der äußeren Bl zuweilen grün. s Ba Sa: Fichtelberg. [*T. kollundicum* H. ØLLG., *T. onychium* RAIL.] ***T. violaceinervosum*** RAIL.

13 **(11)** Äußere HüllBl abstehend, ihre Spitzen aufwärts gebogen. BlSeitenlappen 3eckig, abstehend bis leicht zurückgerichtet (Abb. **177**/2). z Th Sa An Br Ns Me Sh (24). [*T. mimuliforme* DAHLST.] ***T. angustisquameum*** DAHLST. ex H. LINDB.

13* Spitzen der äußeren HüllBl gerade **14**

14 BlEndlappen etwa so lg wie br. BlSeitenlappen ± waagerecht abstehend, länglich, nur die oberen mit Einschnitten, die übrigen meist ganzrandig, durch U-fg Buchten getrennt (Abb. **177**/3). z Ba Bw Rh He, s Th Sa. [*T. catameristum* SAHLIN, *T. latistriatum* RAIL., *T. leontodontoides* SAHLIN] ***T. gentile*** G. E. HAGLUND et RAIL.

14* BlEndlappen deutlich länger als br. BlSeitenlappen linealisch, auch die unteren mit Einschnitten u. Zähnen am oberen Rand **15**

15 BlEndlappen 1,5–2mal so lg wie br, zungenfg. Bl beidseits mit 2–3(–4), kurz 3eckigen bis zungenfg, ± waagerecht abstehenden Seitenlappen (Abb. **174**/2). s Ba An. ***T. glossodon,*** s. **Tab. M4, 37**

15* BlEndlappen höchstens 1,5mal so lg wie br **16**

16 BlEndlappen mehrfach eingeschnürt. Spitzen der BlSeitenlappen peitschenfg (Abb. **177**/4). Bl locker behaart. z Sa, s Ba An Br. ***T. gustavianum*** SONCK

16* BlEndlappen eingeschnitten. Spitzen der BlSeitenlappen gerade (Abb. **177**/5). s Br: Berlin Me: Rügen. ***T. ruptifolium*** H. ØLLG.

17 **(9)** Bl beidseits mit 2 br 3eckigen, abstehenden Seitenlappen. BlEndlappen spitz (Abb. **177**/6). s We. ***T. virellum*** G. E. HAGLUND ex SAHLIN

17* Bl beidseits mit ≥3 Seitenlappen, wenn 2, dann diese schmal 3eckig u. BlEndlappen stumpf (*T. paucijugum*, **28**) **18**

18 Griffeläste gelb. BlSeitenlappen 3eckig, meist ganzrandig. BlEndlappen etwas zungenfg ausgezogen (Abb. **177**/7). s Ns. ***T. aethiops*** G. E. HAGLUND

18* Griffeläste grünlich od. schwärzlich **19**

19 Äußere HüllBl zart, zuweilen fast durchsichtig erscheinend, etwas rötlich, zurückgebogen. Bl blaugraugrün. BlEndlappen länger als br, zuweilen eingeschnitten (Abb. **177**/8). z bis v N-Ba Th Sa An Br Me (24). ***T. elegantius*** KIRSCHNER, H. ØLLG. et ŠTĚPÁNEK

19* Wenigstens 1 Merkmal dieser Kombination anders gestaltet **20**

20 Äußere HüllBl intensiv rotviolett, etwas zurückgebogen. BlSeitenlappen schmal 3eckig, etwas zurückgerichtet, oft klauenfg. BlEndlappen länger als br (Abb. **177**/9). s Ns. ***T. lagerkrantzii*** G. E. HAGLUND

20* Äußere HüllBl grün od. etwas rötlich **21**

21 BlEndlappen etwa so groß wie die Seitenlappen **22**

21* BlEndlappen größer als die Seitenlappen **28**

22 BlSeitenlappen schmal 3eckig bis zungenfg **23**

22* BlSeitenlappen br 3eckig **24**

23 BlEndlappen pfeilfg bis 3eckig. Bl beidseits mit 3–4 Seitenlappen (Abb. **177**/10). Bl reingrün. s We: Kleve, Kranenburg. ***T. atonolobum*** HAGEND., SOEST et ZEVENB.

23* BlEndlappen zungenfg. Bl beidseits mit 5–6 Seitenlappen (Abb. **177**/11). Bl graublaugrün. z N-Ba N-Bw Rh He Th An, s Sa Ns. ***T. pseudohabile*** K. JUNG, MEIEROTT et SACKWITZ

24 **(22)** Äußere HüllBl unregelmäßig. BlEndlappen br 3eckig, zungenfg verlängert. BlSeitenlappen in linealische Spitzen verlängert (Abb. **179**/1). v Sa, z Ba He An Br. ***T. urbicola*** KIRSCHNER, ŠTĚPÁNEK et TRÁVNÍČEK

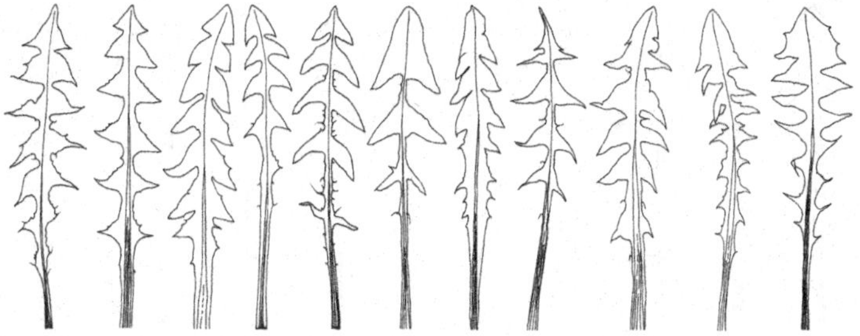

24* Äußere HüllBl regelmäßig: waagerecht abstehend, zurückgebogen od. zurückgerichtet **25**

25 BlSeitenlappen waagerecht abstehend, ihr oberer Rand gerade u. etwas gezähnt. (Abb. **179**/2). Äußere HüllBl stark zurückgerichtet, grün. s Bw He Sa Br Ns Me Sh. ***T. mimulum*** DAHLST. ex H. LINDB.

25* BlSeitenlappen zurückgebogen, hakenfg od. zurückgerichtet, ganzrandig od. mit wenigen kleinen Zähnen am oberen Rand **26**

26 BlSeitenlappen dichtstehend, Interlobien kaum entwickelt (Abb. **179**/3). BlStiel schwach rosa. s Sh. ***T. latisectum*** H. LINDB.

26* BlSeitenlappen entferntstehend, Interlobien deutlich entwickelt. BlStiel rosarot . **27**

27 Bl beidseits mit 4–6 hakenfg Seitenlappen (Abb. **179**/4). Äußere HüllBl deutlich zurückgebogen. s Me: Rügen. ***T. semilunare*** SAARSOO

27* Bl beidseits mit 3–4 zurückgebogenen Seitenlappen (Abb. **179**/5). Äußere HüllBl ± waagerecht abstehend od. etwas zurückgebogen. z Ba He Sa An Br Me. ***T. leptoscelum*** H. ØLLG.

28 **(21)** Bl beidseits mit 2(–3), schmal 3eckigen Seitenlappen. BlEndlappen wesentlich größer als die Seitenlappen, ganzrandig u. stumpf. Interlobien sehr schmal (Abb. **179**/6). s Bw. ***T. paucijugum*** MARKL.

28* Bl beidseits mit ≥3 Seitenlappen **29**

29 Interlobien fehlend, d. h. BlSeitenlappen sehr dichtstehend u. abstehend bis etwas zurückgerichtet, ganzrandig (Abb. **179**/7). BlStiel rotviolett. s Ns. [*T. hexhamense* RICHARDS] ***T. longifrons*** G. E. HAGLUND

29* Interlobien entwickelt, BlSeitenlappen entferntstehend **30**

30 BlEndlappen in eine lg, linealische Spitze verschmälert, beidseits eingeschnitten, spießfg. BlSeitenlappen in linealische Spitzen auslaufend (Abb. **179**/8). Äußere HüllBl zurückgebogen. s Me. ***T. haraldii*** MARKL.

30* BlEndlappen pfeilfg, zungenfg od. 3eckig, ohne linealische Spitze **31**

31 BlEndlappen pfeilfg od. 3eckig, ohne zungenfg Spitze **32**

31* BlEndlappen (zuweilen nur dessen Spitze) zungenfg **37**

32 Griffeläste gelb **33**

32* Griffeläste grünlich **34**

33 BlSeitenlappen br 3eckig, oft ganzrandig (Abb. **179**/9). s Ba We. ***T. tropaeatum*** RAIL.

33* BlSeitenlappen schmal 3eckig, am oberen Rand etwas gezähnt (Abb. **179**/10). s Bw. ***T. plicatiangulatum*** RAIL.

34 **(32)** BlStiel u. unterer Teil der BlMittelrippe intensiv rotviolett. BlEndlappen br 3eckig, mit einzelnen großen Zähnen (Abb. **179**/11). s We ***T. oinopopodum*** SAHLIN

34* BlStiel rosa **35**

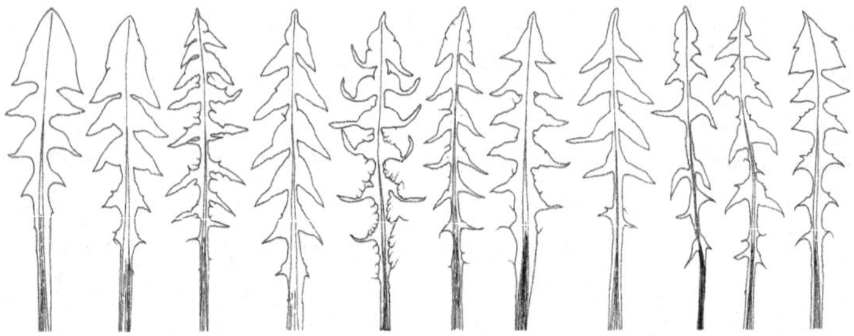

35 Äußere HüllBl ± waagerecht abstehend, 2–3 mm br. BlSeitenlappen kurz 3eckig (Abb. **179**/5). z Ba He Sa An Br Me. ***T. leptoscelum***, s. **Tab. M6, 27***

35* Äußere HüllBl zurückgebogen, 3–4 mm br **36**

36 Bl graugrün (Abb. **180**/1). Äußere HüllBl etwas rötlich. s Bw Rh. ***T. caloschistoides*** G. E. Haglund ex Sahlin

36* Bl gelbgrün (Abb. **180**/2). Äußere HüllBl grün. z N-Ba Rh We He Sa An Br Me Ns. [*T. subpulchrifolium* M. P. Christ.] ***T. valens*** Markl.

37 **(31)** BlStiel rosa od. rosarot **38**

37* BlStiel intensiv rotviolett **40**

38 BlEndlappen mehrfach eingeschnitten. BlSeitenlappen schmal 3eckig, am oberen u. unteren Rand gezähnt (Abb. **180**/3). z N-Ba He Th Sa Ns. ***T. jugiferum*** H. Øllg.

38* BlEndlappen ganzrandig od. eingeschnürt **39**

39 BlSeitenlappen zurückgerichtet mit ± geradem oberem Rand (Abb. **180**/4). Äußere HüllBl etwas zurückgebogen, aber 1–2 waagerecht abstehend. z bis v N-Ba We He Th Sa An Br Me, s Bw (24). [*T. astrictifrons* Rail.] ***T. contractum*** Markl.

39* BlSeitenlappen hakenfg zurückgebogen, die linealischen Spitzen aber unterschiedlich ausgerichtet, ihr oberer Rand konvex (Abb. **180**/5). Äußere HüllBl deutlich zurückgebogen. z Sa. ***T. obnubilum*** Dahlst. ex Puol.

40 **(37)** Bl locker behaart. BlSeitenlappen br bis schmal 3eckig, zurückgerichtet. Interlobien lg u. schmal (Abb. **180**/6). z Ba Bw Rh He Th Sa An Br Me Ns. ***T. oxyrhinum*** Sahlin

40* Bl kahl **41**

41 BlEndlappen ganzrandig **42**

41* BlEndlappen eingeschnitten, eingeschnürt od gezähnt **43**

42 BlSeitenlappen br 3eckig. BlEndlappen mit kurzer, etwas abgesetzter zungenfg Spitze (Abb. **180**/7). s Bw. ***T. concinnum*** G. E. Haglund

42* BlSeitenlappen schmal 3eckig. BlEndlappen mit lg zungenfg Spitze (Abb. **180**/8). z Ns Me. ***T. borgvallii*** Dahlst. ex G. E. Haglund

43 **(41)** BlEndlappen beidseits mehrfach eingeschnürt. BlSeitenlappen schmal 3eckig bis linealisch, ± abstehend. Interlobien lg u. schmal (Abb. **180**/9). s We. ***T. tenuipetiolatum*** Rail.

43* BlEndlappen beidseits einfach eingeschnitten od. gezähnt. BlSeitenlappen br 3eckig **44**

44 BlEndlappen mit lg zungenfg Spitze, beidseits mit 1 Einschnitt (Abb. **180**/10). s Me. ***T. florstroemii*** Markl.

44* BlEndlappen mit sehr kurzer etwas abgesetzter zungenfg Spitze, am Seitenrand gezähnt (Abb. **180**/11). s Bw He Sh. [*T. exile* Markl. ex Rail.] ***T. oinopolepis*** Dahlst.

Tabelle M7 BlStiel rosa bis rot od. violett, äußere HüllBl unberandet, innere HüllBl grün, Interlobien grün, Bl kahl od. locker behaart, BlStiel geflügelt, Flügel breiter als die BlMittelrippe, äußere HüllBl ± waagerecht abstehend od. unregelmäßig, sehr s aufrecht (*T. cordatum* bzw. *T. paucisquameum*)

1 Pollen fehlend. BlSeitenlappen in linealische u. peitschenfg Spitzen verschmälert (Abb. **181**/1). Äußere HüllBl regelmäßig abstehend, oft rötlich. z bis v in allen Bdl (24). ***T. exsertiforme*** Hagend., Soest et Zevenb.

1* Pollen vorhanden ... **2**

2 Äußere HüllBl <10, aufrecht, 5–7 mm br. BlSeitenlappen br 3eckig, ihr oberer Rand an der Basis konvex u. ganzrandig. Interlobien u. BlEndlappen ganzrandig (Abb. **181**/2). BlStiel sehr schwach rosa. z Me: Rügen, Darß (24). [*T. amblycentrum* Dahlst., *T. paucisquameum* Palmgren] ***T. cordatum*** Palmgren, s. **Tab. M7, 12**

Anm.: Auf der Insel Rügen u. der Halbinsel Darß (Me) kommt zerstreut eine teratologische Form des *T. cordatum* vor, die von Palmgren als *T. paucisquameum* beschrieben wurde u. nur wenige, aufrechte u. br äußere HüllBl besitzt, sonst aber in allen anderen Merkmalen mit *T. cordatum* übereinstimmt.

2* Äußere HüllBl >10, ± waagerecht abstehend od. unregelmäßig, 3–4(–6) mm br ... **3**

3 Äußere HüllBl unregelmäßig zurückgebogen ... **4**

3* Äußere HüllBl regelmäßig waagerecht abstehend ... **6**

4 Äußere HüllBl 2–3 mm br. Bl beidseits mit 6–10, schmal 3eckigen, etwas zurückgebogenen Seitenlappen (Abb. **181**/3). s Ns Me Sh (24). [*T. unguiculosum* H. Lindb. et Palmgren] ***T. obliquilobum*** Dahlst.

4* Äußere HüllBl 4–5 mm br ... **5**

5 Bl beidseits mit 5–7 dichtstehenden, ganzrandigen Seitenlappen. (Abb. **181**/4). z bis v N-Ba Bw He Sa An Br Me (24). [*T. tanysipterum* Rail.] ***T. aequilobum*** Dahlst. agg.

5* Bl beidseits mit 3–4(–5) Seitenlappen deren unterer Rand oft mit 1 großen Zahn, entferntstehend (Abb. **181**/5). s N-Ba? ***T. coartatum*** G. E. Haglund

6 **(3)** Innere HüllBl deutlich bereift, dadurch weiß überzogen. BlEndlappen stumpf, größer als die BlSeitenlappen, diese schmal 3eckig, ± abstehend (Abb. **181**/6). z bis v N-Ba Bw We He Th Sa An Ns. ***T. obtusifrons*** Markl.

6* Innere HüllBl nicht od. wenig bereift, grün ... **7**

7 BlSeitenlappen spatelfg, am unteren Rand oft mit 1 großen Zahn (Abb. **181**/7). BlStiel intensiv rotviolett, BlMittelrippe grünlich. Äußere HüllBl 4–5 mm br. z N-Ba Rh We He Sa Br Ns Me Sh (24). [*T. geniculatum* M. P. Christ., *T. surrigens* Dahlst. et R. Ohlsen] ***T. sinuatum*** Dahlst.

7* BlSeitenlappen ± 3eckig, spitz od. stumpf ... **8**

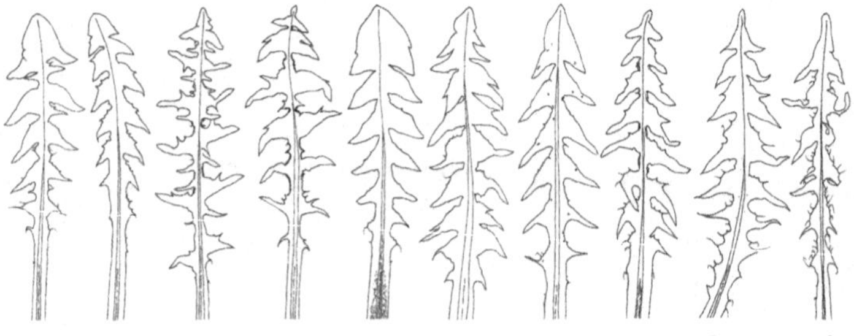

8 BlStiel schwach rosa, Flügel mindestens 4mal so br wie die BlMittelrippe. BlSeitenlappen spitz, ganzrandig, seltener mit 1 großen Zahn am oberen Rand (Abb. **181**/8). Innere HüllBl dunkelgrün. s N-Ba Rh He. ***T. staturale*** RAIL.

8* BlStielflügel <4mal so br wie die BlMittelrippe **9**

9 Äußere HüllBl 5–6 mm br **10**

9* Äußere HüllBl 2–4 mm br **11**

10 BlSeitenlappen durch U-fg Buchten getrennt, diese meist ganzrandig (Abb. **181**/9). BlStiel der äußeren Bl grün, der inneren Bl rotviolett. z N-Ba We He Sa An (24). ***T. diastematicum*** MARKL.

10* BlSeitenlappen durch spitzwinklige Buchten getrennt, diese meist mit großen Zähnen (Abb. **182**/1). Alle BlStiele schwach rosa. s N-Ba We. ***T. sundbergii*** DAHLST.

11 **(9)** BlSeitenlappen kurz 3eckig, spitz (Abb. **182**/2). BlStiel rosa. Griffeläste schmutzig gelb. Pyramide sehr kurz, ca. 0,1 mm lg. s Bw. ***T. brevisectoides*** SOEST

11* BlSeitenlappen stumpf. Pyramide 0,5–0,8 mm lg **12**

12 BlSeitenlappen br 3eckig, ihr oberer Rand an der Basis konvex u. ganzrandig. Interlobien u. BlEndlappen ganzrandig (Abb. **181**/2). BlStiel sehr schwach rosa. z We N-An N-Br Ns Me, s Ba Sa S-An S-Br (24). [*T. amblycentrum* DAHLST., *T. paucisquameum* PALMGREN] ***T. cordatum*** (Normalform), s. **Tab. M7, 2**

12* BlSeitenlappen schmal 3eckig bis länglich, am oberen Rand gezähnt. Interlobien mit großen, stumpfen Zähnen, BlEndlappen eingeschnitten. (Abb. **182**/3). BlStiel rosa. s N-Ba Sa Ns (24). ***T. tumentilobum*** MARKL. ex PUOL.

Tabelle M8 (BlStiel rosa bis rot od. rotviolett, äußere HüllBl unberandet, innere HüllBl grün, Interlobien grün, Bl kahl od. locker behaart, BlStiel geflügelt, Flügel breiter als die Mittelrippe, äußere HüllBl zurückgebogen od. zurückgerichtet)

1 Äußere HüllBl rosarot **2**

1* Äußere HüllBl grün, bräunlich od. schwach rötlich **4**

2 BlEndlappen mit abgesetzter zungenfg Spitze. Oberer Rand der BlSeitenlappen mit einem Einschnitt (Abb. **182**/4). Bl (bes. Interlobien) kraus. z Ba Bw Sa An Br: Berlin Ns Sh (24). ***T. lacinulatum*** MARKL.

2* BlEndlappen ohne abgesetzte Spitze. Bl glatt **3**

3 Bl blassgrün. Oberer Rand der BlSeitenlappen ganzrandig, seltener mit wenigen Zähnen (Abb. **182**/5). BlStiel u. Flügel rosarot. s N-Ba Sa Me Sh (24). [*T. torstenii* SAARSOO] ***T. rhodopodum*** DAHLST. ex M. P. CHRIST. et WIINST.

3* Bl rein- bis graugrün. BlSeitenlappen u. BlEndlappen eingeschnitten od. gezähnt (Abb. **182**/6). BlStiel hellrosa, Flügel grün. s Rh We He Me Sh. ***T. fagerstroemii*** SÅLTIN

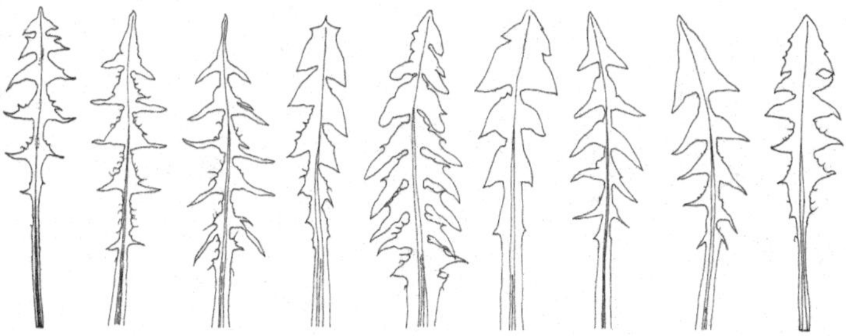

4 **(1)** BlSpreite mit sehr kleinen schwarzvioletten Punkten od. Flecken. BlSeitenlappen schmal 3eckig, zurückgerichtet (Abb. **182**/7). s Ba He Ns Me. ***T. melanthoides*** Dahlst. ex M. P. Christ. et Wiinst.
4* BlSpreite ohne schwarzviolette Punkte od. Flecken **5**
5 BlEndlappen in schmale zungenfg Spitze verlängert **6**
5* BlEndlappen 3eckig od. pfeilfg **11**
6 BlEndlappen mit 3 kurzen, gleich lg, ± zungenfg Abschnitten. BlSeitenlappen zurückgebogen, stumpf (Abb. **182**/8). s We Br Ns Me Sh. [*T. eversii* Saltin, *T. multilobum* Dahlst. ex Puol.] ***T. trilobatum*** Palmgren
6* BlEndlappen länger als br, wenn etwa so lg wie br, dann basale Lappen nicht zungenfg (*T. habile*, **9**) **7**
7 Äußere HüllBl stark zurückgerichtet, oft dem Schaft anliegend. BlSeitenlappen 3eckig, abstehend bis leicht zurückgerichtet, am oberen Rand oft mit 1 großen Zahn (Abb. **182**/9). v Sa, z An Br (24). ***T. hempelianum*** Uhlemann
7* Äußere HüllBl zurückgebogen, nicht dem Schaft anliegend **8**
8 BlSeitenlappen mit schmaler, spateliger bis peitschenfg Spitze (Abb. **182**/10). Bl oft locker behaart. Äußere HüllBl oft etwas bräunlich überlaufen. z Ba Sa Me Sh. ***T. acroglossum*** Dahlst.
8* BlSeitenlappen mit ± gerader Spitze **9**
9 BlSeitenlappen allmählich in eine schmale Spitze übergehend, am oberen Rand gezähnt (Abb. **183**/1). Bl dunkelgrün. BlStiel rotviolett. Griffeläste schwarzgrün. s Sa. ***T. habile*** Rail.
9* BlSeitenlappen aus br Basis plötzlich in eine schmale Spitze übergehend. Bl reingrün. BlStiel rosarot. Griffeläste graugrün **10**
10 BlSeitenlappen gleichmäßig waagerecht abstehend, ihr oberer Rand gezähnt (Abb. **183**/2). s We He Sa Ns. ***T. exsertum*** Hagend., Soest et Zevenb.
10* BlSeitenlappen etwas unregelmäßig ausgerichtet, ihr oberer Rand mit tiefem Einschnitt (Abb. **183**/3). s Me. [*T. chlorellum* G. E. Haglund, *T. kegnaesense* M. P. Christ.] ***T. chloroticum*** Dahlst.
11 **(5)** BlEndlappen mit 2 gegenüberstehenden, kräftigen Zähnen, dadurch 5spitzig. BlSeitenlappen br 3eckig, abstehend bis etwas zurückgerichtet (Abb. **183**/4). z Ba Bw Rh We He Sa An Br Ns Me Sh (24). ***T. hemicyclum*** G. E. Haglund
11* BlEndlappen ganzrandig, mit 1 Zahn od. 1–∞ Einschnitten od. Einschnürungen **12**
12 Spitzen der BlSeitenlappen ungleichartig: obere stumpf, untere spitz. BlEndlappen etwas länger als br, oft mehrfach eingeschnürt (Abb. **183**/5). s Ba We Ns Me Sh. [*T. tarachodum* Hagend., Soest et Zevenb.] ***T. pannulatum*** Dahlst.
12* Spitzen der BlSeitenlappen gleichartig **13**

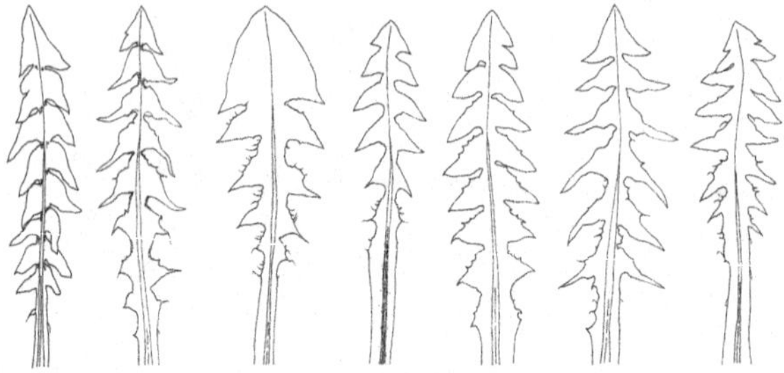

1 2 3 4 5 6 7

13 Bl beidseits mit 2(–3) Seitenlappen. BlEndlappen br 3eckig, oft mit 2 Einschnitten (Abb. **183**/6). BlStiel rotviolett. s Ns. ***T. corpulentum*** Rail.

13* Bl beidseits mit 3–8 Seitenlappen **14**

14 BlEndlappen länger als br **15**

14* BlEndlappen etwa so lg wie br **18**

15 Äußere HüllBl ca. 18 mm lg. BlSeitenlappen ± 3eckig, meist ganzrandig, aus br Basis allmählich in eine schmale Spitze übergehend, durch spitzwinklige Buchten getrennt (Abb. **183**/7). s Me. [*T. oxyodon* M. P. Christ. ex M. P. Christ. et Wiinst., *T. stenocentrum* Dahlst.] ***T. acutangulum*** Markl.

15* Äußere HüllBl <18 mm lg **16**

16 BlStiel schwach rosa. BlSeitenlappen schmal 3eckig, zuweilen etwas linealisch verlängert, etwas zurückgerichtet (Abb. **183**/8). s We He Me Ns (24). ***T. sagittipotens*** Dahlst. et R. Ohlsen

16* BlStiel rotviolett. BlSeitenlappen br 3eckig **17**

17 BlSeitenlappen 4–6, entferntstehend (Abb. **183**/9). BlStiel hell rosa. s Ns. ***T. eurylobum*** G. E. Haglund

17* BlSeitenlappen 6–8, sehr dichtstehend, zum Teil überlappend (Abb. **184**/1). BlStiel intensiv rotviolett. s Me. [*T. valloeense* M. P. Christ.] ***T. pachylobum*** Dahlst.

18 **(14)** Bl bes. Interlobien kraus, beidseits mit 6–8 Seitenlappen. Oberer Rand der BlSeitenlappen aus konvexer Basis in eine schmale Spitze ausgezogen (Abb. **184**/2). s Ns. ***T. crispifolium*** H. Lindb.

18* Bl u. Interlobien glatt. Bl beidseits mit 3–6 Seitenlappen **19**

19 BlEndlappen wesentlich größer als Seitenlappen, diese an der konvexen Oberkante mit ∞ dünnen Zähnen (Abb. **184**/3). z bis v in allen Bdl (24). [*T. connexum* Dahlst.] ***T. ekmanii*** Dahlst.

19* BlEndlappen etwa so groß wie die Seitenlappen **20**

20 BlStiel u. untere Teile der Mittelrippe intensiv rotviolett. BlSeitenlappen zurückgebogen bis etwas hakenfg, spitz, meist ganzrandig (Abb. **184**/4). s Sa: Dresden, Großröhrsdorf. ***T. cumulatum*** Rail.

20* BlStiel rosa **21**

21 BlSeitenlappen stumpf, dichtstehend, am oberen Rand ganzrandig od. mit kleinen Zähnen. BlStiel br geflügelt (Abb. **184**/5). s We. ***T. pachymerum*** G. E. Haglund

21* BlSeitenlappen spitz **22**

22 Bl reingrün. BlSeitenlappen ganzrandig od. einige mit 1 Zahn am oberen Rand, etwas in linealische Spitzen verschmälert (Abb. **184**/6). s He Ns. ***T. edmondsonianum*** H. Øllg.

22* Bl gelbgrün. BlSeitenlappen ganzrandig od. untere am oberen Rand mit dünnen Zähnen, schmal 3eckig (Abb. **184**/7). s N-Ba He Sa Br Ns. ***T. ochrochlorum*** G. E. Haglund ex Rail.

Erklärung der Fachwörter

abgerundet: mit konvex-bogiger, nicht winkliger Spitze bzw. mit bogigen, nicht winklig zusammenstoßenden Spreitenrändern (Abb. **194**/2, 5)

Achäne: einsamige trockne Schließfrucht, Fruchtwand mit Kelch verwachsen (Korbblütengewächse)

Agamospermie: Samenbildung ohne Befruchtung

Aggregat (agg., Artengruppe): informelle Bezeichnung für eine Gruppe verwandter, schwer unterscheidbarer Arten

alpin (alp): Höhenstufe im Gebirge oberhalb der Baum- und Gebüschgrenze; Stufe der Matten, Fels- und Schotterfluren

Ameisenausbreitung (AmA, Myrmekochorie): Ausbreitung von (Teil-)Früchten oder Samen, die meist einen Ölkörper tragen, durch Ameisen

antarktisch: waldfreie Florenzone der Südhemisphäre, entspricht der borealen bis arktischen auf der Nordhemisphäre

Apfelfrucht: Frucht mit weitgehend freien Fruchtblättern, die von Achsengewebe umwachsen werden

Apomixis: ungeschlechtliche Fortpflanzung; Samenbildung ohne Befruchtung

Archäophyt (A): vor 1500 eingeschleppte, gebietsfremde, aber meist eingebürgerte Pflanzensippe; (A U): ebenso, aber unbeständig, nicht eingebürgert

Areal: Verbreitungsgebiet einer Pflanzensippe gleich welchen Ranges. Weitgehend durch das Klima, auch durch Boden sowie Ausbreitungs- und Sippengeschichte bestimmt. Abbild der ökologischen Potenz der Pflanzensippe

Arealdiagnose: einheitliche, dreidimensionale Beschreibung der Pflanzenareale anhand der zonalen, ozeanisch-kontinentalen und Höhenstufen-Bindung

arktisch (arct): Florenzone jenseits der (nord)polaren Baum- und Gebüschgrenze (Abb. S. 17)

Art (Species): Grundeinheit des Systems, Fortpflanzungsgemeinschaft von Individuen mit konstanten morphologischen Unterschieden zu anderen Arten, von diesen meist reproduktiv isoliert

Artengruppe (Aggregat): informelle taxonomische Bezeichnung für eine Gruppe nahe verwandter, meist schwer unterscheidbarer Arten

Assoziation: Pflanzengesellschaft mit charakteristischer Artenkombination, Grundeinheit der pflanzensoziologischen Vegetationsgliederung (s. S. 25)

aufsteigend: aus kriechendem oder liegendem Grund sich allmählich aufrichtend

Ausbreitung: Transport der Diasporen einer Pflanze durch Wind (Anemochorie), Wasser (Hydrochorie), Tiere (Zoochorie), den Menschen (Anthropochorie) oder endogenes Abschleudern (→Selbstausbreitung, Autochorie)

F. Müller, C. Ritz, E. Welk, K. Wesche (Hrsg.), *Rothmaler – Exkursionsflora von Deutschland*,
DOI 10.1007/978-3-8274-3132-5

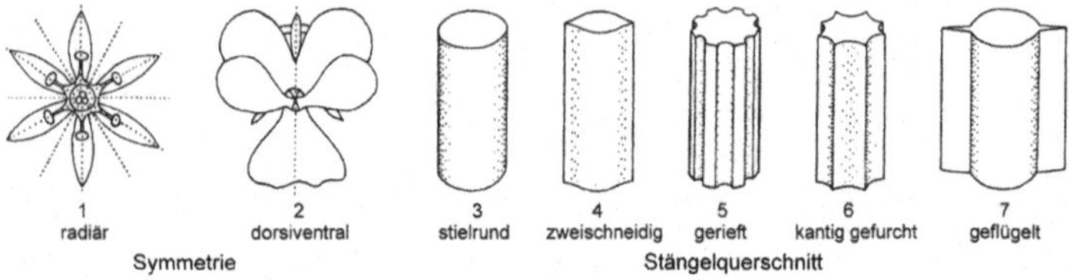

ausdauernd (♃, perennierend): Pflanze mit vieljähriger Lebensdauer, in mehreren Jahren blühend. Ausdauernde Kräuter, deren oberirdische Organe den Winter höchstens in Bodennähe überleben, heißen Stauden. Kurzlebig ♃ wird eine Lebensdauer von 3–5 Jahren genannt. Ausdauernde Gehölze sind entweder →Zwerg- oder Halbsträucher (HStr), Sträucher (Str), Lianen oder Bäume (B).

ausgerandet (Blätter, Blütenhüllblätter): mit spitzem oder stumpfem Einschnitt an der Spitze (Abb. **194**/11)

Ausläufer, unterirdisch/oberirdisch (uAusl, oAusl): Bodenspross mit gestreckten Stängelgliedern, der außer der Speicherung vor allem der Ausbreitung und der vegetativen Reproduktion dient. Am Ende der Jahrestriebe werden gestauchte Stängelglieder und sprossbürtige Wurzeln gebildet.

Ausläuferwurzel: ± horizontal im Boden streichende Wurzel, die aus innerem Gewebe Wurzelsprosse hervorbringt (vgl. S. 9)

Außenhülle (an kopfförmigem Blütenstand, besonders der Korbblütengewächse): Summe der äußeren Hüllblätter, wenn sie von den inneren Hüllblättern deutlich verschieden sind (Abb. **134**/8)

austral: (warm-)gemäßigte Florenzone der Südhemisphäre

Autorname: Name des Autors, der zuerst eine gültige Beschreibung der Pflanzensippe publiziert oder sie als **Kombinationsautor** in eine andere Rangstufe oder andere Gattung bzw. Art überführt hat (s. S. 4)

basal: am Grund; bei Samenanlagen-Stellung: am Grund des Fruchtknotens (Abb. **202**/4)

basenhold: auf meist kalkfreien, aber an basischen Kationen reichen Böden vorkommend

Bastard (Hybride): aus der Kreuzung verschiedener Arten, Unterarten (selten auch über Gattungsgrenzen hinweg) hervorgegangenes Individuum, Fertilität meist eingeschränkt

Baum: Holzpflanze mit Stamm und Krone

Befruchtung: Verschmelzung der Eizelle mit einem Spermakern (fast alle Samenpflanzen) oder einem Spermatozoon (Farnpflanzen, Ginkgo). Bestäubung muss nicht zur Befruchtung führen (z. B. bei Unverträglichkeit, Selbststerilität)

bereift: mit abwischbarem, hellem Wachsüberzug

bespitzt: mit kleiner, vom abgerundeten Spreitenende plötzlich abgesetzter, flächiger, nicht nur vom Mittelnerv gebildeter Spitze (Abb. **194**/10)

Bestäubung: Übertragung des Pollens auf die Narbe oder die Samenanlage (s. S. 9)

bewimpert (Blatt): mit randständigen Haaren (Abb. **195**/8)

Blatt (Bl): seitlich der Sprosachsen ansitzendes Organ mit meist begrenztem Wachstum, als **Laubblatt** grün und assimilierend, als **Niederblatt** schuppenförmig oder verdickt und speichernd, als **Blütenhüllblatt** oft gefärbt, so auch zuweilen das **Hochblatt** im Blütenstandsbereich

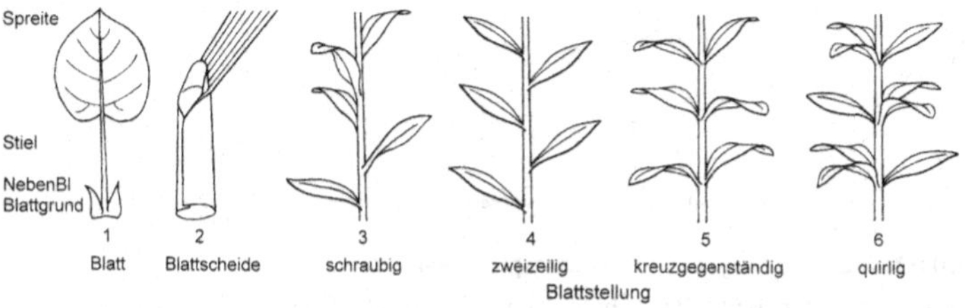

Blättchen (Blchen): die selbständigen Spreitenteile eines zusammengesetzten (gefingerten oder gefiederten) Blatts unabhängig von ihrer Größe (Abb. **193**/1, 2)

Blattformen: Ausbildung von Blattgrund, Stiel und Spreite, s. Abb. **194–197**

Blattgrund: unterster Teil des Blattes, bisweilen scheidig oder als Blattgelenk ausgebildet, trägt oft Nebenblätter (Stipeln)

Blattscheide: Erweiterung des Blattgrundes, die den Stängel umgreift. Häufig bei Einkeimblättrigen, bei denen sie auch völlig geschlossen sein kann (Abb. **187**/2)

Blattspindel (Rhachis): die spreitenlose Mittelrippe eines gefiederten Blattes (Abb. **193**/1)

Blattspreite (BlSpreite): der flächige Teil des (Ober-)Blattes (Abb. **187**/1)

Blattstiel: Teil des Oberblattes, Träger der Blattspreite

Blüte (B): unverzweigter Kurzspross, dessen Bätter durch Keimzellbildung (in Staub- und Fruchtblättern) oder auch als Schutz- oder Schauorgane (Blütenhülle) im Dienst der geschlechtlichen Fortpflanzung stehen

Blütenachse (Blütenboden): der die Blütenhüllblätter, Staub- und Fruchtblätter tragende Sprossabschnitt, kegelförmig, flach scheibenförmig, schüsselförmig, krugförmig oder röhrig. Er bildet die Fortsetzung des Blütenstiels. Bei unterständigem Fruchtknoten verwächst er mit den Fruchtblättern (Abb. **200**/1, **201**/1–4).

Blütenhülle (BHülle): Die Gesamtheit der die Staub- und/oder Fruchtblätter umgebenden Blütenblätter, unabhängig davon, ob sie in Kelch und Krone gegliedert oder ungegliedert (→Perigon, einfache Blütenhülle) sind (Abb. **200**/1)

Blütenröhre: über den unterständigen Fruchtknoten hinaus verlängerter Achsenbecher

Blütenstand (BStand): abgrenzbarer Teil einer Pflanze, der die Blüten trägt. Seine Spitze wird meist durch die Blütenbildung aufgebraucht.

Blütezeit (BZeit): die Monate, in denen die Pflanze blühend angetroffen werden kann. Wegen regionaler Verschiebung mit der Meereshöhe, der Jahreswitterung und dem Klimagebiet ist der angegebene Zeitraum meist größer als die wirkliche Dauer der Blütezeit.

Bogentrieb: bogig überhängender, an der Spitze wurzelnder Spross, dient der vegetativen Fortpflanzung und Ausbreitung

boreal (nördlich, b): Florenzone zwischen der Arktis und der gemäßigten Zone, größtenteils von Nadelwäldern eingenommen (Abb. **17**)

Braktee (Hochblatt, Deckblatt): Blatt im Blütenstandsbereich, meist ein solches, aus dessen Achsel ein Teilblütenstand oder ein Blütenstiel hervorgeht

Brutzwiebel, -knöllchen, -spross, -blättchen: besonders gestaltete Knospe, Knolle oder Blättchen im Blütenstand, in der Blattachsel oder an der Blattspindel von Gefäßpflanzen, die/das abfällt, sich bewurzelt und der vegetativen Vermehrung dient

buchtig (Blatt): Blattabschnitte durch abgerundete Einschnitte getrennt (Abb. **192**/3), vgl. aber gebuchtet

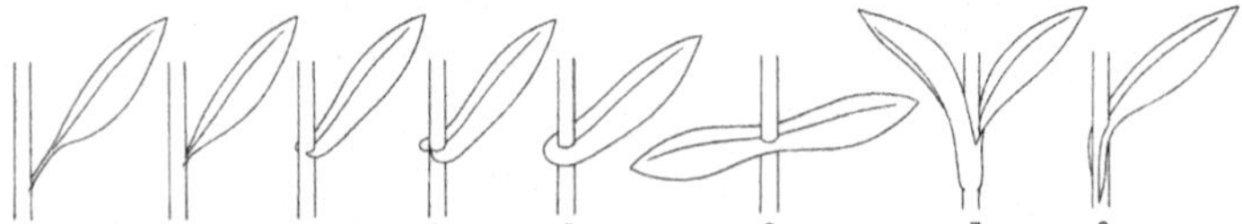

Büschelhaar: (schräg) aufrecht verzweigtes Haar

büschlig (Blüten, Blätter): in sehr kurz gestielter, dichter Gruppe

Chamaephyt: Pflanze mit dicht (etwa 3–30 cm) über dem Boden überdauernden Erneuerungsknospen

Chromosomenzahl: sippenspezifische Zahl der Chromosomen, Grundzahl (x) in den Körperzellen der Samenpflanzen mindestens verdoppelt (**diploid**, 2n = 2x), oft ein geradzahliges Vielfaches davon (**polyploid**, 2n = 2, 4, 6, 8, 10 … x; Entstehung oft durch Kreuzung, dann **allopolyploid**), selten in ungeraden Vielfachen (z. B. **triploid**, Pflanze dann samensteril, viele *Taraxacum*-Sippen)

de(sub)alpin (Verbreitung): von der (sub-)alpinen Stufe in darunterliegende Stufen herabsteigend, oft an Flüssen herabgeschwemmt

Deckblatt (DeckBl, s. auch Tragblatt)): Hochblatt, das eine gestielte oder sitzende Blüte in seiner Achsel trägt

deltoid (Blattspreite): wie rhombisch, aber größte Breite unter bzw. (verkehrt deltoid) über der Mitte

demontan: von der Bergstufe ins Umland herabsteigend bzw. herabgeschwemmt

Diaspore: Oberbegriff für Ausbreitungseinheiten wie Frucht, Same, Spore, Brutkörper

disjunktes Areal: Verbreitungsgebiet aus Teilgebieten, von denen angenommen wird, dass der Zwischenraum zwischen ihnen von normalen Ausbreitungsvorgängen nicht überwunden wird

doppelt gefiedert, doppelt 3zählig (Blatt): mit Fiedern, die wieder gefiedert sind (Abb. **193**/2) bzw. mit 3 Blättchen, die ihrerseits wieder 3zählig sind. Die selbständigen Spreitenteile heißen Fiedern 2. Ordnung, 3. Ordnung usw. oder Fiederchen.

doppelt gesägt, doppelt gezähnt: Blattrand, bei dem die Sägezähne bzw. Zähne ihrerseits kleine Sägezähne bzw. Zähne tragen (Abb. **195**/2)

dorsiventral (zygomorph, monosymmetrisch): mit einer Symmetrieebene, die das Organ in 2 spiegelgleiche Hälften teilt (Abb. **186**/2). Verbreitet bei von Bienen bestäubten Blüten (Lippenblüten- und Schmetterlingsblütengewächse)

dreizählig (3zählig; Blüte, Blattstellung): aus Wirteln mit jeweils 3 gleichen Organen zusammengesetzt; – (Blatt): mit 3 handförmig angeordneten Blättchen (Abb. **191**/7)

Drüse: Sekretions- oder Exkretionsorgan aus einzelnen Drüsenzellen oder Gruppen von ihnen. **Drüsenhaare** sind meist erkennbar an der vergrößerten Endzelle oder einem mehrzelligen Köpfchen.

durchwachsen (Blatt): Spreitengrund um den Stängel herum verwachsen, so dass dieser durch das Blatt hindurchgewachsen zu sein scheint

eilanzettlich (Blatt): wie lanzettlich, aber unter der Mitte am breitesten (Abb. **189**/7)

eingebürgert: gebietsfremde Pflanze, die im neu besiedelten Gebiet konstant auftritt, indem sie sich entweder an von Menschen beeinflussten Standorten (als Epökophyt)

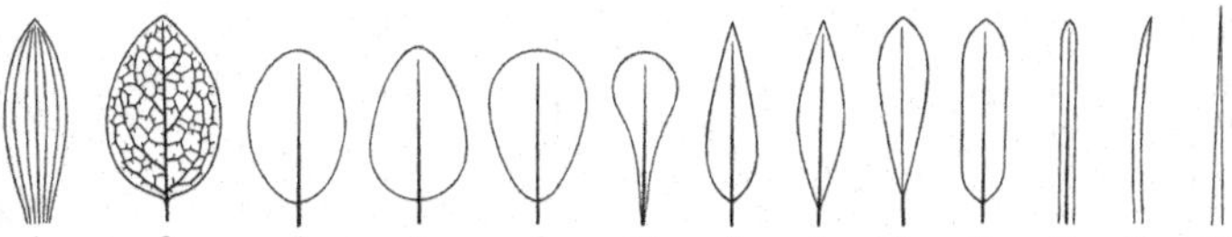

oder (seltener) in der naturnahen Vegetation (als Agriophyt) dauernd zu erhalten vermag

eingerollt (Blatt): beide Blatthälften von den Seiten nach oben (innen) gerollt

einjährig (sommerannuell, ⊙): im Frühjahr keimend und im selben Jahr blühend, fruchtend und absterbend

einjährig überwinternd (→winterannuell, ①): im Herbst keimend, meist mit Rosette grün überwinternd, im Frühjahr blühend, im (Früh-)Sommer fruchtend und absterbend

elliptisch, **ellipsoidisch**: 1,5–2,5mal so lang wie breit, in der Mitte am breitesten

Endemit: auf ein bestimmtes, meist enges Areal beschränkte Pflanzensippe

Ephemerophyt (Unbeständige, Adventivpflanze): gebietsfremde, eingeschleppte Pflanzensippe, die sich im Gebiet nicht dauerhaft erhalten, reproduzieren und ausbreiten kann

Epitheton: der zweite, auf den Gattungsnamen folgende Teil des wissenschaftlichen Artnamens, besteht aus einem, seltener aus 2–3 mit Bindestrich gekoppelten Wörtern, stets klein geschrieben

erosulat: Pflanze (Staude oder Sommerannuelle) ohne (Grund-)Rosette, Laubblätter nur am gestreckten Spross

eutroph (Boden, Wasser): reich an Nährstoffen, besonders Stickstoff, Phosphor, Kalium

fertil: fruchtbar, d.h. funktionsfähige Sporen, Pollenkörner oder Samenanlagen hervorbringend

feucht (Boden): ein feuchter Boden ist im Jahres-Durchschnitt nicht wassergesättigt, hinterlässt aber, auf Papier gelegt, einen feuchten Fleck und fühlt sich kühl an

Fieder, **Fiederchen**: Abschnitt eines zusammengesetzten bzw. doppelt zusammengesetzten Blattes, der der Spindel (oft mit kurzem Stielchen) ansitzt (Abb. **192**/6, 7; **193**/1, 2)

Fiederblatt: Blatt, das aus mehreren selbständigen Blättchen besteht, die längs der → Spindel angeordnet sind (Abb. **192**/6, 7; **193**/1, 2)

fiederlappig, **-schnittig**: Blatt mit Einschnitten unter bzw. über 50% Tiefe der halben Spreitenbreite, Abschnitte stets mit breiter Basis der Spindel ansitzend (Abb. **186**/7). Außerdem wurde **fiederspaltig** (40–60%) und **fiederteilig** (60–80%) unterschieden

Flagelle: ausläuferähnlicher Seitenspross, der sich aufrichtet und einen Blütenstand ausbildet

Flügel: flacher, breiter Randsaum von Stängeln (Abb. **187**/7), Blattstielen, Früchten oder Samen

Form (forma, f.): systematische Rangstufe unterhalb der Varietät für Pflanzen, die meist nur in einem Merkmal abweichen. Heute kaum noch verwendet.

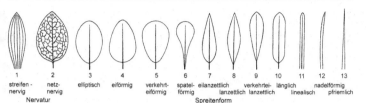

Fremdbestäubung: Befruchtung nur bei Übertragung des Pollens auf ein anderes Pflanzen-Individuum

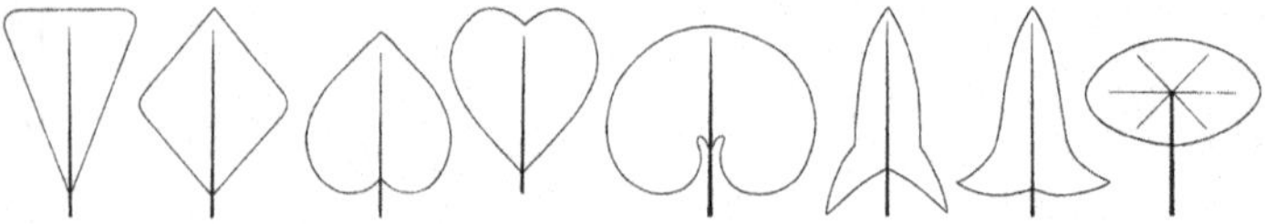

Spreitenform

frisch (Boden): Feuchtestufe zwischen feucht und trocken, außerhalb des Kapillarbereichs des Grundwassers

Frucht (Fr): die Blüte im Zustand der Samenreife und (meist) Loslösung von der Mutterpflanze

fruchtbar (→fertil): Pflanze oder Pflanzenteil mit voll ausgebildeten generativen Fortpflanzungsorganen

Fruchtblatt (FrBl): die Samenanlagen mit den Eizellen tragendes Blatt bei den Samenpflanzen. Bei vielen Arten verwachsen 2 oder mehrere Fruchtblätter miteinander

Früchtchen (Frchen): selbständige, nicht miteinander verwachsene, aus je 1 Fruchtblatt hervorgehende Teile einer Sammelfrucht

Fruchtknoten (FrKn, Ovar): der meist verdickte untere Teil des Stempels, der die Samenanlage(n) umschließt (Abb. **200**/1, **201**/1–4)

Fruchtstand (FrStand): Gesamtheit der als Ausbreitungseinheit verbunden bleibenden Früchte, die aus einem Blütenstand hervorgehen

Fundort: der geographische Wuchsort einer Pflanze (vgl. Standort)

fußförmig: mit fast handförmig angeordneten Spreitenabschnitten oder Blättchen, die aber nicht von einem Punkt, sondern von einer verbreiterten Basis ausgehen, indem die äußeren nahe dem Grund der nach innen folgenden abzweigen, z. B. fußförmig geschnitten (Abb. **193**/4) oder fußförmig zusammengesetzt (Abb. **193**/5)

gablig (gegabelt; Verzweigung): Sprossfortsetzung durch 2 ± gleichwertige Seitensprosse, entweder **dichotom** durch Teilung des Spitzen-Bildungsgewebes, oder **dichasial** (Abb. **198**/2) aus Seitenknospen nach Abschluss des Muttersprosses bei Blütenbildung oder Absterben der Endknospe

ganzrandig (Blattspreitenrand): ohne Einschnitte, Lappen oder Zähne

Ganzrosettenpflanze (ros): mit Laubblättern nur am gestauchten Stängel in Bodennähe, am gestrecken Stängel höchstens Schuppenblätter

gebuchtet (Blattrand): mit abgerundeten Vorsprüngen und abgerundeten flachen Buchten (Abb. **195**/6)

gefaltet (Blatt): längs der Mittelrippe nach oben zusammengeklappt

gefiedert: 1. (Blatt): aus mehreren getrennten, an einer Blattspindel (zuweilen mit Stielchen) sitzenden Blättchen bestehend (Abb. **192**/6, 7; **193**/1, 2). – 2. (Pappusstrahl): federförmig behaart

gefingert: mit handförmig angeordneten, völlig voneinander getrennten Blättchen (Abb. **191**/6)

geflügelt (Stängel, Blattstiel, Same, Frucht): mit einem breiten, flachen Rand oder Saum (Abb. **186**/7)

gefranst (Blattrand): mit sehr langen und schmalen Zähnen (Abb. **195**/4)

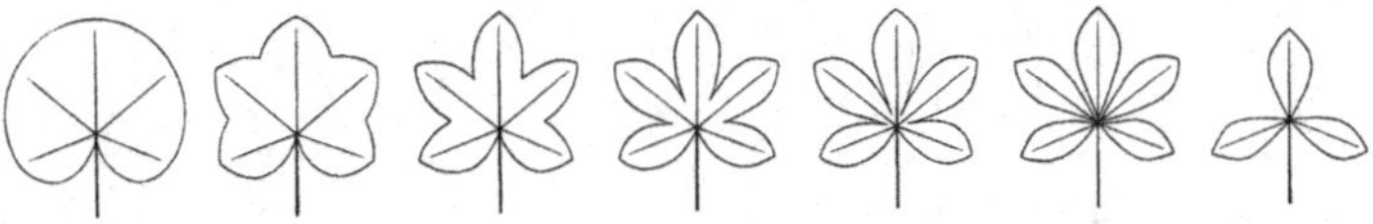

Spreitenform

gegenständig (Blatt): paarweise in gleicher Höhe an der Sprossachse gegenüberstehend, demselben Knoten ansitzend (Abb. **187**/5)

gekerbt (Blattrand): mit abgerundeten Vorsprüngen (Kerbzähnen) zwischen spitzen Buchten (Abb. **195**/5)

gekielt: mit hervortretender, erhabener, scharfkantiger Rippe auf gewölbter oder flacher Blatt-Unterseite

gelappt: Einschnitte des Blattes <50 % in die Hälften der Blattspreite oder des Radius der Spreite reichend (Abb. **191**/2, **192**/1, s. auch fiederlappig)

gemein (Häufigkeitsstufe): in >90 % der Messtischblatt-Kartierflächen des betreffenden Gebiets vorkommend (bei bestimmungskritischen Arten oft nur grobe Schätzung möglich)

genagelt (Kronblatt): breiterer oberer Abschnitt (Platte) und verschmälerter unterer (Nagel) deutlich voneinander abgesetzt

Geophyt: Staude (selten Zweijährige), die den Winter mit Knospen unter der Erdoberfläche überdauert

gerieft: mit Längsrinnen (Abb. **186**/5)

gesägt (Blattrand): mit spitzen Sägezähnen, dazwischen spitze Buchten (Abb. **195**/1)

geschnitten (-schnittig): Einschnitte des Blatts >50 % bis (fast) zum Grund der Spreitenhälfte reichend, aber Abschnitte mit breiter Basis ansitzend (Abb. **191**/5, **192**/5)

geschweift (Blattrand): sehr flach gebuchtet, d. h. mit seichten, weitbogigen Vorsprüngen und ebensolchen Buchten (Abb. **195**/7)

gestutzt (Blattspreite): mit senkrecht (nicht bogig) auf die Mittelrippe treffenden Rändern der Spreitenhälften (Abb. **194**/1, 4)

geteilt (-teilig; Blatt): mit Einschnitten, die bis 60–80 % der Spreitenhälfte reichen (Abb. **191**/4, **192**/4, s. fiederlappig). Die Abschnitte sitzen der Mittelrippe breit an und sind im Unterschied zu Blattfiedern nicht gestielt.

gewöhnlich (bei Merkmalen) normalerweise, im Allgemeinen, in der Regel (ca. 75 %)

gezähnelt (Blattrand): mit sehr kleinen Zähnen

gezähnt (Blattrand): mit spitzen Vorsprüngen, dazwischen mit abgerundeten Buchten (Abb. **195**/3)

Glazialrelikt: Pflanzensippe, deren Vorkommen als Rest einer weiteren Verbreitung während der Eiszeiten gedeutet wird

Granne: abgesetzter borstenartiger Fortsatz, meist an Blättern

Griffel: stielartiger Abschnitt zwischen Fruchtknoten und Narbe. Ist die Verwachsung der Fruchtblätter unvollständig, so ist der Griffel in Griffeläste geteilt. Der Griffel kann auch fehlen oder der Stempel kann mehrere Griffel haben.

grundständig (Blätter, Zweige): am Grund des Stängels entspringend

Halbrosettenpflanze: mit Laubblättern in grundständiger Rosette und am gestreckten Stängel

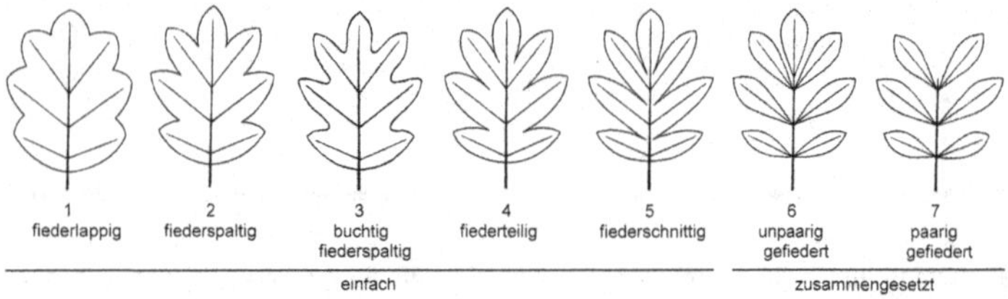

halbstängelumfassend: Spreitengrund den Stängel beidseits etwa bis zur Hälfte umgreifend

halbstielrund: in der Form einer (schmalen) Halbsäule

Halbstrauch (HStr): Pflanze mit länger ausdauernden, schwach verholzten oberirdischen Triebbasen und von ihnen jährlich neu gebildeten, größtenteils im Herbst wieder absterbenden Trieben

handförmig (handfg): strahlig um einen Punkt, das obere Ende des Blattstieles, angeordnet (Abb. **191**/2–6), z. B. handförmig →gelappt

hapaxanth (monokarpisch, semelpar): nach dem (unterschiedlich lange dauernden) Jugendstadium einmal blühend, fruchtend und danach absterbend

Heilpflanze – in diesem Buch: eine ins Deutsche, Schweizer oder/und Österreichische Arzneibuch aufgenommene Pflanze. Andere zu Heilzwecken verwendete Pflanzen sollen hier als homöopathische Heilpflanze (Homöopathisches Arzneibuch) oder Volksheilpflanze (nur in älterer Literatur, Heilwirkung meist nicht nachgewiesen) bezeichnet werden.

Helophyt: Sumpfstaude, die den Winter mit Knospen im Sumpfboden überdauert

Hemikryptophyt: Staude, die den Winter mit Knospen in Höhe der Erdoberfläche überdauert, meist im Schutz von Schnee oder Laub

herablaufend (Blatt am Stängel): unterer Spreitenteil so mit dem Stängel verwachsen, dass sich der Spreitenrand von der Anheftungsstelle am Stängel ± weit in Form zweier Säume (→Flügel) hinabzieht (Abb. **188**/8).

Herkogamie: räumliche Trennung der Narben und Staubblätter einer Blüte, verhindert Selbstbestäubung

hinfällig: frühzeitig abfallend, zur Blütezeit zuweilen nicht mehr vorhanden

Hochblatt (Braktee): Blatt im Blütenstandsbereich mit vom Laubblatt abweichender Form oder Farbe

Hochstaude: ausdauernde krautige Pflanze, die im Winter bis zum Grund abstirbt, im Sommer rasch auf >80 cm Höhe heranwächst, oft mit großflächigen Blattspreiten

Homonym: gleichlautender Name für verschiedene Pflanzensippen (s. S. 5)

Horst, horstig: durch dichte Verzweigung der kurzen Bodensprosse viele dichtstehende Triebe bildend

Hüllblatt: einzelnes Blatt der Hülle des Kopfes der Korbblütengewächse (Abb. **134**/7, 8)

Hülle: dichtstehende Hochblätter, die den Blütenstand z. B. der Korbblütengewächse umgeben

Hybride (Bastard; Hybr): durch Kreuzung zweier genetisch ± isolierter Sippen (Unterarten, Arten, Gattungen) entstanden, oft samensteril

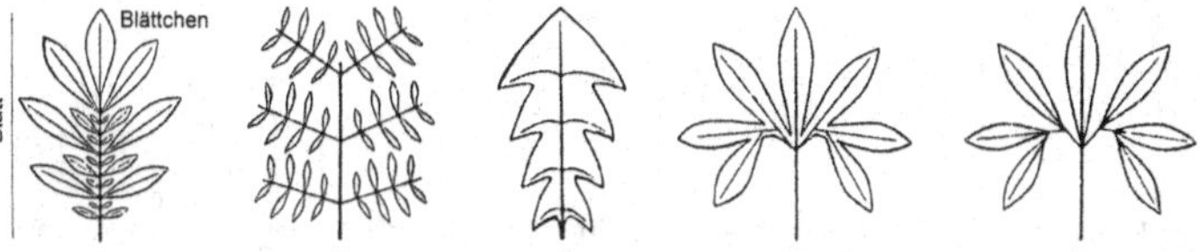

Hydrophyt: Wasserpflanze mit Überdauerungsknospen im Wasser oder am Gewässergrund

Hypokotyl: das erste Stängelglied des Keimlings, zwischen Wurzelhals und Keimblattknoten

Hypokotylknolle: ± kugliges Speicherorgan aus dem verdickten →Hypokotyl

immergrün (igr): zu allen Jahreszeiten mit grünem Laub. Oberbegriff für dauergrün (Blatt-Lebensdauer >2 Jahre), überwinternd grün (Blatt-Lebensdauer 1–1,5 Jahre) und wechselimmergrün (ganzjahresgrün, Blatt-Lebensdauer <1 Jahr, Blätter ständig neu gebildet)

kalkhold, kalkstet: überwiegend bzw. ausschließlich auf kalkreichem Boden vorkommend

kalkmeidend: auf kalkfreiem, ± saurem Boden vorkommend

Kältekeimer: Pflanze, deren feuchter Samen vor der Keimung eine unterschiedlich lange Periode mit ± kalten Temperaturen (< 5 °C) durchlaufen muss

Kapuzenspitze (Laub- oder Kronblatt): vorn herabgezogene und dadurch hohle Spitze

keilförmig (Spreitengrund): allmählich mit gradlinigem Rand schmaler werdend (Abb. **194**/3)

Kelchblatt (KBl): Blütenhüllblatt des äußeren Kreises bei gegliederter Blütenhülle, meist grün und in der Knospe die Blüte schützend, selten auch gefärbt (Abb. **200**/1)

Kleinart: von den Verwandten nur wenig verschiedene, schwer abgrenzbare Sippe, meist in jüngerer Zeit (Holozän) durch Besonderheiten der Erbgut-Weitergabe (Apomixis nach Bastardierung, Ringchromosomen) entstandene, erbkonstante Sippe

kleistogam: durch Selbstbestäubung in knospenförmig geschlossenen Blüten Samen bildend

Klett- u. Klebausbreitung (Epizoochorie): Transport der →Diasporen durch Anheften an Tieren mit Haken, Schleim oder im Schlamm

Kletterpflanze: Pflanze, die sich windend, rankend, mit Haftwurzeln oder als Spreizklimmer an anderen Pflanzen, Mauern oder Felsen befestigt und mit nicht selbsttragendem Stängel Lichtstellung erreicht

Knolle: zur Wasser-, Assimilat- und Nährstoffspeicherung verdicktes Spross- oder Wurzelorgan

Knollenwurzel: nahe der Basis verdickte Wurzel, die außer der Speicherfunktion Wurzelfunktion hat, während die Wurzelknolle nur speichert

Knospe: der von Blattanlagen eingehüllte Sprossscheitel oder die unentwickelte Blüte. Spitzenständig (Endknospe) oder in Blattachsel (Achselknospe). Erneuerungsknospen (Winterknospen) sind meist von Knospenschuppen bedeckt (geschlossen), selten nackt (offen)

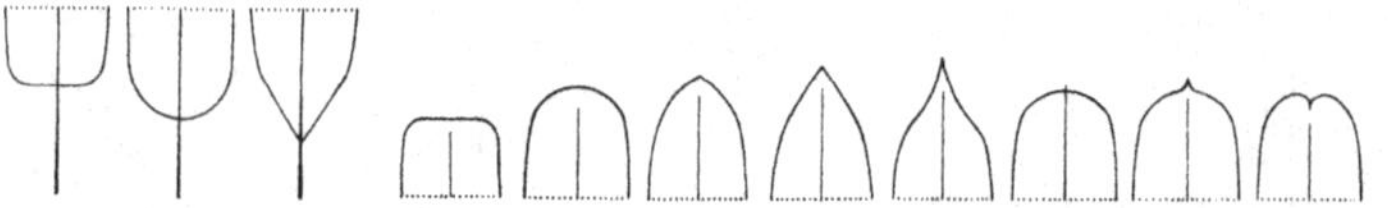

Knoten: Ansatzstelle des Blatts (oder von 2 gegenständigen oder mehr quirlig stehenden Blättern) am Stängel, oft etwas angeschwollen

kollin (coll): in der Hügelstufe (im Gebiet etwa 150–300 m)

kontinental (Verbreitungsgebiet): im Innerern der Kontinente liegend, relativ trocken, winterkalt und sommerheiß. Kontinentalitätsstufen s. S. 18

Kopf (Köpfchen, Korb): Blütenstand mit ungestielten Blüten, die einer gestauchten, zuweilen auch verbreiterten Blütenstandsachse (Kopf- oder Korbboden) ansitzen (Abb. **196**/6, 7); oft von einer →Hülle umgeben

krautig: nicht verholzt

Kriechtrieb: ganzes Sprosssystem (bis auf die Blütenstiele oder Blütenstandsstiele) auf der Bodenoberfläche mit gestreckten, normal beblätterten Stängelgliedern kriechend und sich sprossbürtig bewurzelnd

Kronblatt (KrBl): bei gegliederter Blütenhülle die auf den Kelch nach innen folgenden, meist zarteren und auffallend gefärbten Blütenhüllblätter (Abb. **200**/1)

Kronröhre (KrRöhre): bei Pflanzen mit verwachsenblättriger Krone der röhrige, untere Abschnitt der Krone

Kulturpflanze: Pflanzensippe, die als Nutzpflanze oder Zierpflanze angebaut wird und oft durch ± intensive Züchtung verändert wurde

Kurztrieb: Spross mit verkürzten Stängelgliedern, dessen Blätter daher dicht gedrängt stehen

länglich: ± parallelrandig und 3–8mal so lang wie breit (Abb. **189**/10)

Langtrieb: Spross mit langen Stängelgliedern, dessen Blätter daher entfernt stehen

lanzettlich: 3–8mal so lang wie breit, in der Mitte am breitesten, mit bogigen Rändern nach beiden Enden verschmälert (Abb. **189**/8)

Laubblatt: das grüne, der Assimilation dienende Blatt; im Text meist nur Blatt genannt

Lebensdauer (der Laubblätter): →immergrün, →sommergrün, →frühjahrsgrün, →herbst-frühjahrsgrün

Lebensdauer (der Pflanze): →einjährig ⊙, →einjährig überwinternd ①, →zweijährig ⊙, →ausdauernd ♃, →mehrjährig hapaxanth ⊛

Lebensdauer (der Samen): meist 3–5 Jahre, selten 1–2 Jahre (Samen kurzlebig), bei manchen Arten bei kühler Aufbewahrung oder im Boden mehrere bis viele Jahrzehnte (Samen langlebig; s. S. 10)

ledrig (Blatt): derb, saftarm, kaum welkend; mit verdickter Oberhaut

Legtrieb: ein Trieb, der sich mangels Stützgewebe dem Boden anlegt, aber dann im Gegensatz zum Kriechtrieb keine sprossbürtigen Wurzeln bildet

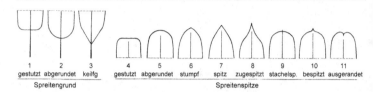

Lichtkeimer: Pflanze, deren Samen zur Keimung Licht braucht, daher >1 cm tief im Boden nicht keimt

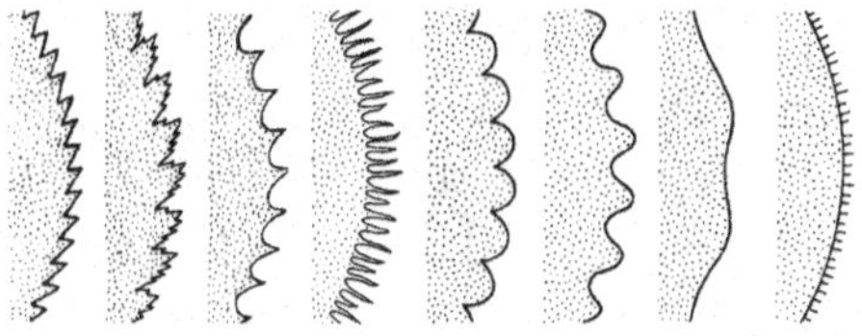

linealisch: mindestens 10mal so lang wie breit, mit ± parallelen Rändern (Abb. **189**/11), bei relativ breiten Blättern auch als bandförmig bezeichnet

lineal-lanzettlich: zwischen →lanzettlich und →linealisch, 7–10mal so lang wie breit

männlich (♂): nur Pollen ausbildend und keine Samenanlagen

mehrjährig hapaxanth (⊛): mit mehrjährigem (etwa 3–30jährigem) vegetativem Stadium, im letzten Jahr blühend, fruchtend und danach absterbend

meist (bei Merkmalen) zumeist, überwiegend, vorwiegend, großenteils (ca. 90 %).

Menschen-Ausbreitung (MeA): Transport von →Diasporen durch Handel, Warentransport, Reisen, Kriegszüge

meridional (m): Florenzone am Südrand des nördlichen Florenreiches, im ozeanischen Bereich mit immergrünen Hartlaub- oder Lorbeerwäldern, im koninentalen mit (Halb-) Wüsten; dazu in West-Eurasien das Mediterrangebiet (Mittelmeergebiet) von Südeuropa, dem küstennahen Vorderasien und Nordafrika, ausgezeichnet durch milde, feuchte Winter, heiße, trockne Sommer und immergrüne Hartlaubvegetation

mesotroph (Boden, Wasser): mit mittlerem Nähstoffgehalt

Milchsaft: milchig weiße oder gelbe Flüssigkeit, die bei manchen Pflanzen in Milchzellen oder Milchröhren enthalten ist und in emulgierter Form vor allem Polyterpene, manchmal auch hautreizende Harze, giftige Alkaloide und Glukoside enthält

Mittelasien: der meridional-submeridionale, sommertrockne Teil Westasiens von der Grenze Europas bis zur turkestanischen Gebirgsschwelle

montan (mont., mo): Bergstufe im Gebirge, die sich in Deutschland durch Buchen-, Fichten-, Tannen- und Lärchenwälder auszeichnet und nach oben durch die subalpine Gebüschstufe abgelöst wird, etwa 500-1500 m

Nachbarbestäubung (Geitonogamie): Bestäubung durch Pollen benachbarter Blüten derselben Pflanze

Nagel: deutlich vom breiteren oberen Kronblattabschnitt, der Platte, abgesetzter, stielartig verschmälerter Abschnitt von Kron- oder →Perigonblättern bei Pflanzen mit freiblättriger Blütenhülle (Abb. **200**/3)

Narbe: oberer, meist klebriger und →papillöser Abschnitt des Stempels (Abb. **200**/1), dient dem Auffangen des Pollens; ungeteilt, 2- oder mehrlappig bis –spaltig, bei Fehlen des →Griffels sitzend

nass: Feuchtestufe, bei der das Grundwasser ± ganzjährig in Höhe der Bodenoberfläche oder darüber steht

Nebenblatt (NebenBl, Stipel): frühzeitig angelegte, meist paarige, ± blattähnliche seitliche Auswüchse des Unterblatts (Abb. **187**/1)

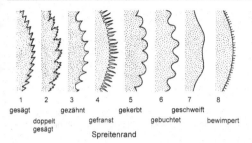

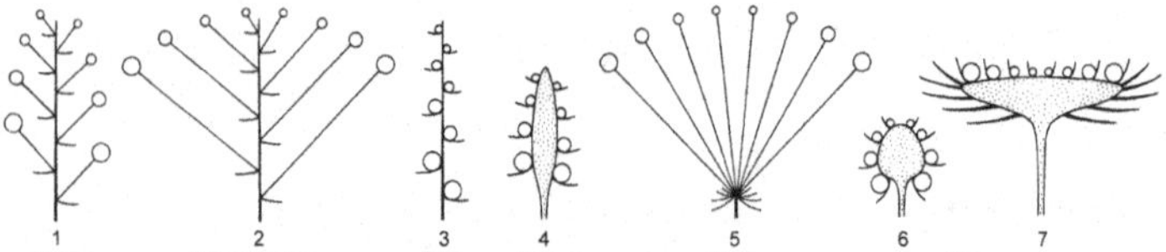

einfache Blütenstände

Nektarblatt: Blütenblatt mit Nektar abscheidendem Drüsengewebe, oft becherförmig oder mit Sporn

nemophil (Brombeeren-Art): auf Waldlichtungen, an Waldwegen, auch an Waldrändern vorkommend (gegensatz: thamnophil)

Neophyt (N): gebietsfremde Pflanze, die nach der Entdeckung Amerikas eingeschleppt wurde oder eingewandert und nun eingebürgert ist (nicht (U) = unbeständig)

netznervig: mit einem oder mehreren Hauptnerven, von denen Seitennerven abgehen, die sich weiter verzweigen und zuletzt ein feines Nervennetz bilden (Abb. **189**/2)

Niederblatt: schuppen- oder scheidenförmiges Blatt, meist nur aus dem Blattgrund bestehend, am Grund von Sprossen, an unterirdischen Sprossen, an Winterknospen der Gehölze (→Knospenschuppen) und an →Zwiebeln

Nomenklaturregeln: Regeln für die wissenschaftliche Benennung von Pflanzen, festgelegt im regelmäßg erneuerten Internationalen Code der Botanischen Nomenklatur

Nothovarietät (nothovar.): Bastard zwischen 2 Unterarten

Nüsschen: aus einem Fruchtblatt gebildetes nussartiges Früchtchen, Teil einer Sammelnussfrucht

oberständig (Fruchtknoten): am Ende der Blütenachse und über den Blütenhüll- und Staubblättern stehend

oft (bei Merkmalen) häufig, oftmals, vielfach, nicht selten (ca. 25 - 40 %)

Öhrchen: kleine Lappen an beiden Seiten des Blattgrundes oder des Spreitengrundes, die den Stängel ± umfassen, aber sich nicht wie Nebenblätter frühzeitig entwickeln

oligotroph (Boden, Wasser): nährstoffarm, arm besonders an pflanzenverfügbarem Stickstoff, Phosphor und Kalium

ozeanisch (Verbreitungsgebiet): durch Meeresnähe feucht und thermisch ausgeglichen, Gegensatz: →kontinental (Kontinentalitätsstufen s. S. 17 f.)

Pappus: haar-, grannen-, schuppen- oder krönchenartige Bildung an Früchten anstelle des Kelches; besonders bei Korbblüten- und Baldriangewächsen

perialpin (Verbreitung): im Vorland eines Gebirges mit Hochgebirgsstufe vorkommend

perimontan, **perialpin**: verbreitet im Umkreis eines Gebirges mit Berg- bzw. Hochgebirgsstufe

Pfahlwurzel (PfWu): senkrecht tief (bis mehrere Meter) in den Boden dringende Wurzel, meist die Primärwurzel.

pfeilförmig: dreieckig und am Grund mit 2 spitzen, rückwärtsgerichteten Seitenlappen (Abb. **190**/6)

Pflanzensoziologie: Lehre von der Vergesellschaftung der Pflanzen

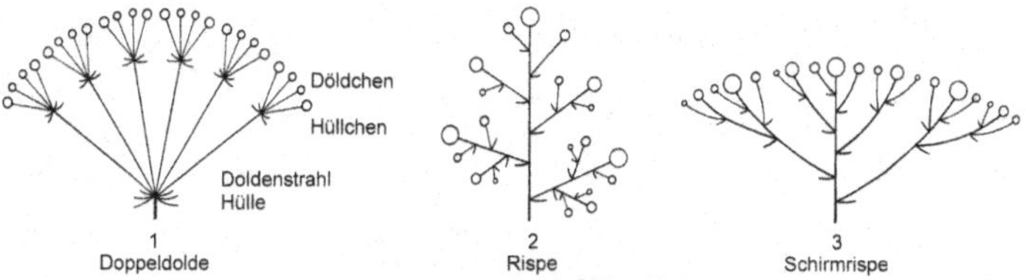

zusammengesetzte Blütenstände

pfriemlich: sehr schmal und oft starr, am Grund am breitesten und von da in eine feine Spitze verschmälert

Phanerophyt: Pflanze mit Überdauerungsknospen weit über der Bodenoberfläche und Schneehöhe (Bäume, Sträucher, im Gebiet selten krautig)

planar (in der Ebene): untere Höhenstufe, im Gebiet <100(–150) m

Platte: der vom schmalen unteren Teil deutlich abgesetzte, verbreiterte und meist nach außen gerichtete obere Teil eines freien Kronblatts (Abb. **200**/3; s. auch Nagel) oder Nektarblatts

Pleiokorm: verzweigter, oft verholzter Bodenspross, der trotz möglicher sprossbürtiger Bewurzelung auf die Verbindung mit der Primärwurzel angewiesen bleibt

pollakanth (iteropar, polykarpisch): in mehreren Lebensjahren blühend und fruchtend

Pollen (stets Einzahl!): Gesamtheit der Pollenkörner

Polster: Achsensystem aus dicht stehenden, kurzen, an der Spitze verzweigten, dicht und meist immergrün beblätterten Trieben mit meist ausdauernder Primärwurzel

polyploid: mit einem Vielfachen von 2 Chromosomensätzen, oft bei Hybriden (**allopolyploid**)

Primärspross, Primärwurzel: aus dem Keimspross bzw. der Keimwurzel hervorgehende Achse ohne ihre Zweige

Pyramide: verjüngter oberer Teil der *Taraxacum*-Frucht, trägt den farblosen Stiel (Rostrum) des weißen Haarkelchs

Rhachis (Spindel): Mittelrippe eines Fiederblatts

quirlig (wirtelig; Blattstellung): zu dreien oder mehreren an einem Knoten, d. h. in gleicher Höhe rings um die Sprossachse stehend (Abb. **187**/6)

radiär: symmetrisch mit >2 möglichen Symmetrieebenen (Abb. **186**/1)

Regenschleuder-Ausbreitung (Ombroballochorie): Ausschleuderung der Samen durch Regentropfen aus schalenförmig nach oben geöffneter Streufrucht

Relikt: isoliertes Vorkommen als Überrest aus früherer Zeit, bei Pflanzen in Deutschland vor allem der (letzten) Eiszeit oder der Nacheiszeit

Rhizom (Rhiz): Bodenspross mit kurzen, dicken Stängelgliedern, meist horizontal, selten vertikal orientiert, stets sprossbürtig bewurzelt

rhombisch (rautenförmig; Blatt): in der Form eines auf der Spitze stehenden Vierecks, 1–3mal so lang wie breit, größte Breite in der Mitte (vgl. deltoid)

Rispe: Blütenstand mit Endblüte und nach unten zunehmender Verzweigung längs einer Hauptachse (Rispenachse; Abb. **197**/2)

röhrig: eng zylindrisch und ohne deutliche Erweiterung in einen Saum, viel länger als breit

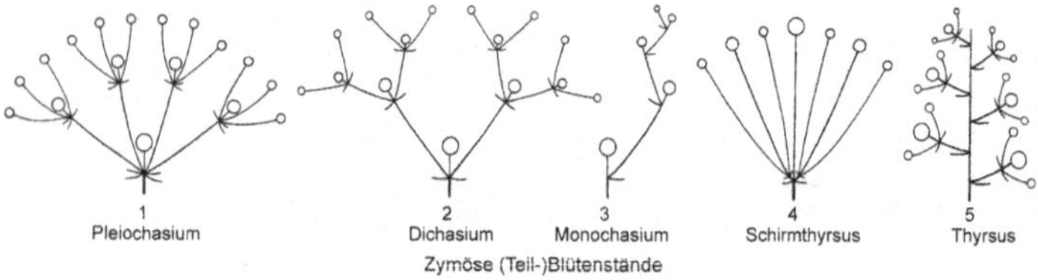

Rosette: dicht stehende Gruppe von Laubblättern an gestauchtem Achsenabschnitt in Bodennähe

Rostrum (Schnabel): langer, spitzer Fortsatz besonders von Früchten (Abb. **134**/10, 11)

Rübe: kräftige Primärwurzel, als Speicherorgan stark verdickt, mit unverzweigter oder wenig verzweigter Sprossbasis

ruderal: durch den Menschen geschaffene, nicht kultivierte, meist → eutrophierte Standorte wie Abfall- und Umschlagplätze, Bahnanlagen, Schutt, Weg- und Straßenränder

Samen (Sa): aus der Samenanlage hervorgegangene, von der Mutterpflanze aus der Streufrucht entlassene oder in der Schließfrucht ausgebreitete Ausbreitungseinheit und Ruhestadium aus Samenschale, Embryo und evtl. Nährgewebe

Sammelfrucht: die Gesamtheit der aus nicht verwachsenen Fruchtblättern gebildeten Früchtchen einer Blüte (Abb. **204**/6, 7): **Sammelnussfrucht**, **Sammelsteinfrucht**

Schaft: laubblattloser, meist aus einer Grundblattrosette entspringender, einen Blütenstand tragender Stängel, zuweilen mit Schuppenblättern

Scheindolde: doldenähnlicher Blütenstand mit Blüten in ± flacher oder gewölbter Ebene, aber nicht mit von einem Punkt ausgehenden Doldenstrahlen

Scheinstrauch: Pflanze mit verholzten Sprossen, die im 2. Lebensjahr blühen, fruchten und absterben (Rubus-Arten)

Schirmrispe, Schirmtraube, Schirmthyrsus: doldenförmiger Blütenstand mit rispigem bzw. traubigem oder thyrsischen Grundaufbau, →Scheindolde (Abb. **197**/3, **198**/4)

Schnabel: →Rostrum

Schössling: 1. raschwüchiger Jungtrieb aus der Basis gefällter Bäume mit oft abweichender Blattform; 2. der im 1. Jahr gebildete Langspross der Brombeeren

schraubig (Blattstellung): an jedem Knoten ein Blatt, das nächste mit einem Winkel >120° und <180° (Divergenzwinkel, häufig 144°) versetzt (Abb. **187**/3)

schrotsägeförmig: →fiederlappig bis →fiederteilig mit dreieckigen, spitzen, nach dem Blattgrund gerichteten Abschnitten (Abb. **193**/3)

Selbstausbreitung (SeA, Autochorie): Ausbreitung der Diasporen durch Ausschleuder- oder Ausquetsch-Mechanismen der Sporenkapseln, der Frucht, des Fruchtstandes oder der Samen.

Selbstbestäubung: erfolgreiche Bestäubung mit dem Pollen derselben Pflanze

selbststeril: für die erfolgreiche Bestäubung auf den Pollen eines anderen Pflanzen-Individuums angewiesen

selten (s – Verbreitung): in diesem Buch die geringste Häufigkeitsstufe, in <5 % der Messtischblatt-Kartierflächen vorkommend (S. 15) (bei bestimmungskritischen Arten oft nur grobe Schätzung möglich). Bei Merkmalen meint selten ausnahmsweise, vereinzelt (ca. 10 %)

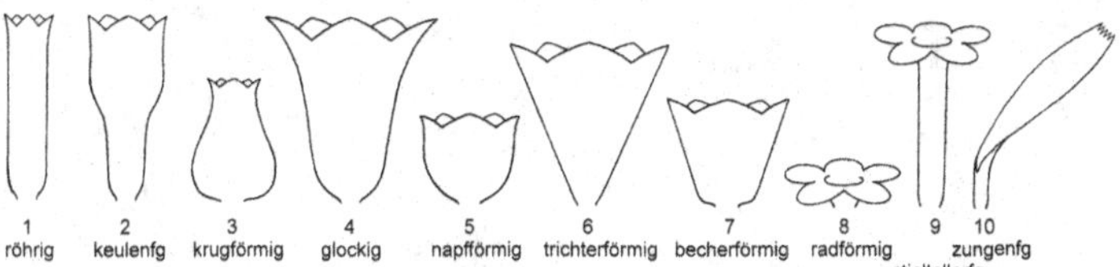

sensu stricto, sensu lato (s. str., s. l.): im engen (weiten) Sinn, d. h. unter Ausschluss (Einschluss) von Sippen, die von manchen Autoren eingeschlossen (ausgeschlossen) werden

Silikatgestein: saures, kalkfreies Gestein aus Quarz, Feldspäten, Glimmer, Augit, Olivin u. a. Mineralien, z. B. Granit, Gneis, Porphyr

Sippe (Taxon): systematische Einheit beliebigen Ranges; supraspezifisches T.: vom Reich bis zur Sektion und Subsektion; infraspezifisches T.: Unterart (Subspecies, subsp.) und Varietät (var.; S. 3)

sitzend (Blatt, Blüte): ohne Stiel

sommergrün: mit Laubblättern nur während der Vegetationsperiode. Laubblätter im Spätherbst absterbend. Laubaustrieb ein- oder zweimal im Jahr oder ständig

spatelförmig: mit abgerundeter Spitze, im oberen Drittel am breitesten und nach dem Grund zu mit konkaven Rändern verschmälert (Abb. **189**/6)

Species →Art

spießförmig (Blattspreite): dreieckig und am Grund mit 2 spitzen, rechtwinklig abstehenden Seitenlappen (Abb. **190**/7), vgl. pfeilförmig

Spindel: 1. (Rhachis) die spreitenlose Mittelrippe eines gefiederten Blattes (Abb. **192**/6–7), 2. die zentrale Hauptachse eines Blütenstandes (Traube, Rispe, Thyrsus)

Spross: von den Grundorganen Sprossachse (Stängel) und Blättern gebildete Teile der Gefäßpflanzen

Sprossknolle: verdickter, speichernder, ± rundlicher Bodenspross

Stachel: stechender Auswuchs, an dem nicht nur die Oberhaut, sondern auch darunterliegendes Gewebe beteiligt ist. Nicht von umgebildeten Blättern, Blattteilen, Sprossachsen oder Wurzeln abzuleiten

stachelspitzig: mit sehr kurzer, von dem austretenden Mittelnerv gebildeter Endborste (Abb. **194**/9)

Standort: Gesamtheit der biotischen und abiotischen Faktoren, die auf die Pflanze an ihrem Wuchsort einwirken (vgl. aber Fundort)

Stängel (Stg, Sprossachse): Achsenorgan, das die Blätter trägt und mit ihnen zusammen den Spross bildet

Stängelglied: durch 2 aufeinanderfolgende Knoten (Ansatzstellen der Blätter) abgegrenzter Abschnitt des Stängels (= Internodium). Das unterste Stängelglied, das Hypokotyl, wird durch den Wurzelhals und den Keimblattknoten begrenzt

stängelumfassend (Blatt): mit dem Spreitengrund um den Stängel ganz (Abb. **188**/4) oder halb (halbstängelumfassend, Abb. **188**/3) herumgreifend

Status: die Herkunft und das Verhalten einer Pflanzensippe am Standort: heimisch (indigen), alt- oder neueingebürgert (archäo- bzw. neophytisch) oder unbeständig (adventiv), an das Einwirken des Menschen gebunden (Epökophyt) oder in die natürliche Vegetation

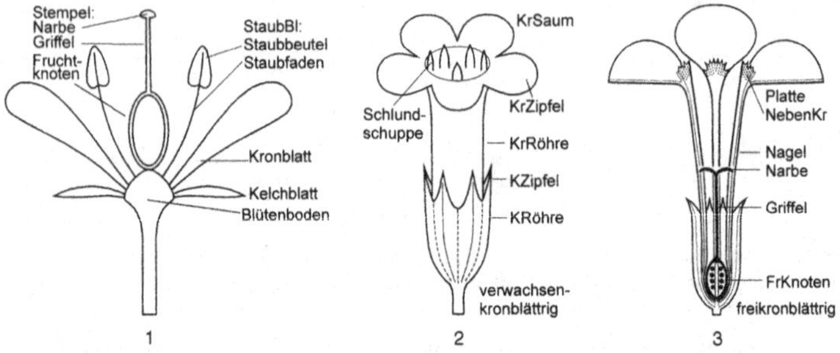

integriert (Agriophyt), in die Natur ausgebracht (angesalbt); sich ausbreitend, zurückgehend oder ausgestorben

Staubbeutel (Anthere): der obere Teil des Staubblatts, der in 4 Pollensäcken, die den Sporangien der Farne entsprechen, den Pollen bildet (Abb. **200**/1)

Staubblatt (Stamen): Pollenkörner bildendes Blatt, besteht bei den Bedecktsamern aus dem meist stielartigen Staubfaden, dem Staubbeutel und dem die beiden Staubbeutelhälften verbindenden, die Fortsetzung des Staubfadens bildenden Mittelband (Konnektiv; Abb. **200**/1)

Staubfaden (Filament): Stiel des Staubblatts (Abb. **200**/1)

Staude: ausdauernde krautige Pflanze, die alljährlich bis zum Grund abstirbt und in mehreren Jahren blüht.

Steinfrucht: Schließfrucht, deren Wand außen häutig, in der Mitte saftig-fleischig und innen aus harten Steinzellen gebildet ist (Abb. **204**/2)

steril: unfruchtbar; Gegensatz: fertil, fruchtbar

sternhaarig: mit flach sternförmig verzweigten Haaren

Stieldrüse: Drüsenhaar mit ein- oder mehrzelligem Stiel, sezernierender Abschnitt meist köpfchenförmig

stielrund (Stängel, Blatt, Blattstiel): gestreckt, im Querschnitt kreisförmig

Stoßausbreitung (StA; Semachorie): Transport durch Wind oder anstoßende Tiere aus Streufrüchten (meist Bälgen oder Kapseln) auf steif-elastischen Stängeln

Strauch: mittelhohes Holzgewächs, dessen Leitachsen kürzer als die Pflanze leben und sich vom Grund erneuern, ohne dominierenden Stamm

Streufrucht: bei der Reife geöffnete, Samen entlassende Frucht

striegelhaarig: mit steifen, anliegenden, in eine Richtung zeigenden Haaren

stumpf (Spitze des Blatts): mit stumpfwinklig zusammenstoßenden Spreitenrändern (Abb. **194**/6)

subalpin (subalp., salp): Höhenstufe im Hochgebirge oberhalb der Waldgrenze, unterhalb der Stufe der alpinen Rasen, in Deutschland meist von Krummholz, Rhododendrongebüsch und staudenreichen Wiesen eingenommen

submeridional (sm): Florenzone im warmgemäßigten Klima u. a. mit Trockenwäldern und Steppen, zwischen der temperaten und meridionalen Zone

Subspecies (subsp.): →Unterart

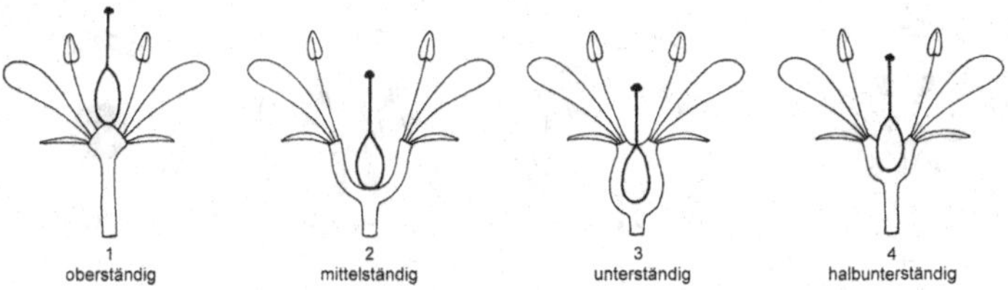

Fruchtknotenstellung

subtropisch (subtrop): randtropische Florenzone, meist arid-semiarid mit Sommerregen, nicht identisch mit der meridionalen Zone, in der z. B. das Mittelmeergebiet liegt (Abb. **17**)

Synonym (syn.): einer von mehreren wissenschaftlichen Namen für eine Sippe, besonders die Namen, die bei einer bestimmten taxonomischen Auffassung nicht korrekt sind bzw. die nicht legitim sind. Nomenklatorische (homotypische) Synonyme beruhen auf demselben Typus (bei Umstellung einer Art in eine andere Gattung, Umstufung des taxonomischen Ranges), taxonomische (heterotypische) Synonyme beruhen auf verschiedenen Typen. Bei diesen ist es von der systematischen Auffassung abhängig, ob sie als Synonyme angesehen werden.

Taxon (Sippe): systematische Einheit beliebigen Ranges (z. B. Ordnung, Familie, Gattung, Art, Unterart, Varietät)

Teilfrucht: Teil einer Spaltfrucht, der einem Fruchtblatt entspricht oder Teil einer Bruchfrucht oder Früchtchen einer →Sammelfrucht

teilimmergün: mit wenigen kleinen Laubblättern den Winter überdauernd

temperat: mittlere Florenzone der Nordhalbkugel, Zone der sommergrünen Laubwälder, im kontinentalen Bereich der Waldsteppen und Pseudotaiga-Wälder (Abb. 17)

thamnophil (Brombeer-Art): in Hecken, Gebüschen, an sonnigen Waldrändern oder außerhalb des Waldes vorkommend (vgl. nemophil)

Therophyt: kurzlebige Pflanze, die die ungünstige Jahreszeit als Same überdauert

Tierausbreitung (Zoochorie): Transport der Diasporen, die an Tieren ankleben (Klebausbreitung, KlA, Epizoochorie) oder von ihnen gefressen werden (Verdauungsaubreitung, VdA, Endozoochorie) oder zur Anlage von Vorräten transportiert und verloren oder nicht wiedergefunden werden (Versteck- und Verlust-Ausbreitung; VersteckA, Dyszoochorie)

Tierbestäubung (Zoogamie, Zoophilie): Übertragung des Pollens auf die Narbe durch Tiere, meist Insekten (InB)

Tragblatt: Blatt, aus dessen Achsel ein Seitenspross entspringt

Traube: Blütenstand mit durchgehender Hauptachse, an der gestielte Blüten sitzen, Endblüte fehlend, Aufblühfolge von unten nach oben (Abb. **196**/1)

Trockenrasen: von Natur aus wegen der Trockenheit des Standortes waldfreie Gras- und Krautgesellschaften. **Halbtrockenrasen** können sich bewalden, werden aber durch Beweidung, Brand und Entbuschung offen gehalten.

tropisch (trop): Florenzone im immerfeuchten Äquatorialgebiet (Abb. S. 17), entspricht nicht dem geographisch-klimatologischen Begriff, der sich auf die Zone zwischen den meist wintertrockenen Gebieten um die Wendekreise bezieht

Typus: Herbarexemplar (selten Abbildung), auf das sich die Erstbeschreibung der Pflanzensippe bezieht und an das der Name dauerhaft gebunden ist

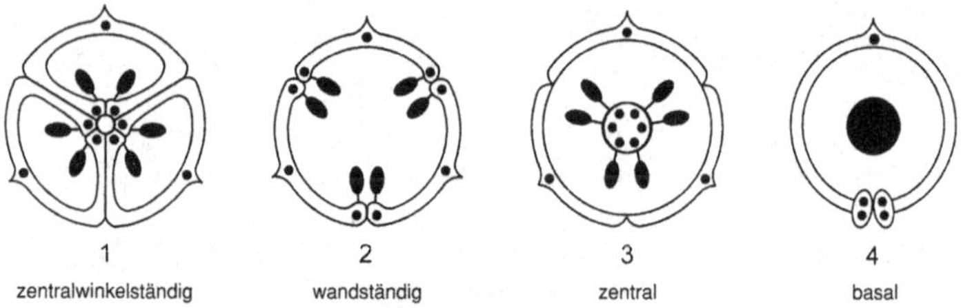

Stellung der Samenanlagen

Unbeständige (U): nicht eingebürgerte eingeschleppte Pflanzensippe

unpaarig gefiedert: gefiedert mit Endblättchen (Abb. **192**/6)

Unterart (Subspecies, subsp.): systematische Rangstufe unterhalb der Art und oberhalb der Varietät, durch 2 oder mehr korrelierte Merkmale und meist durch ein eigenes Verbreitungsgebiet oder eigene Ökologie gekennzeichnet, aber noch nicht durch genetische Kreuzungsbarrieren von anderen Unterarten derselben Art isoliert; Sippe also auf dem Wege der Artbildung durch räumliche, ökologische oder genetische Isolation. Die typische Unterart entspricht dem Typus-Exemplar der Art, ihr Name wiederholt das Art-Epitheton (ohne Autoren), sie braucht jedoch nicht die weit verbreitete, „normale" Sippe zu sein.

unterbrochen gefiedert: mit größeren und kleineren Fiedern in regelmäßigem oder unregemäßigem Wechsel (Abb. **193**/1)

unterständig (Fruchtknoten): von der Blütenachse umgeben und mit ihr verwachsen

Varietät (var.): Rangstufe unterhalb der Art und Unterart; Sippe, die in einzelnen Merkmalen erblich konstant abweicht, aber kein eigenes Areal einnimmt, sondern im Artareal verstreut auftritt

Verband: Gruppe von ähnlichen Pflanzengesellschaften

verbreitet (v): in diesem Buch die zweithöchste Häufigkeitsstufe: in 40—90 % der Messtischblatt-Kartierflächen vorkommend (bei bestimmungskritischen Arten oft nur grobe Schätzung möglich)

Verbreitung: Areal der Pflanze, Ergebnis des Zusammenwirkens der ökologischen Konstitution der Pflanzensippe, ihrer Ausbreitung und der abiotischen und biotischen Standortsfaktoren

Verdauungsausbreitung (VdA, Endozoochorie): Transport von Diasporen im Verdauungstrakt von Tieren

verkahlend: zunächst behaart, aber die Haare mit der Zeit verlierend

verkehrteiförmig: 1,5–2,5mal so lang wie breit, über der Mitte am breitesten (Abb. **189**/5)

verkehrteilanzettlich: 3–8mal so lang wie breit, über der Mitte am breitesten, mit bogigen Rändern nach beiden Enden verschmälert (Abb. **189**/9)

verkehrtherzförmig (Blattspreite): an der Herzspitze gestielt oder mit dieser dem Blattstiel oder der Sprossachse ansitzend (Abb. **190**/4)

verschiedengrifflig (heterostyl): mit Blüten von unterschiedlicher Griffellänge und Staubbeutelstellung, bei denen nur die Übertragung von Pollen eines Blütentyps auf die Narbe einer Blüte eines anderen Typs zur Bestäubung und damit zur Samenbildung führt

Versteck- und Verlust-Ausbreitung (Dyszoochorie): Transport von Diasporen durch Tiere zur Anlage von Vorräten

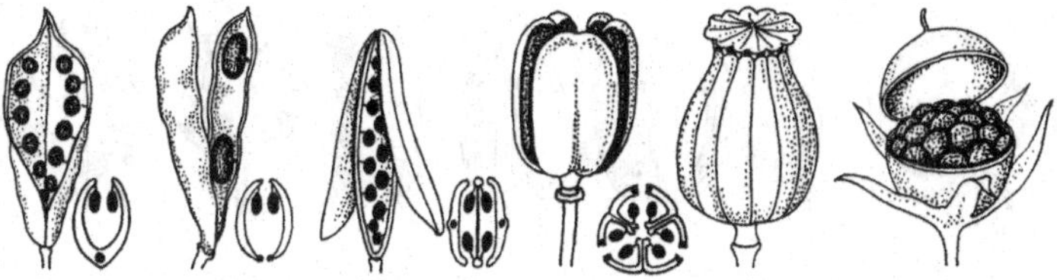

verwachsen (Blätter bei Gegen- oder Quirlständigkeit): im unteren Teil ± weit verschmolzen (Abb. **188**/4)

verwachsenkronblättrig: mit wenigstens am Grund von Anfang an miteinander verwachsenen Kronblättern, die daher nach der Blütezeit gemeinsam abfallen

Vorblatt: das erste Blatt (Einkeimblättrige) oder die beiden ersten Blätter (Zweikeimblättrige) eines Seitensprosses. Bei den Einkeimblättrigen dem Mutterspross zugewandt, bei den Zweikeimblättrigen transversal gestellt (senkrecht zur Ebene Seitenspross–Mutterspross)

Vorderasien (VORDAS): meridionaler Teil Westasiens außerhalb der (pflanzengeographisch zum europäischen Mittelmeergebiet gehörenden) Randgebiete Kleinasiens und der westlichen Arabischen Halbinsel

vormännlich: Die Staubblätter geben den Pollen ab, bevor die Narbe (der Blüte oder der Blüten des Blütenstandes) belegt werden kann, dadurch wird Fremdbestäubung erreicht.

vorweiblich: Die Narbe öffnet sich oder wird belegbar, bevor sich die Staubbeutel (der Blüte oder des Blütenstandes) öffnen.

Wärmekeimer: Pflanzen, deren Samen zum Keimen eine relativ hohe Temperatur (in Deutschland etwa 20 °C) brauchen

Wasserausbreitung (WaA, Hdrochorie): Transport der Diasporen im Wasser oder an seiner Oberfläche

Wasserbestäubung (WaB, Hydrogamie, Hydrophilie): Übertragung der Pollenkörner auf die Narbe durch Wasser

wechselständig (zerstreut; Blattstellung): an jedem Knoten ein Blatt, d. h. jedes in verschiedener Höhe an der Sprossachse entspringend, entweder →zweizeilig oder →dreizeilig oder →schraubig

weiblich (♀): Blüten(teile), die Samenanlagen ausbilden

Westasien: Asien von der Grenze Europas (inkl. Mittelmeergebiet) bis Jenissej, Baikal, Altai, Pamir, Westhimalaja

Windausbreitung (WiA, Anemochorie): Diasporentransport durch Luftströmungen

Windbestäubung (WiB, Anemogamie, Anemophilie): Pollenübertragung durch Luftströmungen

winterannuell (①): im Herbst keimend, grün überwinternd und im Frühling oder Frühsommer blühend und fruchtend. Nach Kälteeinwirkung können Winterannuelle auch im Spätwinter keimen und im selben Jahr blühen und fruchten.

wirtelig (quirlig; Laub- und Blütenhüllblätter, Zweige): zu mehreren auf gleicher Höhe, an demselben Knoten am Stängel (Abb. **187**/6)

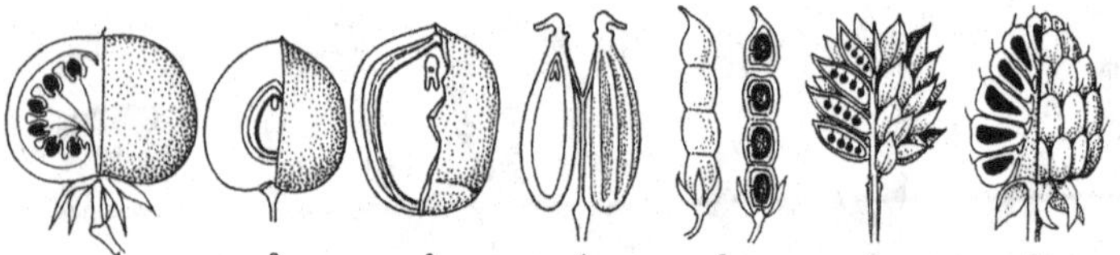

1	2	3	4	5	6	7
Beere	Steinfrucht	Nuss	Spaltfrucht	Bruchfrucht	Sammelbalgfrucht	Sammelsteinfrucht

Schließfrüchte

Wuchsform: Lagebeziehungen der Pflanzenorgane zueinander und zum Standort, Habitus im Verlauf der Lebensgeschichte und der jahreszeitlichen Entwicklung, Möglichkeiten der vegetativen Reproduktion („klonales Wachstum")

Wurzelknolle: angeschwollene, speichernde Wurzel, die nur noch Speicherfunktion hat; ohne Sprossknospe nicht zum Wiederaustrieb und zur Vermehrung in der Lage

Wurzelspross: aus dem inneren Gewebe einer meist horizontalen Wurzel gebildeter Spross, der sich sprossbürtig bewurzelt und zu einer selbständigen Pflanze wird. Nur bei bestimmten Pflanzenarten vorkommend, entweder als normale Art der vegetativen Reproduktion (**konstitutionelle** Wurzelsprossbildung) oder als Ersatz nach Verlust des Sprosses (**regenerative** Wurzelsprossbildung)

Xerothermrasen: →Trocken- und Halbtrockenrasen, auf grundwasserfernen, meist flachgründigen und nährstoffarmen Böden

Zeigerwert: aus dem Vorkommen der Pflanzensippe ermittelter Wert für die Bindung an ökologische Faktoren unter den Bedingungen der Konkurrenz

zentral (Stellung der Samenanlagen): an einer freien (nicht durch Trennwände mit der Außenwand verbundenen) Samenleiste in der Mitte des Fruchtknotens (Abb. **202**/3)

Zentralasien (ZAS): kontinental-arides, wintertrockenes Asien östlich der turkestanischen Gebirge: Mongolei, Westchina bis Tibet

zentralwinkelständig (Stellung der Samenanlagen): am inneren Winkel der Fruchtknotenfächer (Abb. **202**/1)

zerstreut (z): in diesem Buch die mittlere Häufigkeitsstufe: in etwa 5—40 % der Messtischblatt-Kartierflächen vorkommend (bei bestimmungskritischen Arten oft nur grobe Schätzung möglich)

zirkumpolar: in einer oder mehreren Florenzonen um den ganzen Erdball verbreitet

zugespitzt: mit spitzwinklig zusammenstoßenden, gegen die schmale Blattspitze zu konkaven Rändern (Abb. **194**/8)

Zungenblüte: verwachsenkronblättrige, dorsiventrale, einlippige Blüte, deren Kronzipfel miteinander verwachsen sind (Abb. **199**/10)

zungenförmig: mit kurzer Röhre und einseitig flach ausgebreitetem Saum

zusammengesetztes Blatt: gefiedertes oder gefingertes Blatt mit abgesetzten (sitzenden oder gestielten) →Blättchen

zuweilen (bei Merkmalen) gelegentlich, manchmal, mitunter, bisweilen (ca. 20 %)

zweijährig (⊙, bienn): einmal fruchtend (→hapaxanth), im ersten Jahr vegetativ, im 2. Jahr nach Einwirkung von Kälte und/oder Erreichen einer Mindest-Größe blühend, fruchtend und danach absterbend. In der Natur verhalten sich nur wenige Pflanzenarten so, viele brauchen bis zum Erreichen der Mindestgröße 2, 3 oder mehr Jahre und sind dann nicht scharf von den →mehrjährig Hapaxanthen ⊕ zu trennen.

Zwergstrauch (ZwStr): niedrige (<50 cm) Holzpflanze mit ausdauernden, oft dünnen und reich verzweigten Sprossachsen

Zwiebel (Zw): knospenähnlicher, meist unterirdischer Speicherspross mit sehr kurzer Achse (Zwiebelscheibe) und fleischigen Niederblättern und/oder Laubblattbasen, die sich als geschlossene Scheiden umeinander schließen (**Schalenzwiebel**) oder voneinander frei der Zwiebelscheibe ansitzen (**Schuppenzwiebel**)

Register der wissenschaftlichen und deutschen Pflanzennamen

T

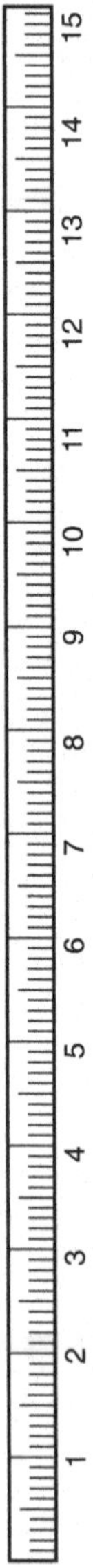

Abkürzungen und Zeichen bei den Merkmalsangaben

B	Blüte	Sa	Samen
Bl, Blchen	Blatt, Blättchen	USeite, useits	Unterseite, unterseits
br	breit	±	mehr oder weniger
-fg	-förmig	>	mehr als
Fr, Frchen	Frucht, Früchtchen	<	weniger als
FrKn	Fruchtknoten	∞	zahlreich, viele
K	Kelch	Ø	Durchmesser/Querschnitt
Kr	Krone	♂	männlich
lg	lang	♀	weiblich
OSeite, oseits	Oberseite, oberseits	⚥	zwittrig
Pfl	Pflanze		

Abkürzungen und Zeichen bei den Standorts- und Verbreitungsangaben in Deutschland

alp.	alpin	plan.	planar
AN	Sachsen-Anhalt	Rh	Rheinland-Pfalz mit Saarland
Ba	Bayern		
Bayr-W	Bayerischer Wald	Rud., rud.	Ruderalstellen, ruderal
Bdl	Bundesländer	S, S-	Süden, Süd-
Br	Brandenburg mit Berlin	s	selten
Bw	Baden-Württemberg	Sa	Sachsen
D	Deutschland	Sh	Schleswig-Holstein mit Hamburg
f	fehlt		
g	-gebirge (in Zusammensetzungen)	subalp.	subalpin
		subkont.	subkontinental
g	gemein	submed.	submediterran
He	Hessen	submont.	submontan
koll.	kollin	Th	Thüringen
kont.	kontinental	Th-W	Thüringer Wald
M-	Mittel-	(U)	unbeständig
MDt Trockengeb	Mitteldeutsches Trockengebiet	v	verbreitet
		W, W-	Westen, West-
Me	Mecklenburg-Vorpommern	W	-wald (in Zusammensetzungen)
mont.	montan	We	Nordrhein-Westfalen
N, N-	Norden, Nord-	z	zerstreut
(N)	Neophyt	†	ausgestorben
Ns	Niedersachsen mit Bremen	↗	in Ausbreitung
		↘	im Rückgang
O, O-	Osten, Ost-		

Abkürzungen und Zeichen bei den ergänzenden Angaben in ( )

ALP	Alpen	AmA	Ameisen-Ausbreitung
alp	alpin	Ap, ap	Apomixis, apomiktisch
AM	Amerika	arct	arktische Zone

AS	Asien
Ausl	Ausläufer
AUST	Australien
austr	australe Zone
B	Baum
Bogentr	Bogentrieb
b	boreale Zone
C	Chamaephyt
CIRCPOL	zirkumpolar
co	collin
dealp	dealpin
demo	demontan
EUR	Europa
EURAS	Eurasien
G	Geophyt
GRÖNL	Grönland
H	Hemikryptophyt
He	Helophyt, Sumpfpflanze
hros	Halbrosettenpflanze
igr	immer(ganzjährig)grün
InB	Insektenbestäubung
K	Klasse
KAUK	Kaukasus
KIA	Kleb- u. Klettausbreitung
KriechTr	Kriechtrieb
Legtr	Legtrieb
lit	litoral
m	meridionale Zone
MAS	Mittelasien
MeA	Menschenausbreitung
mo	montan
NAM	Nordamerika
O	Ordnung
oAusl	oberirdische Ausläufer
PfWu	Pfahlwurzel
Rhiz	Rhizom
ros	Ganzrosettenpflanze
salp	subalpin
SAM	Südamerika
SeA	Selbstausbreitung
SIB	Sibirien
sm	submeridionale Zone
sogr	sommergrün
Spr	Spross
stemp	südtemperate Unterzone
Str	Strauch
StrB	Strauchbaum
teiligr	teilimmergrün
temp	temperate Zone
trop	tropische Zone
uAusl	unterirdische Ausläufer
V	Verband
VdA	Verdauungsausbreitung
VORDAS	Vorderasien
Vw	Vorweiblichkeit
WAM, WAS	Westamerika, Westasien
WiA	Windausbreitung
Wu, WuSpr	Wurzel, Wurzelspross
ZAS, ZEUR	Zentralasien, -europa
ZwStr	Zwergstrauch
∇, ∇!	besonders bzw. streng geschützt
☉	sommerannuell
①	einjährig-überwinternd
⊙	zwei- (bis wenig-)jährig
(∞)	mehrjährig hapaxanth
♃	ausdauernd

Erläuterungen zu den Arealdiagnosen s. S. 16 ff.,
zu den Zeigerwerten (**L**icht, **T**emperatur, **F**euchte, **R**eaktion, **N**ährstoff) s. S. 21 f.
Abkürzungen zu den pflanzensoziologischen Angaben s. S. 35 ff., Register s. S. 207 f.

Zeichen und Abkürzungen bei den Namen

(†)	in Deutschland ausgestorben
Ⓚ	in Deutschland nur kultiviert
(?)	in Deutschland nicht sicher nachgeweisen
×	Hybride, Bastard
agg.	Aggregat, Artengruppe
auct.	der Autoren
p. p.	pro parte, zum Teil
s. l.	sensu lato, im weiten Sinn
s. str.	sensu stricto, im engen Sinn
subsp.	Unterart
var.	Varietät

Anordnung der Angaben bei den Arten (vgl. S. 55)

Rücklaufzahl ↓ — *zusätzliche Bestimmungsmerkmale* ↓ — *Verweis auf Fig. 2 S. 177* ↓

4 (2) Bl schmal lanzettlich, 5–12 mm br, rauhhaarig. KrBl rundlich (Abb. **177**/2).

Wuchshöhe in m ↓ — *Blühmonate* ↓ — *Standorte* ↓

0,30–0,70 (–1,00). 7–9. Waldränder, rud. Halbtrockenrasen, kalkhold;

Status (Neophyt) ↓ — *Häufigkeit u. Verbreitung in den Bundesländern* ↓ — *Rückgangstendenz* ↓

(N 1850) v N-Ba Bw Rh S-We He, z Th N-Sa, s O-Br Me: Waren, Ludwigslust, ↘

Areal (Gesamtverbreitg.) ↓ — *Wuchsform* ↓ — *Bestäubung* ↓ — *Ausbreitung* ↓

(m-temp·c2-5WAM – igr hros H ♃ uAusl – InB: Bienen SeB – WiA MeA –

Zeigerwerte ↓ — *Vergesellschaftung* ↓ — *Verwendung* ↓ — *Naturschutz* ↓ — *Synonym* ↓

L8 T7 F3 R7 N3 – K Fest.-Brom. – HeilPfl – ∇). [*Plantula hirsuta* (L.) Diels]

deutsche Namen ↓ — *wiss. Name* ↓

Raue P., Raukraut – ***P. hirsuta*** L.

Abkürzungen der Bundesländer und Gebiete

(zur nebenstehenden Karte)

Ba	Bayern
Bw	Baden-Württemberg
Rh	Rheinland-Pfalz mit Saarland
We	Nordrhein-Westfalen
He	Hessen
Th	Thüringen
Sa	Sachsen
An	Sachsen-Anhalt
Br	Brandenburg mit Berlin
Ns	Niedersachsen mit Bremen
Me	Mecklenburg-Vorpommern
Sh	Schleswig-Holstein mit Hamburg

Alpengliederung

(Karte rechts unten)

1	Allgäu
2	Ammergebirge
3	Wettersteingebirge
4	Karwendelgebirge
5	Kocheler Berge
6	Mangfallgebirge
7	Chiemgauer Alpen
8	Berchtesgadener Alpen

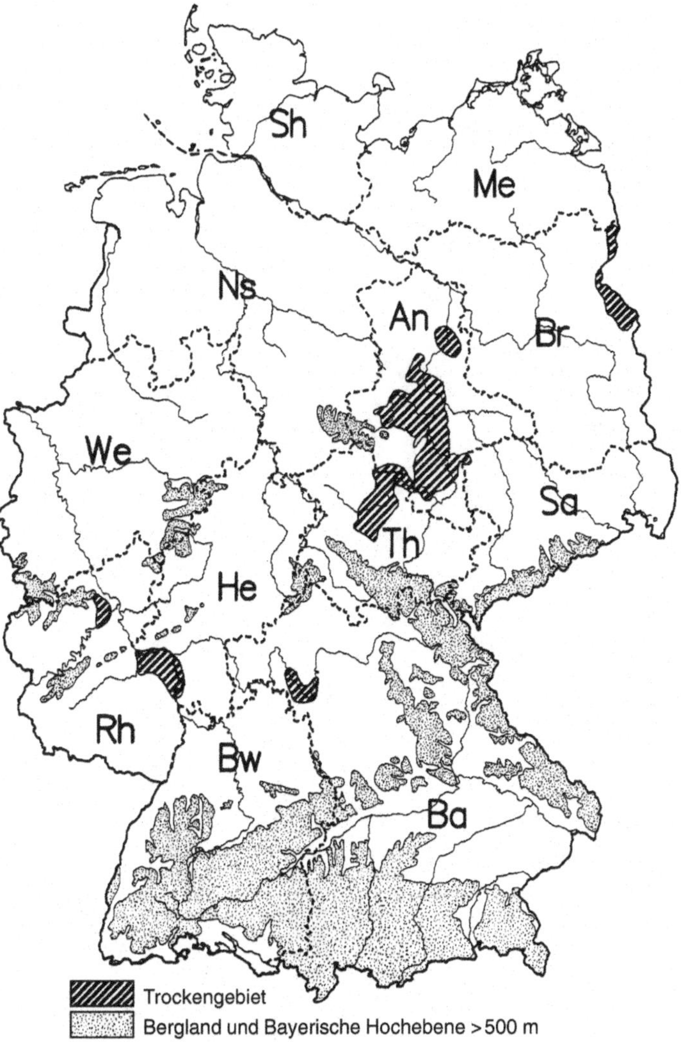

Sh
Me
Ns
An
Br
We
Sa
Th
He
Rh
Bw
Ba
Trockengebiet
Bergland und Bayerische Hochebene >500 m

1
2
3
4
5
6
7
8
Lech
Inn
Salzach

Printed in the United States
By Bookmasters